纯粹数学与应用数学专著　第19号

随机服务系统

（第二版）

徐光辉　著

科学出版社

1988

内 容 简 介

在第二版中，对第一版作了若干修改与补充．第二版增加了第八章逼近理论．

本书概括地介绍了随机服务系统的基本理论，着重介绍了几种典型系统的瞬时性质；作者以矿山装运过程为例，通俗地介绍了解决随机服务系统的实际问题的有力工具——随机模拟方法，最后，分别阐述了随机服务系统的几个主要的应用方向．读者只要有微积分与概率论的知识就可以阅读本书．

本书可供高等学校数学系师生以及有关研究人员和工程技术人员参考．

图书在版编目(CIP)数据

随机服务系统 / 徐光辉著. —2版. — 北京 : 科学出版社, 1988.9 (2019.2重印)
(纯粹数学与应用数学专著丛书 ; 19)
ISBN 978-7-03-000409-3

Ⅰ. ①随… Ⅱ. ①徐… Ⅲ. ①排队论 Ⅳ. ①O226

中国版本图书馆CIP数据核字(2018)第108571号

责任编辑：李静科 / 责任校对：李静科
责任印制：赵 博 / 封面设计：陈 敬

科学出版社 出版
北京东黄城根北街 16 号
邮政编码：100717
http://www.sciencep.com

北京天宇星印刷厂印刷

科学出版社发行 各地新华书店经销

*

1980 年 2 月第 一 版 开本：720 × 1000 1/16
1988 年 9 月第 二 版 印张：27 3/4
2025 年 2 月印 刷 字数：365 000

定价：228.00元

(如有印装质量问题，我社负责调换)

第 二 版 序

在第二版中对第一版作了若干修改与补充，如最简单流充分必要条件的新的证明，M/G/1 系统与 GI/M/n 系统中的首达时间，M/G/1 系统与 GI/M/n 系统中任意时刻队长平稳分布与嵌入马尔可夫链的平稳队长分布之间的关系等．特别是补写了新的一章——第八章，逼近理论．这是近年来发展起来的比较活跃的一个方向，但这里只能阐述它最基础的一些内容，和前七章合在一起，作为随机服务系统的基本理论介绍给广大读者．

第二版的工作是在中国科学院基金的资助下完成的，作者为此表示由衷的谢意．

徐光辉

1986 年于中国科学院应用数学研究所

第一版序

随机服务系统理论在国民经济和国防建设中有着广泛的应用．它在本世纪初起源于电话话务理论的研究，以后陆续应用于陆空交通、机器管理、水库设计和可靠性理论等领域．六十年代末，随着电子计算机蓬勃发展的需要，又开始了对计算机最优设计的应用．在这将近七十年的历史进程中，随机服务系统不论在理论上还是在应用上都已有了飞速的进展，它的面貌可以说是日新月异．其文献数量，已以千计．

在我国，随机服务系统理论的研究工作是在五十年代的末期才开始发展起来的．在应用方面，主要是配合社会主义建设的需要，与电话、纺织、交通等方面的工作人员合作进行有关问题的研究与计算．在理论方面，则主要着重于几种典型系统的瞬时性质的研究．近年来，随机服务系统理论的应用范围又扩大到矿山、电讯、计算机设计等领域．我们相信，随着我国社会主义建设事业的发展，随机服务系统理论的实际应用将会日益广泛，而应用的深入又必然会进一步促进随机服务系统理论的进展．

本书试图对随机服务系统的基本理论作一概括性的介绍，同时对它几个主要的应用方向分别加以阐述．本书第一章至第七章介绍随机服务系统的基本理论，第八章介绍解决随机服务系统的实际问题的有力工具——随机模拟方法，并以矿山装运过程为例具体地讲述它的应用，第九章介绍随机服务系统的一个重要应用领域——计算机最优设计，第十章介绍随机服务系统的其它应用，包括可靠性问题、水库问题、存储问题、卫星通讯问题等．第一章至第六章的初稿，作者曾于 1964 年在中国科学技术大学应用数学系兼课时作为讲义讲授过，现在进一步作了修改补充，并增添了后四章．本书可供高等学校数学系师生及电讯、计算机、矿山、交通等领域的工程技术人员参考，阅读本书只需微积分与概率论的基本知识。

本书包括了研究室的同志及作者本人已经发表和尚未发表的部分研究成果，如最简单流与独立负指数分布的等价性的严格证明、GI/M/n 系统的瞬时性质、GI/M/n 系统的 k 阶忙期、到达间隔依赖于队长的系统、矿山装运过程的随机模拟、计算机存储器的性能分析等. 他们有关的工作均已列入书后的“参考文献”. 另外，最后的“文献附记”中指出了各章节取材的主要来源，以及某些历史概况和现状，可供读者参考.

在本书的写作过程中，研究室的同志给予了不少的指导和帮助，作者谨向他们表示衷心的感谢. 此外，作者在中国科学技术大学兼课期间，杨德庄同志担任辅导，他对本书的初稿提出过很多宝贵意见，作者也谨向他表示深切的谢意.

随机服务系统理论又名排队论，有人也称之为公用事业理论中的数学方法，我们认为用随机服务系统理论这个名称更为恰当，因为这既指出了它所研究的各种问题可以用服务系统这个概念来加以统一的共性，又强调了它从数学研究的范畴来说具有随机性的特性. 而各种服务系统不仅包括有排队等待的(等待制)，也包括无法排队的(损失制)，因此统称为排队论不尽适宜.

由于作者水平所限，错误在所难免，欢迎广大读者批评指正，以求改进.

徐光辉

1977 年于中国科学院数学研究所

常用符号表

	输入间隔	服务时间	队　　长	等待时间	忙　　期
随机变量	$\boldsymbol{t}$	$\boldsymbol{v}$	$\boldsymbol{q}$	$\boldsymbol{w}$	$\boldsymbol{d}$
分布函数	$A(x)$	$B(x)$	$\{p_j\}$ (或$\{\pi_j\}$)	$W(x)$	$D(x)$
数学期望	$\frac{1}{\lambda}$(或 α)	$\frac{1}{\mu}$(或 β)	$\bar{Q}$	$\bar{W}$	$\bar{D}$
二 阶 矩	$\alpha^{(2)}$	$\beta^{(2)}$			
L-S 变换(或母函数)	$A^*(s)$	$B^*(s)$	$Q(z)$ (母函数)	$W^*(s)$	$D^*(s)$
分布函数的 j 重卷积	$A^{(j)}(x)$	$B^{(j)}(x)$			

目　　录

第一章 引　　论

§1. 概　　述

1. 例子 日常生活中人们经常遇到各种各样的服务系统．如上下班坐公共汽车，汽车与乘客就构成一个服务系统．到商店买东西，售货员与顾客就构成一个服务系统．

还有许多场合，服务系统的构成没有那么明显．例如有很多旅客想打电话到火车站定购车票，当其中一个旅客正在通话时，其它旅客就不得不在各自的电话机前等待．虽然车站定票处与这些旅客可能分散在城市的各个地区，但是他们却构成一个服务系统．

在服务系统中，要求服务的“顾客”可以是人，也可以是某种物品．如在有自动机床的工厂里，因故障而停止运转的机器等待工人去修理，在此服务系统中，服务机构是修理工人，而要求服务的“顾客”就是待修的机器．这种服务系统的例子，还可以举出很多．例如码头的船只等待装卸；执行空战任务归来而急需降落的飞机因跑道不空在空中盘旋等待；通过水库调度来控制水的泄放等等．

在上述各种服务系统中，顾客到来的时刻与进行服务的时间都随不同的时机与条件而变化，因此服务系统的状况也是随机的，即随各种时机与条件而波动．所以，我们在考察这些系统时，为了强调其随机性，就称之为随机服务系统．

从上面的例子可以看出，各种随机服务系统具有下列共同组成部分：

(i) 输入过程：就是指各种类型的“顾客”按怎样的规律到来．这些顾客可以是公共汽车的乘客、商店的顾客、打电话的用户、损坏待修的机器、等待装卸的船只、急需降落的飞机、水库上游的来水等等．他们陆续到来，要求服务．

(ii) 排队规则：就是指到来的顾客按怎样的规定次序接受服务．例如，公共汽车的乘客按到达先后次序上车，电话用户按随机次序接通电话，而急需降落的飞机却应按它们的迫切程度降落．

(iii) 服务机构：就是指同一时刻有多少服务设备可接纳顾客，每一设备可接纳多少顾客，以及每一顾客服务多少时间．例如商店有两个售货员可以接待顾客，机场有三条跑道可供飞机降落，有六辆公共汽车装载乘客，每辆最多坐 30 人等等．购货时间、降落时间、坐车时间就是这些顾客的服务时间．

正由于任何随机服务系统都有上述共同组成部分，因此，才有可能建立处理这些问题的统一理论——随机服务系统理论．

2. 研究的目的与方法 从上述例子可以看出，服务机构过小，便不能满足顾客的需要，并使服务质量降低．因此对顾客来说，服务机构愈大，他们就愈方便．

但是，服务机构大了，人力物力的开支也就相应增多，有时就会造成不必要的浪费．因此就产生顾客需要与机构经济之间的协调问题．

在有些情况下，可以在服务机构设置以后，根据顾客到来的情况加以调整．但在另外一些情形，必须在服务机构设置之前就根据顾客输入与服务过程对系统未来的进程作出正确的估计，以便使设计工作有所依据．例如电话局的设计、机场跑道的设计、计算机的设计等就是如此．

如何正确地了解系统的性态，以便最终能合理地设计与控制随机服务系统，使得它既能满足顾客的需要，又使机构的花费最为经济，这就是随机服务系统理论的研究目的．

随机因素在随机服务系统中起着根本性的影响．顾客到来的时刻一般是无法事先规定的，到来顾客要求服务的时间也是随不同顾客而异的．例如运转的机器不知道在何时会发生故障，发生故障后修复的时间也随故障的性质和工人的技术水平而各异．因此，在研究随机服务系统时，自然就要采用研究随机现象规律性的一门数学分支——概率论的方法．

3. 随机服务系统的三个组成部分　前面已经提及随机服务系统的三个组成部分：输入过程、排队规则和服务机构．现在分别对它们作比较详细的描述．

(i) 输入过程：可以有各式各样的输入过程，例如

1）定长输入：顾客有规则地等距到达，如每隔时间 α 到达一个顾客，此时相继顾客到达间隔 $\boldsymbol{t}$ 的分布函数 $A(t)$ 为

$$A(t) = P\{\boldsymbol{t} \leqslant t\} = \begin{cases} 1, & t \geqslant \alpha; \\ 0, & t < \alpha. \end{cases} \tag{1}$$

产品通过传送带进入包装箱就是这种输入的例子．

2）最简单流：或者称为普阿松 (Poisson) 输入．

满足下列四个条件的输入称为最简单流：

a）平稳性：在区间 $[a, a+t)$ 内有 k 个顾客到来的概率与 a 无关，而只与 t, k 有关．记此概率为 $v_k(t)$．

b）无后效性：不相交区间内到达的顾客数是相互独立的．

c）普通性：令 $\psi(t)$ 表示长为 t 的区间内至少到达两个顾客的概率，则

$$\psi(t) = o(t), \quad t \to 0.$$

d）有限性：任意有限区间内到达有限个顾客的概率为 1．因而

$$\sum_{k=0}^{\infty} v_k(t) = 1.$$

这种输入的应用最为广泛，并且最容易处理，因此我们在下一节将予以详细讨论．在该处将证明：对最简单流，长为 t 的时间内到达 k 个顾客的概率 $v_k(t)$ 遵从普阿松分布，即

$$v_k(t) = e^{-\lambda t} \cdot \frac{(\lambda t)^k}{k!}, \quad k = 0, 1, 2, \cdots, \tag{2}$$

其中 $\lambda > 0$ 为一常数．令第 i 个顾客到达的时刻为 $\boldsymbol{\tau}_i (i = 1, 2, \cdots)$，$\boldsymbol{\tau}_0 = 0$，并令 $\boldsymbol{t}_i = \boldsymbol{\tau}_i - \boldsymbol{\tau}_{i-1}$，$i = 1, 2, \cdots$，则一个输入过程是最简单流的充分必要条件为：相继顾客到达间隔 $\{\boldsymbol{t}_i\}$ 是相互独立相同分布的，且其分布函数为负指数分布：

$$A(t)=\begin{cases}1-e^{-\lambda t}, & t\geqslant 0;\\ 0, & t<0.\end{cases} \tag{3}$$

因而平均到达间隔与方差分别为

$$Et=\int_0^{\infty} t\,dA(t)=\frac{1}{\lambda} \tag{4}$$

与

$$\sigma_t^2=\frac{1}{\lambda^2}. \tag{5}$$

3) 爱尔朗(Erlang)输入 E_k: 它的到达间隔相互独立，具有相同的 k 阶(k 为正整数)爱尔朗分布函数:

$$A(t)=\begin{cases}1-\sum\limits_{i=0}^{k-1} e^{-\lambda t}\dfrac{(\lambda t)^i}{i!}, & t\geqslant 0;\\ 0, & t<0,\end{cases} \tag{6}$$

其中 $\lambda>0$ 为一常数. 易知其密度函数为

$$a(t)=\frac{\lambda(\lambda t)^{k-1}}{(k-1)!}e^{-\lambda t},\ t\geqslant 0, \tag{7}$$

而平均到达间隔与方差分别为

$$Et=\int_0^{\infty} t\,a(t)dt=\frac{k}{\lambda} \tag{8}$$

与

$$\sigma_t^2=\frac{k}{\lambda^2}. \tag{9}$$

当 $k=1$ 时的一阶爱尔朗输入 E_1 就是最简单流.

4) 超指数输入 H_k: 它的到达间隔相互独立，具有相同的 k 阶(k 为正整数)超指数分布函数:

$$A(t)=\begin{cases}1-\sum\limits_{i=1}^{k}\alpha_i e^{-\lambda_i t}, & t\geqslant 0;\\ 0, & t<0,\end{cases} \tag{10}$$

其中 $\lambda_i>0, \alpha_i>0\ (i=1,2,\cdots,k)$ 均为常数，且 $\sum\limits_{i=1}^{k}\alpha_i=1$. 易知其密度函数为

$$a(t)=\sum_{i=1}^{k}\alpha_i\lambda_i e^{-\lambda_i t},\ t\geqslant 0, \tag{11}$$

而平均到达间隔与方差分别为

$$Et=\int_0^\infty ta(t)dt=\sum_{i=1}^{k}\frac{\alpha_i}{\lambda_i}=\frac{1}{\lambda} \tag{12}$$

与

$$\sigma_t^2=2\sum_{i=1}^{k}\frac{\alpha_i}{\lambda_i^2}-\frac{1}{\lambda^2}. \tag{13}$$

当 $k=1$ 时的一阶超指数输入 H_1 就是最简单流.

5）一般独立输入：它的到达间隔相互独立，相同分布. 分布函数记为 $A(t)$. 上面所有的输入都是一般独立输入的特例.

6）成批到达的输入：假定有一系列到达点，它们的间隔分布可以是上述的各种分布，但在每一到达点上到来的不是单独一个顾客，而是一批顾客，每批顾客的数目 $\boldsymbol{n}$ 为一随机变量，其分布为

$$P\{\boldsymbol{n}=k\}=a_k,\ k=0,1,2,\cdots. \tag{14}$$

(ii) 排队规则：

1）损失制：顾客到达时，若所有服务台均被占，该顾客就自动消失. 如通常使用的损失制电话系统.

2）等待制：顾客到达时，若所有服务台均被占，他们就排成队伍，等待服务，服务次序可以采用下列各种规则：

a）先到先服务：即按到达次序接受服务. 这是最通常的情形.

b）后到先服务：例如将钢板堆入仓库看成是顾客的到达，需要使用时将它们陆续取走看作是服务，则一般都是取用放在最上面的，也就是最后放上的钢板. 又如在通讯系统中，最后到达的信息一般说是最有价值的，因而有时会采取“后到先服务”的方式.

c）随机服务：当服务机构得空时，在等待的顾客中随机地选取一名进行服务，也即每一等待的顾客被选到的概率相同.

d）优先权服务：如码头上载有重要物资的船只先行装卸；电报分普通电报、加急电报；长途电话比市内电话优先，甚至可中断

市内电话的通话.

e）多个（n 个）服务台的情形：当顾客到达时可以按如下规则在每个服务台前排成一个队：第 $1, n+1, 2n+1, \cdots$ 个顾客排入第一个队，第 $2, n+2, 2n+2, \cdots$ 个顾客排入第二个队等等. 或者排成一个公共的队，当有一服务台得空时，队首顾客进入服务. 也可以这样来排成 n 个队：第 m 个顾客到达时，以概率 $C_i^{(m)}$ 排入第 i 个队 $\left(\sum_{i=1}^{n} C_i^{(m)} = 1,\ m = 1, 2, \cdots\right)$. 显然，第一种情形是这种情形的特例. 事实上，令 $C_i^{(kn+i)} = 1, i = 1, 2, \cdots, n,\ k = 0, 1, 2, \cdots$，就得到第一种情形.

3）混合制：

a）队长有限制的情形：顾客到达时，若队长 $<N$，就排入队伍；若队长 $=N$，顾客就离去.

b）等待时间有限制的情形：顾客在队伍中的等待时间不能超过 T，超过 T 后顾客就离去.

c）逗留时间（等待时间与服务时间之和）有限制的情形：顾客在系统中的逗留时间不能超过 T，超过 T 后顾客就离去. 例如高射炮阵地射击来空袭的敌机，敌机飞过高射炮射击区域所需的时间为 T，若敌机飞过该区域后还未被击落，就算消失.

(iii) 服务机构：服务台的个数可以是一个或几个，可以是单个服务，也可以是成批服务，例如公共汽车一次就装载大批乘客. 下面来描述一下各种服务分布：

1）定长分布：每一顾客的服务时间都是常数 β，此时服务时间 $\boldsymbol{v}$ 的分布函数为

$$B(x) \equiv P\{\boldsymbol{v} \leqslant x\} = \begin{cases} 1, & x \geqslant \beta; \\ 0, & x < \beta. \end{cases} \tag{15}$$

2）负指数分布：即各个顾客的服务时间相互独立，具有相同的负指数分布：

$$B(x) = \begin{cases} 1 - e^{-\mu x}, & x \geqslant 0; \\ 0, & x < 0, \end{cases} \tag{16}$$

其中 $\mu > 0$ 为一常数. 平均服务时间与方差分别为

$$Ev \equiv \int_0^\infty x dB(x) = \mu \int_0^\infty x e^{-\mu x} dx = \frac{1}{\mu} \tag{17}$$

与

$$\sigma_v^2 = \frac{1}{\mu^2}. \tag{18}$$

3) 爱尔朗分布 E_k: 即各个顾客的服务时间相互独立，具有相同的 k 阶 (k 为正整数)爱尔朗分布:

$$B(x) = \begin{cases} 1 - \sum_{i=0}^{k-1} e^{-k\mu x} \frac{(k\mu x)^i}{i!}, & x \geqslant 0; \\ 0, & x < 0, \end{cases} \tag{19}$$

其中 $\mu > 0$ 为一常数. 易知其密度函数为

$$b(x) = \frac{k\mu(k\mu x)^{k-1}}{(k-1)!} e^{-k\mu x}, \quad x \geqslant 0, \tag{20}$$

而平均服务时间与方差分别为

$$Ev \equiv \int_0^\infty x b(x) dx = \frac{1}{\mu} \tag{21}$$

与

$$\sigma_v^2 = \frac{1}{k\mu^2}. \tag{22}$$

$k = 1$ 时爱尔朗分布化归为负指数分布; $k \to \infty$ 时得到长度为 $\frac{1}{\mu}$ 的定长服务分布.

4) 超指数分布 H_k: 即各个顾客的服务时间相互独立，具有相同的 k 阶 (k 为正整数)超指数分布:

$$B(x) = \begin{cases} 1 - \sum_{i=1}^{k} \alpha_i e^{-\mu_i x}, & x \geqslant 0; \\ 0, & x < 0, \end{cases} \tag{23}$$

其中 $\mu_i > 0$, $\alpha_i > 0 (i = 1, 2, \cdots, k)$ 均为常数, 且 $\sum_{i=1}^{k} \alpha_i = 1$. 易知其密度函数为

$$b(x) = \sum_{i=1}^{k} \alpha_i \mu_i e^{-\mu_i x}, \quad x \geqslant 0, \tag{24}$$

而平均服务时间与方差分别为

$$Ev = \int_0^\infty x b(x) dx = \sum_{i=1}^{k} \frac{\alpha_i}{\mu_i} = \frac{1}{\mu} \tag{25}$$

与

$$\sigma_v^2 = 2 \sum_{i=1}^{k} \frac{\alpha_i}{\mu_i^2} - \frac{1}{\mu^2}. \tag{26}$$

超指数分布服务可以看成顾客以概率 α_i 接受参数为 μ_i 的负指数分布服务. 当 $k=1$ 时的一阶超指数分布就是负指数分布.

5) 一般服务分布: 所有顾客的服务时间是相互独立相同分布的随机变量,其分布函数记为 $B(x)$. 前面所有的服务分布都是一般服务分布的特例.

6) 多个服务台的情形: 可以假定各个服务台的服务分布参数不同或分布类型不同.

7) 服务时间依赖于队长: 这反映了一般服务者的心理,排队的人愈多,服务的速度也就愈高.

下面,我们引入一个常用的关于随机服务系统分类的记号.令

M: 代表普阿松输入或负指数服务分布;

D: 代表定长输入或定长服务分布;

E_k: 代表 k 阶爱尔朗输入或 k 阶爱尔朗服务分布;

H_k: 代表 k 阶超指数输入或 k 阶超指数服务分布;

GI: 代表一般独立输入;

G: 代表一般服务分布.

并令 X/Y/n 代表输入为 X, 服务分布为 Y 的 n 个服务台的随机服务系统. 于是例如

M/M/n: 即普阿松输入、负指数服务分布的 n 个服务台的系统;

D/M/1: 即定长输入、负指数服务分布的单个服务台的系统;

M/G/1: 即普阿松输入、一般服务分布的单个服务台的系统;

同样可理解 $E_k/M/1$, $GI/E_k/1$,$GI/G/n$ 等系统.

如果不附加其它说明,则这种记号一般都指先到先服务、单个服务的等待制系统.

还有作者用更多的符号来代表一个系统,最多的有六个符号,即 X/Y/n/N/S/Z, 其中N为系统容量,即混合制中的最大队长; S为顾客源(即顾客总体)中顾客的总数;而Z为排队规则.如 M/G/1/5/∞/FIFO 表示 M/G/1 的混合制系统,最大队长为5,顾客源中的顾客总数无限,排队规则为先到先服务.

4. 随机服务系统的几个主要的数量指标 随机服务系统最重要的数量指标有三个:

1) 等待时间: 即从顾客到达时起到他开始接受服务时止这段时间. 这对顾客来说是最为关心的,因为每个顾客都希望他的等待时间愈短愈好.

2) 忙期: 即服务机构连续繁忙的时期. 这是与服务机构直接有关的,关系到他们的工作强度.

3) 队长: 即系统中顾客的数目. 这是顾客与服务机构都很关心的. 特别对系统设计人员来说更为重要,因为它涉及到等待空间的大小,空间小了无法容纳,空间大了会造成浪费.

在随机服务系统的研究中,一般都集中在这三个数量指标的讨论上,即研究等待时间、忙期与队长的分布函数,以及平均等待时间、忙期平均长度与平均队长.

此外,在不同类型的问题中,还会注意到其它一些数量指标,如损失制与混合制随机服务系统中讨论的损失率及被损失的顾客数目. 前面提到的防空阵地的例子中,如何计算敌机消失率(未被击中而通过防空带的比例数)显然是最值得关心的问题.

§2. 最简单流与负指数分布

1. 定义的分析 在§1中已经给出了最简单流的定义,即满足平稳性、无后效性、普通性、有限性等四个条件的输入称为最简单流．现在我们对这些条件作一些简单的分析．首先指出，这些条件(除有限性外)在实践中不是经常能够满足的，例如平稳性在下述情况下就不成立：在电话呼唤中，白天的呼唤总比晚上的多；在饭厅里，绝大部分就餐者都集中在刚下班以后的一段时间．但对这种情形，我们有时把所考虑的时间区间加以一定限制以后，仍然可以认为是具有平稳性的．如对电话呼唤，我们只考虑每天的上班时间．再看无后效性，在很多情况下，一个顾客的到来可以增加或减少以后其它顾客的到来．例如某甲打电话找某乙，而某乙不在的话，则甲过一会很可能再打；又如生产流水线中，某车床的输入流是前一车床加工而得的零件流，由于加工前一批零件时车刀磨损，就可能使输入速度减慢．同样，对普通性也不是经常能够满足的．例如到商店买东西，往往是好几个人同时去选购各人需要的商品；到电影院看电影，也常常是一对、一群地到达的．

尽管这些条件不能毫无例外的成立，但是最简单流仍然可以认为是实际现象相当程度上的近似，特别是巴尔姆-欣钦 (Palm-Хинчин) 的极限定理(该定理断言：大量相互独立小强度流的总和近似于一个最简单流，只要每个加项流都是平稳与普通的，同时满足一些足够普遍的条件．可参看欣钦的书 [9] 第五章)，充分说明了最简单流可以和更多的实际情况相接近．例如电话局所得到的总呼唤流是个别用户(强度相对地就很小)发出呼唤的总和，而每一个别用户的呼唤可近似地看成平稳普通且独立的流，因此电话局所得到的和流就近似地为最简单流．正由于最简单流这种足够近似实际的性质，也由于其简单而易于处理，因而我们把它作为研究实际问题的一个起点．但是对于变化复杂的实际现象，还需要采用更多的比最简单流更加复杂的其它形式的输入来描述、模拟，这就是随机服务系统理论中还要研究其它形形色色的输入，如变动参数流、无后效平稳流、爱尔朗输入、定长输入、一般独立输入等等的原因 (参看欣钦的书 [9])．

2. $v_k(t)$ 公式的证明　在 § 1 中已经指出

$$v_k(t) = e^{-\lambda t} \cdot \frac{(\lambda t)^k}{k!}. \tag{1}$$

现在我们来证明这一公式.

令 t, τ 为两个任意的正数，则在 $[0, t+\tau)$ 内没有顾客到来的充分必要条件是 $[0, t)$, $[t, t+\tau)$ 内都没有顾客到来. 由平稳性，前面这三个事件的概率分别为 $v_0(t+\tau)$, $v_0(t)$ 与 $v_0(\tau)$，又由无后效性，后两个事件相互独立，因而

$$v_0(t+\tau) = v_0(t)v_0(\tau),$$

取对数，得

$$\ln v_0(t+\tau) = \ln v_0(t) + \ln v_0(\tau),$$

由于 $-\ln v_0(t)$ 为非降函数，因而由数学分析中的一个结果：对区间 $[0, \infty)$ 内的任何 x 及 y 恒能满足条件

$$f(x+y) = f(x) + f(y)$$

的非降函数 $f(x)$ 必为线性齐次函数，即

$$f(x) = \lambda x,$$

其中 λ 为非负常数或 $+\infty$ (例如参阅菲赫金哥尔茨(Фихтенгольц)著，微积分学教程，中译本第一卷第一分册 § 74，其中对 $f(x)$ 所作的"连续性"的假定改为"非降性"后，命题仍然成立. 证明只需稍加更动，请读者自证)，即可推知

$$-\ln v_0(t) = \lambda t, \tag{2}$$

其中 λ 为非负常数或 $+\infty$. 但由 (2), $\lambda = 0$ 时，$v_0(t) \equiv 1$，它表示在不论怎样大的区间 $[0, t)$ 内都没有顾客到来，这种根本没有顾客的流当然不需要作任何讨论. 而 $\lambda = +\infty$ 时，$v_0(t) \equiv 0$，它表示对不论怎样小的 t, $[0, t)$ 内总会有顾客到来，因而对不论怎样大的 k，在有限区间内来的顾客数总大于 k. 换言之，在此有限区间内必然来无限多个顾客，此与有限性的假设矛盾. 所以，以后永远都假定 $0 < \lambda < +\infty$.

故由 (2),

$$v_0(t) = e^{-\lambda t}, \tag{3}$$

其中 $\lambda > 0$ 为一常数. 因而对 $k = 0$ 的情形已证明了 (1) 式.

现在证明 $k > 0$ 的情形. 将 $[0, t)$ 区间 n 等分, 记 $\dfrac{t}{n} = \triangle$.

我们有

$$v_k(t) = P\{[0, t) \text{内到达} k \text{个顾客}\}$$

$$= P\{[0, t) \text{内到达} k \text{个顾客, 并且至少}$$

$$\text{有一个小区间内到达多于一个顾客}\}$$

$$+ P\{[0, t) \text{内到达} k \text{个顾客, 并且每一}$$

$$\text{小区间内至多只到达一个顾客}\}$$

$$= P_1 + P_2. \tag{4}$$

由普通性即知,

$$P_1 \leqslant P\{\text{至少有一个小区间内到达多于一个顾客}\}$$

$$\leqslant n\phi(\triangle) = t \cdot \frac{\phi(\triangle)}{\triangle} \to 0, \quad n \to \infty.$$

而由平稳性及无后效性, 即知当 $n > k$ 时,

$$P_2 = \binom{n}{k} [v_1(\triangle)]^k \cdot [v_0(\triangle)]^{n-k}$$

$$= \binom{n}{k} [1 - v_0(\triangle) - \phi(\triangle)]^k e^{-\lambda\triangle(n-k)}$$

$$= \binom{n}{k} [\lambda^k \triangle + o(\triangle)]^k e^{-\lambda n\triangle} e^{\lambda k\triangle}$$

$$= \binom{n}{k} \lambda^k \triangle^k [1 + o(1)] e^{-\lambda t} [1 + o(1)]$$

$$= \frac{(\lambda t)^k}{k!} e^{-\lambda t} \frac{n(n-1)\cdots(n-k+1)}{n^k} [1 + o(1)].$$

$$\to \frac{(\lambda t)^k}{k!} e^{-\lambda t}, \quad n \to \infty.$$

故在 (4) 中令 $n \to \infty$, 即得所证 (1) 式.

3. 参数 λ 的物理意义　令 $[0, t)$ 内到达顾客的平均数为 $N(t)$, 则

$$N(t) = \sum_{k=1}^{\infty} k v_k(t) = \sum_{k=1}^{\infty} k \frac{(\lambda t)^k}{k!} e^{-\lambda t}$$

$$= \lambda t \sum_{k=1}^{\infty} \frac{(\lambda t)^{k-1}}{(k-1)!} e^{-\lambda t} = \lambda t \tag{5}$$

因而参数 λ 表示在单位时间内到达顾客的平均数. 这与 § 1 中所指出的顾客平均到达间隔为 $1/\lambda$ 是一致的.

4. 最简单流的充分必要条件

定理 1 一个输入过程是参数为 λ 的最简单流的充分必要条件为: 相继到达间隔 $\boldsymbol{t}_i$, $i=1, 2, \cdots$, 相互独立, 且均为相同的负指数分布

$$P\{\boldsymbol{t}_i \leqslant t\} = \begin{cases} 1 - e^{-\lambda t}, & t \geqslant 0; \\ 0, & t < 0. \end{cases} \quad \| \tag{6}$$

§ 1 中早已指出这一结果,现在我们来证明它.

证 先证必要性. 令 $\boldsymbol{x}(t)$ 为 $[0, t)$ 内到达的顾客数, 再令 $[t_1, t_2)$ 内到达的顾客数为

$$\boldsymbol{x}(t_1, t_2) = \boldsymbol{x}(t_2) - \boldsymbol{x}(t_1), \quad 0 \leqslant t_1 < t_2.$$

由平稳性及已证公式 (1),

$$P\{\boldsymbol{x}(t_1, t_2) = k\} = v_k(t_2 - t_1)$$

$$= e^{-\lambda(t_2 - t_1)} \frac{[\lambda(t_2 - t_1)]^k}{k!},$$

$$k = 0, 1, \cdots.$$

因而对任意整数 $n > 0$, 实数 $0 \leqslant u_1 < u_2 < \cdots < u_n$, 及满足 $u_i + \Delta u_i < u_{i+1} (i = 1, 2, \cdots, n-1)$ 的实数 $\Delta u_i \geqslant 0$ $(i = 1, 2, \cdots, n)$, 顾客的相继到达时刻 $\boldsymbol{\tau}_1, \boldsymbol{\tau}_2, \cdots$ 满足

$$\begin{aligned} & P\{u_1 \leqslant \boldsymbol{\tau}_1 < u_1 + \Delta u_1, u_2 \leqslant \boldsymbol{\tau}_2 < u_2 + \Delta u_2, \cdots, u_n \\ & \quad \leqslant \boldsymbol{\tau}_n < u_n + \Delta u_n\} = P\{\boldsymbol{x}(u_1) = 0, \\ & \quad \boldsymbol{x}(u_1, u_1 + \Delta u_1) = 1; \ \boldsymbol{x}(u_1 + \Delta u_1, u_2) = 0, \\ & \quad \boldsymbol{x}(u_2, u_2 + \Delta u_2) = 1, \cdots, \boldsymbol{x}(u_{n-1} + \Delta u_{n-1}, u_n) = 0, \\ & \quad \boldsymbol{x}(u_n, u_n + \Delta u_n) \geqslant 1\} = e^{-\lambda u_1} \cdot e^{-\lambda \Delta u_1} \lambda \Delta u_1 \\ & \quad \cdot e^{-\lambda(u_2 - u_1 - \Delta u_1)} \cdot e^{-\lambda \Delta u_2} \lambda \Delta u_2 \cdot \cdots \\ & \quad \cdot e^{-\lambda(u_n - u_{n-1} - \Delta u_{n-1})} \cdot (1 - e^{-\lambda \Delta u_n}) \end{aligned}$$

$$= \lambda^n \Delta u_1 \Delta u_2 \cdots \Delta u_n e^{-\lambda u_n}[1 + o(1)], \quad \Delta u_n \to 0.$$

所以 $\boldsymbol{\tau}_1, \boldsymbol{\tau}_2, \cdots, \boldsymbol{\tau}_n$ 的联合密度为

$$\lim_{\substack{\Delta u_i \to 0 \\ 1 \leqslant i \leqslant n}} \frac{P\{u_1 \leqslant \boldsymbol{\tau}_1 < u_1 + \Delta u_1, \cdots, u_n \leqslant \boldsymbol{\tau}_n < u_n + \Delta u_n\}}{\Delta u_1 \cdots \Delta u_n}$$

$$= \lambda^n e^{-\lambda u_n}.$$

于是对任意的 $t_1, t_2, \cdots, t_n \geqslant 0$，有

$$P\{\boldsymbol{t}_1 > t_1, \boldsymbol{t}_2 > t_2, \cdots, \boldsymbol{t}_n > t_n\}$$

$$= P\{\boldsymbol{\tau}_1 > t_1, \boldsymbol{\tau}_2 - \boldsymbol{\tau}_1 > t_2, \cdots, \boldsymbol{\tau}_n - \boldsymbol{\tau}_{n-1} > t_n\}$$

$$= \int \cdots \int\limits_{\substack{u_1 > t_1 \\ u_2 - u_1 > t_2 \\ \cdots\cdots \\ u_n - u_{n-1} > t_n}} \lambda^n e^{-\lambda u_n} du_1 du_2 \cdots du_n$$

$$= \int_{t_1}^{\infty} du_1 \int_{u_1 + t_2}^{\infty} du_2 \cdots \int_{u_{n-2} + t_{n-1}}^{\infty} du_{n-1} \int_{u_{n-1} + t_n}^{\infty} \lambda^n e^{-\lambda u_n} du_n$$

$$= e^{-\lambda t_1} e^{-\lambda t_2} \cdots e^{-\lambda t_n}.$$

令 $t_j = 0$，$j \neq i$，即得

$$P\{\boldsymbol{t}_i > t_i\} = e^{-\lambda t_i}, \quad i = 1, 2, \cdots, n.$$

因而

$$P\{\boldsymbol{t}_1 > t_1, \boldsymbol{t}_2 > t_2, \cdots, \boldsymbol{t}_n > t_n\}$$
$$= P\{\boldsymbol{t}_1 > t_1\} P\{\boldsymbol{t}_2 > t_2\} \cdots P\{\boldsymbol{t}_n > t_n\}.$$

必要性得证.

再证充分性. 对任意整数 $n > 0$，$0 \leqslant k_1 \leqslant k_2 \leqslant \cdots \leqslant k_n$ 及实数 $0 \leqslant u_1 < u_2 < \cdots < u_n$，有

$$P\{\boldsymbol{x}(u_1) = k_1, \boldsymbol{x}(u_2) = k_2, \cdots, \boldsymbol{x}(u_n) = k_n\}$$

$$= P\{\boldsymbol{t}_1 + \boldsymbol{t}_2 + \cdots + \boldsymbol{t}_{k_1} < u_1 \leqslant \boldsymbol{t}_1 + \boldsymbol{t}_2 + \cdots + \boldsymbol{t}_{k_1+1},$$
$$\boldsymbol{t}_1 + \boldsymbol{t}_2 + \cdots + \boldsymbol{t}_{k_2} < u_2 \leqslant \boldsymbol{t}_1 + \boldsymbol{t}_2 + \cdots + \boldsymbol{t}_{k_2+1},$$
$$\cdots\cdots$$
$$\boldsymbol{t}_1 + \boldsymbol{t}_2 + \cdots + \boldsymbol{t}_{k_n} < u_n \leqslant \boldsymbol{t}_1 + \boldsymbol{t}_2 + \cdots + \boldsymbol{t}_{k_n+1}\}$$

$$= \int \cdots \int\limits_{\substack{t_1 + \cdots + t_{k_1} < u_1 \leqslant t_1 + \cdots + t_{k_1+1} \\ t_1 + \cdots + t_{k_2} < u_2 \leqslant t_1 + \cdots + t_{k_2+1} \\ \cdots\cdots \\ t_1 + \cdots + t_{k_n} < u_n \leqslant t_1 + \cdots + t_{k_n+1}}} dP\{\boldsymbol{t}_1 < t_1, \boldsymbol{t}_2 < t_2, \cdots, \boldsymbol{t}_{k_n+1} \leqslant t_{k_n+1}\},$$

此处约定 $\boldsymbol{t}_1+\boldsymbol{t}_2+\cdots+\boldsymbol{t}_k=0$，$t_1+t_2+\cdots+t_k=0$，若 $k=0$. 由此可见，输入过程 $\{\boldsymbol{x}(t)\}$ 的有限维分布为 $\{\boldsymbol{t}_i\}$的有限维分布唯一决定. 但由已证的必要性，最简单流对应的间隔 $\{\boldsymbol{t}_i\}$ 为相互独立，并具有相同的负指数分布，因而由上述唯一性，任何 $\{\boldsymbol{t}_i\}$ 为相互独立并具有相同负指数分布的过程 $\{\boldsymbol{x}(t)\}$ 必为最简单流. 这就是所证的充分性. 定理 1 证毕. #

由此定理，立即推知如下两个结论：

1）假设有一个服务台，顾客逐个接受服务，每个顾客的服务时间相互独立、均按参数为 μ 的负指数分布，则该服务台在忙期中的输出流是参数为 μ 的最简单流.

2）假设有 s 个服务台进行服务，每个顾客服务时间相互独立，均按参数为 μ 的负指数分布，则当所有服务台均处忙期时，整个服务系统的输出流是参数为 $s\mu$ 的最简单流.

事实上，由 1) 知每台的输出流均是参数为 μ 的最简单流，而每个顾客的服务时间相互独立. 因此，这些最简单流是相互独立的，s 个独立的参数为 μ 的最简单流之迭加显然仍为一最简单流，而其参数为 $s\mu$.

5. 负指数分布的一个重要的性质 假定服务时间 $\boldsymbol{v}$ 是参数为 μ 的负指数分布. 我们来求服务已经进行了时间 x 的条件下，再服务不少于时间 t 的条件概率 $P\{\boldsymbol{v}\geqslant x+t|\boldsymbol{v}\geqslant x\}$. 由条件概率的定义，有

$$P\{\boldsymbol{v}\geqslant x+t|\boldsymbol{v}\geqslant x\}=\frac{P\{\boldsymbol{v}\geqslant x+t,\ \boldsymbol{v}\geqslant x\}}{P\{\boldsymbol{v}\geqslant x\}}$$

$$=\frac{P\{\boldsymbol{v}\geqslant x+t\}}{P\{\boldsymbol{v}\geqslant x\}}=\frac{e^{-\mu(x+t)}}{e^{-\mu x}}=e^{-\mu t}.$$

我们看出，剩余服务时间的分布独立于已经服务过的时间，而与原来的分布相同. 这是负指数分布的一个非常重要的性质，今后我们经常要用到它.

反之，能满足性质 $P\{\boldsymbol{v}\geqslant x+t|\boldsymbol{v}\geqslant x\}=P\{\boldsymbol{v}\geqslant t\}$ 的分布也只能是负指数分布，因为 $P\{\boldsymbol{v}\geqslant x+t\}=P\{\boldsymbol{v}\geqslant x\}\cdot P\{\boldsymbol{v}\geqslant t\}$

可以写成 $g(x+t)=g(x)g(t)$，此处 $g(t)=P\{v\geqslant t\}$，故由2中所引之分析结果即知 $g(t)=e^{-\mu t}$，又因假设其为分布，故必有 $0<\mu\leqslant+\infty$，但 $\mu=+\infty$ 时表明 $P\{v=0\}=1$，这种情形没有什么意思，所以不予考虑。

对最简单输入流，由于到达间隔为负指数分布，因而同样地，不论取任何时刻为起点，剩余的到达间隔仍为同一参数的负指数分布。

6. 负指数分布与爱尔朗分布的关系 我们来建立下列定理。

定理 2 设 $\tau_1,\tau_2,\cdots,\tau_k$ 为相互独立、具有相同负指数分布的随机变量，负指数分布的参数为 μ. 令

$$T_k=\tau_1+\tau_2+\cdots+\tau_k \tag{7}$$

则 T_k 具有爱尔朗分布 E_k，也就是说，它的分布密度为

$$\frac{\mu(\mu x)^{k-1}}{(k-1)!}\cdot e^{-\mu x},\quad x\geqslant 0. \quad \| \tag{8}$$

证 τ_i 的特征函数为

$$\int_0^\infty e^{itx}d(1-e^{-\mu x})=\mu\int_0^\infty e^{(it-\mu)x}dx=\frac{\mu}{\mu-it}.$$

因为各 τ_i 相互独立，所以 T_k 的特征函数为 $\left[\frac{\mu}{\mu-it}\right]^k$. 但爱尔朗分布 (10) 的特征函数为

$$\int_0^\infty e^{itx}\frac{\mu(\mu x)^{k-1}}{(k-1)!}e^{-\mu x}dx=\frac{\mu^k}{(k-1)!}\int_0^\infty e^{-(\mu-it)x}x^{k-1}dx$$

$$=\left[\frac{\mu}{\mu-it}\right]^k,$$

与 T_k 的相同，由特征函数的唯一性定理（例如参阅格涅坚科(1955)的书 [19]§ 35 定理 2)，T_k 的分布必为 E_k，证毕. #

由此定理，即可推知：

1) 若每个顾客的服务时间相互独立、具有相同的负指数分布，则 k 个顾客所需的服务时间遵从爱尔朗分布 E_k.

例 串联的 k 个服务台，每台服务时间相互独立、均为负指数

分布，则每个顾客总的服务时间为 E_k 分布。

再结合定理 1，即可推知：

2）在参数为 λ 的普阿松输入中，对任意的 j 与 k，第 j 与第 $j+k$ 个顾客之间的到达间隔遵从参数为 λ 的爱尔朗分布 E_k，其分布密度为

$$\frac{\lambda(\lambda t)^{k-1}}{(k-1)!}e^{-\lambda t},\quad t\geqslant 0.$$

例 并联的 k 个服务台，到来的最简单流中规定第 i，$k+i$，$2k+i,\cdots$ 个排入第 i 台 $(i=1,2,\cdots,k)$，则第 k 台所获得的流即为 E_k 输入，其它各台从它的第一个顾客到达以后开始所获得的流也为 E_k 输入。

§3. 生 灭 过 程

1. 例子 假定有一堆细菌，每一细菌在时间 Δt 内分裂成两个的概率为 $\lambda\Delta t+o(\Delta t)$，而在 Δt 内死亡的概率为 $\mu\Delta t+o(\Delta t)$，各个细菌在任何时段内的分裂或死亡都是相互独立的. 如果将细菌的分裂或死亡都看成发生一个事件的话，那末容易看出，在 Δt 内发生两个或两个以上事件的概率为 $o(\Delta t)$. 假定初始时刻细菌的个数是已知的，我们有兴趣的问题是经过时间 t 后，细菌变成了多少个？

2. 生灭过程的定义

定义 假定有一系统，该系统具有有限个状态 $0,1,\cdots,K$，或可数个状态 $0,1,\cdots$. 令 $\boldsymbol{N}(t)$ 为系统在时刻 t 所处的状态. 在任一时刻 t，若系统处于状态 i，则在 $(t,t+\Delta t)$ 内系统由状态 i 转移到状态 $i+1$（有限状态时 $0\leqslant i<K$；可数状态时 $0\leqslant i<\infty$）的概率为 $\lambda_i\Delta t+o(\Delta t)$，$\lambda_i>0$ 为一常数；而由 i 转移到 $i-1$（有限状态时 $1\leqslant i\leqslant K$；可数状态时 $1\leqslant i<\infty$）的概率为 $\mu_i\Delta t+o(\Delta t)$，$\mu_i>0$ 为一常数；并且在 $(t,t+\Delta t)$ 内发生距离不小于 2 的转移的概率为 $o(\Delta t)$. 这样一个系统状态随

时间变化的过程 $\boldsymbol{N}(t)$ 就称为一个生灭过程.

3. 生灭过程的微分方程组 令 $P_i(t)$ 为系统在时刻 t 处于状态 i 的概率,即

$$P_i(t) = P\{\boldsymbol{N}(t) = i\},$$

系统在时刻 $t + \Delta t$ 处于 i (有限状态时 $0 < i < K$; 可数状态时 $0 < i < \infty$) 这一事件可以在下列互斥情形下发生:

(1) 系统在时刻 t 处于 i, 而在时刻 $t + \Delta t$ 仍处于 i. 它的概率为 $P_i(t)(1 - \lambda_i \Delta t - \mu_i \Delta t) + o(\Delta t)$;

(2) 系统在时刻 t 处于 $i-1$, 而在 $(t, t + \Delta t)$ 内由 $i-1$ 转移到 i. 它的概率为 $P_{i-1}(t)\lambda_{i-1}\Delta t + o(\Delta t)$;

(3) 系统在时刻 t 处于 $i+1$, 而在 $(t, t + \Delta t)$ 内由 $i+1$ 转移到 i. 它的概率为 $P_{i+1}(t)\mu_{i+1}\Delta t + o(\Delta t)$;

(4) 系统在 $(t, t + \Delta t)$ 内发生了距离不小于 2 的转移. 它的概率为 $o(\Delta t)$.

故由全概定理,在有限状态时,

$$P_i(t + \Delta t) = P_i(t)(1 - \lambda_i \Delta t - \mu_i \Delta t) + P_{i-1}(t)\lambda_{i-1}\Delta t + P_{i+1}(t)\mu_{i+1}\Delta t + o(\Delta t), \quad 0 < i < K,$$

移项后,两端都除以 Δt, 得

$$\frac{P_i(t + \Delta t) - P_i(t)}{\Delta t} = \lambda_{i-1}P_{i-1}(t) - (\lambda_i + \mu_i)P_i(t) + \mu_{i+1}P_{i+1}(t) + o(1), \quad 0 < i < K,$$

令 $\Delta t \to 0$,即得

$$P_i'(t) = \lambda_{i-1}P_{i-1}(t) - (\lambda_i + \mu_i)P_i(t) + \mu_{i+1}P_{i+1}(t), \quad 0 < i < K. \tag{1a}$$

同理,对 $i = 0$, 可推得

$$P_0'(t) = -\lambda_0 P_0(t) + \mu_1 P_1(t); \tag{1b}$$

对 $i = K$, 可推得

$$P_K'(t) = \lambda_{K-1}P_{K-1}(t) - \mu_K P_K(t). \tag{1c}$$

[当可数状态时, 只需将 (1c) 划去, 并将 (1a) 中的 K 改成 ∞ 即可.]

(1a)，(1b) 与 (1c) 就是生灭过程的微分方程组，在以后将经常利用它来导出各种随机服务系统的微分方程组。

4. 生灭过程方程组的解的存在唯一性定理及一个极限定理

我们不加证明地引用生灭过程的两个定理，前者为 Reuter[115] 的定理 11，后者是 Karlin & McGregor[84] 定理 2 的直接推论。

存在唯一性定理 对有限状态的生灭过程，或对满足条件

$$R = \sum_{n=1}^{\infty}\left(\frac{1}{\lambda_n} + \frac{\mu_n}{\lambda_n\lambda_{n-1}} + \cdots + \frac{\mu_n\mu_{n-1}\cdots\mu_2}{\lambda_n\lambda_{n-1}\cdots\lambda_2\lambda_1}\right) = \infty \quad (2)$$

的可数状态的生灭过程，其状态概率微分方程组 (1a)，(1b) 与 (1c) 满足任给初始条件，并满足条件

$$P_j(t) \geqslant 0, \quad \sum_j P_j(t) \leqslant 1, \quad t \geqslant 0$$

的解存在、唯一，而且此解还构成一概率分布 $\left(\text{即 } P_j(t) \geqslant 0 \text{ 且 } \sum_j P_j(t) = 1,\ t \geqslant 0\right)$. ||

极限定理 令

$$\theta_0 = 1, \quad \theta_j = \frac{\lambda_0\lambda_1\cdots\lambda_{j-1}}{\mu_1\mu_2\cdots\mu_j}, \quad j \geqslant 1. \quad (3)$$

则对有限状态的生灭过程或对满足条件

$$\sum_j \theta_j < \infty, \quad \sum_j \frac{1}{\lambda_j\theta_j} = \infty \quad (4)$$

(此时必满足条件 (2)) 的可数状态的生灭过程，极限分布

$$\lim_{t\to\infty} P_j(t) = P_j > 0, \quad j \geqslant 0 \quad (5)$$

存在，且与初始条件无关.

对满足条件 (2) 的可数状态的生灭过程，若不满足 (4)，则极限

$$\lim_{t\to\infty} P_j(t) = 0, \quad j \geqslant 0, \quad (6)$$

因而不构成一概率分布. ||

5. 生灭过程微分方程组的极限解 在实际应用中，当极限分布 $\lim_{t\to\infty} P_j(t)$ 存在时，常常把它当作任一时刻系统处于状态 j 的概

率，并称系统的这种极限性态为平稳性态，称系统此时处于统计平衡．所以，下面我们来考察生灭过程微分方程组的极限解。

现在，假定条件(4)成立，故由上述两定理，方程组(1a)，(1b)与(1c)满足任给初始条件及 $P_j(t)\geqslant 0$，$\sum_j P_j(t)\leqslant 1$，$t\geqslant 0$ 的解 $P_j(t)$，$j\geqslant 0$，存在、唯一，且构成一概率分布，同时极限分布(5)存在，并与初始条件无关。

在方程组(1a)，(1b)与(1c)中，由于 $t\to\infty$ 时右端极限存在，因而左端极限也存在，即

$$\lim_{t\to\infty} P_i'(t),\quad i\geqslant 0$$

存在，因而必有

$$\lim_{t\to\infty} P_i'(t)=0,\quad i\geqslant 0. \tag{7}$$

事实上，若有某 i，使

$$\lim_{t\to\infty} P_i'(t)=c_i\neq 0,$$

不妨假设 $c_i>0$($c_i<0$ 时同理可证)，取 a_i 使 $c_i>a_i>0$，则存在一个 t_0，当 $t\geqslant t_0$ 时，$P_i'(t)\geqslant a_i$，故

$$\begin{aligned}\lim_{t\to\infty} P_i(t)&=\lim_{t\to\infty}\left[P_i(t_0)+\int_{t_0}^{t}P_i'(u)du\right]\\&\geqslant P_i(t_0)+\lim_{t\to\infty}\int_{t_0}^{t}a_i du\\&=P_i(t_0)+\lim_{t\to\infty}a_i(t-t_0)=\infty.\end{aligned}$$

此与 $P_i(t)\leqslant 1$ 矛盾，因而必有(7)式。

于是在(1a)，(1b)与(1c)中令 $t\to\infty$，由(5)，(7)即得

$$\begin{cases}0=\lambda_{K-1}p_{K-1}-\mu_K p_K,\\0=\lambda_{i-1}p_{i-1}-(\lambda_i+\mu_i)p_i+\mu_{i+1}p_{i+1},\quad 1\leqslant i<K,\\0=-\lambda_0 p_0+\mu_1 p_1.\end{cases}$$

[当可数状态时，只需将第一式划去，并将第二式中的 K 改成 ∞ 即可.]

由此得

$$
\begin{cases}
\lambda_{K-1}p_{K-1} - \mu_K p_K = 0, \\
\lambda_i p_i - \mu_{i+1}p_{i+1} = \lambda_{i-1}p_{i-1} - \mu_i p_i, \quad 1 \leqslant i < K, \\
\lambda_0 p_0 - \mu_1 p_1 = 0,
\end{cases}
$$

即

$$
\lambda_{i-1}p_{i-1} - \mu_i p_i = 0, \quad 1 \leqslant i \leqslant K. \tag{8}
$$

故得所求的解

$$
\begin{cases}
p_j = \dfrac{\lambda_{j-1}}{\mu_j} p_{j-1} = \dfrac{\lambda_{j-1}\lambda_{j-2}\cdots\lambda_0}{\mu_j\mu_{j-1}\cdots\mu_1} p_0 = \theta_j p_0, \\
\qquad 1 \leqslant j \leqslant K; \\
p_j = 0, \quad j > K,
\end{cases} \tag{9}
$$

其中 θ_j 为 (3) 所定义[当可数状态时，只需将上述解的第一式中之 $1 \leqslant j \leqslant K$ 换成 $j \geqslant 1$，并划去第二式即可]. 而 p_0 由条件

$$
\sum_{j=0}^{K} p_j = 1 \tag{10}
$$

决定，故得

$$
p_0 = \frac{1}{\sum\limits_{j=0}^{K} \theta_j} \tag{11}
$$

[当可数状态时，只需将上式中的 K 换成 ∞ 即可. 由 (4)，此级数是收敛的]. 再代入 (9)，即得最后结果，即所求的极限解在有限状态时为

$$
p_j = \begin{cases}
\dfrac{\theta_j}{\sum\limits_{i=0}^{K} \theta_i}, & 0 \leqslant j \leqslant K; \\
0, & j > K;
\end{cases} \tag{12}
$$

在可数状态时为

$$
p_j = \frac{\theta_j}{\sum\limits_{i=0}^{\infty} \theta_i}, \quad j \geqslant 0, \tag{13}
$$

其中 θ_j 为 (3) 所定义.

第二章　最简单的随机服务系统

所谓最简单的随机服务系统，是指输入为最简单流、服务为负指数分布的随机服务系统。这种系统最便于讨论，所以就从讨论这种系统开始。

先讨论统计平衡理论，即当时间 $t\to\infty$ 极限分布存在、且与初始条件无关时系统的极限性态——平稳性态，然后讨论非平衡理论，即在有限时刻 t 系统的性态——瞬时性态。

§1. 统计平衡理论

1. 队长

1) 普阿松输入、负指数服务分布、n 个服务台的损失制系统.

假定参数为 λ 的最简单流到达 n 个服务台的系统，若顾客到达时有空闲的服务台，则该顾客立即被接受服务，服务完毕后就离开系统，服务时间与到达间隔相互独立，并遵从参数为 μ 的负指数分布；若顾客到达时所有 n 个服务台都正在进行服务，则该顾客就被拒绝而遭到损失，以后不再回来.

我们说系统处于状态 j，若有 j 个台正在进行服务，而其它 $n-j$ 个台空着. 令 $N(t)$ 为系统在时刻 t 所处的状态，所以 $N(t)$ 取值的集合为有限集 $\{0, 1, \cdots, n\}$.

在 $N(t)=j(j=0, 1, \cdots, n-1)$ 的条件下，$N(t+\Delta t)=j+1$ 可分解为下列互斥事件之和:

(i) $(t, t+\Delta t)$ 内恰好到来一个顾客，同时 j 个正在服务的顾客都没有服务完;

(ii) $(t, t+\Delta t)$ 内至少来两个顾客，且使 $N(t+\Delta t)=j+1$.

根据最简单流与负指数分布的性质，可知事件 (i) 的概率为

$$[e^{-\lambda\Delta t}\cdot\lambda\Delta t]\cdot[e^{-\mu\Delta t}]^j=\lambda\Delta t+o(\Delta t);$$

事件 (ii) 的概率为 $o(\Delta t)$. 因而

$$P\{N(t+\Delta t)=j+1|N(t)=j\}$$
$$=\lambda\Delta t+o(\Delta t),j=0,1,\cdots,n-1. \qquad (1)$$

另一方面,在 $N(t)=j(j=1,2,\cdots,n)$ 的条件下，$N(t+\Delta t)=j-1$ 可分解为下列互斥事件之和:

(iii) $(t,t+\Delta t)$ 内没有顾客来，同时恰好服务完一个顾客;

(iv) $(t,t+\Delta t)$ 内至少来一个顾客和至少服务完一个顾客，同时 $N(t+\Delta t)=j-1$。

事件 (iii) 的概率为

$$e^{-\lambda\Delta t}\cdot\binom{j}{1}(1-e^{-\mu\Delta t})(e^{-\mu\Delta t})^{j-1}=j\mu\Delta t+o(\Delta t);$$

事件 (iv) 的概率不大于

$$(1-e^{-\lambda\Delta t})\cdot[1-(e^{-\mu\Delta t})^j]=o(\Delta t).$$

因而

$$P\{N(t+\Delta t)=j-1|N(t)=j\}$$
$$=j\mu\Delta t+o(\Delta t),\quad j=1,2,\cdots,n. \qquad (2)$$

同理,容易验证

$$P\{N(t+\Delta t)=k|N(t)=j\}=o(\Delta t),\quad |k-j|>1.$$

由于状态有限,因而

$$P\{\text{在}(t,t+\Delta t)\text{内发生距离不小于 2 的转移}\}=o(\Delta t). \qquad (3)$$

由此可见，$N(t)$ 为一具有有限状态的生灭过程，用第一章§3之记号,有

$$\begin{cases}\lambda_j=\lambda, & j=0,1,\cdots,n-1;\\ \mu_j=j\mu, & j=1,2,\cdots,n.\end{cases} \qquad (4)$$

故由该节的 (9), (11) 两式，

$$p_j=\frac{\lambda_{j-1}\lambda_{j-2}\cdots\lambda_0}{\mu_j\mu_{j-1}\cdots\mu_1}p_0=\frac{\lambda^j}{j!\,\mu^j}p_0$$
$$=\frac{(\lambda/\mu)^j}{j!}p_0,\quad j=1,2,\cdots,n. \tag{5}$$

与

$$p_0=\frac{1}{\sum_{j=0}^{n}\frac{(\lambda/\mu)^j}{j!}}. \tag{6}$$

将 (6) 代入 (5)，即得

$$p_j=\frac{\frac{\left(\frac{\lambda}{\mu}\right)^j}{j!}}{\sum_{k=0}^{n}\frac{\left(\frac{\lambda}{\mu}\right)^k}{k!}},\quad j=0,1,\cdots,n. \tag{7}$$

特别，当 $j=n$ 时，(7) 式化为

$$p_n=\frac{\frac{\left(\frac{\lambda}{\mu}\right)^n}{n!}}{\sum_{k=0}^{n}\frac{\left(\frac{\lambda}{\mu}\right)^k}{k!}}. \tag{8}$$

这是 n 个台均被占用的概率，即顾客到达时遭受损失的概率，称为损失率．它是实际应用中衡量服务质量的一个重要指标，在电话系统中更是经常用到．公式 (8) 通常称为爱尔朗公式，有专门的表可查 p_n 的值，如 Башарин 的数表[30]．

我们来计算一下平均占用台数．

$$\text{平均占用台数}=\sum_{j=1}^{n}jp_j=\frac{\sum_{j=1}^{n}j\cdot\frac{\left(\frac{\lambda}{\mu}\right)^j}{j!}}{\sum_{k=0}^{n}\frac{\left(\frac{\lambda}{\mu}\right)^k}{k!}}$$

$$
=\frac{\frac{\lambda}{\mu}\sum_{j=0}^{n-1}\frac{\left(\frac{\lambda}{\mu}\right)^j}{j!}}{\sum_{k=0}^{n}\frac{\left(\frac{\lambda}{\mu}\right)^k}{k!}}=\frac{\lambda}{\mu}(1-p_n). \tag{9}
$$

例 1 高射炮阵地有三个瞄准系统，每一系统在每一时刻只能对一架敌机进行瞄准，假定瞄准时间按负指数分布，平均瞄准时间为 2.5 分钟；敌机到来流是最简单流，平均每分钟到达 1.2 架．瞄准系统看作损失制的系统，当三个瞄准系统分别对三架敌机进行瞄准时，若又有其它敌机到来，则这些敌机就会窜入轰炸区域．试求窜入轰炸区域之前没有遭受射击的敌机所占的比例．

解 $\mu=\frac{1}{2.5}=0.4,\quad \lambda=1.2,\quad n=3.$

$$
\frac{\lambda}{\mu}=\frac{1.2}{0.4}=3.
$$

由爱尔朗公式 (8)，

$$
p_3=\frac{\frac{3^3}{3!}}{1+\frac{3}{1!}+\frac{3^2}{2!}+\frac{3^3}{3!}}\approx 0.35.
$$

损失率为 0.35，它就是没有遭受射击的(没有被服务的，也就是损失的)敌机所占的比例．因此在这种敌机输入流的情况下，如果只有三个瞄准系统，而每个系统的平均瞄准时间为 2.5 分钟，则有 $\frac{1}{3}$ 以上的敌机会穿过高射炮阵地来进行轰炸．

例 2 在上述问题中，若已知敌机平均每分钟到达 1.2 架及平均瞄准时间为 2.5 分钟，问需要几个瞄准系统，才能使进入轰炸区域之前没有遭受射击的飞机所占的比例 <5%．

解 $\mu=\frac{1}{2.5}=0.4,\quad \lambda=1.2,\quad \frac{\lambda}{\mu}=\frac{1.2}{0.4}=3.$

由爱尔朗公式(8)，

$$p_n=\frac{\frac{3^n}{n!}}{\sum_{k=0}^{n}\frac{3^k}{k!}}.$$

现要求 $p_n<0.05$，查爱尔朗公式表，知 $p_6=0.052$，$p_7=0.022$，所以

$$p_6>0.05>p_7.$$

因此为了使 $p_n<0.05$，必须取 $n=7$，即需要7个瞄准系统，而此时没有遭受射击的敌机所占的比例只有2.2%.

2）普阿松输入、负指数服务分布、无限个服务台的系统.

假定参数为 λ 的最简单流到达无限个服务台的系统．顾客一到达立即被空着的服务台接受服务，服务完毕后就离开系统，服务时间与到达间隔独立，是参数为 μ 的负指数分布.

此时系统状态仍定义为正在进行服务的台数．令 $\boldsymbol{N}(t)$ 为系统在时刻 t 所处的状态，则 $\boldsymbol{N}(t)$ 取值的集合为可数集 $\{0,1,2,\cdots\}$. 如同1）中所讨论，可证明 $\boldsymbol{N}(t)$ 为一可数状态的生灭过程，其

$$\begin{cases}\lambda_j=\lambda, & j=0,1,\cdots;\\ \mu_j=j\mu, & j=1,2,\cdots.\end{cases} \tag{10}$$

容易验证此时第一章§3极限定理的假设条件(4)成立，故由该节的(9)，(11)两式，

$$p_j=\frac{\lambda_{j-1}\lambda_{j-2}\cdots\lambda_0}{\mu_j\mu_{j-1}\cdots\mu_1}p_0=\frac{\lambda^j}{j!\,\mu^j}p$$

$$=\frac{\left(\frac{\lambda}{\mu}\right)^j}{j!}p_0,\quad j=1,2,\cdots \tag{11}$$

而

$$p_0=\frac{1}{\sum_{j=0}^{\infty}\frac{\left(\frac{\lambda}{\mu}\right)^j}{j!}}=e^{-\frac{\mu}{\lambda}}. \tag{12}$$

将(12)代入(11)，即得

$$p_j = e^{-\frac{\lambda}{\mu}} \frac{\left(\frac{\lambda}{\mu}\right)^j}{j!}, \quad j = 0, 1, \cdots. \tag{13}$$

此即普阿松分布.

此外，

$$\text{平均占用台数} = \sum_{j=1}^{\infty} j p_j = \sum_{j=1}^{\infty} j e^{-\frac{\lambda}{\mu}} \frac{\left(\frac{\lambda}{\mu}\right)^j}{j!}$$

$$= \frac{\lambda}{\mu} e^{-\frac{\lambda}{\mu}} \sum_{j=1}^{\infty} \frac{\left(\frac{\lambda}{\mu}\right)^{j-1}}{(j-1)!} = \frac{\lambda}{\mu}. \tag{14}$$

3）普阿松输入、负指数服务分布、n 个服务台的等待制系统.

假定参数为 λ 的最简单流到达 n 个服务台的系统. 顾客到达时，若有空的服务台，则该顾客即被接受服务；若所有服务台均在服务，则顾客排成一个队伍等待服务，服务次序任意. 假定服务时间与到达间隔独立，并遵从参数为 μ 的负指数分布. 顾客在服务完毕后就离开系统，同时等待队伍中的某一顾客（如果当时有的话）立即被接受服务.

我们说系统在时刻 t 的状态 $\boldsymbol{N}(t)=j$，若 $j \leqslant n$，表示在时刻 t 有 j 个台正在进行服务，而剩下 $n-j$ 个台空着；若 $j>n$，则表示在时刻 t 所有 n 个台都在进行服务，并且有 $j-n$ 个顾客正在排队等待. 故状态集合为可数集 $\{0, 1, 2, \cdots\}$.

如同 1) 中所讨论，可证明 $\boldsymbol{N}(t)$ 为一可数状态的生灭过程，其

$$\begin{cases} \lambda_j = \lambda, & j = 0, 1, \cdots; \\ \mu_j = \begin{cases} j\mu, & j = 1, 2, \cdots, n-1; \\ n\mu, & j = n, n+1, \cdots. \end{cases} \end{cases} \tag{15}$$

此时第一章 § 3 极限定理的假设条件 (4) 化为

$$\sum_{j=0}^{n-1} \frac{\left(\frac{\lambda}{\mu}\right)^j}{j!} + \frac{\left(\frac{\lambda}{\mu}\right)^n}{n!} \sum_{j=n}^{\infty} \left(\frac{\lambda}{n\mu}\right)^{j-n} < \infty$$

与

$$\sum_{j=0}^{n-1} \frac{j!}{\lambda\left(\frac{\lambda}{\mu}\right)^j} + \frac{n!}{\lambda\left(\frac{\lambda}{\mu}\right)^n} \sum_{j=n}^{\infty} \left(\frac{n\mu}{\lambda}\right)^{j-n} = \infty.$$

易知上两式同时成立的充分必要条件为

$$\frac{\lambda}{n\mu} < 1. \tag{16}$$

通常令

$$\rho \equiv \frac{\lambda}{n\mu}, \tag{17}$$

它表示每个台在单位时间内的平均负荷（即每单位时间要花费的服务时间），称为服务强度.

现在就假定 (16) 成立，即

$$\rho < 1, \tag{18}$$

因此第一章 § 3 极限定理的假设条件 (4) 就成立，故由该节的 (9)，(11) 两式，得

$$p_j = \begin{cases} \dfrac{(n\rho)^j}{j!} p_0, & j = 1, 2, \cdots, n-1; \\[2ex] \dfrac{(n\rho)^j}{n!\, n^{j-n}} p_0, & j = n, n+1, \cdots \end{cases} \tag{19}$$

与

$$p_0 = \frac{1}{\displaystyle\sum_{j=0}^{n-1} \frac{(n\rho)^j}{j!} + \frac{(n\rho)^n}{n!} \cdot \frac{1}{1-\rho}}. \tag{20}$$

将 (20) 代入 (19)，即得

$$p_j = \begin{cases} \dfrac{\dfrac{(n\rho)^j}{j!}}{\displaystyle\sum_{k=0}^{n-1} \frac{(n\rho)^k}{k!} + \frac{(n\rho)^n}{n!} \frac{1}{1-\rho}}, & j = 0, 1, \cdots, n-1; \\[4ex] \dfrac{\dfrac{(n\rho)^j}{n!\, n^{j-n}}}{\displaystyle\sum_{k=0}^{n-1} \frac{(n\rho)^k}{k!} + \frac{(n\rho)^n}{n!} \frac{1}{1-\rho}}, & j = n, n+1, \cdots. \end{cases} \tag{21}$$

所有服务台均被占用，以至需要等待的概率为

$$\sum_{j=n}^{\infty} p_j = \frac{\sum_{j=n}^{\infty} \frac{(n\rho)^j}{n!n^{j-n}}}{\sum_{k=0}^{n-1} \frac{(n\rho)^k}{k!} + \frac{(n\rho)^n}{n!} \frac{1}{1-\rho}}$$

$$= \frac{\frac{(n\rho)^n}{n!} \frac{1}{1-\rho}}{\sum_{k=0}^{n-1} \frac{(n\rho)^k}{k!} + \frac{(n\rho)^n}{n!} \frac{1}{1-\rho}}. \tag{22}$$

系统中顾客的平均数(包括正在服务的和排队等待的)为

$$\bar{Q} = \sum_{j=1}^{\infty} jp_j = \left[\sum_{j=1}^{n-1} \frac{(n\rho)^j}{(j-1)!} + \frac{(n\rho)^n}{n!} \cdot \frac{\rho + n(1-\rho)}{(1-\rho)^2}\right] p_0, \tag{23}$$

其中 p_0 为 (20) 所给定.

而在队伍中等待着的顾客的平均数(不包括正在服务的)则为

$$\bar{Q}_w = \sum_{j=1}^{\infty} jp_{n+j} = \frac{\rho(n\rho)^n}{n!(1-\rho)^2} p_0, \tag{24}$$

其中 p_0 亦为 (20) 所给定.

比较 (23), (24), 还可得到

$$\bar{Q} = n\rho + \bar{Q}_w. \tag{25}$$

下面我们来看 $n = 1$ 的特殊情形，在这情形下，可以得到很简单的表达式.

4) 普阿松输入、负指数服务分布、单服务台的等待制系统.

此时 $n = 1$, 条件 (16) 化为

$$\rho \equiv \frac{\lambda}{\mu} < 1. \tag{26}$$

由 (21) 即得

$$p_j = (1-\rho)\rho^j, \quad j = 0, 1, 2, \cdots. \tag{27}$$

服务台被占用以至需要等待的概率为

$$\sum_{j=1}^{\infty} p_j = 1 - p_0 = \rho. \tag{28}$$

系统中顾客的平均数为

$$\bar{Q}=\sum_{j=1}^{\infty} jp_j=\sum_{j=1}^{\infty} j(1-\rho)\rho^j=\frac{\rho}{1-\rho}. \tag{29}$$

在队伍中等待着的顾客的平均数为

$$\bar{Q}_w=\sum_{j=1}^{\infty} jp_{j+1}=\sum_{j=1}^{\infty} j(1-\rho)\rho^{j+1}=\frac{\rho^2}{1-\rho}. \tag{30}$$

5）混合制的随机服务系统.

假定参数为 λ 的最简单流到达 n 个服务台的系统，若顾客到达时有空闲的台，则立即被接受服务；若顾客到达时所有 n 个台都已在进行服务，则当系统中的顾客数（包括正在服务的 n 个顾客）$<$ 指定数 N $(N\geqslant n)$ 时，新来的顾客排入队伍等待服务，而当系统中顾客数 $=N$ 时，新来的顾客就被拒绝而损失. 服务次序可以是任意的. 假定服务时间与到达间隔独立，并遵从参数为 μ 的负指数分布. 顾客在服务完毕后就离开系统，同时等待队伍中的某一顾客（如果当时有的话）立即被接受服务. 此时系统在时刻 t 的状态 $\boldsymbol{N}(t)$ 取值的集合为有限集 $\{0, 1, \cdots, N\}$.

容易看出，这种系统包含损失制与等待制作为它的特殊情形，事实上，$N=n$ 时即为损失制系统，而 $N=+\infty$ 时即为等待制系统.

与 1) 中同理，可以证明 $\boldsymbol{N}(t)$ 为一有限状态的生灭过程，其

$$\begin{cases}\lambda_j=\lambda, & j=0, 1, \cdots, N-1;\\ \mu_j=\begin{cases} j\mu, & j=1, 2, \cdots, n-1;\\ n\mu, & j=n, n+1, \cdots, N.\end{cases}\end{cases} \tag{31}$$

与 3) 相同，为了使第一章 § 3 极限定理的条件 (4) 成立，我们假定

$$\rho\equiv\frac{\lambda}{n\mu}<1. \tag{32}$$

（注意当 $N<+\infty$ 时不需这一假定，但当 $N=+\infty$ 时这一假定是不能缺少的）. 故由该节的 (9)，(11) 两式，得

$$p_j = \begin{cases} \dfrac{(n\rho)^j}{j!} p_0, & j = 1, 2, \cdots, n-1; \\ \dfrac{(n\rho)^j}{n!\, n^{j-n}} p_0, & j = n, n+1, \cdots, N \end{cases} \tag{33}$$

与

$$p_0 = \frac{1}{\sum\limits_{j=0}^{n-1} \dfrac{(n\rho)^j}{j!} + \sum\limits_{j=n}^{N} \dfrac{(n\rho)^j}{n!\, n^{j-n}}}. \tag{34}$$

将 (34) 代入 (33)，即得

$$p_j = \begin{cases} \dfrac{\dfrac{(n\rho)^j}{j!}}{\sum\limits_{k=0}^{n-1} \dfrac{(n\rho)^k}{k!} + \sum\limits_{i=n}^{N} \dfrac{(n\rho)^i}{n!\, n^{i-n}}}, & j = 1, 2, \cdots, n-1; \\ \dfrac{\dfrac{(n\rho)^j}{n!\, n^{j-n}}}{\sum\limits_{k=0}^{n-1} \dfrac{(n\rho)^k}{k!} + \sum\limits_{i=n}^{N} \dfrac{(n\rho)^i}{n!\, n^{i-n}}}, & j = n, n+1, \cdots, N. \end{cases} \tag{35}$$

由此就可求出系统中或队伍中顾客的平均数. 显见，(35) 式当 $N = n$ 时化归为损失制系统的公式 (6)，而当 $N = +\infty$ 时化归为等待制系统的公式 (21).

6) 机器看管问题(有限源的随机服务系统).

假定有 n 个工人看管 m 台自动机器 ($m \geqslant n$)，每当机器发生故障而停止运转时，就立即有一个工人负责修理，但当所有工人都在进行修理时，损坏的机器就只能停着等待. 我们再假定:

i) 每台机器正常运转时间遵从参数为 λ 的负指数分布. 因而由第一章 §2 第 5 段中负指数分布的剩余时间仍为负指数分布这一性质推知: 若机器在时刻 t 正在运转，那末它在 $(t, t+\Delta t)$ 内损坏的概率为 $1 - e^{-\lambda\Delta t} = \lambda\Delta t + o(\Delta t)$，当 $\Delta t \to 0$;

ii) 每台机器的修复时间遵从参数为 μ 的负指数分布. 因而与上同理，若机器在时刻 t 正在进行修理，那末它在 $(t, t+\Delta t)$ 内被修复而又开始运转的概率为 $1 - e^{-\mu\Delta t} = \mu\Delta t + o(\Delta t)$，当

$\Delta t \to 0$;

iii) 各台机器在任意时段内的工作与修理都是彼此独立的.

我们说系统的状态 $N(t)=j$, 若在时刻 t 恰好有 j 台机器是停着的(包括正在修理的与等待修理的). 显见状态集合为有限集 $\{0, 1, \cdots, m\}$.

若在 Δt 内系统由状态 j 转移到 $j+1(0 \leqslant j < m)$, 就意味着在 Δt 内正常运转的 $m-j$ 台机器中又有一台发生故障而停止运转,而正在修理的 $\min(j, n)$ 台都没有被修复; 不然就要发生两次以上的事件(每一修复或损坏都算一个事件). 因此它的概率为

$$\binom{m-j}{1}[\lambda\Delta t + o(\Delta t)][1-\lambda\Delta t - o(\Delta t)]^{m-j-1}$$
$$\times [1-\mu\Delta t + o(\Delta t)]^{\min(j,n)} + o(\Delta t)$$
$$= (m-j)\lambda\Delta t + o(\Delta t), \quad \Delta t \to 0.$$

若在 Δt 内系统由状态 j 转移到 $j-1(0 < j \leqslant m)$, 则表示在 Δt 内正在修理的 $\min(j, n)$ 台机器中有一台被修复而开始运转,而正在运转的 $m-j$ 台机器都没有发生故障;不然就要发生两次以上的事件. 因此它的概率为

$$\binom{\min(j, n)}{1}[\mu\Delta t + o(\Delta t)][1-\mu\Delta t - o(\Delta t)]^{\min(j,n)-1}$$
$$\times [1-\lambda\Delta t - o(\Delta t)]^{m-j} + o(\Delta t)$$
$$= \min(j, n)\mu\Delta t + o(\Delta t)$$
$$= \begin{cases} j\mu\Delta t + o(\Delta t), & j = 1, 2, \cdots, n; \\ n\mu\Delta t + o(\Delta t), & j = n+1, n+2, \cdots, m, \end{cases} \quad \Delta t \to 0.$$

而在 Δt 内系统由状态 j 转移到 $i(|i-j|>1)$ 的概率显见为 $o(\Delta t)$. 因此我们看出, $N(t)$ 为一有限状态的生灭过程,其

$$\begin{cases} \lambda_j = (m-j)\lambda, & j = 0, 1, \cdots, m-1; \\ \mu_j = \begin{cases} j\mu, & j = 1, 2, \cdots n; \\ n\mu, & j = n+1, n+2, \cdots, m. \end{cases} \end{cases} \tag{36}$$

故由第一章 § 3 的 (9), (11) 两式,得

$$p_j=\begin{cases}\left(\frac{\lambda}{\mu}\right)^j\binom{m}{j}p_0, & j=1,2,\cdots,n;\\ \left(\frac{\lambda}{\mu}\right)^j\binom{m}{j}\frac{j!}{n!n^{j-n}}p_0, & j=n+1,n+2,\cdots,m,\end{cases} \tag{37}$$

与

$$p_0=\frac{1}{\sum_{j=0}^{n}\left(\frac{\lambda}{\mu}\right)^j\binom{m}{j}+\sum_{j=n+1}^{m}\left(\frac{\lambda}{\mu}\right)^j\binom{m}{j}\frac{j!}{n!n^{j-n}}}. \tag{38}$$

将 (38) 代入 (37), 即得

$$p_j=\begin{cases}\dfrac{\left(\frac{\lambda}{\mu}\right)^j\binom{m}{j}}{\sum_{j=0}^{n}\left(\frac{\lambda}{\mu}\right)^j\binom{m}{j}+\sum_{j=n+1}^{m}\left(\frac{\lambda}{\mu}\right)^j\binom{m}{j}\frac{j!}{n!n^{j-n}}}, \\ \qquad j=1,2,\cdots,n;\\ \dfrac{\left(\frac{\lambda}{\mu}\right)^j\binom{m}{j}\frac{j!}{n!n^{j-n}}}{\sum_{j=0}^{n}\left(\frac{\lambda}{\mu}\right)^j\binom{m}{j}+\sum_{j=n+1}^{m}\left(\frac{\lambda}{\mu}\right)^j\binom{m}{j}\frac{j!}{n!n^{j-n}}}, \\ \qquad j=n+1,n+2,\cdots,m.\end{cases} \tag{39}$$

2. 等待时间 随机服务系统理论中讨论得最多的是先到先服务、单个服务、等待制的系统. 因此我们在以后除了专门的一章讨论特殊的随机服务系统外，都只限于讨论先到先服务、单个服务、等待制的系统. 现在我们来考察 M/M/n 系统，即上段的 3) 所讨论的系统：参数为 λ 的普阿松输入、参数为 μ 的负指数服务分布、n 个服务台的等待制系统.

我们还假定：(i) $\rho\equiv\frac{\lambda}{n\mu}<1$; (ii) 过程进行了相当长的时间后已处于平稳的状态，即过程的概率性质已经与处于哪一时刻 t 无关. 由上段的 3)，系统中顾客数的分布 $P_j(t)$ 的极限 p_j 是存在的，因此平稳状态时系统中顾客的分布就可认为是 $\{p_j\}$.

令 w 为任一时刻到达的顾客所需的等待时间，再令 $P_j\{w>x\}$

为到达的顾客遇到系统中有 j 个顾客的条件下，他的等待时间大于 $x(\geqslant 0)$ 的概率．因此

$$P\{\boldsymbol{w} > x\} = \sum_{j=0}^{\infty} p_j P_j\{\boldsymbol{w} > x\}.$$

到达的顾客遇到系统中有不小于 n 个顾客是他需要等待的充分必要条件，因而

$$P_j\{\boldsymbol{w} > x\} = 0, \quad j < n.$$

代入前式，得

$$P\{\boldsymbol{w} > x\} = \sum_{j=n}^{\infty} p_j P_j\{\boldsymbol{w} > x\}, \tag{40}$$

其中 $\{p_j\}$ 已由 (21) 所给定，因此只需再求 $P_j\{\boldsymbol{w} > x\}$，$j \geqslant n$．

当系统中有 $j(\geqslant n)$ 个顾客时，其中 n 个正在服务，$j-n$ 个在排队等待，所以新到的顾客要在服务台得空 $j-n+1$ 次后才能被接受服务，因而，当且仅当在时间 x 内服务台得空次数 $\boldsymbol{m}(x) < j-n+1$ 时，新到顾客的等待时间才 $>x$，故有

$$P_j\{\boldsymbol{w} > x\} = \sum_{i=0}^{j-n} P_j\{\boldsymbol{m}(x) = i\}. \tag{41}$$

由于服务时间为负指数分布，因此由第一章 §2 第 4 段最后的结论 2)，得空次数 $\boldsymbol{m}(x)$ 为一最简单流，此最简单流的参数为 $n\mu$．故由最简单流的性质，

$$P_j\{\boldsymbol{m}(x) = i\} = e^{-n\mu x}\frac{(n\mu x)^i}{i!}.$$

代入 (41)，得

$$P_j\{\boldsymbol{w} > x\} = \sum_{i=0}^{j-n} e^{-n\mu x}\frac{(n\mu x)^i}{i!},$$

再代入 (40)，并利用 (19)，得

$$P\{\boldsymbol{w} > x\} = \sum_{j=n}^{\infty} p_j \sum_{i=0}^{j-n} e^{-n\mu x}\frac{(n\mu x)^i}{i!}$$

$$= \sum_{j=n}^{\infty} \frac{n^n\rho^j}{n!} p_0 \sum_{i=0}^{j-n} e^{-n\mu x}\frac{(n\mu x)^i}{i!}$$

$$= p_0 \frac{n^n}{n!} e^{-n\mu x} \sum_{i=0}^{\infty} \frac{(n\mu x)^i}{i!} \sum_{j=i+n}^{\infty} \rho^j$$

$$= \frac{p_0}{1-\rho} \frac{(\rho n)^n}{n!} e^{-(n\mu-\lambda)x}, \qquad (42)$$

其中 p_0 为 (20) 所给定. 这就是所求的等待时间分布

特别地，新到的顾客需要等待的概率为

$$P\{w > 0\} = \frac{p_0}{1-\rho} \frac{(\rho n)^n}{n!}. \qquad (43)$$

我们发现它与所有服务台被占的概率 $\sum_{j=n}^{\infty} p_j$ 的表达式 (22) 相同，这是很自然的.

由 (42)，平均等待时间为

$$Ew \equiv \int_0^{\infty} x dP\{w \leqslant x\} = \int_0^{\infty} x d[1 - P\{w > x\}]$$

$$= \frac{-p_0}{1-\rho} \frac{(\rho n)^n}{n!} \int_0^{\infty} x d e^{-(n\mu-\lambda)x}$$

$$= \frac{p_0}{(1-\rho)^2} \frac{\rho(\rho n)^n}{\lambda n!}. \qquad (44)$$

与 (24) 比较，可知

$$Ew = \frac{\bar{Q}_w}{\lambda}. \qquad (45)$$

此式可以这样来理解，顾客的平均到达间隔为 $\frac{1}{\lambda}$，因此 $\bar{Q}_w$ 个顾客需要经过 $\frac{1}{\lambda}\bar{Q}_w$ 的时间才能全部到达，但由于系统处于平稳状态，输入与输出速度应该相等，所以同样需要 $\frac{1}{\lambda}\bar{Q}_w$ 的时间才能将 $\bar{Q}_w$ 个顾客服务完毕，因而顾客的平均等待时间就为 $\frac{\bar{Q}_w}{\lambda}$.

3. 忙期 由于忙期分布与起点无关(见下面的 §2 的第 3 段)，因此不需区分平衡理论与非平衡理论的情形. 我们就将忙期归入 §2 中一起讨论.

§2. 非平衡理论

本节讨论的是 M/M/1 系统,即输入是参数为 λ 的最简单流、服务时间是参数为 μ 的负指数分布、单服务台的等待制系统. 对于更为复杂的 M/M/n 系统，可参看越民义 (1959)[22] 及 T. L. Saaty(1961) 的书 [117] 第 110—117 页.

现在分队长、等待时间与忙期等三部分来讨论.

1. 队长 如 §1 第 1 段的 3)，我们定义系统状态 $N(t)$，并称之为队长. 该处已指出,系统状态 $N(t)$ 为一生灭过程,且

$$\begin{cases}\lambda_j = \lambda, & j = 0, 1, \cdots;\\ \mu_j = \mu, & j = 1, 2, \cdots.\end{cases}$$

故由第一章 § 3, 知此过程的微分方程组为

$$\begin{cases}\dfrac{dP_0(t)}{dt} = -\lambda P_0(t) + \mu P_1(t);\\ \dfrac{dP_n(t)}{dt} = -(\lambda + \mu)P_n(t) + \lambda P_{n-1}(t) + \mu P_{n+1}(t), n \geqslant 1.\end{cases} \tag{1}$$

假定初始条件为

$$P_n(0) = \delta_{ni} \equiv \begin{cases}1, & n = i,\\ 0, & n \neq i,\end{cases} \tag{2}$$

即假定初始时刻系统中有 i 个顾客.

我们采用这样的步骤来解此方程: 划掉 (1) 中第一个方程，让第二个方程对一切 n (全体整数)都成立，并解此修正方程组满足条件 (2) 和

$$\mu P_0(t) = \lambda P_{-1}(t) \tag{3}$$

的解，此解显然也满足方程 (1), (2)，然后直接验证此解满足 $P_n(t) \geqslant 0$，$\sum\limits_n P_n(t) = 1$，$t \geqslant 0$. 因而根据第一章 § 3 生灭过程的存在唯一性定理(此时不论 λ, μ 取何值，该处的条件 (2) 恒成立),此解就是所求的状态概率.

为了解修正方程组，引入母函数

$$Q(\zeta, t) \equiv \sum_{n=-\infty}^{\infty} \zeta^n P_n(t).$$

将修正方程组两端乘 ζ^n 后对 n 求和，即得

$$\frac{\partial Q(\zeta, t)}{\partial t} = \left[\lambda\zeta - (\lambda + \mu) + \frac{\mu}{\zeta}\right] Q(\zeta, t).$$

此微分方程的通解为

$$Q(\zeta, t) = C(\zeta) \cdot e^{-(\lambda+\mu)t + \left(\lambda\zeta + \frac{\mu}{\zeta}\right)t}, \tag{4}$$

其中 $C(\zeta)$ 为任意函数.

现在引入纯虚数贝塞尔 (Bessel) 函数 $I_n(y)$，$y \geqslant 0$（例如参阅 E. T. Whittaker and G. N. Watson (1952) 的书 [141] 第 372 页)，它由下列展开式来定义:

$$e^{\frac{1}{2}y\left(z + \frac{1}{z}\right)} = \sum_{n=-\infty}^{\infty} I_n(y) z^n, \tag{5}$$

并能表成 y 的幂级数

$$I_{-n}(y) = I_n(y) = \sum_{r=0}^{\infty} \frac{\left(\frac{1}{2} y\right)^{n+2r}}{r!(n+r)!}, \quad n \geqslant 0. \tag{6}$$

现在 (5) 中取 $y = 2t\sqrt{\lambda\mu}$，$z = \zeta\sqrt{\lambda/\mu}$，则得

$$e^{t\left(\lambda\zeta + \frac{\mu}{\zeta}\right)} = \sum_{n=-\infty}^{\infty} I_n(2t\sqrt{\lambda\mu})\zeta^n \left(\frac{\lambda}{\mu}\right)^{\frac{n}{2}}.$$

由 (4)，

$$Q(\zeta, t) = C(\zeta) e^{-(\lambda+\mu)t} \sum_{n=-\infty}^{\infty} I_n(2t\sqrt{\lambda\mu})\zeta^n \left(\frac{\lambda}{\mu}\right)^{\frac{n}{2}}.$$

将 $C(\zeta)$ 写成展开式

$$C(\zeta) = \sum_{n=-\infty}^{\infty} c_{-n}\zeta^n,$$

并代入前式，得

$$Q(\zeta, t) = \sum_{r=-\infty}^{\infty} c_{-r}\zeta^r \cdot e^{-(\lambda+\mu)t} \sum_{n=-\infty}^{\infty} I_n(2t\sqrt{\lambda\mu})\zeta^n \left(\frac{\lambda}{\mu}\right)^{\frac{n}{2}}.$$

比较 ζ^n 的系数，即得

$$P_n(t) = e^{-(\lambda+\mu)t} \sum_{r=-\infty}^{\infty} c_r \left(\frac{\lambda}{\mu}\right)^{\frac{n+r}{2}} I_{n+r}(2t\sqrt{\lambda\mu}). \tag{7}$$

现在来选系数 c_r，使得 (7) 成为所需的特解． 在 (5) 中令 $y=0$，得

$$1 = \sum_{n=-\infty}^{\infty} I_n(0) z^n.$$

比较系数即得

$$I_n(0) = \delta_{n0}.$$

因此在 (7) 中令 $t=0$，由 (2) 及上式就得

$$\delta_{ni} = c_{-n}, \quad n = 0, 1, \cdots.$$

将 (7) 改写成

$$P_n(t) = e^{-(\lambda+\mu)t}\left\{\left(\frac{\lambda}{\mu}\right)^{\frac{n-i}{2}} I_{n-i}(2t\sqrt{\lambda\mu}) + \sum_{r=1}^{\infty} c_r \left(\frac{\lambda}{\mu}\right)^{\frac{n+r}{2}} I_{n+r}(2t\sqrt{\lambda\mu})\right\}.$$

利用 (3) 及 $I_n(y) = I_{-n}(y)$，即得

$$\begin{aligned}
&\mu\left(\frac{\lambda}{\mu}\right)^{-\frac{i}{2}} I_i(2t\sqrt{\lambda\mu}) + \mu\sum_{r=1}^{\infty} c_r\left(\frac{\lambda}{\mu}\right)^{\frac{r}{2}} I_r(2t\sqrt{\lambda\mu}) \\
&= \lambda\left(\frac{\lambda}{\mu}\right)^{-\frac{i+1}{2}} I_{i+1}(2t\sqrt{\lambda\mu}) \\
&\quad + \lambda\sum_{r=1}^{\infty} c_r\left(\frac{\lambda}{\mu}\right)^{\frac{r-1}{2}} I_{r-1}(2t\sqrt{\lambda\mu}),
\end{aligned}$$

比较 I_n 的系数，得

$$\begin{cases}
c_r = 0, \quad r = 1, 2, \cdots, i; \\
c_{i+1} = \left(\dfrac{\lambda}{\mu}\right)^{-(i+1)}; \\
c_{i+k+1} = \left[\left(\dfrac{\lambda}{\mu}\right)^{-1} - 1\right]\left(\dfrac{\lambda}{\mu}\right)^{-(i+k)}, \quad k = 1, 2, \cdots.
\end{cases}$$

这就得到

$$P_n(t)=\left(\frac{\lambda}{\mu}\right)^{\frac{n-i}{2}}e^{-(\lambda+\mu)t}\left\{I_{n-i}(2t\sqrt{\lambda\mu})\right.$$
$$+\left(\frac{\lambda}{\mu}\right)^{-\frac{1}{2}}I_{n+i+1}(2t\sqrt{\lambda\mu})$$
$$\left.+\sum_{k=1}^{\infty}\left(1-\frac{\lambda}{\mu}\right)\left(\frac{\lambda}{\mu}\right)^{-\frac{k+1}{2}}I_{n+i+k+1}(2t\sqrt{\lambda\mu})\right\},\ n\geqslant 0. \quad (8)$$

直接验证知道此即所求特解.

作为习题,读者可自证 (8) 式满足

$$P_n(t)\geqslant 0,\quad \sum_{n=0}^{\infty}P_n(t)=1,\quad t\geqslant 0.$$

下面来证明当 $\rho\equiv\frac{\lambda}{\mu}<1$ 时,

$$\lim_{t\to\infty}P_n(t)=\left(\frac{\lambda}{\mu}\right)^n\left(1-\frac{\lambda}{\mu}\right),\quad n\geqslant 0. \quad (9)$$

这与 § 1 的结果 (27) 一致.

利用纯虚数贝塞尔函数的渐近表达式

$$I_n(2\sqrt{\lambda\mu t})\sim\frac{e^{2\sqrt{\lambda\mu}\,t}}{\sqrt{2\pi(2\sqrt{\lambda\mu})\,t}},\quad t\to\infty. \quad (10)$$

此式关于 n 一致(仍参阅上引的书 [141]).

将 (10) 代入 (8) 的括号中的前两项, 并把括号外的因子乘入,由于 $\lambda+\mu\geqslant 2\sqrt{\lambda\mu}$, 即知此两项当 $t\to\infty$ 时均趋于 0. 现在只需考察 (8) 的第三项的极限性态:

$$\left(\frac{\lambda}{\mu}\right)^{\frac{n-i}{2}}e^{-(\lambda+\mu)t}\sum_{k=1}^{\infty}\left(1-\frac{\lambda}{\mu}\right)\left(\frac{\lambda}{\mu}\right)^{-\frac{k+1}{2}}I_{n+i+k+1}(2t\sqrt{\lambda\mu})$$
$$=\left(1-\frac{\lambda}{\mu}\right)\left(\frac{\lambda}{\mu}\right)^n\left[e^{-(\lambda+\mu)t}\sum_{r=0}^{\infty}\left(\frac{\mu}{\lambda}\right)^{\frac{r}{2}}I_r(2t\sqrt{\lambda\mu})\right.$$
$$\left.-e^{-(\lambda+\mu)t}\sum_{r=0}^{n+i+1}\left(\frac{\mu}{\lambda}\right)^{\frac{r}{2}}I_r(2t\sqrt{\lambda\mu})\right]. \quad (11)$$

上式括号内的第二项为一有限和, 故由 (10) 即知其当 $t\to\infty$ 时趋于0；为了估计第一项，在(5)中令 $y=2t\sqrt{\lambda\mu}$，$z=\left(\frac{\mu}{\lambda}\right)^{\frac{1}{2}}$，得

$$e^{t\sqrt{\lambda\mu}\left(\sqrt{\frac{\mu}{\lambda}}+\sqrt{\frac{\lambda}{\mu}}\right)}=\sum_{r=-\infty}^{\infty}I_r(2t\sqrt{\lambda\mu})\left(\frac{\mu}{\lambda}\right)^{\frac{r}{2}}$$

$$=\sum_{r=0}^{\infty}\left(\frac{\mu}{\lambda}\right)^{\frac{r}{2}}I_r(2t\sqrt{\lambda\mu})$$

$$+\sum_{r=1}^{\infty}\left(\frac{\lambda}{\mu}\right)^{\frac{r}{2}}I_r(2t\sqrt{\lambda\mu}).$$

两端乘以 $e^{-(\lambda+\mu)t}$，移项即得

$$e^{-(\lambda+\mu)t}\sum_{r=0}^{\infty}\left(\frac{\mu}{\lambda}\right)^{\frac{r}{2}}I_r(2t\sqrt{\lambda\mu})$$

$$=1-e^{-(\lambda+\mu)t}\sum_{r=1}^{\infty}\left(\frac{\lambda}{\mu}\right)^{\frac{r}{2}}I_r(2t\sqrt{\lambda\mu}).$$

利用I_r的渐近表达式(10)及 $\frac{\lambda}{\mu}<1$，即知上式右端第二项当 $t\to\infty$ 时趋于0，故左端，即(11)的括号内的第一项当 $t\to\infty$ 时趋于1，于是(11)的左端趋于 $\left(1-\frac{\lambda}{\mu}\right)\left(\frac{\lambda}{\mu}\right)^n$. 综上所证，由(8)令 $t\to\infty$ 即得(9)式.

最后，我们再证明当 $\rho\equiv\frac{\lambda}{\mu}\geqslant 1$ 时，

$$\lim_{t\to\infty}P_n(t)=0,\quad n\geqslant 0. \tag{12}$$

因而，此时的极限不构成一个概率分布.

我们首先注意，在证明(9)时已指出，(8)的右端括号中前两项当 $t\to\infty$ 时均趋于0.因此只需考虑(8)的右端的第三项.若 $\rho=1$，则(8)的右端括号中第三项为0，因而(12)成立.若 $\rho>1$，前面已将(8)的第三项改写成(11)，并已证明(11)的右端括号中第二项当 $t\to\infty$时趋于0，因此只需再证其第一项也趋于0. 而这点利用 I_r 的渐近表达式(10)及 $\frac{\lambda}{\mu}>1$ 立即可得，因而(12)成立.

当然，(12) 也可由第一章 § 3 的极限定理直接得出，因为当 $\rho \geqslant 1$ 时该处的 (2) 成立，但 (4) 不成立，因而据此定理，该处的 (6)，即现在的 (12) 成立。

2. 等待时间　令 $w(t)$ 为在时刻 t 到达的顾客所需的等待时间，$P_j\{w(t)>x\}$ 为在时刻 t 到达的顾客遇到系统中有 j 个顾客的条件下，他的等待时间大于 $x(\geqslant 0)$ 的概率。与 § 1 第 2 段同理可证：

$$P\{w(t)>x\}=\sum_{j=1}^{\infty}P_j(t)P_j\{w(t)>x\}$$

$$=\sum_{j=1}^{\infty}P_j(t)\sum_{i=0}^{j-1}e^{-\mu x}\frac{(\mu x)^i}{i!},\tag{13}$$

其中 $P_j(t)$ 为 (8) 所给定。

现证：当 $\rho=\frac{\lambda}{\mu}<1$ 时，令 $t\to\infty$，(13) 就化归为平衡情形的结果，即

$$\lim_{t\to\infty}P\{w(t)>x\}=P\{w>x\}=\frac{\lambda}{\mu}e^{(\lambda-\mu)x}.\tag{14}$$

由 (13)，

$$P\{w(t)>x\}=e^{-\mu x}\sum_{i=0}^{\infty}\frac{(\mu x)^i}{i!}\sum_{j=i+1}^{\infty}P_j(t)$$

$$=e^{-\mu x}\sum_{i=0}^{\infty}\frac{(\mu x)^i}{i!}\left[1-\sum_{j=0}^{i}P_j(t)\right].$$

右端级数被囿于 $\sum_{i=1}^{\infty}\frac{(\mu x)^i}{i!}$，故关于 t 一致收敛，令 $t\to\infty$，利用 (9)，即得

$$\lim_{t\to\infty}P\{w(t)>x\}=e^{-\mu x}\sum_{i=0}^{\infty}\frac{(\mu x)^i}{i!}\lim_{t\to\infty}\left[1-\sum_{j=0}^{i}P_j(t)\right]$$

$$=e^{-\mu x}\sum_{i=0}^{\infty}\frac{(\mu x)^i}{i!}\left[1-\sum_{j=0}^{i}\left(\frac{\lambda}{\mu}\right)^j\left(1-\frac{\lambda}{\mu}\right)\right]$$

$$=e^{-\mu x}\sum_{i=0}^{\infty}\frac{(\mu x)^i}{i!}\left(\frac{\lambda}{\mu}\right)^{i+1}=\frac{\lambda}{\mu}e^{(\lambda-\mu)x},$$

此即所证的 (14) 式.

3. 忙期 当一个顾客到达空着的服务台时忙期就开始，一直到服务台再一次变成空闲(就是说,服务台得空时前面没有等待的顾客),忙期才结束. 如果我们把系统在时刻 t 有 j 个顾客的情形称为系统状态 $N(t)=j$的话,那末很明显,$N(t)$ 由 0 变成 1 的时刻忙期开始，此后 $N(t)$ 第一次又变回 0 时忙期就结束. 由最简单流与负指数分布的性质，显见忙期的长度与起点无关(事实上，对 GI/G/1 系统，忙期的长度仍与起点无关，这由第五章 §2 的 (27) 式及其后 $\{N=m\}$ 的表达式即知)，因此我们不妨令 $t=0$ 为忙期的起点,即 $N(0)=1$, 而 $N(t)$ 第一次变成 0 的时刻为忙期的结束. §1 中已证明 $N(t)$ 为一生灭过程,其

$$\begin{cases}\lambda_j=\lambda, & j=0,1,\cdots;\\ \mu_j=\mu, & j=1,2,\cdots.\end{cases}\tag{15}$$

现在我们构造一个新的生灭过程 $\tilde{N}(t)$, 它与 $N(t)$ 的区别仅在于: 新过程中的状态 0 为吸收的,就是说,只要过程一转移到状态 0 后,整个过程就此停止,不再发生转移. 即

$$\begin{cases}\lambda_0=0;\\ \lambda_j=\lambda, & j=1,2,\cdots;\\ \mu_j=\mu, & j=1,2,\cdots.\end{cases}\tag{16}$$

$\tilde{N}(t)$ 与 $N(t)$在转移到状态 0 之前是完全一样的,区别只在 $\tilde{N}(t)$ 转移到 0 后就永远为 0. 因此，如果用 $\tilde{N}(t)$ 来描述我们的随机服务系统的忙期的话，那末就可以说 $\tilde{N}(0)=1$，即 $t=0$ 时忙期开始,到 $\tilde{N}(t)$ 变到 0 时忙期就结束. 令忙期长度为 $\boldsymbol{d}$, 则

$$P\{\boldsymbol{d}\leqslant t\}=P\{\tilde{N}(t)=0\}.\tag{17}$$

记

$$P\{\tilde{N}(t)=j\}\equiv q_j(t), \quad j=0,1,2,\cdots.\tag{18}$$

(17) 式就可写为

$$P\{\boldsymbol{d}\leqslant t\}=q_0(t).\tag{19}$$

因此,为了求忙期长度的分布，只需求 $q_0(t)$. 如第一章 §3, 容易导出 $q_j(t)$ 的微分方程组:

$$
\begin{cases}
q_0'(t) = \mu q_1(t); \\
q_1'(t) = -(\lambda + \mu) q_1(t) + \mu q_2(t); \\
q_j'(t) = \lambda q_{j-1}(t) - (\lambda + \mu) q_j(t) + \mu q_{j+1}(t), \quad j \geqslant 2.
\end{cases} \tag{20}
$$

现在来解此方程组以求 $q_0(t)$. 令

$$
Q(z, t) \equiv \sum_{j=0}^{\infty} q_j(t) z^j, \quad |z| < 1.
$$

由 (20) 式得

$$
z \frac{\partial Q(z, t)}{\partial t} = (1 - z)(\mu - \lambda z)[Q(z, t) - q_0(t)].
$$

取拉普拉斯 (Laplace) 变换

$$
Q^*(z, s) \equiv \int_0^{\infty} Q(z, t) e^{-st} dt, \quad \mathscr{R}(s) > 0;
$$

$$
q_0^*(s) \equiv \int_0^{\infty} q_0(t) e^{-st} dt, \quad \mathscr{R}(s) > 0,
$$

注意初始条件 $q_j(0) = \delta_{j1}$，即得

$$
-z^2 + szQ^*(z, s) = (1 - z)(\mu - \lambda z)[Q^*(z, s) - q_0^*(s)],
$$

所以

$$
Q^*(z, s) = \frac{z^2 - (1 - z)(\mu - \lambda z) q_0^*(s)}{sz - (1 - z)(\mu - \lambda z)}. \tag{21}
$$

由于在 $|z| = 1$ 上,当 $\mathscr{R}(s) > 0$ 时

$$
\begin{aligned}
|-(\lambda z^2 + \mu)| &\leqslant |\lambda z^2| + |\mu| = \lambda + \mu \\
&< |\lambda + \mu + s| = |(\lambda + \mu + s) z|,
\end{aligned}
$$

因而由儒歇 (Rouché) 定理，$-(\lambda z^2 + \mu) + (\lambda + \mu + s) z$ 与 $(\lambda + \mu + s) z$ 在 $|z| < 1$ 内有相同个数的零点,即 $sz - (1 - z)(\mu - \lambda z)$ 与 $(\lambda + \mu + s) z$ 在 $|z| < 1$ 内有相同个数的零点，故 (21) 之分母在单位圆 $|z| < 1$ 内有唯一的零点 α_1，事实上，

$$
\alpha_1 = \frac{\lambda + \mu + s - \sqrt{(\lambda + \mu + s)^2 - 4\lambda\mu}}{2\lambda}, \tag{22}
$$

此处开方取正实部.

又由于 $Q^*(z, s)$ 在 $|z| < 1$ 收敛,故 $z = \alpha_1$ 亦必为 (21)

的分子的零点，于是

$$q_0^*(s)=\frac{\alpha_1^2}{(1-\alpha_1)(\mu-\lambda\alpha_1)}.$$

因为 $s\alpha_1-(1-\alpha_1)(\mu-\lambda\alpha_1)=0$，故上式可改写为

$$q_0^*(s)=\frac{\alpha_1}{s}. \tag{23}$$

但

$$\begin{aligned}q_0^*(s)&=-\frac{1}{s}\int_0^\infty q_0(t)de^{-st}\\&=-\frac{1}{s}q_0(t)e^{-st}\Big|_0^\infty+\frac{1}{s}\int_0^\infty e^{-st}q_0'(t)dt\\&=\frac{1}{s}\int_0^\infty e^{-st}q_0'(t)dt,\end{aligned} \tag{24}$$

因此

$$\int_0^\infty e^{-st}q_0'(t)dt=\alpha_1, \tag{25}$$

由拉普拉斯变换之反演，即得忙期分布密度

$$q_0'(t)=\sqrt{\frac{\mu}{\lambda}}\,\frac{1}{t}\,e^{-(\lambda+\mu)t}I_1(2t\sqrt{\lambda\mu}), \tag{26}$$

其中 $I_1(y)$ 为(5)式所定义的贝塞尔函数．这就是所要的结果．

还要指出，当 $\rho\leqslant 1$ 时 $q_0(\infty)=1$，即 $q_0(t)$ 为真正的概率分布；而当 $\rho>1$ 时，$q_0(\infty)=\frac{1}{\rho}<1$，表示忙期长度为无穷的概率等于$1-\frac{1}{\rho}>0$． 事实上，由(24)两边乘以 s 后令 $s\to 0$ 即得

$$\lim_{t\to\infty}q_0(t)=\lim_{s\to 0}sq_0^*(s)=\lim_{s\to 0}\alpha_1=\begin{cases}1, & \rho\leqslant 1;\\ \frac{1}{\rho}, & \rho>1.\end{cases} \tag{27}$$

此即所证．

由此即可求出忙期的平均长度

$$\overline{D}=\begin{cases}\dfrac{1}{\mu-\lambda}, & 若\ \rho<1;\\ \infty, & 若\ \rho\geqslant 1.\end{cases}\tag{28}$$

事实上，当 $\rho\leqslant 1$ 时，由于 $q_0(t)$ 为真正的概率分布，因而由 (25) 及 (22)，即可求出

$$\overline{D}=-\left.\frac{d\alpha_1}{ds}\right|_{s=0}=\begin{cases}\dfrac{1}{\mu-\lambda}, & 若\ \rho<1;\\ \infty, & 若\ \rho=1.\end{cases}$$

而当 $\rho>1$ 时，由于忙期长度为无穷的概率等于 $1-\dfrac{1}{\rho}>0$，因而 $\overline{D}=\infty$.

最后，在统计平衡(当 $\rho<1$) 情形下，给出忙期平均长度的一个简单求法.

对服务台来说，整个时间轴可分成两部分：忙期与闲期. 所谓闲期，就是指从服务台变成空闲开始到新的顾客到达为止这段时期. 由最简单流的性质，即知闲期长度遵从参数为 λ 的负指数分布，故闲期平均长度为 $\dfrac{1}{\lambda}$. 另一方面，由 § 1 的 (27) 式知 $p_0=1-\rho$，因此在相当长的时期 T_0 内，服务台空闲的时间总长度为 $T_0(1-\rho)$，所以在 T_0 内的闲期的平均个数为

$$\frac{T_0(1-\rho)}{\dfrac{1}{\lambda}}=\lambda(1-\rho)T_0,$$

这也等于 T_0 内忙期的平均个数. 但 T_0 内服务台忙碌时间总长度为 $T_0\rho$，因此忙期平均长度

$$\overline{D}=\frac{T_0\rho}{\lambda(1-\rho)T_0}=\frac{\rho}{\lambda(1-\rho)}=\frac{1}{\mu-\lambda}.\tag{29}$$

由此可见，一个忙期中所服务的顾客的平均数为

$$\frac{1}{\mu-\lambda}\cdot\mu=\frac{1}{1-\rho}.\tag{30}$$

第三章 M/G/1 系统

本章分成三节，§1 中引入了 M/G/1 系统的嵌入马尔可夫(Марков)链的概念，讨论了此马尔可夫链的状态分类．§2 讨论统计平衡理论，求出了平均队长、平均等待时间以及队长、等待时间的平稳分布．§3 讨论非平衡理论，求出了第 n 个顾客离开时刻的队长分布、第 n 个顾客的等待时间分布、忙期长度的分布以及首达时间的分布，并证明当 $n\to\infty$ 时，若服务强度 $\rho<1$，则此队长分布与等待时间分布趋于 §2 中的平稳分布．

§1. 状态分类

所谓 M/G/1 系统，就是指这样的一个随机服务系统：

(i) 输入是参数为 λ 的最简单流；

(ii) 各顾客的服务时间 $\boldsymbol{v}_1, \boldsymbol{v}_2, \cdots$ 之间以及它们与输入之间均相互独立，并且各 $\boldsymbol{v}_i$ 具有相同分布：

$$P\{\boldsymbol{v}_i\leqslant x\}\equiv B(x),\quad i=1,2,\cdots.$$

记

$$\frac{1}{\mu}\equiv\int_{0-}^{\infty}x\,dB(x),$$

假定 $\mu>0$ 为一常数．再令

$$B^*(s)\equiv\int_{0-}^{\infty}e^{-sx}dB(x),\quad \mathscr{R}(s)>0;$$

(iii) 有一个服务台．顾客到达时，若服务台空闲，就立即开始服务；否则就排入队伍末尾等待，并按到达次序逐个接受服务．顾客在服务完毕后就离开系统，同时队首顾客(如果此时有顾客等待的话)立即被接受服务．

令

$$\rho \equiv \frac{\lambda}{\mu},$$

称为服务强度。

假定初始时刻 $t=0$ 系统中有 $\boldsymbol{q}_0$ 个顾客，并假定在 $t=0-$ 刚好服务完一个顾客，再令 $\boldsymbol{q}_n$ 为在 $t\geqslant 0$ 以后第 n 个被服务的顾客服务完毕离开队伍的瞬时所留下的队长，$\boldsymbol{\nu}_n$ 为在第 n 顾客服务时间内所到达的顾客数，则

$$\boldsymbol{q}_{n+1}=\begin{cases}\boldsymbol{q}_n-1+\boldsymbol{\nu}_{n+1}, & \text{若 } \boldsymbol{q}_n>0;\\ \boldsymbol{\nu}_{n+1}, & \text{若 } \boldsymbol{q}_n=0,\end{cases}\quad n=0,1,\cdots.$$

令

$$U(x)\equiv\begin{cases}1, & x>0;\\ 0, & x\leqslant 0,\end{cases}\tag{1}$$

则 $\boldsymbol{q}_{n+1}=\boldsymbol{q}_n-U(\boldsymbol{q}_n)+\boldsymbol{\nu}_{n+1}$. 容易看出 $\{\boldsymbol{\nu}_n\}$ 是一串相互独立、相同分布的随机变量，其分布为

$$a_k\equiv P\{\boldsymbol{\nu}_n=k\}=\int_{0-}^{\infty}\frac{(\lambda x)^k}{k!}e^{-\lambda x}dB(x).\tag{2}$$

同时显见 $\boldsymbol{\nu}_{n+1}$ 与 $(\boldsymbol{q}_1,\boldsymbol{q}_2,\cdots,\boldsymbol{q}_n)$ 相互独立，因此由(1)即知 $\{\boldsymbol{q}_n\}$ 一马尔可夫链[关于马尔可夫链的基本知识，可参阅例如 W. Feller (1957) 的书[60]的第十五章]，我们称之为随机服务系统 M/G/1 的嵌入马尔可夫链，其转移概率为

$$\begin{aligned}p_{ij}&\equiv P\{\boldsymbol{q}_{n+1}=j\mid \boldsymbol{q}_n=i\}\\&=P\{\boldsymbol{q}_n-U(\boldsymbol{q}_n)+\boldsymbol{\nu}_{n+1}=j\mid \boldsymbol{q}_n=i\}\\&=P\{\boldsymbol{\nu}_{n+1}=j-i+U(i)\mid \boldsymbol{q}_n=i\}\\&=P\{\boldsymbol{\nu}_{n+1}=j-i+U(i)\}\\&=\begin{cases}a_{j-i+1}, & i\geqslant 1,\ j\geqslant i-1;\\ a_j, & i=0,\ j\geqslant 0;\\ 0, & \text{其它}.\end{cases}\end{aligned}\tag{3}$$

它的转移矩阵可写出如下：

$$\begin{bmatrix} a_0 & a_1 & a_2 & a_3 & a_4 \cdots \\ a_0 & a_1 & a_2 & a_3 & a_4 \cdots \\ 0 & a_0 & a_1 & a_2 & a_3 \cdots \\ 0 & 0 & a_0 & a_1 & a_2 \cdots \\ 0 & 0 & 0 & a_0 & a_1 \cdots \\ 0 & 0 & 0 & 0 & a_0 \cdots \\ \cdots & \cdots & \cdots & \cdots & \cdots \end{bmatrix}. \tag{4}$$

由于任意两个状态都互通，并且对角线上的元素不为 0，故 $\{q_n\}$ 为一不可约、非周期的马尔可夫链。

由 (2) 可算出

$$\sum_{k=0}^{\infty} ka_k = \rho. \tag{5}$$

现在我们不加证明地引用马尔可夫链状态分类判别法的下列几个引理(引理 1 至引理 4 可参阅 F. G. Foster (1953) [65]，引理 5 可参阅 W. Feller (1957) 的书 [60] 第 356 页的定理)。在这些引理中都假定马尔可夫链为不可约非周期的。

引理 1 令 (p_{ij}) 为转移矩阵，若不等式组

$$\sum_{j=0}^{\infty} p_{ij}y_j \leqslant y_i - 1, \quad i \neq 0$$

存在一个满足条件

$$\sum_{j=0}^{\infty} p_{0j}y_j < \infty$$

的非负解，则此马尔可夫链为正常返的。||

引理 2 若马尔可夫链为正常返，则由状态 i 首次到达状态 0 的(有限)平均步数 d_j 满足方程组

$$\sum_{j=1}^{\infty} p_{ij}d_j = d_i - 1, \quad i \neq 0$$

与

$$\sum_{j=1}^{\infty} p_{0j}d_j < \infty. \ ||$$

引理 3 若不等式组

$$\sum_{j=0} p_{ij}y_j \leqslant y_i, \quad i \neq \alpha \text{（任一非负整数）}$$

存在一个满足条件

$$\lim_{i\to\infty} y_i = \infty$$

的解 $\{y_i\}$，则此马尔可夫链为常返的. ||

引理 4 马尔可夫链为非常返的充分必要条件是方程组

$$\sum_{j=0}^{\infty} p_{ij}y_j = y_i, \quad i \neq \alpha \text{（任一非负整数）}$$

存在一个有界非常数解 $\{y_i\}$. ||

引理 5 一个不可约非周期马尔可夫链必属下列两种情况之一：

i）所有状态均为非常返，或均为零常返，此时对任意 i, j,

$$\lim_{n\to\infty} p_{ij}^{(n)} = 0,$$

且不存在平稳分布，此处 $(p_{ij}^{(n)})$ 为此马尔可夫链的 n 阶转移矩阵；

ii）所有状态均为正常返，此时对任意 i, j,

$$\lim_{n\to\infty} p_{ij}^{(n)} = \pi_j > 0,$$

且 $\{\pi_j\}$ 为唯一的平稳分布. ||

再引用有关分支过程的一个引理.

引理 6 设 $\{p_n, n = 0, 1, 2, \cdots\}$ 为一概率分布，且 $p_0 > 0$，则方程

$$\sum_{n=0}^{\infty} p_n z^n = z \tag{6}$$

在 $0 < z < 1$ 内有唯一解的充分必要条件是

$$\sum_{n=1}^{\infty} np_n > 1. \ ||$$

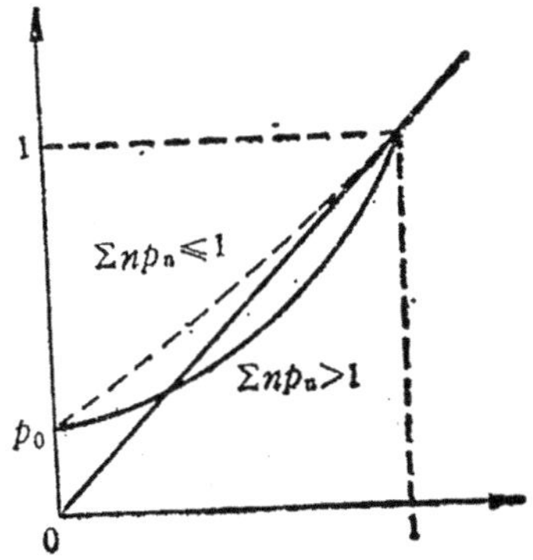

图 1

证 (6) 左右两端当 $z = 0$ 时分别为 $p_0 > 0$ 与 0；当 $z = 1$ 时均

为 1. 而左端为一递增的凸函数，且在 $z=1$ 的微商为 $\sum_{n=1}^{\infty} np_n$，故由图 1 即知 $\sum_{n=1}^{\infty} np_n > 1$ 为 (6) 在 (0, 1) 内有唯一解的充分必要条件. #

有了这些引理以后，就可证明本节的主要结果.

定理 1 随机服务系统 M/G/1 的嵌入马尔可夫链 $\{\boldsymbol{q}_n\}$ 为正常返的充分必要条件是 $\rho<1$. ||

证 充分性：设 $\rho<1$. 定义

$$y_j \equiv \frac{j}{1-\rho},$$

则 $\{y_j\}$ 满足引理 1 的条件，因而此马尔可夫链为正常返. 事实上，

$$\sum_{j=0}^{\infty} p_{ij} y_j = \sum_{j=i-1}^{\infty} a_{j-i+1} \frac{j}{1-\rho} = \frac{i}{1-\rho} - 1 = y_i - 1, \quad i \neq 0;$$

$$\sum_{j=0}^{\infty} p_{0j} y_j = \sum_{j=0}^{\infty} a_j \frac{j}{1-\rho} = \frac{\rho}{1-\rho}.$$

故得充分性.

必要性：设此马尔可夫链为正常返. 令 $f_{ij}^{(n)}$ 为由状态 i 经过 n 步首次到达 j 的概率，再令系统由 i 首次到达 j 的平均步数为 μ_{ij}，即

$$\mu_{ij} = \sum_{n=1}^{\infty} n f_{ij}^{(n)}.$$

由转移矩阵 (4) 的结构，对任 $i \geqslant 1$，有

$$\begin{aligned} f_{i\,i-1}^{(n)} &= \sum_{i_1, i_2, \cdots, i_{n-1} \geqslant i} p_{ii_1} p_{i_1 i_2} \cdots p_{i_{n-2} i_{n-1}} p_{i_{n-1}\, i-1} \\ &= \sum_{i_{n-2}=i}^{i+1} \sum_{i_{n-3}=i}^{i_{n-2}+1} \cdots \sum_{i_2=i}^{i_3+1} \sum_{i_1=i}^{i_2+1} a_{i_1-i+1} a_{i_2-i_1+1} \cdots a_{i-i_{n-2}+1} a_0 \\ &= a_0 \sum_{j_{n-2}=1}^{2} \sum_{j_{n-3}=1}^{j_{n-2}+1} \cdots \sum_{j_2=1}^{j_3+1} \sum_{j_1=1}^{j_2+1} a_{j_1} a_{j_2-j_1+1} \cdots a_{j_{n-2}-j_{n-3}+1} a_{2-j_{n-2}} \end{aligned}$$

$$= \sum_{i_{n-2}=1}^{2} \sum_{i_{n-3}=1}^{i_{n-2}+1} \cdots \sum_{i_2=1}^{i_2+1} \sum_{i_1=1}^{i_2+1} p_{1j_1} p_{j_1 j_2} \cdots p_{i_{n-3} i_{n-2}} p_{i_{n-2} 1} p_{10}$$
$$= f_{10}^{(n)}.$$

因而

$$\mu_{i\,i-1} = \mu_{10}, \quad i \geqslant 1. \tag{7}$$

另一方面，从状态 $i(\geqslant 2)$ 到达状态 0，必须经过状态 $i-1$，因此若令 ζ_{ij} 为系统由 i 首次到达 j 的步数(令 $\zeta_{ii} \equiv 0$)，则

$$\zeta_{i0} = \zeta_{i\,i-1} + \zeta_{i-1\,0}, \quad i \geqslant 2.$$

取数学期望，即得

$$\mu_{i0} = \mu_{i\,i-1} + \mu_{i-1\,0}, \quad i \geqslant 2.$$

由归纳法并注意 (7) 即得

$$\mu_{i0} = i\mu_{10}, \quad i \geqslant 1. \tag{8}$$

据引理 2，

$$\sum_{j=1}^{\infty} p_{1j}\mu_{j0} = \mu_{10} - 1,$$

由 (8) 及 (3)，上式即为

$$\mu_{10} \sum_{j=1}^{\infty} j a_j = \mu_{10} - 1,$$

再由 (5)，得

$$\rho\mu_{10} = \mu_{10} - 1,$$

故

$$\rho = 1 - \frac{1}{\mu_{10}} < 1,$$

因为对正常返类，$\mu_{10} < \infty$. 此即所证. 定理 1 证毕. #

由引理 5，即得下面的推论.

推论 1 当 $\rho < 1$ 时，

$$\lim_{n\to\infty} p_{ij}^{(n)} = \pi_j > 0,$$

且 $\{\pi_j\}$ 为一平稳分布. 当 $\rho \geqslant 1$ 时，

$$\lim_{n\to\infty} p_{ij}^{(n)} = 0. \ \|$$

推论 2 对任一整数 N,

$$\lim_{n\to\infty} P\{\boldsymbol{q}_n \leqslant N\} = \begin{cases} \sum_{j=0}^{N} \pi_j > 0, & \rho < 1; \\ 0, & \rho \geqslant 1. \end{cases} \quad \|$$

证

$$P\{\boldsymbol{q}_n \leqslant N\} = \sum_{j=0}^{N} P\{\boldsymbol{q}_n = j\} = \sum_{j=0}^{N} \sum_{i=0}^{\infty} p_i^{(0)} p_{ij}^{(n)},$$

其中 $\{p_i^{(0)}\}$ 为初始分布. 令 $n \to \infty$, 由推论 1 即得所证. #

注 两个推论表明,当 $\rho \geqslant 1$ 时,不论取怎样大的 N, 当 $n \to \infty$时, 第 n 顾客离开时所留下的队长 $\leqslant N$的概率总趋于 0, 这就刻划了系统的不稳定性; 而当 $\rho < 1$ 时, $\lim_{n\to\infty} p_{ij}^{(n)} = \pi_j > 0$, 说明当 $n \to \infty$ 时系统不论从怎样的初始条件出发, $p_{ij}^{(n)}$ 的极限总趋于 π_j, 因而系统是稳定的, 特别取 $\{\pi_j\}$ 为初始分布时, 对任一 n, $p_j^{(n)} = \pi_j$, 即 $\{\pi_j\}$ 成为平稳分布. ‖

定理 2 随机服务系统 M/G/1 的嵌入马尔可夫链 $\{\boldsymbol{q}_n\}$ 为常返的充分必要条件是 $\rho \leqslant 1$. ‖

证 充分性: 设 $\rho \leqslant 1$. 定义

$$y_j = j, \quad j \geqslant 0.$$

则 $\{y_j\}$ 满足引理 3 的条件:

$$\sum_{j=0}^{\infty} p_{ij} y_j = \sum_{j=i-1}^{\infty} j a_{j-i+1} = \rho + (i-1) \leqslant i = y_i, \quad i \neq 0;$$

$$\lim_{i\to\infty} y_i = \infty.$$

因而此马尔可夫链常返.

必要性: 设此马尔可夫链常返, 要证 $\rho \leqslant 1$. 假若不然, 即 $\rho > 1$, 则由 (5) 及引理 6, 方程

$$\sum_{n=0}^{\infty} a_n z^n = z$$

在 $0 < z < 1$ 内有一根 ξ, 定义

$$y_j = \xi^j, \quad j \geqslant 0,$$

则 $\{y_j\}$ 满足引理 4 的条件:

$$\sum_{j=0}^{\infty} p_{ij} y_j = \sum_{j=i-1}^{\infty} a_{j-i+1}\xi^j = \xi^{i-1}\sum_{n=0}^{\infty} a_n \xi^n = \xi^i = y_i, \quad i \neq 0;$$

$$|y_j| < 1, \text{ 且非常数.}$$

因而此马尔可夫链为非常返的. 此与假设矛盾,故得所证. #

定理 1,2 可总结成下之

定理 3 随机服务系统 M/G/1 的嵌入马尔可夫链是不可约非周期的,利用服务强度 ρ,可将系统状态分类如下:

(i) 当 $\rho < 1$ 时,所有状态均为正常返,此时

$$\lim_{n\to\infty} p_{ij}^{(n)} = \pi_j > 0,$$

且 $\{\pi_j\}$ 为唯一的平稳分布;

(ii) 当 $\rho = 1$ 时,所有状态均为零常返,此时

$$\lim_{n\to\infty} p_{ij}^{(n)} = 0,$$

且不存在平稳分布;

(iii) 当 $\rho > 1$ 时,所有状态均为非常返,此时

$$\lim_{n\to\infty} p_{ij}^{(n)} = 0,$$

且不存在平稳分布. ||

我们已经指出,当 $\rho \geqslant 1$ 时,有

$$\lim_{n\to\infty} p_{ij}^{(n)} = 0; \qquad \lim_{n\to\infty} P\{\boldsymbol{q}_n \leqslant N\} = 0, \quad \text{对任一 } \boldsymbol{N},$$

表明 $\rho \geqslant 1$ 时系统是不稳定的. 但 $\rho = 1$ 与 $\rho > 1$ 之间究竟表现出什么实际差异呢? 下面的定理说明当 $\rho = 1$ 时, 服务台始终不空的概率为 0; 而当 $\rho > 1$ 时,服务台始终不空的概率为正.

定理 4

$$P\left(\bigcap_{n=1}^{\infty} \{\boldsymbol{q}_n > 0\}\right) = \sum_{i=0}^{\infty} p_i^{(0)}(1 - f_{i0}^*)\begin{cases} > 0, & \rho > 1; \\ = 0, & \rho \leqslant 1, \end{cases} \tag{9}$$

其中 $f_{i0}^* = \sum_{n=1}^{\infty} f_{i0}^{(n)}$, $\{p_i^{(0)}\}$ 为初始分布. ||

证

$$
\begin{aligned}
P\left(\bigcap_{n=1}^{\infty}\{\boldsymbol{q}_n>0\}\right) &= \lim_{n\to\infty} P\{\boldsymbol{q}_1>0,\ \boldsymbol{q}_2>0,\cdots,\ \boldsymbol{q}_n>0\} \\
&= \lim_{n\to\infty}\sum_{i=0}^{\infty} P\{\boldsymbol{q}_0=i\}P\{\boldsymbol{q}_1>0,\ \boldsymbol{q}_2>0, \\
&\qquad \cdots,\ \boldsymbol{q}_n>0\,|\,\boldsymbol{q}_0=i\} \\
&= \lim_{n\to\infty}\sum_{i=0}^{\infty} p_i^{(0)}\left[1-P\left(\bigcup_{m=1}^{n}\{\boldsymbol{q}_m=0\}\right.\right. \\
&\qquad \left.\left.|\,\boldsymbol{q}_0=i\right)\right] \\
&= \lim_{n\to\infty}\sum_{i=0}^{\infty} p_i^{(0)}\left[1-\sum_{m=1}^{n} f_{i0}^{(m)}\right] \\
&= \sum_{i=0}^{\infty} p_i^{(0)}(1-f_{i0}^*),
\end{aligned}
$$

当 $\rho\leqslant 1$ 时,系统为常返,故对所有 $i\geqslant 0$, 有 $f_{i0}^*=1$, 因而上式为 0. 剩下的只需再证当 $\rho>1$, 即系统非常返时, 对所有 $i\geqslant 0$, 有 $f_{i0}^*<1$, 则即得 $\sum_{i=0}^{\infty} p_i^{(0)}(1-f_{i0}^*)>0$, 此点可证明如下:

定理 1 的证明中已指出: $f_{i,i-1}^{(n)}=f_{10}^{(n)}$, 而又有

$$
f_{10}^{(n)}=\sum_{i=1}^{\infty} p_{1i}f_{i0}^{(n-1)}=\sum_{i=1}^{\infty} a_i f_{i0}^{(n-1)}=\sum_{i=1}^{\infty} p_{0i}f_{i0}^{(n-1)}=f_{00}^{(n)},
$$

因而

$$
f_{i,i-1}^{(n)}=f_{00}^{(n)},\quad i\geqslant 1,
$$

故

$$
f_{i,i-1}^*=f_{00}^*,\quad i\geqslant 1. \tag{10}
$$

此外, 因为从状态 $i(\geqslant 2)$ 到状态 0 必须经过状态 $i-1$, 因此若令 ζ_{ij} 为系统由 i 首次到达 j 的步数,则

$$
\zeta_{i0}=\zeta_{i,i-1}+\zeta_{i-1,0},\quad i\geqslant 2.
$$

由于 $\zeta_{i,i-1}$ 与 $\zeta_{i-1,0}$ 独立,故其和的母函数等于母函数之积,即

$$
\sum_{n=1}^{\infty} P\{\zeta_{i0}=n\}z^n=\sum_{n=1}^{\infty} P\{\zeta_{i,i-1}=n\}z^n\sum_{m=1}^{\infty} P\{\zeta_{i-1,0}=m\}z^m,
$$
$$
i\geqslant 2.
$$

令 $z=1$, 并注意 $P\{\zeta_{ij}=n\}=f_{ij}^{(n)}$, 即得

$$f_{i0}^* = f_{i,i-1}^* f_{i-1,0}^*, \quad i \geqslant 2.$$

由归纳法，

$$f_{i0}^* = f_{i,i-1}^* f_{i-1,i-2}^* \cdots f_{10}^*, \quad i \geqslant 1.$$

再由 (10)，得

$$f_{i0}^* = (f_{00}^*)^i, \quad i \geqslant 1. \tag{11}$$

由于 $\rho > 1$ 时系统非常返，故 $f_{00}^* < 1$，因而由 (11)，

$$f_{i0}^* < 1, \quad i \geqslant 0.$$

此即所证. #

§ 2. 统计平衡理论

在 § 1 中已经看到，当 $\rho < 1$ 时系统是平稳的，而极限 $\{\pi_j\}$ 为唯一的平稳分布，即

$$\pi_j = \sum_{i=0}^{\infty} \pi_i p_{ij}. \tag{1}$$

因而若取 $\{\pi_j\}$ 为初始分布，则第 n 个顾客离开时刻所留下的队长的分布也为 $\{\pi_i\}$，即

$$P\{\boldsymbol{q}_n = j\} = \sum_{i=0}^{\infty} \pi_i p_{ij}^{(n)} = \pi_j. \tag{2}$$

此由归纳法即可证明，它表明队长分布是平稳的，即与 n 无关.

若取任意的初始分布 $\{p_i^{(0)}\}$，则

$$\lim_{n\to\infty} P\{\boldsymbol{q}_n = j\} = \lim_{n\to\infty} \sum_{i=0}^{\infty} p_i^{(0)} p_{ij}^{(n)} = \sum_{i=0}^{\infty} p_i^{(0)} \pi_j = \pi_j, \tag{3}$$

它表明队长分布的极限(分布)仍为 $\{\pi_j\}$.

现在假定系统已处于平稳状态，来寻求平均队长、队长的平稳分布 $\{\pi_j\}$ 以及平均等待时间与等待时间的平稳分布.

1. 队长 将 § 1 的 (1) 写下:

$$\boldsymbol{q}_{n+1} = \boldsymbol{q}_n - U(\boldsymbol{q}_n) + \boldsymbol{\nu}_{n+1}, \tag{4}$$

两边取数学期望，由系统已处平稳状态的假定，$E\boldsymbol{q}_{n+1} = E\boldsymbol{q}_n$，故得

$$EU(\boldsymbol{q}_n) = E\boldsymbol{\nu}_{n+1},$$

由 § 1 的 (5)，即得

$$EU(\boldsymbol{q}_n) = \rho. \tag{5}$$

但

$$EU(\boldsymbol{q}_n) = P\{\boldsymbol{q}_n \neq 0\},$$

故 (5) 表明

$$P\{\boldsymbol{q}_n = 0\} = 1 - \rho, \tag{6}$$

即顾客离开时服务台前没有等待顾客的概率为 $1-\rho$. 由于"前一顾客离开时留下队长为 0"等价于"下一顾客到达时看到队长为 0"，因此推知顾客不需等待的概率为 $1-\rho$.

将 (4) 平方后取数学期望，并注意 $\boldsymbol{q}_n U(\boldsymbol{q}_n) = \boldsymbol{q}_n$，即得

$$E\boldsymbol{q}_{n+1}^2 = E\boldsymbol{q}_n^2 + EU(\boldsymbol{q}_n) + E\boldsymbol{\nu}_{n+1}^2 + 2E(\boldsymbol{q}_n\boldsymbol{\nu}_{n+1}) - 2E\{U(\boldsymbol{q}_n)\boldsymbol{\nu}_{n+1}\} - 2E\boldsymbol{q}_n,$$

由于平稳情形下 $E\boldsymbol{q}_n$ 与 n 无关，同时由于 $\boldsymbol{q}_n$ 与 $\boldsymbol{\nu}_{n+1}$ 独立，即得

$$E\boldsymbol{q}_n = \frac{\rho + E\boldsymbol{\nu}_{n+1}^2 - 2\rho E\boldsymbol{\nu}_{n+1}}{2[1 - E\boldsymbol{\nu}_{n+1}]}.$$

由于

$$E\boldsymbol{\nu}_{n+1} = \rho;$$

$$E\boldsymbol{\nu}_{n+1}^2 = \sum_{k=0}^{\infty} k^2 a_k = \lambda^2\sigma^2 + \rho^2 + \rho,$$

其中 σ^2 为服务时间分布的方差，故得

$$E\boldsymbol{q}_n = \rho + \frac{\rho^2 + \lambda^2\sigma^2}{2(1-\rho)}, \tag{7}$$

即平均队长的表达式. 由此式看出，甚至在平均服务时间不能缩减时，也能用减少服务时间方差的办法来降低平均队长. 例如对均值为 $1/\mu$ 的负指数分布，其方差为 $1/\mu^2$，故由 (7) 式，

$$E\boldsymbol{q}_n = \rho + \frac{\rho^2}{1-\rho} = \frac{\rho}{1-\rho}. \tag{8}$$

而对均值为 $1/\mu$ 的定长分布，其方差为 0，故由 (7) 式，

$$E\boldsymbol{q}_n = \rho + \frac{\rho^2}{2(1-\rho)} = \frac{\rho\left(1 - \dfrac{\rho}{2}\right)}{1-\rho}, \tag{9}$$

(9) 与 (8) 之比等于 $1-\frac{\rho}{2}$，说明当 ρ 很小时定长分布比负指数分布能使平均队长有微小的缩减；而当 $\rho\to 1$ 时缩减比趋于 $\frac{1}{2}$，也就是说可使平均队长减少一半。

我们再来求队长的平稳分布。

定理 1 对 M/G/1 系统，若 $\rho<1$，则队长 $\boldsymbol{q}_n$ 的平稳分布 $\{\pi_j\}$ 的母函数为

$$Q(z)\equiv\sum_{j=0}^{\infty}\pi_j z^j=\frac{(1-\rho)(1-z)B^*(\lambda(1-z))}{B^*(\lambda(1-z))-z},$$

$$|z|<1. \quad \| \tag{10}$$

证 由定义及 (4)，并注意 $\boldsymbol{\nu}_{n+1}$ 与 $\boldsymbol{q}_n$ 是独立的，就有

$$Q(z)\equiv Ez^{q_n}=Ez^{q_n-U(q_n)+\nu_{n+1}}=Ez^{q_n-U(q_n)}\cdot Ez^{\nu_{n+1}}. \tag{11}$$

但

$$Ez^{\nu_{n+1}}=\sum_{k=0}^{\infty}z^kP\{\nu_{n+1}=k\}=\sum_{k=0}^{\infty}\int_{0-}^{\infty}\frac{(\lambda xz)^k}{k!}e^{-\lambda x}dB(x)$$

$$=\int_{0-}^{\infty}e^{-\lambda x(1-z)}dB(x)=B^*(\lambda(1-z));$$

$$Ez^{q_n-U(q_n)}=\pi_0+\sum_{k=1}^{\infty}z^{k-1}\pi_k=(1-\rho)+\frac{Q(z)-(1-\rho)}{z},$$

代入 (11)，经过整理，即得所求 (10) 式。定理 1 证毕。#

特别地，当服务时间是均值为 $\frac{1}{\mu}$ 的负指数时(即 M/M/1 系统)，$B^*(s)=\frac{\mu}{s+\mu}$，故

$$Q(z)=\frac{1-\rho}{1-\rho z}=(1-\rho)\sum_{k=0}^{\infty}\rho^kz^k,$$

因而

$$\pi_k=(1-\rho)\rho^k. \tag{12}$$

而当服务时间是均值为 $\frac{1}{\mu}$ 的定长分布时 (即 M/D/1 系统)，$B^*(s)=e^{-\frac{s}{\mu}}$，故

$$Q(z)=\frac{(1-\rho)(1-z)}{1-ze^{\rho(1-z)}},$$

将 $Q(z)$ 对 z 微商 k 次后除以 $k!$ $(k=0,1,\cdots)$，并令 $z=0$，即得

$$\begin{cases}\pi_0=1-\rho;\\ \pi_1=(1-\rho)(e^{\rho}-1);\\ \pi_k=(1-\rho)\sum_{j=1}^{k}(-1)^{k-j}e^{j\rho}\left[\frac{(j\rho)^{k-j}}{(k-j)!}\right.\\ \qquad\left.+(1-\delta_{kj})\frac{(j\rho)^{k-j-1}}{(k-j-1)!}\right],\quad k\geqslant 2.\end{cases}\tag{13}$$

以上讨论的是顾客离开后瞬时的队长 $\boldsymbol{q}_n$ 的平稳分布. 下面考虑任意时刻 t 的队长 $\boldsymbol{q}(t)$. 为此，先引进更新过程的概念，并不加证明地引用两个更新定理（可参阅 Karlin & Taylor 的书[86]第5章或 Çinlar 的书[44]第9章).

定义 1 设 $\{\boldsymbol{X}_i,\ i=1,2,\cdots\}$ 为独立的非负随机变量序列,其中 $\boldsymbol{X}_2$，$\boldsymbol{X}_3$，$\cdots$同分布. 令

$$P\{\mathbf{X}_1\leqslant x\}\equiv F_1(x),\quad P\{\mathbf{X}_i\leqslant x\}\equiv F(x),\quad i=2,3,\cdots,$$

假定

$$F_1(0)<1,\quad F(0)<1.$$

再令

$$\boldsymbol{S}_0\equiv 0,\quad \boldsymbol{S}_n\equiv\boldsymbol{X}_1+\boldsymbol{X}_2+\cdots+\boldsymbol{X}_n,\quad n\geqslant 1;$$
$$\boldsymbol{N}(t)\equiv\max\{n:\ \boldsymbol{S}_n\leqslant t\},\quad t\geqslant 0.$$

则 $\{\boldsymbol{S}_n\}$ 与 $\{\boldsymbol{N}(t)\}$ 都称为更新过程，$\boldsymbol{X}_1$ 称为初始寿命或初始更新间隔，$\boldsymbol{X}_2$，$\boldsymbol{X}_3$，$\cdots$称为寿命或更新间隔，$\boldsymbol{S}_1$，$\boldsymbol{S}_2$，$\cdots$称为更新时刻,而 $\boldsymbol{N}(t)$ 为 $[0,t]$ 内的更新次数. ||

如果考虑相继使用的一系列同型元件，每当正在使用的元件损坏时，就立即换上一个新的. 假定第1个元件从时刻 $t=0$ 或 $t=0$ 之前开始使用,而相继元件的寿命分别为 $\boldsymbol{X}_1$，$\boldsymbol{X}_2$，$\cdots$，则 $\boldsymbol{S}_n(n\geqslant 1)$ 就是第 n 次更新元件的时刻,而 $\boldsymbol{N}(t)$ 是 $[0,t]$ 内更新的次数.

现令 $\boldsymbol{N}(t)$ 的数学期望

$$E\{\boldsymbol{N}(t)\} \equiv M(t),$$

称为更新函数．易知

$$M(t) = \sum_{k=1}^{\infty} kP\{\boldsymbol{N}(t) = k\} = \sum_{k=1}^{\infty} P\{\boldsymbol{N}(t) \geqslant k\}$$

$$= \sum_{k=1}^{\infty} P\{\boldsymbol{S}_k \leqslant t\} = \sum_{k=0}^{\infty} F_1(t) \text{☆} F^{(k)}(t), \tag{14}$$

其中☆为卷积运算，

$$F^{(0)}(t) \equiv \begin{cases} 1, & t \geqslant 0; \\ 0, & t < 0, \end{cases}$$

而 $F^{(k)}(t)$ $(k \geqslant 1)$为 $F(t)$ 的 k 重卷积．可以证明上述级数对任意 $t \geqslant 0$ 都是收敛的(读者可自证，或参阅上引的书[86])，且易知 $M(t)$ 为非降、右连续．

初等更新定理

$$\lim_{t\to\infty} \frac{M(t)}{t} = \frac{1}{E\boldsymbol{X}_2}. \quad \| \tag{15}$$

定义 2 x_0 称为分布函数 F 的增点，若对任一 $\varepsilon > 0$，都有

$$F(x_0 + \varepsilon) - F(x_0 - \varepsilon) > 0.$$

F 称为算术分布[1)]，若存在 $l > 0$，使 F 的所有增点均在 $0, \pm l, \pm 2l, \cdots$ 之中．这种 l 中的最大者称为 F 的跨度．$\|$

定义 3 令 g 为 $[0, \infty)$ 上定义的非负函数．对 $\delta > 0$，$n = 1, 2, \cdots$，令

$$\bar{\sigma}(\delta) \equiv \delta \sum_{n=1}^{\infty} \sup\{g(t): (n-1)\delta \leqslant t \leqslant n\delta\},$$

$$\underline{\sigma}(\delta) \equiv \delta \sum_{n=1}^{\infty} \inf\{g(t): (n-1)\delta \leqslant t \leqslant n\delta\}.$$

若上两级数对任一 $\delta > 0$ 均收敛，且其差 $\bar{\sigma}(\delta) - \underline{\sigma}(\delta) \to 0$，当

---

1) 有的书也称之为格子点分布．但格子点分布通常是指增点均在 a，$a \pm l$，$a \pm 2l, \ldots$ 之中的分布，其中 a 为任意数．因而算术分布一定是格子点分布(取 $a = 0$)，但反之不然．

$\delta \to 0$，则称 g 为直接黎曼 (Riemann) 可积. ‖

根据定义，不难证明如下各命题：

1) 直接黎曼可积函数一定是黎曼可积的，而且是有界的.

2) 非负可积的单调函数是直接黎曼可积的.

3) 设 $f(t)$ 为非负非降函数，$a > 1$ 为一常数，若 $f(t)a^{-t}$ 可积，则 $f(t)a^{-t}$ 也是直接黎曼可积的.

4) 设 $g(t)$ 为非负非增函数，$a > 1$ 为一常数，若 $a^t g(t)$ 可积，则 $a^t g(t)$ 也是直接黎曼可积的.

5) 设非负函数 $f(t)$ 为直接黎曼可积；$G(t)$ 为一分布函数，则 $f☆G$ 也是直接黎曼可积的，其中☆为卷积运算.

基本更新定理 设 $F(t)$ 为更新过程的寿命分布函数，其均值为 $E\boldsymbol{X}_2$，更新函数为 $M(t)$. 设非负函数 $g(t)$ 为直接黎曼可积.

1) 若 $F(t)$ 非算术分布，则

$$\lim_{t\to\infty}\int_{0-}^{t} g(t-x)dM(x) = \begin{cases} \dfrac{1}{E\boldsymbol{X}_2}\displaystyle\int_0^\infty g(x)dx, & 若\ E\boldsymbol{X}_2 < \infty; \\ 0, & 若\ E\boldsymbol{X}_2 = \infty. \end{cases} \tag{16}$$

2) 若 $F(t)$ 为算术分布，跨度为 l，则对 $0 \leqslant c < l$，

$$\lim_{n\to\infty}\int_{0-}^{c+nl} g(c+nl-x)dM(x) = \begin{cases} \dfrac{l}{E\boldsymbol{X}_2}\displaystyle\sum_{k=0}^{\infty} g(c+kl), \\ \qquad 若\ E\boldsymbol{X}_2 < \infty; \\ 0, \quad 若\ E\boldsymbol{X}_2 = \infty. \| \end{cases} \tag{17}$$

有了上面的准备知识后，我们就可以来讨论队长 $\boldsymbol{q}(t)$ 的平稳性态了.

定理 2 对 M/G/1 系统，若 $\rho < 1$，则队长 $\boldsymbol{q}(t)$ 的平稳分布存在，与初始条件无关，而且就等于 $\boldsymbol{q}_n$ 的平稳分布，即

$$\lim_{t\to\infty} P\{\boldsymbol{q}(t) = j\} = \lim_{n\to\infty} P\{\boldsymbol{q}_n = j\} \equiv \pi_j, \quad j = 0, 1, \cdots, \tag{18}$$

其中 $\{\pi_j\}$ 为定理 1 所给定.

若 $\rho \geqslant 1$，则 $\boldsymbol{q}(t)$ 的平稳分布不存在，且

$$\lim_{t\to\infty} P\{\boldsymbol{q}(t)=j\} = \lim_{n\to\infty} P\{\boldsymbol{q}_n = j\} = 0,$$

$$j = 0, 1, \cdots. \| \tag{19}$$

证 本章开始处已假定，在初始时刻 $t=0$ 系统中有 $\boldsymbol{q}_0$ 个顾客，即 $\boldsymbol{q}(0)=\boldsymbol{q}_0$，且在 $t=0-$ 刚好服务完一个顾客. 令顾客相继离开时刻为 $\boldsymbol{\tau}'_0 \equiv 0-$，$\boldsymbol{\tau}'_1$，$\boldsymbol{\tau}'_2, \cdots$. 并对 $n=1, 2, \cdots$，令

$$P_{ij}^{(n)}(t) \equiv P\{\boldsymbol{q}_n = j, \boldsymbol{\tau}'_n \leqslant t \mid \boldsymbol{q}_0 = i\}; \tag{20}$$

$$P_{ij}(t) \equiv P\{\boldsymbol{q}(t) = j \mid \boldsymbol{q}(0) = i\}. \tag{21}$$

易知在初始队长为 i 的条件下，顾客离开后瞬时队长为 j 的那些时刻构成一个更新过程的更新时刻. 记其更新函数为

$$M_{ij}(t) \equiv \sum_{n=1}^{\infty} P_{ij}^{(n)}(t). \tag{22}$$

因而由初等更新定理，极限

$$\lim_{t\to\infty} \frac{M_{ij}(t)}{t} = \mu_j \tag{23}$$

存在，且独立于 i，其中 μ_j^{-1} 为平均寿命. 特别，μ_0^{-1} 为闲期平均长度与忙期平均长度之和，由本章 § 3 的定理 8，可得

$$\mu_0 = \begin{cases} \dfrac{1}{\dfrac{1}{\lambda} + \dfrac{1}{\mu-\lambda}} = \lambda(1-\rho), & \text{若 } \rho < 1; \\ 0, & \text{若 } \rho \geqslant 1. \end{cases} \tag{24}$$

现令 $\boldsymbol{x}(t_1, t_2)$ 为 $[t_1, t_2]$ 内到达的顾客数，则

$$P_{ij}(t) = P\{\boldsymbol{q}(t) = j,\ \boldsymbol{\tau}'_1 > t \mid \boldsymbol{q}(0) = i\} + \sum_{n=1}^{\infty} P\{\boldsymbol{q}(t) = j,$$

$$\boldsymbol{\tau}'_n \leqslant t < \boldsymbol{\tau}'_{n+1} \mid \boldsymbol{q}(0) = i\}$$

$$= P\{\boldsymbol{q}(t) = j, \boldsymbol{\tau}'_1 > t \mid \boldsymbol{q}(0) = i\} + \sum_{n=1}^{\infty} \sum_{k=0}^{j} P\{\boldsymbol{q}_n = k,$$

$$\boldsymbol{x}(\boldsymbol{\tau}'_n, t) = j-k,\ \boldsymbol{\tau}'_n \leqslant t < \boldsymbol{\tau}'_{n+1} \mid \boldsymbol{q}(0) = i\}$$

$$
=\begin{cases}\delta_{i0}^{*}e^{-\lambda t}+\int_{0-}^{t}e^{-\lambda(t-u)}dM_{00}(u), & \text{若 } i\geqslant 0,\ j=0;\\ \delta_{i0}^{*}\int_{0}^{t}\lambda e^{-\lambda y}\frac{[\lambda(t-y)]^{j-1}}{(j-1)!}e^{-\lambda(t-y)}[1-B(t-y)]dy & \end{cases} \tag{25}
$$

$$
+\delta_{ij}^{*}\frac{(\lambda t)^{j-i}}{(j-i)!}e^{-\lambda t}[1-B(t)]
$$

$$
+\sum_{k=1}^{j}\int_{0-}^{t}\frac{[\lambda(t-u)]^{j-k}}{(j-k)!}e^{-\lambda(t-u)}[1-B(t-u)] \times dM_{ik}(u)
$$

$$
+\int_{0-}^{t}\left\{\int_{0}^{t-u}\lambda e^{-\lambda y}\frac{[\lambda(t-u-y)]^{j-1}}{(j-1)!}e^{-\lambda(t-u-y)}\cdot[1-B(t-u-y)]\,dy\right\}dM_{i0}(u),
$$

若 $i\geqslant 0,\ j>0$.

其中

$$
\delta_{ij}^{*}\equiv\begin{cases}1, & i=j=0;\\ 1, & 1\leqslant i\leqslant j;\\ 0, & \text{其它}.\end{cases} \tag{26}
$$

此处已利用了求和号 $\sum_{n=1}^{\infty}$ 取入积分号后的 $dP_{ik}^{(n)}(u)$ 成为 $dM_{ik}(u)$ 这种运算,这种运算是可行的,事实上,由于 $P_{ik}^{(n)}(u)$ 对 u 非降,故微商 $P_{ik}^{(n)\prime}(u)$ 对几乎所有的 (a. a.) u 存在且非负,而被积函数其它各项均非负,故求和号可取入积分号.再利用富比尼 (Fubini)逐项微分定理(例如参看 Saks[118], p. 117), $\sum_{n=1}^{\infty}P_{ik}^{(n)\prime}(u)=M'_{ik}(u)$ 对 a. a. u 成立,由此即得 (25).

在上述更新过程中，更新间隔会以正概率出现下列情形：在某更新时刻后,系统进入闲期,而后回入忙期，最后又出现下一更新时刻. 显见这种更新间隔为若干段服务时间与一段负指数到达间隔之和,因此更新间隔分布非算术分布.利用定义 3 之后的命题

2), 3), 5) 及基本更新定理于 (25) 中含 $dM_{ij}(u)$ 的几个积分，由 (23)，即得极限

$$\lim_{t\to\infty} P_{ij}(t)=\begin{cases}\dfrac{\mu_0}{\lambda}, & 若 i\geqslant 0,\ j=0;\\ \displaystyle\sum_{k=1}\mu_k\int_0^\infty \frac{(\lambda t)^{j-k}}{(j-k)!}e^{-\lambda t}[1-B(t)]dt \\ \displaystyle +\mu_0\int_0^\infty\left\{\int_0^t \lambda e^{-\lambda y}\frac{(\lambda(t-y))^{j-1}}{(j-1)!}e^{-\lambda(t-y)} \right.\\ \left.\times[1-B(t-y)]dy\right\}dt, \\ \qquad 若\ i\geqslant 0,\ j>0,\end{cases}\tag{27}$$

存在，且与 i 无关，记之为 p_j. 由于

$$P\{\boldsymbol{q}(t)=j\}=\sum_{i=0}^{\infty}P\{\boldsymbol{q}(0)=i\}P_{ij}(t),$$

因而极限

$$\lim_{t\to\infty}P\{\boldsymbol{q}(t)=j\}=\lim_{t\to\infty}P_{ij}(t)\equiv p_j\tag{28}$$

存在，且与初始状态无关.

下面来证 $p_j=\pi_j$, $j=0,1,\cdots$. 考虑在初始队长为 i 的条件下，顾客到达时使队长由 j 转移到 $j+1$ 的那些时刻. 令 $\widetilde{M}_{ij}(t)$ 为 $[0,t]$ 内这些时刻的平均数，则由数学期望的定义，易知

$$\widetilde{M}_{ij}(t)=\int_0^t P_{ij}(u)\lambda du,\quad i,\ j=0,1,\cdots.$$

由 (28)，即得

$$\lim_{t\to\infty}\frac{\widetilde{M}_{ij}(t)}{t}=\lambda p_j,\quad i,j=0,1,\cdots.\tag{29}$$

但在 $[0,t]$ 内队长由 j 转移到 $j+1$ 的次数与队长由 $j+1$ 转移到 j 的次数之差不会超过一次，因而

$$|\widetilde{M}_{ij}(t)-M_{ij}(t)|\leqslant 1,\quad t>0,\ i,j=0,1,\cdots,$$

故得

$$\lim_{t\to\infty}\frac{M_{ij}(t)}{t}=\lim_{t\to\infty}\frac{\dot{M}_{ij}(t)}{t}=\lambda p_j,\quad i,j=0,1,\cdots. \tag{30}$$

令

$$M_i(t)\equiv\sum_{j=0}^{\infty}M_{ij}(t),$$

则 $M_i(t)$ 为初始队长等于 i 的条件下，$[0,t]$ 内服务完的顾客的平均数，而且有

$$\lim_{t\to\infty}M_i(t)=\infty,\quad i=0,1,\cdots. \tag{31}$$

事实上，若令 $N(t)$ 为更新间隔等于 $\boldsymbol{t}_k+\boldsymbol{v}_k$，$k=1,2,\cdots$，的更新过程在 $[0,t]$ 内的平均更新数，其中 $\boldsymbol{t}_k$ 为到达间隔，$\boldsymbol{v}_k$ 为服务时间，则易知

$$N(t)\leqslant M_i(t),\quad i=0,1,\cdots.$$

但由初等更新定理，

$$\lim_{t\to\infty}\frac{N(t)}{t}=\frac{1}{\frac{1}{\lambda}+\frac{1}{\mu}}>0,$$

因而

$$\lim_{t\to\infty}M_i(t)\geqslant\lim_{t\to\infty}N(t)=\infty,$$

此即所证的 (31).

现令 $M_{ij}^{(n)}$ 为初始队长等于 i 的条件下，前 n 次顾客离去时刻中留下队长为 j 的那些离去时刻的平均个数，则

$$M_{ij}^{(n)}=\sum_{k=1}^{n}P\{\boldsymbol{q}_k=j\mid\boldsymbol{q}_0=i\}.$$

故由 §1 的定理 3，即得

$$\lim_{n\to\infty}\frac{M_{ij}^{(n)}}{n}=\lim_{n\to\infty}\frac{1}{n}\sum_{k=1}^{n}P\{\boldsymbol{q}_k=j\mid\boldsymbol{q}_0=i\}=\pi_j \tag{32}$$

与初始条件无关.

由 (31) 与 (32)，即得

$$\lim_{t\to\infty}\frac{M_{ij}(t)}{M_i(t)}=\lim_{t\to\infty}\frac{M_{ij}^{(M_i(t))}}{M_i(t)}=\pi_j,\quad i,j=0,1,\cdots. \tag{33}$$

若 $\rho<1$，由§1的定理3，所有 $\pi_j>0$，因而结合(30)与(33)，即知极限

$$\lim_{t\to\infty}\frac{M_i(t)}{t}=\lim_{t\to\infty}\frac{M_i(t)}{M_{ij}(t)}\cdot\frac{M_{ij}(t)}{t}=\frac{1}{\pi_j}\lambda p_j,$$

$$i,j=0,1,\cdots \tag{34}$$

存在. 由(24),(27)与(28),得

$$p_0=1-\rho>0.$$

(34)中取 $j=0$, 利用上式及(6)即得

$$\lim_{t\to\infty}\frac{M_i(t)}{t}=\lambda.$$

再代入(34),得

$$p_j=\pi_j,\quad j=0,1,\cdots,$$

此即所证的(18)式.

若 $\rho\geqslant 1$，由§1的定理3，

$$\pi_j=0,\quad j=0,1,\cdots. \tag{35}$$

令 $L(t)$ 为更新间隔等于 $\boldsymbol{v}_k$, $k=1,2,\cdots$, 的更新过程在 $[0,t]$ 内的平均更新数,则易知

$$M_i(t)\leqslant L(t),\quad i=0,1,\cdots.$$

由初等更新定理，

$$\lim_{t\to\infty}\frac{L(t)}{t}=\mu<\infty,$$

因而 $\dfrac{M_i(t)}{t}$ 有界,由(33),即知

$$\lim_{t\to\infty}\frac{M_{ij}(t)}{t}=\lim_{t\to\infty}\frac{M_{ij}(t)}{M_i(t)}\cdot\frac{M_i(t)}{t}=0,$$

$$i,j=0,1,\cdots.$$

再由(30)即得

$$p_j=0,\quad j=0,1,\cdots,$$

因而(19)式成立. 定理2证毕. #

当服务时间是均值为 $\frac{1}{\mu}$ 的爱尔朗分布 E_k 时，方差 $\sigma^2=\frac{1}{k\mu^2}$，$B^*(s)=\left(\frac{k\mu}{k\mu+s}\right)^k$，因而由定理 1 与 2 及 (7) 式，即得下列推论.

推论 1 对平均服务时间为 $\frac{1}{\mu}$ 的 $M/E_k/1$ 系统，若 $\rho\equiv\frac{\lambda}{\mu}<1$，则队长 $\boldsymbol{q}_n$ 与 $\boldsymbol{q}(t)$ 的平稳分布具有相同的母函数

$$Q(z)\equiv\sum_{j=0}^{\infty}\pi_j z^j=\frac{(1-\rho)(1-z)}{1-z\left[1+\frac{\rho}{k}(1-z)\right]^k},$$

$$|z|<1; \tag{36}$$

平均队长均为

$$E\boldsymbol{q}\equiv\sum_{j=1}^{\infty}j\pi_j=\rho+\frac{\left(1+\frac{1}{k}\right)\rho^2}{2(1-\rho)}.\ \|\tag{37}$$

2. 等待时间 先求平均等待时间. 在先到先服务的情况下，若第 n 个被服务的顾客离开时所留下的队长为 $\boldsymbol{q}_n$，则这些顾客恰好是此顾客的等待时间 $\boldsymbol{w}_n$ 与服务时间 $\boldsymbol{v}_n$ 中到达的全体顾客. 因此若令 $\boldsymbol{w}_n$ 的分布为 $W(x)$，则由于 $\boldsymbol{w}_n$ 与 $\boldsymbol{v}_n$ 是独立的，就有

$$\begin{aligned}E\boldsymbol{q}_n&=\sum_{k=0}^{\infty}kP\{\boldsymbol{q}_n=k\}\\&=\sum_{k=0}^{\infty}k\int_{0-}^{\infty}\int_{0-}^{\infty}e^{-\lambda(x+y)}\frac{[\lambda(x+y)]^k}{k!}dW(x)dB(y)\\&=\int_{0-}^{\infty}\int_{0-}^{\infty}\lambda(x+y)dW(x)dB(y)\\&=\lambda[E\boldsymbol{w}+E\boldsymbol{v}]=\lambda E\boldsymbol{w}+\rho,\end{aligned}$$

再利用 (7)，即得

$$E\boldsymbol{w}=\frac{\rho^2+\lambda^2\sigma^2}{2\lambda(1-\rho)},\tag{38}$$

或

$$\frac{Ew}{Ev} = \frac{\rho}{2(1-\rho)}[1+\mu^2\sigma^2], \tag{39}$$

其中 $Ev = \frac{1}{\mu}$ 为平均服务时间，这就是平均等待时间的公式．一般说来，左端之比 $\frac{Ew}{Ev}$ 刻划了服务效率，$\frac{Ew}{Ev}$ 愈小，表示服务效率愈高．与平均队长的公式一样，当平均服务时间不变时，也能用缩减服务时间方差的办法来减少平均等待时间，或者说来提高服务效率．当服务时间是定长分布时，$\sigma^2 = 0$，此时 $\frac{Ew}{Ev}$ 取最小值 $\frac{\rho}{2(1-\rho)}$，也就是说，服务效率最高．当服务时间取负指数分布时，$\sigma^2 = \frac{1}{\mu^2}$，故 $\frac{Ew}{Ev} = \frac{\rho}{1-\rho}$，它为定长分布时的两倍，因而表明服务效率降低了一半，只有最高服务效率的 50%．

下面的定理确定了等待时间 $\boldsymbol{w}_n$ 的平稳分布 $W(x)$．

定理3 对 M/G/1 系统，若 $\rho<1$，则等待时间 $\boldsymbol{w}_n$ 的平稳分布 $W(x)$ 的拉普拉斯-斯蒂尔吉斯 (Laplace-Stieltjes) 变换 $W^*(s)$ 给如

$$W^*(s) \equiv \int_{0-}^{\infty} e^{-sx}dW(x) = \frac{(1-\rho)s}{s-\lambda+\lambda B^*(s)},$$

$$\mathscr{R}(s) > 0, \tag{40}$$

其中 $B^*(s)$ 为服务时间分布的拉普拉斯-斯蒂尔吉斯变换．此式通常被称为扑拉切克-欣钦 (Pollaczek-Хинчин) 公式．||

证 利用本段开始推导平均等待时间所用的事实，即组成 $\boldsymbol{q}_n$ 的那些顾客恰好是第 n 个顾客的等待时间 $\boldsymbol{w}_n$ 与服务时间 $\boldsymbol{v}_n$ 中到达的全体顾客，且 $\boldsymbol{w}_n$ 与 $\boldsymbol{v}_n$ 是独立的，于是就得

$$\begin{aligned} Ez^{\boldsymbol{q}_n} &= \sum_{k=0}^{\infty} z^k P\{\boldsymbol{q}_n = k\} \\ &= \sum_{k=0}^{\infty} z^k \int_{0-}^{\infty}\int_{0-}^{\infty} e^{-\lambda(x+y)} \frac{[\lambda(x+y)]^k}{k!} dW(x)dB(y) \\ &= \int_{0-}^{\infty}\int_{0-}^{\infty} e^{-\lambda(x+y)(1-z)} dW(x)dB(y) \end{aligned}$$

$$=\int_{0-}^{\infty} e^{-\lambda(1-z)x} dW(x) \int_{0-}^{\infty} e^{-\lambda(1-z)y} dB(y),$$

即

$$Q(z) = W^*(\lambda(1-z))B^*(\lambda(1-z)). \tag{41}$$

将 (10) 代入 (41)，并令 $\lambda(1-z)=s$，即得所证. #

(40) 中令 $s \to +\infty$，得

$$P\{\boldsymbol{w}=0\} = 1-\rho. \tag{42}$$

它表明到达的顾客不需等待的概率为 $1-\rho$，此量与服务时间分布的形式无关. 这一结果与 (6) 式所得的结论是一致的.

现在考虑服务时间为负指数分布的特殊情形，此时 $B^*(s)=\dfrac{\mu}{s+\mu}$，故由 (40)

$$W^*(s) = (1-\rho) + \frac{\rho(\mu-\lambda)}{s+(\mu-\lambda)}$$

$$= P\{\boldsymbol{w}=0\} + \frac{\rho(\mu-\lambda)}{s+(\mu-\lambda)},$$

由此即得

$$P\{\boldsymbol{w}>t\} = \rho e^{-(\mu-\lambda)t}, \quad t \geqslant 0. \tag{43}$$

当服务时间是均值为 $\dfrac{1}{\mu}$ 的爱尔朗分布 E_k 时，方差 $\sigma^2=\dfrac{1}{k\mu^2}$，$B^*(s)=\left(\dfrac{k\mu}{k\mu+s}\right)^k$，因而由定理 3 及 (38) 即得下列推论.

推论 1 对平均服务时间为 $\dfrac{1}{\mu}$ 的 $M/E_k/1$ 系统，若 $\rho \equiv \dfrac{\lambda}{\mu} < 1$，则等待时间 $\boldsymbol{w}_n$ 的平稳分布 $W(x)$ 的拉普拉斯-斯蒂尔吉斯变换 $W^*(s)$ 给如

$$W^*(s) = \frac{(1-\rho)s}{s-\lambda+\lambda\left(\dfrac{k\mu}{k\mu+s}\right)^k}, \quad \mathscr{R}(s)>0, \tag{44}$$

而平均等待时间为

$$E\boldsymbol{w} = \frac{\rho\left(1+\dfrac{1}{k}\right)}{2\mu(1-\rho)}. \quad \| \tag{45}$$

§3. 非平衡理论

先证明下列引理:

引理 1 若 i) $\mathscr{R}(s) \geqslant 0$, $|u| < 1$;

或 ii) $\mathscr{R}(s) > 0$, $|u| \leqslant 1$;

或 iii) $\mathscr{R}(s) \geqslant 0$, $|u| \leqslant 1$, 且 $\rho \equiv \dfrac{\lambda}{\mu} > 1$,

则方程

$$z = uB^*(s + \lambda(1 - z)) \tag{1}$$

在单位圆 $|z| < 1$ 内有唯一解 $z = \gamma(s, u)$, 它可表成

$$\gamma(s, u) = \sum_{j=1}^{\infty} \frac{\lambda^{j-1}u^j}{j!} \int_{0-}^{\infty} e^{-(\lambda+s)x} x^{j-1} dB^{(j)}(x), \tag{2}$$

其中 $B^{(j)}(x)$ 为服务时间分布 $B(x)$ 的 j 重卷积. 由此即知由 (2) 定义的 $\gamma(s, u)$ 在 $\mathscr{R}(s) \geqslant 0$, $|u| \leqslant 1$ 内为 (s, u) 的连续函数, 且仍为 (1) 的解. 而在 $\mathscr{R}(s) > 0$, $|u| < 1$ 为 (s, u) 的解析函数. 又若令 $g(u) = \gamma(0, u)$, $h(s) = \gamma(s, 1)$, 则

$$\lim_{u \uparrow 1} g(u) = \omega \begin{cases} = 1, & 若\ \rho \leqslant 1; \\ < 1, & 若\ \rho > 1, \end{cases} \tag{3}$$

$$\lim_{s \downarrow 0} h(s) = \omega \begin{cases} = 1, & 若\ \rho \leqslant 1; \\ < 1, & 若\ \rho > 1, \end{cases} \tag{4}$$

其中 ω 为方程

$$\omega = B^*(\lambda(1 - \omega)) \tag{5}$$

的最小非负实根,且在 $\rho > 1$ 时为 $(0, 1)$ 内的唯一解. ||

证 1) 先证在 i), ii), iii) 三种情形下方程 (1) 在单位圆内有唯一解 $z = \gamma(s, u)$. 但为了证 2) 的需要, 我们证明方程 (1) 在 $|z| = 1 - \varepsilon$(ε 为充分小正数) 上满足儒歇定理的条件.

i) 由于 $|u| < 1$, 故可取 $\varepsilon < 1 - |u|$, 因而在 $|z| = 1 - \varepsilon$ 上,有

$$|uB^*(s + \lambda(1 - z))| < 1 - \varepsilon = |z|,$$

故由儒歇定理,方程 (1) 在 $|z| < 1$ 内有唯一解.

ii) 由于 $\mathscr{R}(s)>0$，且在 $|z|=1-\varepsilon$ 上，$\mathscr{R}\{\lambda(1-z)\}>0$，故可取 ε 充分小，使在 $|z|=1-\varepsilon$ 上，有

$$|uB^*(s+\lambda(1-z))|\leqslant|B^*(s+\lambda(1-z))|$$
$$<1-\varepsilon=|z|,$$

于是由儒歇定理，即得所证.

iii) 在 $|z|=1-\varepsilon$ 上，由于 $\mathscr{R}(s)\geqslant 0$，和 $\mathscr{R}\{\lambda(1-z)\}\geqslant\lambda\varepsilon$，故

$$|uB^*(s+\lambda(1-z))|\leqslant|B^*(s+\lambda(1-z))|\leqslant B^*(\lambda\varepsilon),$$

但 $B^*(\lambda\varepsilon)$ 与 $1-\varepsilon$ 在 $\varepsilon=0$ 处均为 1，而在 $\varepsilon=0$ 的右微商分别为 $-\rho$ 与 -1，因而当 $\varepsilon(>0)$ 充分小时，$B^*(\lambda\varepsilon)<1-\varepsilon$，于是在 $|z|=1-\varepsilon$ 上，

$$|uB^*(s+\lambda(1-z))|<1-\varepsilon=|z|,$$

再由儒歇定理，即得所证.

2) 证明 $\gamma(s,u)$ 可表成 (2) 式.

令 $\zeta=s+\lambda(1-z)$，则 (1) 化为

$$\zeta=(\lambda+s)-\lambda uB^*(\zeta). \tag{6}$$

由于 $B^*(\zeta)$ 在圆周 C：$|\zeta-(\lambda+s)|=|\lambda(1-\varepsilon)|$ 上与内均解析，且由 1) 中已证，在 $|z|=1-\varepsilon$ 上满足 $|uB^*(s+\lambda(1-z))|<|z|$，即在 C 上满足 $|\lambda uB^*(\zeta)|<|\zeta-(\lambda+s)|$，故由拉格朗日 (Lagrange) 定理（可参阅 Whittaker & Watson (1952) 的书 [141] 第 133 页），(6) 在 $|\zeta-(\lambda+s)|<\lambda$ 内的唯一解 ζ 可表成：

$$\zeta=(\lambda+s)+\sum_{j=1}^{\infty}\frac{(-\lambda u)^j}{j!}\frac{d^{j-1}}{dy^{j-1}}[B^*(y)]^j\Big|_{y=\lambda+s},$$

再变为 z，即知 (1) 在 $|z|<1$ 内的唯一解 $\gamma(s,u)$ 可表成：

$$\gamma(s,u)=\sum_{j=1}^{\infty}(-1)^{j-1}\frac{\lambda^{j-1}u^j}{j!}\frac{d^{j-1}}{dy^{j-1}}[B^*(y)]^j\Big|_{y=\lambda+s}. \tag{7}$$

由于

$$[B^*(y)]^j=\int_{0-}^{\infty}e^{-yx}dB^{(j)}(x),$$

$$\frac{d^{j-1}}{dy^{j-1}}[B^*(y)]^j\Big|_{y=\lambda+s}=(-1)^{j-1}\int_{0-}^{\infty}e^{-x(\lambda+s)}x^{j-1}dB^{(j)}(x),$$

代入 (7) 即得所求 (2) 式. 这里积分号下求微商是可以的，因为当 $\mathscr{R}(s)\geqslant 0$ 时，

$$|e^{-(\lambda+s)x}x^{j-1}|\leqslant e^{-\lambda x}x^{j-1}\leqslant\frac{(j-1)!}{\lambda^{j-1}},$$

故微商后的积分关于 y 一致收敛.

3) 证明 $\gamma(s, u)$ 在 $\mathscr{R}(s)\geqslant 0$, $|u|\leqslant 1$ 内为 (s, u) 的连续函数,且仍为 (1) 的解，而在 $\mathscr{R}(s)>0$, $|u|<1$ 内为 (s, u) 的解析函数.

在 $\mathscr{R}(s)>0$, $|u|\leqslant 1$ 内,级数 (2) 被囿于下列级数:

$$\sum_{j=1}^{\infty}\frac{\lambda^{j-1}}{j!}\int_{0-}^{\infty}e^{-\lambda x}x^{j-1}dB^{(j)}(x),\tag{8}$$

但此为正项级数,故由阿贝尔 (Abel) 定理 (可参阅 K. L. Chung (1960) 的书 [42] 第一部分的定理 10.1),

$$\sum_{j=1}^{\infty}\frac{\lambda^{j-1}}{j!}\int_{0-}^{\infty}e^{-\lambda x}x^{j-1}dB^{(j)}(x)=\lim_{u\uparrow 1}\gamma(0, u)\leqslant 1,$$

因为 1) 中已证当 $|u|<1$ 时 $\gamma(0, u)$ 为单位圆内的唯一解，故 $|\gamma(0, u)|<1$. 由 (8) 的收敛性立即推知级数 (2) 关于 (s, u) (在 $\mathscr{R}(s)\geqslant 0$, $|u|\leqslant 1$) 一致收敛.

另一方面，2) 中已指出 (2) 式的积分关于 s 是一致收敛的，因而是 s 的连续函数 (而在 $\mathscr{R}(s)>0$ 为 s 的解析函数). 由于级数 (2) 的每一项在 $\mathscr{R}(s)\geqslant 0$, $|u|\leqslant 1$ 均为 (s, u) 的连续函数(在 $\mathscr{R}(s)>0$, $|u|<1$ 为 (s, u) 的解析函数)，且级数关于 (s, u) 为一致收敛,立即推知 $\gamma(s, u)$ 在 $\mathscr{R}(s)\geqslant 0$, $|u|\leqslant 1$ 为 (s, u) 的连续函数 (在 $\mathscr{R}(s)>0$, $|u|<1$ 为 (s, u) 的解析函数). 由 $\gamma(s, u)$ 与 $B^*(s)$ 的连续性，$\gamma(s, u)$ 在 $\mathscr{R}(s)\geqslant 0$, $|u|\leqslant 1$ 仍为 (1) 的解是显然的.

4) 证明方程 (5) 的最小非负实根 ω 是存在的，且当 $\rho>1$

时，$\omega<1$；当 $\rho\leqslant 1$ 时，$\omega=1$.

我们注意：$B^*(\lambda(1-\omega))$ 当 ω 为变数时是单调上升的凸函数，$B^*(\lambda(1-0))=B^*(\lambda)>0$，同时，当 $\omega=1$ 时，

$$B^*(\lambda(1-\omega))|_{\omega=1}=1,$$

$$\left.\frac{dB^*(\lambda(1-\omega))}{d\omega}\right|_{\omega=1}=\rho$$

（参看图 1），因此立即推知，当 $\rho>1$ 时方程 (5) 在 (0, 1)内存在唯一的正实根 ω，而当 $\rho\leqslant 1$ 时 $\omega=1$ 为最小非负实根.

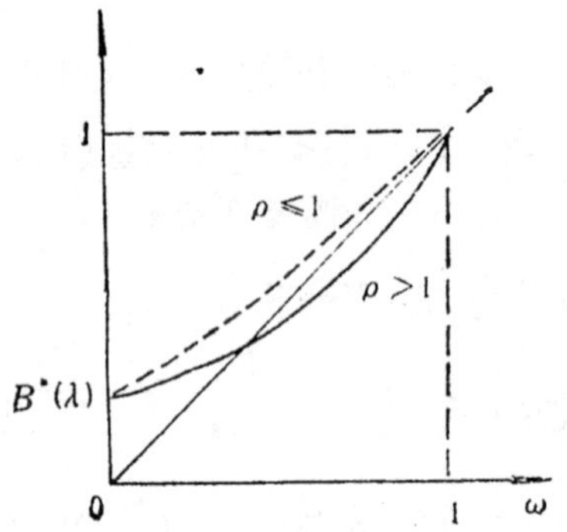

图 1

5) 证明 (3), (4) 两式成立.

我们只证明 (3) 式，(4) 式可类似证明.

a) 当 $\rho>1$ 时，由于 $g(u)=\gamma(0,u)$ 当 $|u|\leqslant 1$ 时为方程 (1) 在 $|z|<1$ 内的唯一解，且在 $|u|\leqslant 1$ 上连续，因此即得

$$\lim_{u\uparrow 1} g(u)=\gamma(0,1), \tag{9}$$

而 $\gamma(0,1)$ 为方程 (1) 取 $s=0$, $u=1$ 时在 $|z|<1$ 内的唯一解，故即为方程 (5) 的根 ω，所以由 (9)，

$$\lim_{u\uparrow 1} g(u)=\omega<1, \quad 若\ \rho>1. \tag{10}$$

b) 当 $\rho\leqslant 1$ 时，由 3)，$\gamma(s,u)$ 在 $\mathscr{R}(s)\geqslant 0$, $|u|\leqslant 1$ 连续，且为方程 (1) 的解，同时级数 (2) 即 $\gamma(s,u)\leqslant 1$，故得

$$\lim_{u\uparrow 1} g(u)=\gamma(0,1)\leqslant 1. \tag{11}$$

然而由 4)，当 $\rho\leqslant 1$ 时方程 (5) 的最小非负实根 $\omega=1$，因之推知 $\gamma(0,1)=1$. 于是由 (11)

$$\lim_{u\uparrow 1} g(u)=1, \quad 若\ \rho\leqslant 1. \tag{12}$$

此即所证. 引理 1 证毕. #

推论 1 我们有

$$\lim_{u\uparrow 1} g'(u) = \begin{cases} \dfrac{1}{1-\rho}, & 若\ \rho<1; \\ \infty, & 若\ \rho=1. \end{cases} \tag{13}$$

$$\lim_{s\downarrow 0} h'(s) = \begin{cases} \dfrac{-1}{\mu(1-\rho)}, & 若\ \rho<1; \\ \infty, & 若\ \rho=1. \ \| \end{cases} \tag{14}$$

证 将 $g(u)$ 代入方程 (1)，得

$$g(u) = uB^*[\lambda(1-g(u))], \quad |u|<1,$$

两端对 u 微商，并整理之，得

$$\{1+\lambda uB^{*\prime}[\lambda(1-g(u))]\}g'(u) = B^*[\lambda(1-g(u))].$$

令 $u\uparrow 1$，注意 (3) 式，即得

$$(1-\rho)\lim_{u\uparrow 1} g'(u) = 1.$$

因之 (13) 式成立。同理可证 (14) 式. #

推论 2 若 (s, u) 属于引理 1 的三个区域，则方程

$$\zeta = \lambda + s - \lambda uB^*(\zeta) \tag{15}$$

在 $\mathscr{R}(\zeta)>0$ 有唯一解

$$\zeta(s, u) = s + \lambda[1-\gamma(s, u)]. \ \| \tag{16}$$

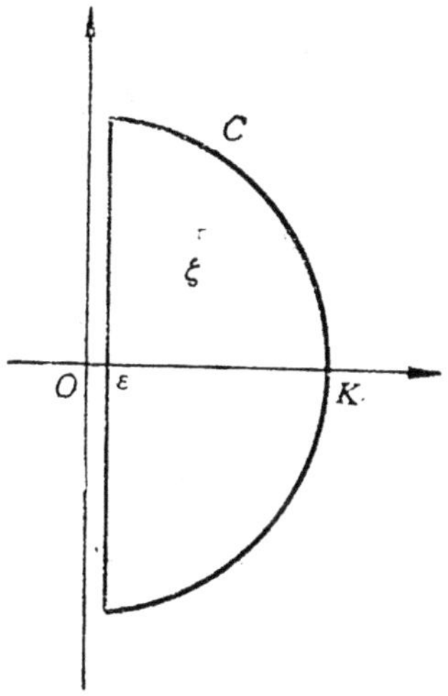

图 2

证 由引理 1，(16) 是 (15) 的解是显然的，只需直接代入验证. 次证在 $\mathscr{R}(\zeta)>0$ 解是唯一的. 考虑 $\mathscr{R}(\zeta)=\varepsilon$（$\varepsilon$ 为充分小的任意正数）及 $|\zeta|=K$（K 为充分大的任意正数）所围成的闭围道 C（见图 2）

1) 在 $|\zeta|=K$（充分大的任意正数）上，对三个区域均有

$$|B^*(\zeta)| \leqslant 1 < \frac{|\zeta|-|\lambda+s|}{\lambda|u|} \leqslant \frac{|\zeta-(\lambda+s)|}{\lambda|u|}$$

$$= \left|\frac{\lambda+s-\zeta}{\lambda u}\right|.$$

2) 在 $\mathscr{R}(\zeta)=\varepsilon$ (充分小的任意正数)上，对三个区域分别有

$$|B^*(\zeta)|\begin{cases}\leqslant 1<\dfrac{\lambda-\varepsilon}{\lambda|u|}=\dfrac{\mathscr{R}(\lambda-\zeta)}{\lambda|u|}\leqslant\dfrac{\mathscr{R}(\lambda+s-\zeta)}{\lambda|u|}\\ \qquad\leqslant\left|\dfrac{\lambda+s-\zeta}{\lambda u}\right|,\quad 若\ \mathscr{R}(s)\geqslant 0,\ |u|<1;\\ \leqslant 1<\dfrac{\lambda+\mathscr{R}(s)-\varepsilon}{\lambda|u|}=\dfrac{\mathscr{R}(\lambda+s-\zeta)}{\lambda|u|}\\ \qquad\leqslant\left|\dfrac{\lambda+s-\zeta}{\lambda u}\right|,\quad 若\ \mathscr{R}(s)>0,\ |u|\leqslant 1;\\ \leqslant B^*(\varepsilon)<\dfrac{\lambda-\varepsilon}{\lambda}\leqslant\dfrac{\mathscr{R}(\lambda+s-\zeta)}{\lambda|u|}\\ \qquad\leqslant\left|\dfrac{\lambda+s-\zeta}{\lambda u}\right|,\quad 若\ \mathscr{R}(s)\geqslant 0,\ |u|\leqslant 1,\\ \qquad\qquad\rho>1,\end{cases}$$

其中最后一行的不等式

$$B^*(\varepsilon)<\frac{\lambda-\varepsilon}{\lambda}\ (\varepsilon\ 为充分小的任意正数)$$

之所以成立，乃是因为此式两端当 $\varepsilon=0$ 时均为 1，而在 $\varepsilon=0$ 时对 ε 的微商分别为 $-\frac{1}{\mu}$ 与 $-\frac{1}{\lambda}$，由于 $\rho>1$，故有 $\left|-\frac{1}{\mu}\right|>\left|-\frac{1}{\lambda}\right|$，因而对任意充分小的 $\varepsilon>0$ 不等式成立.

综合 1)，2) 即知在 $\zeta\in C$ 上，对三个区域均有

$$|B^*(\zeta)|<\left|\frac{\lambda+s-\zeta}{\lambda u}\right|,$$

故由儒歇定理，即得所证. #

推论 3 若 (s,u) 属于引理 1 的三个区域，则方程 (1) 在单位圆内的唯一解 $\gamma(s,u)$ 的 k 次幂可表成

$$[\gamma(s,u)]^k=\sum_{j=k}^{\infty}\frac{k\lambda^{j-k}u^j}{j!(j-k)!}\int_{0-}^{\infty}e^{-(\lambda+s)x}x^{j-k}dB^{(j)}(x),\quad(17)$$

其中 $B^{(j)}(x)$ 为服务时间分布 $B(x)$ 的 j 重卷积. ||

证 类似于引理 1 证明中第 2 部分. 令 $\zeta = s + \lambda(1-z)$, 则 $z^k = \left(\frac{s+\lambda-\zeta}{\lambda}\right)^k$, 而 (1) 化为 (6). 由拉格朗日定理, (6) 在 $|\zeta-(\lambda+s)|<\lambda$ 内的唯一解 ζ 的解析函数 $f(\zeta)$ 可表成

$$f(\zeta) = f(\lambda+s) + \sum_{j=1}^{\infty} \frac{(-\lambda z)^j}{j!} \frac{d^{j-1}}{dy^{j-1}} \{f'(y)[B^*(y)]^j\}|_{y=\lambda+s},$$

现取 $f(\zeta) = \left(\frac{s+\lambda-\zeta}{\lambda}\right)^k$, 再换成变量 z, 即得所证 · #

引理 2 (阿贝尔定理) $\{a_n\}$ 为一复数序列, 若

$$\lim_{n\to\infty} a_n = a \tag{18}$$

存在, 则

$$\lim_{u\uparrow 1} (1-u) \sum_{n=1}^{\infty} a_n u^n = a. \quad || \tag{19}$$

证 由于 $\lim\limits_{n\to\infty} a_n = a$ 存在, 故 $\{a_n\}$ 有界, 例如说

$$|a_n| < M, \quad 对所有 n.$$

因而级数

$$\sum_{n=1}^{\infty} a_n u^n$$

在 $|u|<1$ 内收敛, 故有

$$\begin{aligned}(1-u)\sum_{n=1}^{\infty} a_n u^n &= \sum_{n=1}^{\infty} a_n u^n - \sum_{n=1}^{\infty} a_n u^{n+1} \\ &= \sum_{n=1}^{\infty} (a_n - a_{n-1}) u^n,\end{aligned} \tag{20}$$

其中令 $a_0 = 0$.

由 (18), 级数

$$\sum_{n=1}^{\infty} (a_n - a_{n-1}) = a$$

收敛, 故由关于幂级数一致收敛性的阿贝尔定理 (若复数项级数 $\sum\limits_{n=0}^{\infty} b_n = b < \infty$, 则级数 $\sum\limits_{n=0}^{\infty} b_n x^n$ 在 $0 \leqslant x \leqslant 1$ 一致收敛, 且

$\lim\limits_{x\uparrow 1}\sum\limits_{n=0}^{\infty} b_n x^n = b$. 例如参阅梯其玛希 (1962) 的书 [20] 第 9 页),

$$\lim_{u\uparrow 1}\sum_{n=1}^{\infty}(a_n - a_{n-1})u^n = \sum_{n=1}^{\infty}(a_n - a_{n-1}) = a.$$

结合 (20), 即得所证 · #

下面引用解线性方程组的一个引理(参阅韩继业[24]):

引理 3 设 N 为一非负整数,线性方程组

$$\begin{cases}(\alpha_{00}-1)x_0+\alpha_{01}x_1=\beta_0;\\ \alpha_{10}x_0+(\alpha_{11}-1)x_1+\alpha_{12}x_2=\beta_1;\\ \alpha_{20}x_0+\alpha_{21}x_1+(\alpha_{22}-1)x_2+\alpha_{23}x_3=\beta_2;\\ \cdots\cdots\cdots\cdots\cdots\cdots\cdots\cdots\cdots\cdots\cdots\\ \alpha_{N0}x_0+\alpha_{N1}x_1+\cdots+(\alpha_{NN}-1)x_N+\alpha_{N,N+1}x_{N+1}=\beta_N;\\ a_0x_0+a_1x_1+\cdots+a_Nx_N+a_{N+1}x_{N+1}=\beta_{N+1}\end{cases}\tag{21}$$

的系数行列式$\neq 0$, 且 $\prod\limits_{l=0}^{N}\alpha_{l,l+1}\neq 0$, 则它的解存在唯一, 且可表为

$$\begin{cases}x_0=\left\{\beta_{N+1}-\sum\limits_{l=1}^{N+1}\dfrac{a_l}{\alpha_{l-1,l}}\left[\beta_{l-1}+\sum\limits_{j=1}^{l-1}\beta_{j-1}\sum\limits_{v=0}^{l-1-j}(-1)^{v+1}f_{j,l-1}^{v}\right]\right\}\Big/\\ \qquad\left\{a_0-\sum\limits_{l=1}^{N+1}\dfrac{a_l}{\alpha_{-1,l}}\left[(\alpha_{l-1,0}-\delta_{l-1,0})\right.\right.\\ \qquad\qquad\left.\left.+\sum\limits_{j=1}^{l-1}(\alpha_{j-1,0}-\delta_{j-1,0})\sum\limits_{v=0}^{l-1-j}(-1)^{v+1}f_{j,l-1}^{v}\right]\right\};\\ x_l=\dfrac{1}{\alpha_{l-1,l}}\left\{\beta_{l-1}+\sum\limits_{j=1}^{l-1}\beta_{j-1}\sum\limits_{v=0}^{l-1-j}(-1)^{v+1}f_{j,l-1}^{v}\right.\\ \qquad-\left[(\alpha_{l-1,0}-\delta_{l-1,0})+\sum\limits_{j=1}^{l-1}(\alpha_{j-1,0}-\delta_{j-1,0})\right.\\ \qquad\left.\left.\times\sum\limits_{v=0}^{l-1-j}(-1)^{v+1}f_{j,l-1}^{v}\right]x_0\right\},\quad 1\leqslant l\leqslant N+1,\end{cases}\tag{22}$$

其中

$$
\begin{cases}
f_{i,j}^{\nu} \equiv \sum\limits_{i<n_1<n_2<\cdots<n_\nu\leqslant j} \{[(\alpha_{n_1-1,i}-\delta_{n_1-1,i})(\alpha_{n_2-1,n_1}-\delta_{n_2-1,n_1})\cdots \\
\quad\times(\alpha_{j,n_\nu}-\delta_{j,n_\nu})]/[\alpha_{i-1,i}\alpha_{n_1-1,n_1}\alpha_{n_2-1,n_2}\cdots\alpha_{n_\nu-1,n_\nu}]\}, \\
\quad 1\leqslant i<j\leqslant N,\quad 0<\nu\leqslant j-i; \\
f_{ij}^{0}\equiv \dfrac{\alpha_{ji}-\delta_{ji}}{\alpha_{i-1,i}},\quad 1\leqslant i\leqslant j\leqslant N,
\end{cases}
\tag{23}
$$

$$
\delta_{ij}\equiv\begin{cases}1, & i=j;\\ 0, & i\neq j.\end{cases}
$$

此处及以后求和号中，当上标小于下标时，该和均规定为 0. ||

证 令

$$
h_j\equiv\beta_j-(\alpha_{j0}-\delta_{j0})x_0,\quad j=0,1,\cdots,N,
$$

则方程组 (21) 的前 $N+1$ 个方程式变成

$$
\begin{cases}
\alpha_{01}x_1=h_0; \\
(\alpha_{11}-1)x_1+\alpha_{12}x_2=h_1; \\
\alpha_{21}x_1+(\alpha_{22}-1)x_2+\alpha_{23}x_3=h_2; \\
\cdots\cdots\cdots\cdots\cdots\cdots\cdots\cdots\cdots; \\
\alpha_{j1}x_1+\alpha_{j2}x_2+\cdots+(\alpha_{jj}-1)x_j+\alpha_{j,j+1}x_{j+1}=h_j; \\
\cdots\cdots\cdots\cdots\cdots\cdots\cdots\cdots\cdots\cdots\cdots, \\
\alpha_{N1}x_1+\alpha_{N2}x_2+\cdots+(\alpha_{NN}-1)x_N+\alpha_{N,N+1}x_{N+1}=h_N.
\end{cases}
\tag{24}
$$

另外，由归纳法，不难证明

$$
\frac{1}{\alpha_{i-1,i}\alpha_{i,i+1}\cdots\alpha_{j-1,j}}
\begin{vmatrix}
\alpha_{ii}-1 & \alpha_{i,i+1} & & & \\
\alpha_{i+1,i} & \alpha_{i+1,i+1}-1 & \alpha_{i+1,i+2} & & \\
\cdots & \cdots & \cdots & \cdots & \cdots \\
\alpha_{j-1,i} & \alpha_{j-1,i+1} & \alpha_{j-1,i+2}\cdots & \alpha_{j-1,j-1}-1 & \alpha_{j-1,j} \\
\alpha_{ji} & \alpha_{j,i+1} & \alpha_{j,i+2}\cdots & \alpha_{j,j-1} & \alpha_{jj}-1
\end{vmatrix}
=\sum_{\nu=0}^{j-i}(-1)^{j-i-\nu}f_{ij}^{\nu}.
$$

利用此关系式，由 (24) 即可解出

$$
\alpha_{l-1,l}x_l = \frac{\begin{vmatrix} \alpha_{01} & & & & h_0 \\ \alpha_{11}-1 & \alpha_{12} & & & h_1 \\ \vdots & \vdots & \ddots & & \vdots \\ \alpha_{l-2,1} & \alpha_{l-2,2} & \cdots & \alpha_{l-2,l-1} & h_{l-2} \\ \alpha_{l-1,1} & \alpha_{l-1,2} & \cdots & \alpha_{l-1,l-1}-1 & h_{l-1} \end{vmatrix}}{\alpha_{01}\alpha_{12}\cdots\alpha_{l-2,l-1}}
$$

$$
= h_{l-1} - h_{l-2}\frac{\alpha_{l-1,l-1}-1}{\alpha_{l-2,l-1}} + h_{l-3}\frac{\begin{vmatrix} \alpha_{l-2,l-2}-1 & \alpha_{l-2,l-1} \\ \alpha_{l-1,l-2} & \alpha_{l-1,l-1}-1 \end{vmatrix}}{\alpha_{l-3,l-2}\alpha_{l-2,l-1}}
$$

$$
-h_{l-4}\frac{\begin{vmatrix} \alpha_{l-3,l-3}-1 & \alpha_{l-3,l-2} & 0 \\ \alpha_{l-2,l-3} & \alpha_{l-2,l-2}-1 & \alpha_{l-2,l-1} \\ \alpha_{l-1,l-3} & \alpha_{l-1,l-2} & \alpha_{l-1,l-1}-1 \end{vmatrix}}{\alpha_{l-4,l-3}\alpha_{l-3,l-2}\alpha_{l-2,l-1}} + \cdots
$$

$$
+(-1)^{l-1}h_0\frac{\begin{vmatrix} \alpha_{11}-1 & \alpha_{12} & & & \\ \alpha_{21} & \alpha_{22}-1 & \ddots & & \\ \vdots & \vdots & & \ddots & \\ \alpha_{l-2,1} & \alpha_{l-2,2} & \cdots & \alpha_{l-2,l-2}-1 & \alpha_{l-2,l-1} \\ \alpha_{l-1,1} & \alpha_{l-1,2} & \cdots & \alpha_{l-1,l-2} & \alpha_{l-1,l-1}-1 \end{vmatrix}}{\alpha_{01}\alpha_{12}\cdots\alpha_{l-2,l-1}}
$$

$$
= h_{l-1} + \sum_{j=1}^{l-1} h_{j-1}\sum_{\nu=0}^{l-1-j}(-1)^{\nu+1}f_{j,l-1}^{\nu},
$$

$$
l = 1, 2, \cdots, N+1.
$$

将 $h_j = \beta_j - (\alpha_{j0} - \delta_{j0})x_0$ 代入，即得 (22) 的第二式．再将 x_1，$x_2, \cdots, x_{N+1}$ 的表达式代入方程组 (21) 中最后一个方程式，即得 (22) 的第一式．引理 3 证毕．#

1. 队长 我们来考虑 $\boldsymbol{q}_n$ 的瞬时性质，即欲求出分布 $P\{\boldsymbol{q}_n = k\}$，$k = 0, 1, 2, \cdots$．由于

$$
P\{\boldsymbol{q}_n = k\} = \sum_{i=0}^{\infty} P\{\boldsymbol{q}_0 = i\}P\{\boldsymbol{q}_n = k | \boldsymbol{q}_0 = i\}
$$

$$= \sum_{i=0}^{\infty} p_i^{(0)} p_{ik}^{(n)},$$

因此只需求出 $p_{ik}^{(n)}$，$\boldsymbol{q}_n$ 的分布就完全确定. 下面就来给出完全确定 $p_{ik}^{(n)}$ 的定理:

定理 1 对 M/G/1 系统,若 $|u| < 1$，$|z| < 1$，则

$$\sum_{n=0}^{\infty} \sum_{k=0}^{\infty} p_{ik}^{(n)} u^n z^k$$

$$= \frac{z^{i+1}[1-g(u)] - (1-z)uB^*(\lambda(1-z))[g(u)]^i}{[1-g(u)][z-uB^*(\lambda(1-z))]}, \quad (25)$$

其中 $z = g(u)$ 为方程

$$z = uB^*(\lambda(1-z))$$

在单位圆 $|z| < 1$ 内的唯一解. ||

证 §1 的 (1) 式已指出

$$\boldsymbol{q}_{n+1} = \boldsymbol{q}_n - U(\boldsymbol{q}_n) + \boldsymbol{\nu}_{n+1}, \quad n = 0, 1, \cdots. \quad (26)$$

假定 $\boldsymbol{q}_0 = i$，并令

$$Q_n(z) \equiv Ez^{\boldsymbol{q}_n} = \sum_{k=0}^{\infty} z^k P\{\boldsymbol{q}_n = k\},$$

则由 (26)，并注意 $\boldsymbol{\nu}_{n+1}$ 与 $\boldsymbol{q}_n$ 是相互独立的,即得

$$Q_{n+1}(z) = Ez^{\boldsymbol{q}_n - U(\boldsymbol{q}_n) + \boldsymbol{\nu}_{n+1}} = Ez^{\boldsymbol{q}_n - U(\boldsymbol{q}_n)} Ez^{\boldsymbol{\nu}_{n+1}}, \quad (27)$$

但

$$Ez^{\boldsymbol{\nu}_{n+1}} = \sum_{k=0}^{\infty} a_k z^k = B^*(\lambda(1-z));$$

$$Ez^{\boldsymbol{q}_n - U(\boldsymbol{q}_n)} = P\{\boldsymbol{q}_n = 0\} + \sum_{k=1}^{\infty} z^{k-1} P\{\boldsymbol{q}_n = k\}$$

$$= P\{\boldsymbol{q}_n = 0\} + \frac{Q_n(z) - P\{\boldsymbol{q}_n = 0\}}{z}$$

$$= p_{i0}^{(n)} + \frac{Q_n(z) - p_{i0}^{(n)}}{z}$$

$$= \frac{z-1}{z} p_{i0}^{(n)} + \frac{Q_n(z)}{z},$$

代入 (27) 得

$$Q_{n+1}(z) = B^*(\lambda(1-z))\left[\frac{z-1}{z}p_{i0}^{(n)} + \frac{Q_n(z)}{z}\right],$$

两边对 n 取母函数,并注意 $Q_0(z) = z^i$, 经过整理即得

$$\sum_{n=0}^{\infty}\sum_{k=0}^{\infty} p_{ik}^{(n)}u^n z^k$$

$$= \frac{z^{i+1} - u(1-z)B^*(\lambda(1-z))\sum_{n=0}^{\infty} p_{i0}^{(n)}u^n}{z - uB^*(\lambda(1-z))}. \tag{28}$$

由引理 1, 右端分母在 $|z| < 1$ 内有唯一解 $z = g(u)$, $|u| < 1$. 由于左端在 $|z| < 1$, $|u| < 1$ 为 z 的解析函数,故 $z = g(u)$ 也必为右端分子的零点,故得

$$\sum_{n=0}^{\infty} p_{i0}^{(n)}u^n = \frac{[g(u)]^i}{1-g(u)}, \tag{29}$$

代入 (28), 即得所求 (25) 式. 定理 1 证毕. #

下列定理求得了极限分布，它与 § 2 假定了平衡后所求得的结果是一致的.

定理 2 对 $M/G/1$ 系统,当 $\rho < 1$ 时,我们有

$$\lim_{n\to\infty} P\{\boldsymbol{q}_n = k\} = \pi_k > 0, \quad k = 0, 1, \cdots, \tag{30}$$

且 $\{\pi_k\}$ 的母函数为

$$Q(z) = \sum_{k=0}^{\infty} \pi_k z^k = \frac{(1-\rho)(1-z)B^*(\lambda(1-z))}{B^*(\lambda(1-z)) - z},$$
$$|z| < 1; \tag{31}$$

而当 $\rho \geqslant 1$ 时,我们有

$$\lim_{n\to\infty} P\{\boldsymbol{q}_n = k\} = 0, \quad k = 0, 1, \cdots. \ \| \tag{32}$$

证 由 § 1 的引理 5 推知 $\lim\limits_{n\to\infty} P\{\boldsymbol{q}_n = k\} = \lim\limits_{n\to\infty} p_{ik}^{(n)} = \pi_k$ 存在, $\{\pi_k\}$ 或者全为 0, 或者全不为 0, 且与初始条件无关,因而

$$\lim_{n\to\infty}\sum_{k=0}^{\infty} p_{ik}^{(n)}z^k = \sum_{k=0}^{\infty}\pi_k z^k, \quad |z| < 1$$

存在，故由引理 2，

$$\sum_{k=0}^{\infty} \pi_k z^k = \lim_{u\uparrow 1} (1-u) \sum_{n=0}^{\infty} \left(\sum_{k=0}^{\infty} p_{ik}^{(n)} z^k \right) u^n.$$

将 (25) 代入右端，并注意到

$$\lim_{u\uparrow 1} g(u) \begin{cases} =1, & 若\ \rho \leqslant 1; \\ <1, & 若\ \rho > 1, \end{cases}$$

$$\lim_{u\uparrow 1} g'(u) = \begin{cases} \dfrac{1}{1-\rho}, & 若\ \rho < 1; \\ \infty, & 若\ \rho = 1, \end{cases}$$

即得 (30)，(31) 与 (32) 式．定理 2 证毕．#

2. 等待时间 我们来考虑第 n 个顾客的等待时间 $\boldsymbol{w}_n$ 的分布．令

$$W_n(x) \equiv P\{\boldsymbol{w}_n \leqslant x\},$$

$$W_n^*(s) \equiv \int_{0-}^{\infty} e^{-sx} dW_n(x), \quad \mathscr{R}(s) > 0.$$

则 $\boldsymbol{w}_n$ 的分布为下列定理所确定：

定理 3 对 M/G/1 系统，若 $\mathscr{R}(s) > 0$，$|u| < 1$，则

$$\sum_{n=1}^{\infty} W_n^*(s) u^n = u \frac{[1-g(u)](\lambda - s) W_1^*(s) - s g(u) W_1^*[\lambda(1-g(u))]}{[1-g(u)][\lambda - s - \lambda u B^*(s)]}, \tag{33}$$

其中 $z = g(u)$ 为方程

$$z = uB^*(\lambda(1-z)) \tag{34}$$

在单位圆 $|z| < 1$ 内的唯一解 $W_1^*(s)$ 为第一个顾客的等待时间分布 $P\{\boldsymbol{w}_1 \leqslant x\}$ 的拉普拉斯-斯蒂尔吉斯变换，它由初始条件完全确定．||

证 令

$$\boldsymbol{\tau}_n (n = 1, 2, \cdots)$$

为第 n 个顾客的到达时刻，$\boldsymbol{\tau}_0 \equiv 0$．再令

$$t_n \equiv \tau_{n+1} - \tau_n (n = 0, 1, \cdots).$$

则容易看出

$$w_{n+1} = \begin{cases} w_n + v_n - t_n, & \text{若 } w_n + v_n - t_n \geqslant 0; \\ 0, & \text{若 } w_n + v_n - t_n < 0, \end{cases} \quad n \geqslant 1,$$

或写成

$$w_{n+1} = [w_n + v_n - t_n]^+, \tag{35}$$

其中 $[x]^+ \equiv \max(0, x)$. 因此

$$\begin{aligned} E\{e^{-sw_{n+1}}\} &= E\{e^{-s[w_n+v_n-t_n]^+}\} \\ &= \int_{0-}^{\infty} E\{e^{-s[x-t_n]^+} \mid w_n + v_n = x\} dW_n(x) ☆ B(x) \\ &= \int_{0-}^{\infty} E\{e^{-s[x-t_n]^+}\} dW_n(x) ☆ B(x), \end{aligned} \tag{36}$$

其中☆表示卷积运算.

但

$$\begin{aligned} E\{e^{-s[x-t_n]^+}\} &= \int_{0-}^{\infty} e^{-s[x-y]^+} dP\{t_n \leqslant y\} \\ &= \lambda \int_0^{\infty} e^{-s[x-y]^+} e^{-\lambda y}\, dy \\ &= \lambda \int_0^x e^{-s[x-y]} e^{-\lambda y}\, dy + \lambda \int_x^{\infty} e^{-\lambda y}\, dy \\ &= \begin{cases} \dfrac{se^{-\lambda x} - \lambda e^{-sx}}{s - \lambda}, & s \neq \lambda; \\ \lambda x e^{-\lambda x} + e^{-\lambda x}, & s = \lambda. \end{cases} \end{aligned} \tag{37}$$

将 $s \neq \lambda$ 时的表达式代入 (36), 得

$$(s - \lambda) W_{n+1}^*(s) = sW_n^*(\lambda) B^*(\lambda) - \lambda W_n^*(s) B^*(s), \tag{38}$$

显然此式当 $s = \lambda$ 时也成立.

将 (38) 式两端乘 u^{n+1}, 再对 n 从 1 到∞求和,经过整理,即得

$$\sum_{n=1}^{\infty} W_n^*(s) u^n = \frac{(\lambda - s) u W_1^*(s) - su B^*(\lambda) \sum\limits_{n=1}^{\infty} W_n^*(\lambda) u^n}{\lambda - s - \lambda u B^*(s)}. \tag{39}$$

由引理 1 的推论 2, 上式右端分母在 $\mathscr{R}(s) > 0$ 有唯一解

$$s=\lambda[1-g(u)],\tag{40}$$

其中 $g(u)$ 为方程 (34) 在 $|z|<1$ 内的唯一解. 但 (39) 的左端在 $\mathscr{R}(s)>0$, $|u|<1$ 解析, 故 (40) 也必为 (39) 右端分子的根, 故得

$$\sum_{n=1}^{\infty} W_n^*(\lambda)u^n=\frac{g(u)W_1^*[\lambda(1-g(u))]}{B^*(\lambda)[1-g(u)]}.\tag{41}$$

再将 (41) 代入 (39) 右端, 即得所求 (33) 式. 定理 3 证毕. #

将 (33) 式取极限 $s\to+\infty$, 即可得出下列推论, 由此可以确定各个顾客不需等待的概率.

推论 当 $|u|<1$ 时, 我们有

$$\sum_{n=2}^{\infty} P\{\boldsymbol{w}_n=0\}u^n=\frac{ug(u)W_1^*[\lambda(1-g(u))]}{1-g(u)}. \quad \|\tag{42}$$

下列定理求得了等待时间的极限分布, 它与 § 2 假定了平衡后所得的结果是一致的.

定理 4 对 M/G/1 系统, 当 $\rho<1$ 时, 极限分布

$$\lim_{n\to\infty} W_n(x)=W(x)\tag{43}$$

存在, 且独立于初始分布 $W_1(x)$($\boldsymbol{w}_1$ 的分布). $W(x)$ 的拉普拉斯-斯蒂尔吉斯变换 $W^*(s)$ 为下式所给定:

$$W^*(s)=\frac{(1-\rho)s}{s-\lambda+\lambda B^*(s)}.\tag{44}$$

当 $\rho\geqslant 1$ 时, 对所有的 x, 有

$$\lim_{n\to\infty} W_n(x)=0. \quad \|\tag{45}$$

证 第五章 § 1 的定理 1 将证明 $W(x)$ 存在, 且在不同情形下分别满足 (43) 与 (45) 式. 现先承认这些事实, 再来证明本定理中剩下的 (44) 式.

当 $\rho<1$ 时, (43) 中的极限分布存在, 故由海来-勃雷 (Helly-Bray) 定理 (例如参阅 M. Loève (1963) 的书[102]第 182 页), 极限

$$\lim_{n\to\infty} W_n^*(s) = \int_{0-}^{\infty} e^{-sx} dW(x) = W^*(s) \tag{46}$$

也存在，因而由引理 2，

$$\lim_{n\to\infty} W_n^*(s) = \lim_{u\uparrow 1} (1-u) \sum_{n=1}^{\infty} W_n^*(s) u^n, \tag{47}$$

结合 (46), (47) 二式，即得

$$W^*(s) = \lim_{u\uparrow 1} (1-u) \sum_{n=1}^{\infty} W_n^*(s) u^n.$$

再将 (33) 代入上式右端，取 $\boldsymbol{w}_1 \equiv 0$ (此时 $W_1^*(s) \equiv 1$)，并注意到 $\rho < 1$ 时，

$$\lim_{u\uparrow 1} g(u) = 1;$$

$$\lim_{u\uparrow 1} g'(u) = \frac{1}{1-\rho},$$

即得所证的 (44) 式．定理 4 证毕． #

3. 忙期 当某顾客 A 到达空闲的服务台时，忙期就开始，一直到服务台又一次得空时忙期才结束．令 $D(x)$ 为忙期长度的分布函数，令 $\boldsymbol{v}$ 为顾客的服务时间，并令 $\boldsymbol{\nu}$ 表示在服务时间 $\boldsymbol{v}$ 中到达的顾客数．显然，

$$P\{\boldsymbol{\nu} = j\} = \int_{0-}^{\infty} e^{-\lambda y} \frac{(\lambda y)^j}{j!} dB(y). \tag{48}$$

为了求出忙期长度的分布 $D(x)$ 先建立下列定理．

定理 5 对 M/G/1 系统，假设 $\{\boldsymbol{\phi}_n\}$ 为一独立同分布的非负随机变量序列，其分布为 $D(x)$．并假定 $\{\boldsymbol{\phi}_n\}$ 独立于 $\boldsymbol{\nu}$ 与 $\boldsymbol{v}$，则

$$D(x) = P\{\boldsymbol{v} + \boldsymbol{\phi}_1 + \boldsymbol{\phi}_2 + \cdots + \boldsymbol{\phi}_{\nu} \leqslant x\}, \tag{49}$$

其中当 $\boldsymbol{\nu} = 0$ 时，令 $\boldsymbol{\phi}_1 + \boldsymbol{\phi}_2 + \cdots + \boldsymbol{\phi}_{\nu} \equiv 0$.

证 首先指出，服务次序与忙期长度是完全无关的，因此，可将所考虑系统的服务次序重新加以安排．假定在顾客 A 的服务时间 $\boldsymbol{v}$ 内到达 $\boldsymbol{\nu}$ 个顾客 $A_1, A_2, \cdots, A_{\nu}$，则在服务完 A 后，服务 A_1 并接着服务除 $A_2, A_3, \cdots, A_{\nu}$ 以外所有新到的顾客，直到没有新

到顾客时才开始服务 A_2，我们把从开始服务 A_1 起到开始服务 A_2 止的时间长度记为 $\boldsymbol{\phi}_1$；然后等服务完 A_2 后，又接着服务除 A_3，A_4，$\cdots$，A_ν 以外所有新到的顾客，把这段时间记为 $\boldsymbol{\phi}_2$；$\cdots$；如此继续，直到最后开始服务 A_ν 及其后新到的所有顾客，记此段时间为 $\boldsymbol{\phi}_\nu$. 于是忙期长度就等于 $\boldsymbol{v}+\boldsymbol{\phi}_1+\boldsymbol{\phi}_2+\cdots+\boldsymbol{\phi}_\nu$. 由于输入为最简单流，及对到达与服务的独立性的假定，易知 $\boldsymbol{\phi}_1$，$\boldsymbol{\phi}_2$，$\cdots$，$\boldsymbol{\phi}_\nu$ 是相互独立的，并独立于 $\boldsymbol{\nu}$ 与 $\boldsymbol{v}$. 同时每一 $\boldsymbol{\phi}_i$ 的分布均为 $D(x)$. 因之就证明了定理 5. #

令忙期长度分布 $D(x)$ 的拉普拉斯-斯蒂尔吉斯变换为

$$D^*(s)\equiv\int_{0-}^{\infty}e^{-sx}dD(x),\quad \mathscr{R}(s)>0.$$

忙期长度分布 $D(x)$ 为下列定理完全确定：

定理 6 对 M/G/1 系统，若 $\mathscr{R}(s)>0$，则

$$D^*(s)=h(s),\tag{50}$$

其中 $h(s)$ 为方程

$$z=B^*(s+\lambda(1-z))\tag{51}$$

在 $|z|<1$ 内的唯一解. 而 $D(x)$ 可表为下列显式：

$$D(x)=\sum_{j=1}^{\infty}\int_{0-}^{x}e^{-\lambda u}\frac{(\lambda u)^{j-1}}{j!}dB^{(j)}(u),\tag{52}$$

其中 $B^{(j)}(x)$ 为服务时间分布 $B(x)$ 的 j 重卷积.

若 $\rho\leqslant 1$，则 $D(\infty)=1$，故 $D(x)$ 为一概率分布；若 $\rho>1$，则 $D(\infty)=\omega<1$，故 $D(x)$ 不是概率分布，此时忙期长度为无穷的概率等于 $1-\omega$. ||

证 由定理 5，

$$\begin{aligned}D(x)&=\int_{0-}^{x}P\{\boldsymbol{v}+\boldsymbol{\phi}_1+\boldsymbol{\phi}_2+\cdots+\boldsymbol{\phi}_\nu\leqslant x|\boldsymbol{v}=y\}dB(y)\\&=\int_{0-}^{x}\sum_{j=0}^{\infty}P\{\boldsymbol{\nu}=j|\boldsymbol{v}=y\}P\{\boldsymbol{\phi}_1+\boldsymbol{\phi}_2+\cdots+\boldsymbol{\phi}_\nu\\&\qquad\leqslant x-y|\boldsymbol{\nu}=j,\ \boldsymbol{v}=y\}dB(y)\end{aligned}$$

$$= \int_{0-}^{x} \sum_{j=0}^{\infty} P\{\boldsymbol{\nu} = j | \boldsymbol{v} = y\} P\{\boldsymbol{\phi}_1 + \boldsymbol{\phi}_2 + \cdots + \boldsymbol{\phi}_j \leqslant x - y | \boldsymbol{v} = y\} dB(y)$$

$$= \int_{0-}^{x} \sum_{j=0}^{\infty} P\{\boldsymbol{\nu} = j | \boldsymbol{v} = y\} P\{\boldsymbol{\phi}_1 + \boldsymbol{\phi}_2 + \cdots + \boldsymbol{\phi}_j \leqslant x - y\} \times dB(y)$$

$$= \int_{0-}^{x} \sum_{j=0}^{\infty} e^{-\lambda y} \frac{(\lambda y)^j}{j!} D^{(j)}(x - y) dB(y),$$

其中 $D^{(j)}(x)$ 为 $D(x)$ 的 j 重卷积，$j = 1, 2, \cdots$；而

$$D^{(0)}(x) \equiv \begin{cases} 1, & x \geqslant 0; \\ 0, & x < 0. \end{cases}$$

取拉普拉斯-斯蒂尔吉斯变换，得

$$D^*(s) = \int_{0-}^{\infty} \sum_{j=0}^{\infty} [D^*(s)]^j e^{-(\lambda+s)y} \frac{(\lambda y)^j}{j!} dB(y)$$

$$= \int_{0-}^{\infty} e^{-[s+\lambda(1-D^*(s))]y} dB(y)$$

$$= B^*[s + \lambda(1 - D^*(s))].$$

也就是说，$z = D^*(s)$ 满足方程 (51)．但当 $\mathscr{R}(s) > 0$ 时，$|D^*(s)| < 1$，而由引理 1，方程 (51) 在 $|z| < 1$ 内有唯一解 $z = h(s)$，因此必有 $D^*(s) = h(s)$，此即所求的 (50) 式．

由已证的 (50) 及引理 1 的 (2) 式，得

$$D^*(s) = \sum_{j=1}^{\infty} \int_{0-}^{\infty} e^{-(\lambda+s)x} \frac{(\lambda x)^{j-1}}{j!} dB^{(j)}(x),$$

再由反演，即得 (52) 式．

最后，因

$$\lim_{s \downarrow 0} D^*(s) = \int_{0-}^{\infty} dD(x) = D(\infty) - D(0-) = D(\infty),$$

而由引理 1 的 (4) 式，

$$\lim_{s\downarrow 0} D^*(s) = \lim_{s\downarrow 0} h(s) = \omega \begin{cases} = 1, & 若\ \rho \leqslant 1; \\ < 1, & 若\ \rho > 1, \end{cases}$$

因此就有

$$D(\infty) = \omega \begin{cases} = 1, & 若\ \rho \leqslant 1; \\ < 1, & 若\ \rho > 1, \end{cases}$$

即为所求的最后一个结论．定理 6 证毕．#

例 在 $M/M/1$ 系统中，

$$B(x) = \begin{cases} 1 - e^{-\mu x}, & x \geqslant 0; \\ 0, & x < 0, \end{cases}$$

故

$$B^*(s) = \frac{\mu}{\mu + s}.$$

此时方程 (51) 化归为

$$\lambda z^2 - (s + \lambda + \mu)z + \mu = 0, \tag{53}$$

因而 $D(x)$ 的拉普拉斯-斯蒂尔吉斯变换 $D^*(s)$ 为方程 (53) 在 $|z| < 1$ 内的唯一解：

$$D^*(s) = \frac{(s + \lambda + \mu) - \sqrt{(s + \lambda + \mu)^2 - 4\lambda\mu}}{2\lambda}. \tag{54}$$

而由 (52)，$D(x)$ 有下列明显表达式：

$$\begin{aligned} D(x) &= \sum_{j=1}^{\infty} \int_0^x e^{-\lambda u} \frac{(\lambda u)^{j-1}}{j!} e^{-\mu u} \frac{(\mu u)^{j-1}}{(j-1)!} \mu du \\ &= \int_0^x e^{-(\lambda+\mu)u} \sum_{j=1}^{\infty} \frac{(\lambda \mu u^2)^{j-1}}{j!(j-1)!} \mu du. \end{aligned}$$

其密度为

$$\begin{aligned} D'(x) &= \frac{1}{x} \sqrt{\frac{\mu}{\lambda}}\, e^{-(\lambda+\mu)x} \sum_{r=0}^{\infty} \frac{\left(\dfrac{2\sqrt{\lambda\mu}\, x}{2}\right)^{2r+1}}{r!(r+1)!} \\ &= \sqrt{\frac{\mu}{\lambda}} \frac{1}{x} e^{-(\lambda+\mu)x} I_1(2\sqrt{\lambda\mu}\, x), \end{aligned} \tag{55}$$

其中 I_1 为一阶纯虚数贝塞尔函数. 此结果与第二章 § 2 用微分方程法解出的结果是一致的.

上面我们导出了忙期长度的分布，我们进一步问：在一个忙期中究竟服务了多少顾客呢?下面的定理回答了这一问题,它求出了忙期长度 $\leqslant x$ 与此忙期中服务了 j 个顾客的联合概率 $D_j(x)$. 由此可得

$$P\{\text{忙期中服务了 } j \text{ 个顾客}\}=D_j(\infty),$$

$$P\{\text{忙期长度} \leqslant x\}=\sum_{j=1}^{\infty} D_j(x).$$

现令

$$D_j^*(s)\equiv\int_{0-}^{\infty} e^{-sx}dD_j(x),\mathscr{R}(s)>0. \tag{56}$$

定理 7 对 M/G/1 系统,若 $\mathscr{R}(s)>0$, $|u|<1$, 则

$$\sum_{j=1}^{\infty} D_j^*(s)u^j=\gamma(s, u), \tag{57}$$

其中 $\gamma(s, u)$ 为方程

$$z=uB^*(s+\lambda(1-z)) \tag{58}$$

在单位圆 $|z|<1$ 内的唯一解. 由此,

$$D_j^*(s)=\int_{0-}^{\infty} e^{-(\lambda+s)x}\frac{(\lambda x)^{j-1}}{j!}dB^{(j)}(x), \tag{59}$$

再求反演,即得

$$D_j(x)=\int_{0-}^{x} e^{-\lambda y}\frac{(\lambda y)^{j-1}}{j!}dB^{(j)}(y), \tag{60}$$

其中 $B^{(j)}(x)$ 为服务时间分布 $B(x)$ 的 j 重卷积. ||

证 相似于定理 5 的推理,可证明

$$D_j(x)=P\{\boldsymbol{v}+\boldsymbol{\phi}_1+\boldsymbol{\phi}_2+\cdots+\boldsymbol{\phi}_v\leqslant x;\ \boldsymbol{\delta}_1+\boldsymbol{\delta}_2+\cdots+\boldsymbol{\delta}_v=j-1\},$$

其中 $\boldsymbol{\delta}_1, \boldsymbol{\delta}_2, \cdots, \boldsymbol{\delta}_v$ 分别为忙期 $\boldsymbol{\phi}_1, \boldsymbol{\phi}_2, \cdots, \boldsymbol{\phi}_v$ 中服务的顾客数,且规定当 $\boldsymbol{v}=0$ 时, $\boldsymbol{\phi}_1+\boldsymbol{\phi}_2+\cdots+\boldsymbol{\phi}_v=0$, $\boldsymbol{\delta}_1+\boldsymbol{\delta}_2+\cdots+\boldsymbol{\delta}_v=0$. 由此,当 $j>1$ 时,

$$D_j(x) = \int_{0-}^{x} P\{\boldsymbol{\nu} + \boldsymbol{\phi}_1 + \boldsymbol{\phi}_2 + \cdots + \boldsymbol{\phi}_\nu \leqslant x; \boldsymbol{\delta}_1 + \boldsymbol{\delta}_2 + \cdots + \boldsymbol{\delta}_\nu = j - 1 | \boldsymbol{v} = y\} dB(y)$$

$$= \int_{0-}^{x} P\{\boldsymbol{\phi}_1 + \boldsymbol{\phi}_2 + \cdots + \boldsymbol{\phi}_\nu \leqslant x - y; \boldsymbol{\delta}_1 + \boldsymbol{\delta}_2 + \cdots + \boldsymbol{\delta}_\nu = j - 1 | \boldsymbol{v} = y\} dB(y)$$

$$= \int_{0-}^{x} \sum_{i=1}^{j-1} P\{\boldsymbol{\nu} = i | \boldsymbol{v} = y\} P\{\boldsymbol{\phi}_1 + \boldsymbol{\phi}_2 + \cdots + \boldsymbol{\phi}_i \leqslant x - y; \boldsymbol{\delta}_1 + \boldsymbol{\delta}_2 + \cdots + \boldsymbol{\delta}_i = j - 1 | \boldsymbol{\nu} = i\} dB(y)$$

$$= \int_{0}^{x} \sum_{i=1}^{j-1} P\{\boldsymbol{\nu} = i | \boldsymbol{v} = y\} \sum_{\substack{n_1 + n_2 + \cdots + n_i = j-1 \\ n_1 n_2 \cdots n_i \geqslant 1}} P\{\boldsymbol{\phi}_1 + \boldsymbol{\phi}_2 + \cdots + \boldsymbol{\phi}_i \leqslant x - y; \boldsymbol{\delta}_1 = n_1; \boldsymbol{\delta}_2 = n_2; \cdots; \boldsymbol{\delta}_i = n_i\} dB(y)$$

$$= \sum_{i=1}^{j-1} \sum_{\substack{n_1 + n_2 + \cdots + n_i = j-1 \\ n_1 n_2 \cdots n_i \geqslant 1}} \int_{0-}^{x} e^{-\lambda y} \frac{(\lambda y)^i}{i!} D_{n_1}(x - y) \star D_{n_2}(x - y) \star \cdots \star D_{n_i}(x - y) dB(y),$$

其中☆表示卷积的运算.

将上式取拉普拉斯-斯蒂尔吉斯变换,得 $j > 1$ 时,

$$D_j^*(s) = \sum_{i=1}^{j-1} \sum_{\substack{n_1 + n_2 + \cdots + n_i = j-1 \\ n_1 n_2 \cdots n_i \geqslant 1}} D_{n_1}^*(s) D_{n_2}^*(s) \cdots D_{n_i}^*(s) \times \int_{0-}^{\infty} e^{-(\lambda+s)y} \frac{(\lambda y)^i}{i!} dB(y). \tag{61}$$

而当 $j = 1$ 时,显见有

$$D_1(x) = \int_{0-}^{x} e^{-\lambda y} dB(y),$$

所以

$$D_1^*(s) = B^*(s + \lambda). \tag{62}$$

将 (61), (62) 对 j 求母函数,得

$$\sum_{j=1}^{\infty} D_j^*(s)u^j = B^*(s+\lambda)u$$

$$+ \sum_{j=2}^{\infty} u^j \sum_{i=1}^{j-1} \sum_{\substack{n_1+n_2+\cdots+n_i=j-1\\ n_1,n_2\cdots n_i\geqslant 1}} D_{n_1}^*(s)D_{n_2}^*(s)\cdots D_{n_i}^*(s)$$

$$\times \int_{0-}^{\infty} e^{-(\lambda+s)y} \frac{(\lambda y)^i}{i!} dB(y)$$

$$= B^*(s+\lambda)u + \sum_{i=1}^{\infty} \int_{0-}^{\infty} e^{-(\lambda+s)y} \frac{(\lambda y)^i}{i!} dB(y)$$

$$\times u \sum_{j=i+1}^{\infty} u^{j-1} \sum_{\substack{n_1+n_2+\cdots+n_i=j-1\\ n_1,n_2\cdots n_i\geqslant 1}} D_{n_1}^*(s)D_{n_2}^*(s)\cdots D_{n_i}^*(s)$$

$$= B^*(s+\lambda)u + u\sum_{i=1}^{\infty} \int_{0-}^{\infty} e^{-(\lambda+s)y} \frac{(\lambda y)^i}{i!} dB(y)$$

$$\times \left(\sum_{j=1}^{\infty} D_j^*(s)u^j\right)^i$$

$$= uB^*\left[s+\lambda\left(1-\sum_{j=1}^{\infty} D_j^*(s)u^j\right)\right].$$

此式表明 $\sum_{j=1}^{\infty} D_j^*(s)u^j$ 满足方程 (58)，但当 $\mathscr{R}(s)>0$, $|u|<\frac{1}{2}$ 时，$\left|\sum_{j=1}^{\infty} D_j^*(s)u^j\right|<1$；且由引理 1，(58) 在 $|z|<1$ 内有唯一解 $\gamma(s,u)$，因之当 $\mathscr{R}(s)>0$, $|u|<\frac{1}{2}$ 时，$\gamma(s,u)=\sum_{j=1}^{\infty} D_j^*(s)\cdot u^j$。但此式两端在 $\mathscr{R}(s)>0$, $|u|<1$ 均解析，故由解析开拓即知 (57) 成立．将 (57) 与引理 1 的 (2) 式比较 u^j 的系数，即得 (59) 式．再求反演，即得 (60) 式．定理 7 证毕．#

由此定理，即得下列推论:

推论 1 忙期中服务了 j 个顾客的概率为

$$D_j(\infty)=\int_{0-}^{\infty} e^{-\lambda y}\frac{(\lambda y)^{j-1}}{j!}dB^{(j)}(y). \quad \| \tag{63}$$

推论 2 忙期长度的分布函数为

$$D(x)=\sum_{j=1}^{\infty} D_j(x)=\sum_{j=1}^{\infty}\int_{0-}^{x} e^{-\lambda y}\frac{(\lambda y)^{j-1}}{j!}dB^{(j)}(y). \tag{64}$$

此与定理 6 的结果是一致的. ||

定理 8 对 M/G/1 系统,忙期平均长度

$$\overline{D}=\begin{cases}\dfrac{1}{\mu-\lambda}, & 若\ \rho<1;\\ \infty, & 若\ \rho\geqslant 1.\end{cases} \tag{65}$$

而在忙期内被服务的顾客的平均数

$$E\boldsymbol{N}=\begin{cases}\dfrac{1}{1-\rho}, & 若\ \rho<1;\\ \infty, & 若\ \rho\geqslant 1. \quad \|\end{cases} \tag{66}$$

证 由定理 5 知

$$\begin{aligned}\overline{D}&=E\{\boldsymbol{v}+\boldsymbol{\phi}_1+\boldsymbol{\phi}_2+\cdots+\boldsymbol{\phi}_{\nu}\}\\ &=\frac{1}{\mu}+\sum_{j=0}^{\infty}P\{\boldsymbol{\nu}=j\}E\{\boldsymbol{\phi}_1+\boldsymbol{\phi}_2+\cdots+\boldsymbol{\phi}_{\nu}|\boldsymbol{\nu}=j\}\\ &=\frac{1}{\mu}+\sum_{j=0}^{\infty}P\{\boldsymbol{\nu}=j\}E\{\boldsymbol{\phi}_1+\boldsymbol{\phi}_2+\cdots+\boldsymbol{\phi}_j\}\\ &=\frac{1}{\mu}+\sum_{j=0}^{\infty}P\{\boldsymbol{\nu}=j\}\cdot j\overline{D}=\frac{1}{\mu}+E\boldsymbol{\nu}\cdot\overline{D}=\frac{1}{\mu}+\rho\overline{D},\end{aligned}$$

故得所证 (65) 式

又

$$\begin{aligned}E\boldsymbol{N}&=\int_{0-}^{\infty}E\{\boldsymbol{N}|\boldsymbol{d}=x\}dP\{\boldsymbol{d}\leqslant x\}\\ &=\int_{0-}^{\infty}\mu x dP\{\boldsymbol{d}\leqslant x\}=\mu\overline{D}.\end{aligned}$$

敲由(65)，即得(66)式．定理8证毕．#

4. 首达时间 这种指标刻划了系统达到不同拥挤程度所需的不同时间．所谓首达上界时间，是指系统由初始时刻开始到它的队长首次达到某一预定的上界为止所需的时间长度；所谓首达下界时间，是指系统由初始时刻开始到它的队长首次达到某一预定的下界为止所需的时间长度．

先讨论首达上界时间．令$N>0$为确定的整数，并取之为所考虑的上界．令在初始时刻队长为 $i\ (0\leqslant j<N)$ 的条件下，系统的队长首达上界N的时间为 $\xi_j^{(N)}$．

对 $0\leqslant j<N$，$m\geqslant 1$，$x\geqslant 0$，令 $G_{j,N,m}(x)$ 为在初始队长为 j 的条件下，下列两事件的联合概率：

1）首达上界时间 $\xi_j^{(N)}\leqslant x$；

2）在首达上界时间 $\xi_j^{(N)}$ 内，共到达了m个顾客．

再令

$$G_{j,N,m}^*(s)\equiv\int_{0-}^{\infty}e^{-sx}dG_{j,N,m}(x),\quad \mathscr{R}(s)>0,$$

$$0\leqslant j<N,\quad m\geqslant 1;\tag{67}$$

$$\Omega_{j,N}(s,z)\equiv\sum_{m=1}^{\infty}G_{j,N,m}^*(s)z^m,\quad \mathscr{R}(s)>0,$$

$$|z|,<1\quad 0\leqslant j<N,\tag{68}$$

则 $G_{j,N,m}(x)$ 由下列定理唯一决定：

定理 9 对 M/G/1 系统，若 $\mathscr{R}(s)>K$（充分大正数），$|z|<1$，则

$$\Omega_{N-1,N}(s,z)=\Big\{z^N\delta_{N1}\frac{\lambda}{\lambda+s}+z^N(1-\delta_{N1})\frac{\lambda}{\lambda+s}\phi_{N-2}(s)$$

$$-\sum_{l=1}^{N-1}\frac{\frac{\lambda}{\lambda+s}\theta_{N-1-l}(s)z^{N-l}-\delta_{l,N-1}}{\theta_0(s)}\Big[z^l\phi_{l-1}(s)$$

$$+\sum_{l=1}^{l-1} z^i\phi_{i-1}(s)\sum_{\nu=0}^{l-1-i}(-1)^{\nu+1}f_{i,l-1}^{\nu}\Big]\Big\}\Big/$$

$$\Big\{\delta_{N-1,0}-\sum_{l=1}^{N-1}\frac{\frac{\lambda}{\lambda+s}\theta_{N-1-l}(s)z^{N-l}-\delta_{l,N-1}}{\theta_0(s)}$$

$$\cdot\Big[\delta_{l-1,0}+\sum_{\nu=0}^{l-2}(-1)^{\nu+1}f_{1,l-1}^{\nu}\Big]\Big\},\tag{69}$$

$$Q_{j,N}(s,z)=\frac{-1}{\theta_0(s)}\Big\{z^{N-1-j}\phi_{N-2-j}(s)+\sum_{i=1}^{N-2-j} z^i\phi_{i-1}(s)$$

$$\cdot\sum_{\nu=0}^{N-2-j-i}(-1)^{\nu+1}f_{i,N-2-j}^{\nu}-\Big[\delta_{N-2-j,0}+\sum_{\nu=0}^{N-3-j}(-1)^{\nu+1}$$

$$\cdot f_{1,N-2-j}^{\nu}\Big]Q_{N-1,N}(s,z)\Big\},\quad 0\leqslant j\leqslant N-2,\tag{70}$$

其中

$$\begin{cases} f_{ij}^{\nu}\equiv\displaystyle\sum_{i<n_1<n_2<\cdots<n_\nu\leqslant j}[(\theta_{n_1-i}(s)z^{n_1-i}-\delta_{n_1-1,i})(\theta_{n_2-n_1}(s)z^{n_2-n_1} \\ \quad -\delta_{n_2-1,n_1})\cdots(\theta_{j+1-n_\nu}(s)z^{j+i-n_\nu}-\delta_{j,n_\nu})]/ \\ \quad [\theta_0(s)]^{\nu+1},\quad 1\leqslant i<j\leqslant N-2,\ 0<\nu\leqslant j-i; \\ f_{ij}^{0}\equiv\dfrac{\theta_{j+1-i}(s)z^{j+1-i}-\delta_{ji}}{\theta_0(s)},\quad 1\leqslant i\leqslant j\leqslant N-2. \end{cases}\tag{71}$$

$$\theta_i(s)\equiv\int_{0-}^{\infty}e^{-(\lambda+s)y}\frac{(\lambda y)^i}{i!}dB(y),\tag{72}$$

$$\phi_i(s)\equiv\int_0^{\infty}e^{-(\lambda+s)y}\frac{(\lambda y)^i}{i!}[1-B(y)]\lambda\,dy,\tag{73}$$

$$\delta_{ij}\equiv\begin{cases}1, & i=j;\\ 0, & i\neq j.\end{cases}\tag{74}$$

此处及以下凡负数阶乘均定义为 1. ||

证 由全概定理,容易建立各 $G_{j,N,m}(x)$ 之间的下列关系式:
$j=0$ 时,

$$G_{0,N,m}(x)=\begin{cases}\sum_{i=1}^{N-1}\int_0^x e^{-\lambda t}\lambda\,dt\int_{0-}^{x-t}e^{-\lambda y}\frac{(\lambda y)^{i-1}}{(i-1)!}\\ \qquad\cdot G_{i-1,N,m-i}(x-t-y)dB(y),\quad m>N;\\ \delta_{N1}(1-e^{-\lambda x})+(1-\delta_{N1})\int_0^x e^{-\lambda t}\lambda\,dt\int_0^{x-t}e^{-\lambda y}\\ \qquad\cdot\frac{(\lambda y)^{N-2}}{(N-2)!}[1-B(y)]\lambda\,dy,\quad m=N;\\ 0,\quad m<N.\end{cases}\tag{75}$$

$0<j<N$ 时，

$$G_{j,N,m}(x)=\begin{cases}\sum_{i=0}^{N-j-1}\int_{0-}^{x}e^{-\lambda y}\frac{(\lambda y)^i}{i!}G_{j+i-1,N,m-i}(x-y)dB(y),\\ \qquad j+m>N;\\ \int_0^x e^{-\lambda y}\frac{(\lambda y)^{m-1}}{(m-1)!}[1-B(y)]\lambda\,dy,\quad j+m=N;\\ 0,\quad j+m<N.\end{cases}\tag{76}$$

取拉普拉斯-斯蒂尔吉斯变换，得

$j=0$ 时，

$$G^*_{0,N,m}(s)=\begin{cases}\sum_{i=1}^{N-1}\frac{\lambda}{\lambda+s}\left[\int_{0-}^{\infty}e^{-(\lambda+s)x}\frac{(\lambda x)^{i-1}}{(i-1)!}dB(x)\right]\\ \qquad\cdot G^*_{i-1,N,m-i}(s),\quad m>N;\\ \delta_{N1}\frac{\lambda}{\lambda+s}+(1-\delta_{N1})\frac{\lambda}{\lambda+s}\int_0^\infty e^{-(\lambda+s)x}\\ \qquad\cdot\frac{(\lambda x)^{N-2}}{(N-2)!}[1-B(x)]\lambda\,dx,\quad m=N;\\ 0,\quad m<N.\end{cases}\tag{77}$$

$0<j<N$ 时，

$$\begin{cases}\sum_{i=0}^{N-j-1}\int_{0-}^{\infty}e^{-(\lambda+s)y}\frac{(\lambda y)^i}{i!}dB(y)\cdot G^*_{j+i-1,N,m-i}(s),\\ \qquad j+m>N;\end{cases}$$

$$G_{j,N,m}^{*}(s)=\begin{cases}\displaystyle\int_0^{\infty} e^{-(\lambda+s)y}\,\frac{(\lambda y)^{m-1}}{(m-1)!}\,[1-B(y)]\lambda\,dy, \\ \qquad\qquad j+m=N; \\ 0,\quad j+m<N。\end{cases} \tag{78}$$

再将 (77), (78) 分别取母函数，经过适当的整理，由 (68)，即得

$$\begin{cases}\displaystyle\sum_{j=0}^{N-2}\frac{\lambda}{\lambda+s}\theta_j(s)z^{j+1}\Omega_{j,N}(s,z)-\Omega_{0,N}(s,z) \\ \displaystyle\quad=-z^N\delta_{N1}\frac{\lambda}{\lambda+s}-z^N(1-\delta_{N1})\frac{\lambda}{\lambda+s}\phi_{N-2}(s); \\ \displaystyle\sum_{j=k-1}^{N-2}\theta_{j-k+1}(s)z^{j-k+1}\Omega_{j,N}(s,z)-\Omega_{k,N}(s,z) \\ \quad=-z^{N-k}\phi_{N-k-1}(s),\quad 1\leqslant k\leqslant N-1,\end{cases} \tag{79}$$

其中 $\theta_i(s)$, $\phi_i(s)$ 分别为 (72), (73) 所定义.

令

$$\Omega_{j,N}(s,z)=\phi_{N-1-j,N}(s,z),\quad 0\leqslant j\leqslant N-1, \tag{80}$$

再经过足码的调整，即得

$$\begin{cases}\displaystyle\sum_{l=1}^{k+1}\theta_{k+1-l}(s)z^{k+1-l}\phi_{l,N}(s,z)-\phi_{k,N}(s,z) \\ \quad=-z^{k+1}\phi_k(s),\quad 0\leqslant k\leqslant N-2; \\ \displaystyle\sum_{l=1}^{N-1}\frac{\lambda}{\lambda+s}\theta_{N-1-l}(s)z^{N-l}\phi_{l,N}(s,z)-\phi_{N-1,N}(s,z) \\ \displaystyle\quad=-z^N\delta_{N1}\frac{\lambda}{\lambda+s}-z^N(1-\delta_{N1})\frac{\lambda}{\lambda+s}\phi_{N-2}(s).\end{cases} \tag{81}$$

此为一 N 个未知数、N 个方程的线性代数方程组，其系数行列式 $\Delta(s,z)$ 于下页给出. 由行列式的定义，即知此行列式的展开式中除了 $(-1)^N$ 一项外，其它各项都含有 $\frac{\lambda}{\lambda+s}\theta_0(s)$ 或 $\theta_i(s)(1\leqslant i\leqslant N-2)$ 这种项，由于这些 $\theta_i(s)$ $(0\leqslant i\leqslant N-2)$ 数目有限，而行列式展开后的项数也有限，因而只要注意到：当 $\mathscr{R}(s)>K$（充分大正数）时，$\frac{\lambda}{\lambda+s}$

$$\Delta(s,z)=\begin{vmatrix} -1, & \theta_0(s), & 0, & 0, & \cdots & \cdots & \cdots & \cdots & 0 \\ 0, & -1+\theta_1(s)z, & \theta_0(s), & 0, & \cdots & \cdots & \cdots & \cdots & 0 \\ 0, & \theta_2(s)z^2, & -1+\theta_1(s)z, & \theta_0(s), & \ddots & & & & \vdots \\ \vdots & \vdots & \vdots & \vdots & & \ddots & & & \vdots \\ 0, & \theta_{N-3}(s)z^{N-3}, & \theta_{N-4}(s)z^{N-4}, & \theta_{N-5}(s)z^{N-5}, & \cdots & \theta_2(s)z^2, & -1+\theta_1(s)z & \theta_0(s) & 0 \\ 0, & \theta_{N-2}(s)z^{N-2}, & \theta_{N-3}(s)z^{N-3}, & \theta_{N-4}(s)z^{N-4}, & \cdots & \theta_3(s)z^3, & \theta_2(s)z^2, & -1+\theta_1(s)z, & \theta_0(s), \\ 0, & \frac{\lambda}{\lambda+s}\theta_{N-2}(s)z^{N-1}, & \frac{\lambda}{\lambda+s}\theta_{N-3}(s)z^{N-2}, & \frac{\lambda}{\lambda+s}\theta_{N-4}(s)z^{N-3}, & \cdots & \frac{\lambda}{\lambda+s}\theta_3(s)z^4, & \frac{\lambda}{\lambda+s}\theta_2(s)z^3 & \frac{\lambda}{\lambda+s}\theta_1(s)z^2, & -1+\frac{\lambda(\theta_0(s)z)}{\lambda+s} \end{vmatrix}.$$

$\theta_0(s)$ 和各 $\theta_i(s)(1\leqslant i\leqslant N-2)$ 的模均可任意小，即可推知：当 $\mathscr{R}(s)>K$，$|z|<1$ 时，所有其它各项的和的模 $<\frac{1}{2}$，故知当 $\mathscr{R}(s)>K$，$|z|<1$ 时，$\Delta(s,z)\neq 0$. 于是由引理 3，即能求得未知数 $\psi_{j,N}(s,z)$ $(0\leqslant j\leqslant N-1)$ 的明显表达式. 再利用 (80)，即得所求的 (69)，(70) 两式. 定理 9 证毕. #

再讨论首达下界时间. 令 $M\geqslant 0$ 为确定的整数，并取之为所考虑的下界. 令在初始时刻队长为 k $(k>M)$ 的条件下，系统的队长首达下界 M 的时间为 $\zeta_k^{(M)}$. 因此，$\zeta_1^{(0)}$ 就是通常的忙期.

对 $k>M\geqslant 0$，$m\geqslant 1$，$x\geqslant 0$，令 $F_{k,M,m}(x)$ 为在初始时刻队长为 k 的条件下，下列两事件的联合概率：

1) 首达下界时间 $\zeta_k^{(M)}\leqslant x$;

2) 在首达下界时间 $\zeta_k^{(M)}$ 内，共服务完了 m 个顾客.

易知，当 $m<k-M$ 时，

$$F_{k,M,m}(x)\equiv 0. \tag{82}$$

再令

$$F^*_{k,M,m}(s)\equiv\int_{0-}^{\infty}e^{-sx}dF_{k,M,m}(x),\quad \mathscr{R}(s)>0,$$
$$k>M\geqslant 0,\quad m\geqslant 1; \tag{83}$$

$$\Pi_{k,M}(s,z)\equiv\sum_{m=1}^{\infty}F^*_{k,M,m}(s)z^m,\quad \mathscr{R}(s)>0,$$
$$|z|<1,\quad k>M\geqslant 0, \tag{84}$$

则 $F_{k,M,m}(s)$ 由下列定理唯一决定：

定理 10 对 M/G/1 系统，若 $\mathscr{R}(s)>0$，$|z|<1$，$k>M\geqslant 0$，则

$$\Pi_{k,M}(s,z)=[\gamma(s,z)]^{k-M}, \tag{85}$$

其中 $\gamma(s,z)$ 为 (2) 所给定. 因而

$$F^*_{k,M,m}(s)=\begin{cases}0, & 1\leqslant m<k-M;\\ \dfrac{(k-M)\lambda^{m-k+M}}{m\cdot(m-k+M)!}\displaystyle\int_{0-}^{\infty}e^{-(\lambda+s)x}x^{m-k+M} & \\ \qquad\cdot dB^{(m)}(x), & m\geqslant k-M.\end{cases} \tag{86}$$

于是

$$F_{k,M,m}(x)=\begin{cases}0, & 1\leqslant m<k-M;\\ \dfrac{(k-M)\lambda^{m-k+M}}{m\cdot(m-k+M)!}\displaystyle\int_{0-}^{\infty}e^{-\lambda y}y^{m-k+M} & \\ \qquad dB^{(m)}(y), & m\geqslant k-M,\end{cases}\tag{87}$$

其中 $B^{(m)}(x)$ 为服务时间分布 $B(x)$ 的 m 重卷积. ||

证 如果考虑系统在初始时刻的队长为 $k-M$，也就是将系统的初始占用时间取为 $\sum_{i=1}^{k-M}\boldsymbol{v}_i$，则容易看出，由这样的初始时刻出发到忙期结束为止这段时间(称为初始忙期)和首达下界时间 $\zeta_k^{(M)}$ 具有相同的分布. 因此，$F_{k,M,m}(x)$ 就是该初始忙期 $\leqslant x$，且在此初始忙期中新来了 $m-k+M$ 个顾客的联合概率 $\hat{D}_{m-k+M}(x)$. 相似于定理 7 的证明，只要将其中的 $\boldsymbol{v}$ 与 $j-1$ 分别换成 $\sum_{i=1}^{k-M}\boldsymbol{v}_i$ 与 $m-k+M$，即可求得

$$\sum_{m=k-M}^{\infty}\hat{D}^*_{m-k+M}(s)z^m=z^{k-M}[B^*(s+\lambda-\lambda\gamma(s,z))]^{k-M},\tag{88}$$

其中 $\hat{D}^*_n(s)$ 与 $B^*(s)$ 分别为 $\hat{D}_n(x)$ 与服务时间分布 $B(x)$ 的拉普拉斯-斯蒂尔吉斯变换.

因而，由 (82)，

$$\Pi_{k,M}(s,z)=[zB^*(s+\lambda-\lambda\gamma(s,z))]^{k-M}.$$

再由引理 1，即得 (85) 式.

再由 (17)，即得

$$[\gamma(s,z)]^{k-M}=\sum_{m=k-M}^{\infty}\frac{(k-M)\lambda^{m-k+M}z^m}{m\cdot(m-k+M)!}\int_{0-}^{\infty}e^{-(\lambda+s)x}\cdot x^{m-k+M}dB^{(m)}(x).$$

代入 (85)，比较 z^m 的系数，即得 (86) 式，再求反演，即得 (87) 式. 定理 10 证毕. #

当 $k=1$, $M=0$ 时，定理 10 化归为定理 7. 这正说明 $\zeta_1^{(0)}$ 就是通常的忙期.

第四章　GI/M/n 系 统

本章将分成三节来讨论. §1 引入 GI/M/n 系统的嵌入马尔可夫链，并讨论其状态分类. §2 研究统计平衡理论，求出了队长与等待时间的平稳分布. §3 研究非平衡理论，求出了第 n 个顾客到达时刻的队长分布，第 n 个顾客的等待时间分布，任意时刻的队长分布，任意时刻到达的顾客的等待时间分布，忙期长度的分布，非闲期长度的分布以及首达时间的分布.

§1. 状 态 分 类

所谓 GI/M/n 系统，是指这样一个随机服务系统：

(i) 顾客在时刻 $\boldsymbol{\tau}_1, \boldsymbol{\tau}_2, \cdots$ 陆续到来，到达时刻的间隔 $\boldsymbol{\tau}_{m+1} - \boldsymbol{\tau}_m$ $(m = 0, 1, \cdots; \boldsymbol{\tau}_0 \equiv 0)$ 是相互独立、相同分布的随机变量，其分布函数记为 $A(x)$，即

$$P\{\boldsymbol{\tau}_{m+1} - \boldsymbol{\tau}_m \leqslant x\} = A(x), \quad m = 0, 1, \cdots.$$

令

$$\frac{1}{\lambda} \equiv \int_{0-}^{\infty} x dA(x),$$

假定 $\lambda > 0$ 为一常数. 再令

$$A^*(s) \equiv \int_{0-}^{\infty} e^{-sx} dA(x), \quad \mathscr{R}(s) > 0.$$

(ii) 服务系统由 n 个并联的服务台所组成. 顾客到达时，若有空闲的服务台，他就任选其中之一接受服务；若所有的服务台都正在进行服务，顾客就排入队伍末尾等待，并按到达次序逐个接受服务. 顾客在服务完毕后就离开系统，同时队首顾客（如果此时有顾客等待的话）立即被得空的服务台接受服务.

(iii) 各顾客的服务时间 $\boldsymbol{v}_l (l = 1, 2, \cdots)$ 之间、以及 $\boldsymbol{v}_l$ 与

$\boldsymbol{\tau}_{m+1}-\boldsymbol{\tau}_m\ (l=1,2,\cdots;\ m=0,1,\cdots)$ 之间都相互独立，每个 $\boldsymbol{v}_l$ 都具有相同的负指数分布：

$$P\{\boldsymbol{v}_l\leqslant x\}=\begin{cases}1-e^{-\mu x}, & \text{若 } x\geqslant 0;\\ 0, & \text{若 } x<0,\end{cases}$$

其中 $\mu>0$ 为一常数．令

$$\rho\equiv\frac{\lambda}{n\mu},$$

称为服务强度．

令 $\boldsymbol{q}(t)$ 为系统在时刻 t 所处的状态，即在时刻 t 的队长(包括正在排队的和正被服务的顾客的总数)．令 $\boldsymbol{q}_m\equiv\boldsymbol{q}(\boldsymbol{\tau}_m-0)$，$m=1,2,\cdots$，则 $\boldsymbol{q}_m$ 为第 m 个顾客在到达时刻所看到的系统的状态．再令 $\boldsymbol{q}_0\equiv\boldsymbol{q}(0)-1$．下面的定理表明 $\{\boldsymbol{q}_m\}$ 构成一马尔可夫链，它称为随机服务系统 GI/M/n 的嵌入马尔可夫链．可以看出，各随机变量 $\boldsymbol{q}_0,\boldsymbol{q}_1,\boldsymbol{q}_2,\cdots$ 均取非负整数值，只有 $\boldsymbol{q}_0$ 还可以取值 -1，但若我们注意到 $P\{\boldsymbol{q}_1=0\,|\,\boldsymbol{q}_0=-1\}=1$ 及 $P\{\boldsymbol{q}_m=-1\,|\,\boldsymbol{q}_0=i\}=0\,(m=1,2,\cdots;\ i=-1,0,1,\cdots)$ 后(即 -1 为次要状态，只有 $\boldsymbol{q}_0$ 能取它为值，而在 $\boldsymbol{q}_0=-1$ 的条件下，$\boldsymbol{q}_1$ 以概率 1 取值 0，此后马尔可夫链永远不再取值 -1)，就能将状态空间限制为非负整数集的情形．因而，以后都假定状态空间为非负整数集．

定理 1 $\{\boldsymbol{q}_m\}$ 为一不可约、非周期的马尔可夫链，其转移概率 $p_{ik}=P\{\boldsymbol{q}_{m+1}=k\,|\,\boldsymbol{q}_m=i\}\,(i,k=0,1,\cdots)$ 为下式所给定：

$$p_{ik}=\int_{0-}^{\infty}p_{ik}(t)\,dA(t),\tag{1}$$

其中

$$p_{ik}(t)\equiv\begin{cases}\dbinom{i+1}{k}(1-e^{-\mu t})^{i+1-k}e^{-k\mu t}, & 0\leqslant k\leqslant i+1,\ i<n;\\[2ex] \displaystyle\int_0^t e^{-n\mu x}\frac{(n\mu x)^{i-n}}{(i-n)!}n\mu\binom{n}{k}(1-e^{-\mu(t-x)})^{n-k}\cdot e^{-k\mu(t-x)}dx, & 0\leqslant k<n,\ i\geqslant n;\end{cases}\tag{2}$$

$$\begin{cases} e^{-n\mu t}\dfrac{(n\mu t)^{i+1-k}}{(i+1-k)!}, & n \leqslant k \leqslant i+1,\ i \geqslant n; \\ 0, & i+1 < k. \ \| \end{cases}$$

证 我们看出

$$\boldsymbol{q}_{m+1} = \boldsymbol{q}_m + 1 - \boldsymbol{\nu}_m, \tag{3}$$

其中 $\boldsymbol{\nu}_m$ 为在 $(\boldsymbol{\tau}_m, \boldsymbol{\tau}_{m+1})$ 内服务完的顾客数，它在条件 $\{\boldsymbol{q}_m = i\}$ 下的条件分布为：

当 $i \geqslant n$ 时，

$$P\{\boldsymbol{\nu}_m = j | \boldsymbol{q}_m = i\} = \begin{cases} \displaystyle\int_{0-}^{\infty} e^{-n\mu t}\frac{(n\mu t)^j}{j!}\,dA(t), \\ \quad 0 \leqslant j \leqslant i+1-n; \\ \displaystyle\int_{0-}^{\infty}\left\{\int_0^t e^{-n\mu x}\frac{(n\mu x)^{i-n}}{(i-n)!}n\mu \right. \\ \quad \times \dbinom{n}{i-j+1} e^{-(i-j+1)\mu(t-x)} \\ \quad \left. \times (1-e^{-\mu(t-x)})^{j+n-i-1}dx\right\} dA(t), \\ \qquad i+1-n < j \leqslant i+1; \\ 0, \quad j<0 \text{ 或 } j > i+1; \end{cases} \tag{4}$$

当 $i < n$ 时，

$$P\{\boldsymbol{\nu}_m = j | \boldsymbol{q}_m = i\} = \begin{cases} \displaystyle\int_{0-}^{\infty}\dbinom{i+1}{j} e^{-\mu(i+1-j)t}(1-e^{-\mu t})^j dA(t), \\ \qquad 0 \leqslant j \leqslant i+1; \\ 0, \quad j < 0 \text{ 或 } j > i+1. \end{cases} \tag{5}$$

由此可知，在 $\boldsymbol{q}_m$ 已知的条件下，$\boldsymbol{\nu}_m$ 的分布与 $\boldsymbol{q}_0, \boldsymbol{q}_1, \cdots, \boldsymbol{q}_{m-1}$ 无关，故由 (3) 立即看出 $\{\boldsymbol{q}_m\}$ 为一马尔可夫链，其转移概率为

$$\begin{aligned} p_{ik} &= P\{\boldsymbol{q}_{m+1} = k | \boldsymbol{q}_m = i\} \\ &= P\{\boldsymbol{q}_m + 1 - \boldsymbol{\nu}_m = k | \boldsymbol{q}_m = i\} \\ &= P\{\boldsymbol{\nu}_m = i - k + 1 | \boldsymbol{q}_m = i\}, \end{aligned}$$

由 (4), (5) 即得所求 (1) 式.

由 (1) 知 $\{\boldsymbol{q}_m\}$ 的转移矩阵具有下列形式:

$$
\left[\begin{array}{cccccccccc}
* & \alpha_1 & & & & & & & & \\
* & * & \alpha_2 & & & & & & & \\
* & * & * & \alpha_3 & & & & & & \\
\vdots & \vdots & \vdots & \vdots & \ddots & & & & & \\
* & * & * & * & \cdots & \alpha_{n-1} & & & & \\
* & * & * & * & \cdots & * & a_0 & & & \\
* & * & * & * & \cdots & * & a_1 & a_0 & & \\
* & * & * & * & \cdots & * & a_2 & a_1 & a_0 & \\
* & * & * & * & \cdots & * & a_3 & a_2 & a_1 & a_0 \\
\cdots & \cdots & \cdots & \cdots & \cdots & \cdots & \cdots & \cdots & \cdots & \cdots
\end{array}\right], \tag{6}
$$

其中

$$
\alpha_j \equiv \int_{0-}^{\infty} e^{-j\mu t} dA(t), \quad j = 1, 2, \cdots, n-1;
$$

$$
a_k \equiv \int_{0-}^{\infty} e^{-n\mu t} \frac{(n\mu t)^k}{k!} dA(t), \quad k = 0, 1, \cdots,
$$

"$*$"处表示该处元素>0，而其它空白处元素均为 0. 因而立即看出此马尔可夫链为不可约、非周期的. 定理 1 证毕. #

引理 1 对一个不可约、非周期的马尔可夫链，若方程组

$$
\sum_{i=0}^{\infty} x_i p_{ij} = x_j, \quad j = 0, 1, \cdots \tag{7}
$$

存在 $\sum_{i=0}^{\infty} |x_i| < \infty$ 的非零解，则此马尔可夫链为正常返的. 反之，若马尔可夫链为正常返的，则不等式组

$$
\sum_{i=0}^{\infty} x_i p_{ij} \leqslant x_j, \quad j = 0, 1, \cdots \tag{8}
$$

的任何至多有限个 x_i 为负的解具有性质 $\sum_{i=0}^{\infty} |x_i| < \infty$. ||

证 由第三章 § 1 的引理 5，极限 $\lim\limits_{m\to\infty} p_{ij}^{(m)} = \pi_j$ 存在，与 i 无关；这些 π_j 或者全部为 0，或者全大于 0；而 $\pi_j > 0$ 是此马尔可夫

链为正常返的充分必要条件．现设方程组 (7) 存在绝对收敛的非零解 $\{x_i\}$，则由归纳法即知，对所有 m，都有

$$\sum_{i=0}^{\infty} x_i p_{ij}^{(m)} = x_j,\quad j = 0, 1, \cdots,$$

令 $m \to \infty$，即得

$$\sum_{i=0}^{\infty} x_i \pi_j = x_j,\quad j = 0, 1, \cdots.$$

由于 $\{x_i\}$ 不全为 0，因而必有 $\pi_j > 0$，故此马尔可夫链为正常返．

反之，假定马尔可夫链为正常返，故 $\pi_j > 0$，令 $\{x_i\}$ 为不等式组 (8) 的至多有限个 x_i 为负的解，于是上面两个等式改成不等号时也成立，故必有 $\sum_{i=0}^{\infty} x_i < \infty$．由于 $\{x_i\}$ 中至多有限个 x_i 为负，即得 $\sum_{i=0}^{\infty} |x_i| < \infty$　引理 1 证毕．#

下面证明本节的两个主要定理：

定理 2　随机服务系统 GI/M/n 的嵌入马尔可夫链 $\{\boldsymbol{q}_m\}$ 为正常返的充分必要条件是 $\rho < 1$．||

证　充分性：设 $\rho < 1$．考虑方程组 (7) 的解．先看 (7) 的 $j = n$ 以后的方程，即

$$\sum_{i=0}^{\infty} x_i p_{ij} = x_j,\quad j = n, n+1, \cdots.$$

由 (6)，此时

$$p_{ij} = \begin{cases} a_{i-j+1}, & i \geqslant j-1; \\ 0, & i < j-1, \end{cases} \quad j = n, n+1, \cdots,$$

因而上之方程组化为

$$\sum_{i=j-1}^{\infty} x_i a_{i-j+1} = x_j,\quad j = n, n+1, \cdots. \tag{9}$$

由于

$$\sum_{k=0}^{\infty} k a_k = \frac{1}{\rho},$$

因而由第三章 § 1 的引理 6，知方程组(9)，即 (7) 的 $j = n$ 以后的

方程组有一组解

$$x_i = \theta^{i-n}, \ i = n-1, n, \cdots, \tag{10}$$

其中 $\theta(0 < \theta < 1)$ 为方程

$$\sum_{k=0}^{\infty} a_k z^k = z$$

在 $(0, 1)$ 内的唯一解.

再考虑 (7) 的 $j = 1$ 到 $j = n-1$ 的 $n-1$ 个方程. 将 (10) 代入这些方程,即得 $n-1$ 个变量 $x_0, x_1, \cdots, x_{n-2}$, $n-1$ 个方程的非齐次线性代数方程组，其系数行列式为 $\alpha_1\alpha_2\cdots\alpha_{n-1} \neq 0$, 因而可得唯一解

$$x_i = \eta_i, \quad i = 0, 1, \cdots, n-2.$$

由于转移矩阵行和为 1, 即知

$$x_i = \begin{cases} \eta_i, & i = 0, 1, \cdots, n-2; \\ \theta^{i-n}, & i = n-1, n, \cdots \end{cases} \tag{11}$$

必为 (7) 中 $j = 0$ 的方程的解，这样就求得了方程组 (7) 的一组非零解 (11), 且由 $0<\theta < 1$ 即知此解满足 $\sum_{i=0}^{\infty}|x_i| < \infty$. 于是由引理 1, 此马尔可夫链为正常返的.

必要性: 设马尔可夫链为正常返,要证 $\rho < 1$. 用反证法，假若 $\rho \geqslant 1$, 我们来找出 (8) 的一组至多有限个 x_i 为负的解 $\{x_i\}$, 使得 $\sum_{i=0}^{\infty}|x_i| = \infty$, 则据引理 1, 马尔可夫链不能是正常返的,此与假设矛盾,故得所证. 下面就来找上述之解.

首先取

$$x_j = 1, \quad j = n-1, n, \cdots, \tag{12}$$

则由于

$$p_{ij} = \begin{cases} a_{i-j+1}, & i \geqslant j-1, \\ 0, & i < j-1, \end{cases} \quad j = n, n+1, \cdots,$$

故 (12) 满足 (8) 中 $j = n$ 开始后的所有不等式. 再考虑 (8) 中 $j = 1$ 到 $j = n-1$ 的 $n-1$ 个取等号的方程，并以 (12) 代入，得

$$
\begin{cases}
p_{01}x_0 + (p_{11} - 1)x_1 + p_{21}x_2 + \cdots + p_{n-2,1}x_{n-2} \\
\qquad = -\sum_{i=n-1}^{\infty} p_{i1}, \\
p_{12}x_1 + (p_{22} - 1)x_2 + \cdots + p_{n-2,2}x_{n-2} \\
\qquad = -\sum_{i=n-1}^{\infty} p_{i2}, \\
\qquad \cdots\cdots\cdots\cdots \\
p_{n-3,n-2}x_{n-3} + (p_{n-2,n-2} - 1)x_{n-2} \\
\qquad = -\sum_{i=n-1}^{\infty} p_{i,n-2}, \\
p_{n-2,n-1}x_{n-2} = 1 - \sum_{i=n-1}^{\infty} p_{i,n-1}.
\end{cases}
\tag{13}
$$

此方程组为 $n-1$ 个未知数 $x_0, x_1, \cdots, x_{n-2}$, $n-1$ 个方程的非齐次线性代数方程组,其系数行列式为

$$
p_{01}p_{12}\cdots p_{n-2,n-1} = \alpha_1\alpha_2\cdots\alpha_{n-1} \neq 0,
$$

故存在唯一解

$$
x_i = \eta'_i, \quad i = 0, 1, \cdots, n-2. \tag{14}
$$

最后，只需再证明解 (12), (14) 满足 (8) 中 $j=0$ 这一不等式，则我们就找到了满足 (8) 的一组至多有限个 x_i 为负的解 (12), (14),且 $\sum_{i=0}^{\infty}|x_i| = \infty$. 事实上,将 (13) 的 $n-1$ 个方程取 $x_i = \eta'_i$, 并将左右端分别相加，注意转移矩阵行和为 1, 且由 (1), $\sum_{j=0}^{n-1}\sum_{i=n-1}^{\infty} p_{ij} = \frac{1}{\rho}$, 即得

$$
(p_{00} - 1)\eta'_0 + p_{10}\eta'_1 + \cdots + p_{n-2,0}\eta'_{n-2} = \frac{1}{\rho} - 1 - \sum_{i=n-1}^{\infty} p_{i0},
$$

但因 $\rho \geqslant 1$, 故由上式得

$$
(p_{00} - 1)\eta'_0 + p_{10}\eta'_1 + \cdots + p_{n-2,0}\eta'_{n-2} \leqslant -\sum_{i=n-1}^{\infty} p_{i0},
$$

此式表明解 (12)、(14) 满足 (8) 中 $j=0$ 这一不等式，故得必要性。定理 2 证毕。#

定理 3 随机服务系统 GI/M/n 的嵌入马尔可夫链 $\{\boldsymbol{q}_m\}$ 为非常返的充分必要条件是 $\rho > 1$. ||

证 充分性：设 $\rho > 1$，我们希望构造出方程组

$$\sum_{j=0}^{\infty} p_{ij} y_j = y_i, \quad i \neq n-1 \tag{15}$$

的一组非常数的有界解，以便利用第三章 § 1 的引理 4. 先令 $y_0 = y_1 = \cdots = y_{n-1} = 0$，则由矩阵 (6) 的形式，知 (15) 中 $i < n-1$ 的所有方程都成立. 再考虑 (15) 中 $i > n-1$ 的所有方程，由 (6) 及 $y_0 = y_1 = \cdots = y_{n-1} = 0$，这些方程即为

$$\sum_{j=n}^{i+1} a_{i-j+1} y_j = y_i, \quad i \geqslant n. \tag{16}$$

现用母函数法解此方程组，以确定 y_i, $i \geqslant n$. 令

$$Y(z) \equiv \sum_{k=n}^{\infty} y_k z^k; \quad A(z) \equiv \sum_{k=0}^{\infty} a_k z^k,$$

将 (16) 两端乘以 z^i，再对 i 由 n 到 ∞ 求和，得

$$\begin{aligned} Y(z) &= \sum_{i=n}^{\infty} z^i \sum_{j=n}^{i+1} a_{i-j+1} y_j \\ &= \sum_{i=n}^{\infty} a_0 y_{i+1} z^i + \sum_{i=n}^{\infty} z^i \sum_{j=n}^{i} a_{i-j+1} y_j \\ &= \frac{a_0}{z}[Y(z) - y_n z^n] + \frac{Y(z)}{z}[A(z) - a_0] \\ &= -a_0 y_n z^{n-1} + \frac{A(z)}{z} Y(z), \end{aligned}$$

移项后经过整理，即得

$$Y(z) = \frac{a_0 z^n y_n}{A(z) - z}. \tag{17}$$

取 $y_n = 1$，则由 (17) 完全决定其它 y_i, $i > n$，下面就来求出这些 y_i, $i > n$，并证明其有界性. 我们写

$$A(z) - z = (1 - z)\left\{1 - \frac{1 - A(z)}{1 - z}\right\}. \tag{18}$$

当 $|z| < 1$ 时，

$$\frac{1-A(z)}{1-z}=\left[1-\sum_{k=0}^{\infty}a_kz^k\right]\sum_{j=0}^{\infty}z^j=\sum_{j=0}^{\infty}z^j\sum_{k=1}^{\infty}a_{j+k}, \tag{19}$$

因而当$|z|<1$时，

$$\left|\frac{1-A(z)}{1-z}\right|<\sum_{i=0}^{\infty}\sum_{k=1}^{\infty}a_{i+k}=\sum_{k=1}^{\infty}ka_k=\frac{1}{\rho}<1.$$

于是由(18)，当$|z|<1$时，$|A(z)-z|\neq 0$，且

$$\frac{1-z}{A(z)-z}=\frac{1}{1-\dfrac{1-A(z)}{1-z}} \tag{20}$$

可展开成幂级数．设

$$\frac{1-z}{A(z)-z}=\sum_{i=0}^{\infty}b_jz^j, \tag{21}$$

我们来证明$b_j>0$, $j\geqslant 0$．事实上，若令

$$A_0\equiv -1+\sum_{j=1}^{\infty}a_j=-a_0;$$

$$A_i\equiv\sum_{j=1}^{\infty}a_{i+j},$$

则由(19)，(20)，

$$\frac{1-z}{A(z)-z}=\frac{1}{1-\sum\limits_{i=0}^{\infty}z^i\sum\limits_{k=1}^{\infty}a_{i+k}}=\frac{1}{-\sum\limits_{i=0}^{\infty}A_iz^i},$$

与(21)比较，即得

$$\left(\sum_{j=0}^{\infty}b_jz^j\right)\left(\sum_{i=0}^{\infty}A_iz^i\right)=-1,$$

比较系数，得

$$b_0A_0=-1;$$

$$A_ib_0+A_{i-1}b_1+\cdots+A_0b_i=0,\quad i\geqslant 1,$$

由归纳法即知所有$b_i>0$．因而由(21)，据阿贝尔定理，

$$\sum_{j=0}^{\infty}b_j=\lim_{z\uparrow 1}\frac{1-z}{A(z)-z}=\frac{\rho}{\rho-1}<\infty. \tag{22}$$

再由(17)及(21)，

$$Y(z) = a_n z^n \left(\sum_{i=0}^{\infty} z^i\right)\left(\sum_{j=0}^{\infty} b_j z^j\right) = a_0 \sum_{k=0}^{\infty} z^{n+k} \sum_{i=0}^{k} b_i,$$

比较 z^{n+k} 的系数，得

$$y_{n+k} = a_0 \sum_{i=0}^{k} b_i, \quad k = 0, 1, \cdots.$$

这样，就求得了方程组 (15) 的一组解

$$y_i = \begin{cases} 0, & i = 0, 1, \cdots, n-1; \\ a_0 \sum_{j=0}^{i-n} b_j, & i = n, n+1, \cdots. \end{cases} \tag{23}$$

由 $a_0 > 0$, $b_i > 0$, $i = 0, 1, \cdots$, 及 (22) 即知此组解是有界非常数解，因此，由第三章 § 1 的引理 4, 此马尔可夫链是非常返的.

必要性：若马尔可夫链为非常返，要证 $\rho > 1$. 用反证法，假若 $\rho \leqslant 1$, 则因 $\rho < 1$ 时，由定理 2 即知马尔可夫链为正常返，与假设矛盾，因而只能 $\rho = 1$, 但 $\rho = 1$ 时证明充分性所用的推理仍能成立，只是 $\sum_{i=0}^{\infty} b_i = \infty$. 因而求得了方程组 (15) 的一组解 (23), 但此解使 $\lim_{i\to\infty} y_i = \infty$, 故由第三章 § 1 的引理 3 推知此马尔可夫链为常返，此与假设矛盾，故得所证. 定理 3 证毕. #

综合定理 1, 2, 3, 即得下面的定理:

定理 4 随机服务系统 GI/M/n 的嵌入马尔可夫链是不可约、非周期的，利用服务强度 ρ, 可将系统状态分类如下:

i) 当 $\rho < 1$ 时，所有状态均为正常返，此时

$$\lim_{m\to\infty} p_{ij}^{(m)} = \pi_j > 0,$$

且 $\{\pi_j\}$ 为唯一的平稳分布;

ii) 当 $\rho = 1$ 时，所有状态均为零常返，此时

$$\lim_{m\to\infty} p_{ij}^{(m)} = 0,$$

且不存在平稳分布;

iii) 当 $\rho > 1$ 时，所有状态均为非常返，此时

$$\lim_{m\to\infty} p_{ij}^{(m)} = 0,$$

且不存在平稳分布. ||

§2. 统计平衡理论

与前一章一样，要在 $\rho<1$ 的假定下，把第 m 个顾客到达时看到的队长（正在排队的与正被服务的顾客的总数）$\boldsymbol{q}_m$ 的平稳分布 $\{\pi_j\}$ 与第 m 个顾客的等待时间 $\boldsymbol{w}_m$ 的平稳分布求出来. 然后再讨论任意时刻 t 的队长 $\boldsymbol{q}(t)$ 的平稳分布，以及任意时刻 t 到达的顾客的等待时间 $\boldsymbol{w}(t)$ 的平稳分布.

1. 队长

定理 1 对 GI/M/n 系统，当 $\rho\equiv\dfrac{\lambda}{n\mu}<1$，极限

$$\lim_{m\to\infty}P\{\boldsymbol{q}_m=j\}=\pi_j \tag{1}$$

存在，且与初始条件无关，其表达式为

$$\pi_j=\begin{cases}\displaystyle\sum_{r=j}^{n-1}(-1)^{r-j}\binom{r}{j}U_r, & j=0,1,\cdots,n-1;\\ K\theta^{j-n}, & j=n,n+1,\cdots,\end{cases} \tag{2}$$

其中 θ 为方程

$$\theta=A^*(n\mu(1-\theta)) \tag{3}$$

在 (0, 1) 内的唯一解，而

$$U_r\equiv KC_r\sum_{k=r+1}^{n}\frac{\binom{n}{k}}{C_k(1-\varepsilon_k)}\cdot\frac{n(1-\varepsilon_k)-k}{n(1-\theta)-k},$$

$$r=0,1,\cdots,n-1, \tag{4}$$

$$K\equiv\left[\frac{1}{1-\theta}+\sum_{k=1}^{n}\frac{\binom{n}{k}}{C_k(1-\varepsilon_k)}\cdot\frac{n(1-\varepsilon_k)-k}{n(1-\theta)-k}\right]^{-1}, \tag{5}$$

$$\begin{cases}C_0\equiv1,\\ C_k\equiv\displaystyle\prod_{l=1}^{k}\frac{\varepsilon_l}{1-\varepsilon_l}, & k=1,2,\cdots,n,\end{cases} \tag{6}$$

$$\varepsilon_l\equiv A^*(l\mu)。 \tag{7}$$

当 $\rho \equiv \frac{\lambda}{n\mu} \geqslant 1$ 时,极限

$$\lim_{m\to\infty} P\{\boldsymbol{q}_m = j\} = 0, \quad j = 0, 1, \cdots. \ \| \tag{8}$$

证 由 §1 的定理 4，即知 $\rho \geqslant 1$ 时 (8) 成立，及 $\rho < 1$ 时极限 (1) 存在，与初始条件无关，而且 $\{\pi_j\}$ 为唯一的平稳分布．因此为了求 $\{\pi_j\}$，只需求解方程组

$$\pi_j = \sum_{i=0}^{\infty} \pi_i p_{ij}, \quad j = 0, 1, \cdots \tag{9}$$

满足条件

$$\sum_{j=0}^{\infty} \pi_j = 1 \tag{10}$$

的解 $\{\pi_j\}$.

当 $j \geqslant n$ 时，

$$p_{ij} = \begin{cases} a_{i-j+1}, & i \geqslant j-1; \\ 0, & i < j-1, \end{cases}$$

故 (9) 中 $j = n$ 开始的所有方程可写为

$$\pi_j = \sum_{i=j-1}^{\infty} \pi_i a_{i-j+1}, \quad j = n, n+1, \cdots. \tag{11}$$

由于

$$\sum_{k=0}^{\infty} k a_k = \frac{1}{\rho} > 1,$$

因而由第三章 §1 的引理 6，知方程组 (11) 有一组解

$$\pi_j = K\theta^{j-n}, \quad j = n-1, n, n+1, \cdots, \tag{12}$$

其中 $\theta (0 < \theta < 1)$ 为方程

$$\sum_{k=0}^{\infty} a_k \theta^k = \theta \tag{13}$$

在 (0, 1) 内的唯一解，K 为待定常数．但 (13) 即方程 (3)，故由 (12) 即得所求的 (2) 的 $j \geqslant n$ 那部分．特别地，当 $j = n-1$ 时，有

$$K = \theta \pi_{n-1},$$

因此，只要求出 π_{n-1} 后，即可确定待定常数 K.

当 $n=1$ 时(即 GI/M/1 系统)，上式化为

$$K=\theta\pi_0。$$

代入 (12)，得

$$\pi_j=\pi_0\theta^j,\quad j=0,1,\cdots.$$

对 j 求和，即得

$$1=\pi_0\cdot\frac{1}{1-\theta},$$

或

$$\pi_0=1-\theta.$$

因而

$$\pi_j=(1-\theta)\theta^j,\quad j=0,1,\cdots,$$

其中 θ 为方程 (3) 当 $n=1$ 时在 (0, 1) 内的唯一解，此即所求 (2) 式当 $n=1$ 时的结果.

当 $n>1$ 时，为了再求 $\pi_0,\pi_1,\cdots,\pi_{n-1}$，引进母函数

$$U(z)\equiv\sum_{l=0}^{n-1}\pi_l z^l.$$

令

$$U_k\equiv\frac{1}{k!}\left(\frac{d^kU(z)}{dz^k}\right)_{z=1},\quad k=0,1,\cdots,n-1,$$

则由 $U(z)$ 的定义，知

$$U_r=\sum_{l=r}^{n-1}\binom{l}{r}\pi_l,\quad r=0,1,\cdots,n-1,$$

两边乘 $(-1)^{r-j}\binom{r}{j}$ 后对 r 从 j 到 $n-1$ 求和，即得

$$\begin{aligned}\sum_{r=j}^{n-1}(-1)^{r-j}\binom{r}{j}U_r&=\sum_{r=j}^{n-1}(-1)^{r-j}\binom{r}{j}\sum_{l=r}^{n-1}\binom{l}{r}\pi_l\\&=\sum_{l=j}^{n-1}\pi_l\sum_{r=j}^{l}(-1)^{r-j}\binom{r}{j}\binom{l}{r}\\&=\sum_{l=j}^{n-1}\pi_l\binom{l}{j}\sum_{r=j}^{l}(-1)^{r-j}\binom{l-j}{r-j}\\&=\pi_j,\quad j=0,1,\cdots,n-1,\end{aligned}$$

此即所求 (2) 式的前半部分. 剩下的只是求出 U_r 的表达式 (4)

及确定待定常数 K. 由 (9), 并注意 § 1 中 p_{ij} 的表达式 (1), 即可证明 $U(z)$ 满足下列积分方程:

$$U(z)=\int_{0-}^{\infty}(1-e^{-\mu x}+ze^{-\mu x})U(1-e^{-\mu x}+ze^{-\mu x})dA(x)$$
$$+K\int_{0-}^{\infty}\left\{\int_{0}^{x}e^{n\mu\theta u}(e^{-\mu u}-e^{-\mu x}+ze^{-\mu x})^{n}n\mu du\right\}$$
$$\times dA(x)-Kz^{n}. \tag{14}$$

由定义,

$$U_0=U(1)=\sum_{j=0}^{n-1}\pi_j=1-\sum_{j=n}^{\infty}\pi_j=1-\frac{K}{1-\theta}. \tag{15}$$

将 (14) 微分 k 次, $k=1,2,\cdots,n-1$, 并令 $z=1$, 即得

$$U_k=\varepsilon_kU_k+\varepsilon_kU_{k-1}-K\binom{n}{k}\frac{n(1-\varepsilon_k)-k}{n(1-\theta)-k},$$
$$k=1,2,\cdots,n-1,$$

其中 ε_k 为 (7) 所定义. 因而

$$U_k=\frac{\varepsilon_k}{1-\varepsilon_k}U_{k-1}-\frac{K\binom{n}{k}}{(1-\varepsilon_k)}\cdot\frac{n(1-\varepsilon_k)-k}{n(1-\theta)-k},$$
$$k=1,2,\cdots,n-1,$$

这是一组变系数的一阶线性差分方程. 我们很容易来解它, 只要将它两端除以 C_k (它为 (6) 式所定义), 再对 k 从 $r+1$ 到 $n-1$ 求和,并注意 $U_{n-1}=\pi_{n-1}=K\theta^{-1}$, 即得

$$\frac{U_r}{C_r}=K\sum_{k=r+1}^{n}\frac{\binom{n}{k}}{C_k(1-\varepsilon_k)}\frac{n(1-\varepsilon_k)-k}{n(1-\theta)-k},$$
$$r=0,1,\cdots,n-1,$$

此即所求 (4) 式.

令 $r=0$, 得

$$\frac{U_0}{C_0}=K\sum_{k=1}^{n}\frac{\binom{n}{k}}{C_k(1-\varepsilon_k)}\frac{n(1-\varepsilon_k)-k}{n(1-\theta)-k},$$

将 (15) 代入，即得

$$1-\frac{K}{1-\theta}=K\sum_{k=1}^{n}\frac{\binom{n}{k}}{C_k(1-\varepsilon_k)}\frac{n(1-\varepsilon_k)-k}{n(1-\theta)-k},$$

因而

$$K=\left[\frac{1}{1-\theta}+\sum_{k=1}^{n}\frac{\binom{n}{k}}{C_k(1-\varepsilon_k)}\frac{n(1-\varepsilon_k)-k}{n(1-\theta)-k}\right]^{-1},$$

此即所求 (5) 式．定理 1 证毕．#

由定理 1，即得下列推论：

推论 1 对 GI/M/n 系统，将平稳分布下的队长(正在等待的与正被服务的顾客的总数) $\boldsymbol{q}_m$ 记为 $\hat{\boldsymbol{q}}$，则平均队长

$$E\hat{\boldsymbol{q}}\equiv\sum_{j=1}^{\infty}j\pi_j=(1-\delta_{n1})U_1+K\frac{\theta+n(1-\theta)}{(1-\theta)^2},\quad(16)$$

其中

$$\delta_{n1}\equiv\begin{cases}1, & n=1;\\0, & n>1.\end{cases}\ \|$$

令 $\hat{\boldsymbol{q}}_w\equiv\max(0,\hat{\boldsymbol{q}}-n)$，则 $\hat{\boldsymbol{q}}_w$ 表示等待队长，即不包括正在服务的顾客。由定理 1，立即求出 $\hat{\boldsymbol{q}}_w$ 的分布与平均值如下：

推论 2 对 GI/M/n 系统，等待队长 (正在等待的顾客的数目)的平稳分布为

$$P\{\hat{\boldsymbol{q}}_w=j\}=\begin{cases}1-\dfrac{K\theta}{1-\theta}, & j=0;\\ K\theta^j, & j=1,2,\cdots,\end{cases}\quad(17)$$

其平均值为

$$E\hat{\boldsymbol{q}}_w=\frac{K\theta}{(1-\theta)^2}.\ \|\quad(18)$$

定理 1 的证明中已包括了下列推论：

推论 3 对 GI/M/1 系统，若 $\rho\equiv\dfrac{\lambda}{\mu}<1$，则队长 $\boldsymbol{q}_m$ 的平稳分布为

$$\pi_j=(1-\theta)\theta^j,\quad j=0,1,\cdots,\quad(19)$$

其中 θ 为方程

$$\theta = A^*(\mu(1-\theta)) \tag{20}$$

在 (0, 1) 内的唯一解.

因而平均队长为

$$E\hat{\boldsymbol{q}} = \frac{\theta}{1-\theta}, \tag{21}$$

平均等待队长为

$$E\hat{\boldsymbol{q}}_w = \frac{\theta^2}{1-\theta}. \tag{22}$$

当 $\rho \geqslant 1$ 时,极限

$$\lim_{m\to\infty} P\{\boldsymbol{q}_m = j\} = 0, \quad j = 0, 1, \cdots. \tag{23}$$

此时不存在平稳分布. ||

由推论 3, 即得

推论 4 对平均输入间隔为 $\frac{k}{\lambda}$ 的 $E_k/M/1$ 系统,若 $\rho \equiv \frac{\lambda}{k\mu} < 1$,则队长 $\boldsymbol{q}_m$ 的平稳分布为

$$\pi_j = (1-\theta)\theta^j, \quad j = 0, 1, \cdots, \tag{24}$$

其中 θ 为方程

$$\theta\left(1 + \frac{1-\theta}{k\rho}\right)^k = 1 \tag{25}$$

在 (0, 1) 内的唯一解. ||

现在考虑任意时刻 t 的队长 $\boldsymbol{q}(t)$ 的平稳性态.

定理 2 对 GI/M/n 系统,若 $\rho \equiv \frac{\lambda}{n\mu} < 1$, 且到达间隔分布 $A(x)$ 非算术分布,则队长 $\boldsymbol{q}(t)$ 的平稳分布

$$\lim_{t\to\infty} P\{\boldsymbol{q}(t) = j\} = p_j, \quad j = 0, 1, \cdots \tag{26}$$

存在,与初始条件无关,且

$$p_j = \begin{cases} 1 - \rho - n\rho \sum_{k=1}^{n-1} \pi_{k-1}\left(\frac{1}{k} - \frac{1}{n}\right), & j = 0; \\ \frac{n\rho}{j}\pi_{j-1}, & j = 1, 2, \cdots, n-1; \\ \rho\pi_{j-1}, & j = n, n+1, \cdots, \end{cases} \tag{27}$$

其中

$$\pi_j = \lim_{m\to\infty} P\{\boldsymbol{q}_m = j\} > 0$$

为定理 1 所给定.

若 $\rho < 1$, 且 $A(x)$ 为算术分布,则极限 (26) 不存在.

若 $\rho \geqslant 1$, 则极限

$$\lim_{t\to\infty} P\{\boldsymbol{q}(t) = j\} = 0, \quad j = 0, 1, \cdots. \ \| \tag{28}$$

证 令顾客相继到达时刻为 $\boldsymbol{\tau}_1, \boldsymbol{\tau}_2, \cdots$.

令 $$P_{ij}^{(m)}(t) \equiv P\{\boldsymbol{q}_m = j, \boldsymbol{\tau}_m \leqslant t | \boldsymbol{q}(0) = i\}; \tag{29}$$

$$P_{ij}(t) \equiv P\{\boldsymbol{q}(t) = j | \boldsymbol{q}(0) = i\}. \tag{30}$$

易知在初始队长为 i 的条件下, 顾客到达时看到队长为 j 的那些时刻构成一个更新过程的更新时刻. 记其更新函数为

$$\widetilde{M}_{ij}(t) \equiv \sum_{m=1}^{\infty} P_{ij}^{(m)}(t), \tag{31}$$

并记

$$\widetilde{M}_i(t) \equiv \sum_{j=0}^{\infty} \widetilde{M}_{ij}(t), \tag{32}$$

则

$$\widetilde{M}_i(t) = \sum_{m=1}^{\infty} P\{\boldsymbol{\tau}_m \leqslant t | \boldsymbol{q}(0) = i\} = \sum_{m=1}^{\infty} A^{(m)}(t) \tag{33}$$

为输入这一更新过程的更新函数(与初始队长无关), 其中 $A^{(m)}(t)$ 为 $A(t)$ 的 m 重卷积.

因而由初等更新定理,极限

$$\lim_{t\to\infty} \frac{\widetilde{M}_i(t)}{t} = \lambda > 0, \quad i \geqslant 0 \tag{34}$$

存在,且独立于 i. 故有

$$\lim_{t\to\infty} \widetilde{M}_i(t) = \infty. \tag{35}$$

再令 $\widetilde{M}_{ij}^{(m)}$ 为初始队长为 i 的条件下,前 m 个顾客到达时遇到队长为 j 的那些到达时刻的平均个数. 由 § 1 定理 4 的结论

$$\lim_{m\to\infty} p_{ij}^{(m)} = \pi_j \begin{cases} > 0, & 若\ \rho < 1; \\ = 0, & 若\ \rho \geqslant 1, \end{cases} \tag{36}$$

即可推知

$$\lim_{m\to\infty}\frac{\widetilde{M}_{ij}^{(m)}}{m}=\lim_{m\to\infty}\frac{p_{ij}^{(1)}+p_{ij}^{(2)}+\cdots+p_{ij}^{(m)}}{m}=\pi_j,\quad i,j\geqslant 0. \tag{37}$$

由 (35), (37),

$$\lim_{t\to\infty}\frac{\widetilde{M}_{ij}(t)}{\widetilde{M}_i(t)}=\lim_{t\to\infty}\frac{\widetilde{M}_{ij}^{(\widetilde{M}_i(t))}}{\widetilde{M}_i(t)}=\pi_j,\quad i,j\geqslant 0. \tag{38}$$

结合 (34)、(38), 即得

$$\lim_{t\to\infty}\frac{\widetilde{M}_{ij}(t)}{t}=\lambda\pi_j,\quad i,j\geqslant 0. \tag{39}$$

现在对 $i,j\geqslant 0$, 考虑

$$\begin{aligned}
P_{ij}(t)&=P\{\boldsymbol{q}(t)=j,\boldsymbol{\tau}_1>t\,|\,\boldsymbol{q}(0)=i\}+\sum_{m=1}^{\infty}P\{\boldsymbol{q}(t)\\
&\qquad=j,\boldsymbol{\tau}_m\leqslant t<\boldsymbol{\tau}_{m+1}\,|\,\boldsymbol{q}(0)=i\}\\
&=P\{\boldsymbol{q}(t)=j,\boldsymbol{\tau}_1>t\,|\,\boldsymbol{q}(0)=i\}+\sum_{k=\max(j-1,0)}^{\infty}\sum_{m=1}^{\infty}P\{\boldsymbol{q}(t)\\
&\qquad=j,\boldsymbol{q}_m=k,\boldsymbol{\tau}_m\leqslant t<\boldsymbol{\tau}_{m+1}\,|\,\boldsymbol{q}(0)=i\}\\
&=p_{i-1,j}(t)[1-A(t)]+\sum_{k=\max(j-1,0)}^{\infty}\sum_{m=1}^{\infty}\int_{0-}^{t}p_{kj}(t-u)\\
&\qquad\cdot[1-A(t-u)]dP_{ik}^{(m)}(u)\\
&=p_{i-1,j}(t)[1-A(t)]+\sum_{k=\max(j-1,0)}^{\infty}\int_{0-}^{t}p_{kj}(t-u)\\
&\qquad\cdot[1-A(t-u)]d\widetilde{M}_{ik}(u),
\end{aligned} \tag{40}$$

其中

$$p_{-1,j}(t)\equiv\begin{cases}1, & 若\ j=0;\\ 0, & 若\ j>0,\end{cases}$$

而 $p_{ik}(t)$, $i,k\geqslant 0$, 为 § 1 之 (2) 所定义,这里最后一个等号的运算与第三章 § 2 (25) 之后为证 (25) 所作的说明同理.

下面分 $A(x)$ 为非算术分布与 $A(x)$ 为算术分布两种情形来证定理的结论.

1) 先假定 $A(x)$ 非算术分布, 则易知对上述顾客到达时看到队长为 i 的那些时刻所构成的更新过程,更新间隔也非算术分布.

利用第三章§2定义3之后的命题2与3及基本更新定理于(40)中的积分,并由(39),即得

$$\lim_{t\to\infty}\int_{0-}^{t} p_{kj}(t-u)[1-A(t-u)]d\widetilde{M}_{ik}(u)$$
$$=\lambda\pi_k\int_0^\infty p_{kj}(u)[1-A(u)]du. \tag{41}$$

现证极限过程(41)可取入(40)中的求和号,即

$$\lim_{t\to\infty}\sum_{k=\max(j-1,0)}^{\infty}\int_{0-}^{t} p_{kj}(t-u)[1-A(t-u)]d\widetilde{M}_{ik}(u)$$
$$=\sum_{k=\max(j-1,0)}^{\infty}\lambda\pi_k\int_0^\infty p_{kj}(u)[1-A(u)]du. \tag{42}$$

事实上,考虑

$$\Bigg|\sum_{k=\max(j-1,0)}^{\infty}\int_{0-}^{t} p_{kj}(t-u)[1-A(t-u)]d\widetilde{M}_{ik}(u)$$
$$-\sum_{k=\max(j-1,0)}^{\infty}\lambda\pi_k\int_0^\infty p_{kj}(u)[1-A(u)]du\Bigg|$$
$$\leqslant\Bigg|\sum_{k=\max(j-1,0)}^{N}\int_{0-}^{t} p_{kj}(t-u)[1-A(t-u)]d\widetilde{M}_{ik}(u)$$
$$-\sum_{k=\max(j-1,0)}^{N}\lambda\pi_k\int_0^\infty p_{kj}(u)[1-A(u)]du\Bigg|$$
$$+\Bigg|\sum_{k=N+1}^{\infty}\int_{0-}^{t} p_{kj}(t-u)[1-A(t-u)]d\widetilde{M}_{ik}(u)\Bigg|$$
$$+\Bigg|\sum_{k=N+1}^{\infty}\lambda\pi_k\int_0^\infty p_{kj}(u)[1-A(u)]du\Bigg|$$
$$\equiv \mathrm{I}+\mathrm{II}+\mathrm{III}. \tag{43}$$

由于非负级数

$$\sum_{k=0}^{\infty}\lambda\pi_k\int_0^\infty p_{kj}(u)[1-A(u)]du$$
$$\leqslant\sum_{k=0}^{\infty}\lambda\pi_k\int_0^\infty[1-A(u)]du=\sum_{k=0}^{\infty}\pi_k=1,$$

因而对任一$\varepsilon>0$,存在$N_0>0$,当$N>N_0$时,(43)中的

$$\text{III} \leqslant \sum_{k=N+1}^{\infty} \pi_k < \frac{\varepsilon}{3}. \tag{44}$$

现将N固定如上，(43) 中的 I 为有限和，因此由 (41) 即知存在 T_0，当 $t > T_0$ 时，

$$\text{I} < \varepsilon. \tag{45}$$

又利用 (32) 与 (33)，非负级数

$$\begin{aligned}
&\sum_{k=0}^{\infty} \int_{0-}^{t} p_{kj}(t-u)[1-A(t-u)]d\widetilde{M}_{ik}(u) \\
&\leqslant \sum_{k=0}^{\infty} \int_{0-}^{t} [1-A(t-u)]d\widetilde{M}_{ik}(u) \\
&= \int_{0-}^{t} [1-A(t-u)]d \sum_{m=1}^{\infty} A^{(m)}(t) \\
&= A(t) < \infty.
\end{aligned}$$

因此，(43) 中之

$$\begin{aligned}
\text{II} &\leqslant \sum_{k=N+1}^{\infty} \int_{0-}^{t} [1-A(t-u)]d\widetilde{M}_{ik}(u) \\
&= A(t) - \sum_{k=0}^{N} \int_{0-}^{t} [1-A(t-u)]d\widetilde{M}_{ik}(u) \\
&= |A(t)-1| + \left|1-\sum_{k=0}^{N}\pi_k\right| + \left|\sum_{k=0}^{N}\pi_k \right. \\
&\qquad \left. - \sum_{k=0}^{N} \int_{0-}^{t} [1-A(t-u)]d\widetilde{M}_{ik}(u)\right| \\
&< \frac{\varepsilon}{3} + \frac{\varepsilon}{3} + \frac{\varepsilon}{3} = \varepsilon, \text{ 当 } t > \text{充分大 } T_0', \qquad (46)
\end{aligned}$$

此处第二项$<\frac{\varepsilon}{3}$由 (44) 即得，第三项$<\frac{\varepsilon}{3}$是基本更新定理的推论，类似于 (41) 的推导. 现在综合 (44)，(45)，(46) 三式，即知 (43) 最左端部分$< 3\varepsilon$，只要 $t > \max(T_0, T_0')$. 这就证明了 (42).

现将 (40) 取极限 $t \to \infty$，由 (42) 即知极限

$$p_j \equiv \lim_{t\to\infty} P_{ij}(t)$$

$$= \sum_{k=\max(j-1,0)}^{\infty} \lambda\pi_k \int_0^{\infty} p_{kj}(u)[1 - A(u)]du, \quad j \geqslant 0 \quad (47)$$

存在，与初始条件无关. 再由

$$P\{\boldsymbol{q}(t) = j\} = \sum_{i=0}^{\infty} P\{\boldsymbol{q}(0) = i\} P_{ij}(t), \quad j \geqslant 0,$$

即知 (26) 成立.

若 $\rho \geqslant 1$，由 (36) 及 (47) 即知所有 $p_j = 0$. 这就证明了 (28) 当 $A(x)$ 为非算术分布时成立.

下面再证 $\rho < 1$ 时 (27) 成立. 考虑初始队长为 i 的条件下，顾客离开时使队长由 j 转移到 $j-1$ 的那些时刻. 令 $M_{ij}(t)$ 为 $[0, t]$ 内这些时刻的平均数. 由数学期望的定义，显见

$$M_{ij}(t) = \begin{cases} \int_0^t P_{ij}(u) j\mu du, & j < n; \\ \int_0^t P_{ij}(u) n\mu du, & j \geqslant n. \end{cases}$$

由 (47) 即得

$$\lim_{t\to\infty} \frac{M_{ij}(t)}{t} = \begin{cases} j\mu p_j, & j < n; \\ n\mu p_j, & j \geqslant n. \end{cases} \tag{48}$$

但在 $[0, t]$ 内队长由 $j-1$ 转移到 j 的次数与队长由 j 转移到 $j-1$ 的次数之差不会超过一次，因而

$$|\widetilde{M}_{i,j-1}(t) - M_{ij}(t)| \leqslant 1, \quad t \geqslant 0, i \geqslant 0, j \geqslant 1.$$

故得

$$\lim_{t\to\infty} \frac{\widetilde{M}_{i,j-1}(t)}{t} = \lim_{t\to\infty} \frac{M_{ij}(t)}{t} = \begin{cases} j\mu p_j, & 1 \leqslant j < n; \\ n\mu p_j, & j \geqslant n. \end{cases} \tag{49}$$

比较 (39) 与 (49)，即得

$$\lambda\pi_{j-1} = \begin{cases} j\mu p_j, & 1 \leqslant j < n; \\ n\mu p_j, & j \geqslant n. \end{cases} \tag{50}$$

此即所证 (27) 的后二式. 但当 $\rho < 1$ 时所有 $\pi_j > 0$，且 $\sum_{j=0}^{\infty} \pi_j = 1$，因而由 (47) 即知 $\sum_{j=0}^{\infty} p_j = 1$. 故将 (50) 对 j 从 1 到 ∞ 求和即得所证 (27) 的第一式.

2) 若 $A(x)$ 为算术分布，跨度为 l，则由 (40) 出发，根据算术分布时的基本更新定理，即可类似于 (47) 的推导求得

$$\lim_{m\to\infty} P\{\boldsymbol{q}(ml+c)=j\}$$

$$=\sum_{k=\max(j-1,0)}^{\infty} \lambda l \pi_k \sum_{i=0}^{\infty} p_{kj}(il+c)[1-A(il+c)],$$

$$j\geqslant 0, \tag{51}$$

其中 c 满足 $0\leqslant c<l$，m 为整数． 当 $\rho<1$ 时，由 (36)，所有 $\pi_j>0$，故 (51) 右端 >0，但对不同的 c 取不同的值，因而极限 (26) 不存在． 当 $\rho\geqslant 1$ 时，由 (36)，所有 $\pi_j=0$，故 (51) 右端对不同的 c 恒为 0，因而极限 (28) 成立． 这就完成了定理 2 的证明．#

由定理 2，即得

推论 1 对 GI/M/n 系统，将平稳分布下的队长 $\boldsymbol{q}(t)$ 记为 $\boldsymbol{q}$，则平均队长

$$E\boldsymbol{q}\equiv\sum_{j=1}^{\infty} jp_j=n\rho+\frac{K\rho}{(1-\theta)^2}, \tag{52}$$

其中 K 为 (5) 所定义，θ 为方程 (3) 在 (0, 1) 内的唯一解．||

令 $\boldsymbol{q}_w\equiv\max(0,\boldsymbol{q}-n)$，则 $\boldsymbol{q}_w$ 表示平稳分布下任意时刻的等待队长．

推论 2 对 GI/M/n 系统，任意时刻等待队长的平稳分布为

$$P\{\boldsymbol{q}_w=j\}=\begin{cases}1-\dfrac{K\rho}{1-\theta}, & j=0;\\ K\rho\theta^{j-1}, & j=1,2,\cdots,\end{cases} \tag{53}$$

而平稳分布下任意时刻的平均等待队长为

$$E\boldsymbol{q}_w=\frac{K\rho}{(1-\theta)^2}, \tag{54}$$

其中 K 为 (5) 所定义，θ 为方程 (3) 在 (0, 1) 内的唯一解．||

由定理 1 的推论 3 及定理 2，即得

推论 3 对 GI/M/1 系统，当 $\rho\equiv\dfrac{\lambda}{\mu}<1$ 时，若 $A(x)$ 非算术

分布，则队长 $\boldsymbol{q}(t)$ 的平稳分布为

$$p_j=\begin{cases}1-\rho, & j=0;\\ \rho(1-\theta)\theta^{j-1}, & j=1,2,\cdots,\end{cases} \tag{55}$$

其中 θ 为方程 (20) 在 (0, 1) 内的唯一解.

因而平稳分布下任意时刻的平均队长为

$$E\boldsymbol{q}=\frac{\rho}{1-\theta}, \tag{56}$$

平均等待队长为

$$E\boldsymbol{q}_w=\frac{\rho\theta}{1-\theta}. \tag{57}$$

当 $\rho<1$ 时，若 $A(x)$ 为算术分布，则极限 $\lim\limits_{t\to\infty}P\{\boldsymbol{q}(t)=j\}$ 不存在.

若 $\rho\geqslant 1$ 时，极限

$$\lim_{t\to\infty}P\{\boldsymbol{q}(t)=j\}=0,\quad j\geqslant 0. \;\| \tag{58}$$

由推论 3，即得

推论 4 对平均输入间隔为 $\frac{k}{\lambda}$ 的 $E_k/M/1$ 系统，若 $\rho\equiv\frac{\lambda}{k\mu}<1$，则队长 $\boldsymbol{q}(t)$ 的平稳分布为

$$p_j=\begin{cases}1-\rho, & j=0;\\ \rho(1-\theta)\theta^{j-1}, & j=1,2,\cdots,\end{cases} \tag{59}$$

其中 θ 为方程

$$\theta\left(1+\frac{1-\theta}{k\rho}\right)^k=1 \tag{60}$$

在 (0, 1) 内的唯一解. ‖

2. 等待时间 令第 m 个顾客的等待时间为 $\boldsymbol{w}_m$，令其分布为

$$P\{\boldsymbol{w}_m\leqslant x\}\equiv W_m(x).$$

下列定理求出了等待时间的极限分布.

定理 3 对 GI/M/n 系统，若 $\rho\equiv\frac{\lambda}{n\mu}<1$，则极限分布

$$\lim_{m\to\infty}W_m(x)=W(x) \tag{61}$$

存在，且与初始条件无关，其表达式

$$W(x)=1-\frac{Ke^{-n\mu(1-\theta)x}}{1-\theta},\quad x\geqslant 0, \tag{62}$$

其中K为(5)所定义，θ为方程(3)在(0, 1)内的唯一解.

若$\rho\geqslant 1$，则极限

$$\lim_{m\to\infty}W_m(x)\equiv 0.\ \| \tag{63}$$

证 第m个顾客到达时，若发现队长$\boldsymbol{q}_m=j$，则当$j<n$时，他不用等待就可开始服务；而当$j\geqslant n$时，就必须等到服务完$j-n+1$个后才能开始服务，因而由全概定理，

$$W_m(x)=\sum_{j=0}^{n-1}P\{\boldsymbol{q}_m=j\}$$

$$+\sum_{j=n}^{\infty}P\{\boldsymbol{q}_m=j\}\int_0^x e^{-n\mu u}\frac{(n\mu u)^{j-n}}{(j-n)!}n\mu du.$$

令$m\to\infty$，由定理1，当$\rho\geqslant 1$时(63)成立；当$\rho<1$时，上式右端极限即极限(61)存在，且

$$W(x)=\sum_{j=0}^{n-1}\pi_j+\sum_{j=n}^{\infty}\pi_j\int_0^x e^{-n\mu u}\frac{(n\mu u)^{j-n}}{(j-n)!}n\mu du$$

$$=1-\frac{K}{1-\theta}+K\sum_{j=n}^{\infty}\theta^{j-n}\int_0^x e^{-n\mu u}\frac{(n\mu u)^{j-n}}{(j-n)!}n\mu du$$

$$=1-\frac{K}{1-\theta}+\frac{K}{1-\theta}\left[1-e^{-n\mu(1-\theta)x}\right]$$

$$=1-\frac{Ke^{-n\mu(1-\theta)x}}{1-\theta},$$

此即所证(62)式. 易知$W(x)$为一分布. 定理3证毕. #

由定理3，即得下列推论:

推论1 对GI/M/n系统，在平衡状态下，顾客到达时不需等待的概率为

$$W(0)=1-\frac{K}{1-\theta}, \tag{64}$$

平均等待时间为

$$\overline{W}\equiv\int_{0-}^{\infty}xdW(x)=\frac{K}{n\mu(1-\theta)^2}. \tag{65}$$

其中K为 (5) 所定义，θ 为方程 (3) 在 (0, 1) 内的唯一解. ||

推论 2 对 GI/M/1 系统，若 $\rho \equiv \frac{\lambda}{\mu} < 1$，则极限分布

$$W(x) \equiv \lim_{m\to\infty} W_m(x) = 1 - \theta e^{-\mu(1-\theta)x}, \quad x \geqslant 0 \tag{66}$$

存在，且与初始条件无关，其中 θ 为方程 (20) 在 (0, 1) 内的唯一解. 因而在平衡状态下，顾客到达时不需等待的概率为

$$W(0) = 1 - \theta, \tag{67}$$

平均等待时间为

$$\overline{W} \equiv \int_{0-}^{\infty} x dW(x) = \frac{\theta}{\mu(1-\theta)}. \tag{68}$$

若 $\rho \geqslant 1$，则极限

$$\lim_{m\to\infty} W_m(x) \equiv 0. \ || \tag{69}$$

推论 3 对平均输入间隔为 $\frac{k}{\lambda}$ 的 $E_k/M/1$ 系统，若 $\rho \equiv \frac{\lambda}{k\mu} < 1$，则极限分布

$$W(x) \equiv \lim_{m\to\infty} W_m(x) = 1 - \theta e^{-\mu(1-\theta)x}, \quad x \geqslant 0 \tag{70}$$

存在，且与初始条件无关，其中 θ 为方程

$$\theta\left(1 + \frac{1-\theta}{k\rho}\right)^k = 1 \tag{71}$$

在 (0, 1) 内的唯一解. ||

现在考虑在任意时刻 t 到达的顾客的等待时间 $\boldsymbol{w}(t)$. 在单服务台的情形，这就是服务系统的占有时刻，即从时刻 t 开始，到系统将 t 之前已到达的顾客全部服务完所需的时间. 由于在任意时刻 t 不一定真有顾客到达，所以等待时间 $\boldsymbol{w}(t)$ 通常称之为虚等待时间. 令其分布为

$$P\{\boldsymbol{w}(t) \leqslant x\} \equiv W(t, x).$$

下列定理求出了虚等待时间的极限分布.

定理 4 对 GI/M/n 系统，若 $\rho \equiv \frac{\lambda}{n\mu} < 1$，且 $A(x)$ 非算术分布，则虚等待时间 $\boldsymbol{w}(t)$ 的极限分布

$$\lim_{t \to \infty} W(t, x) = \widetilde{W}(x), \quad x \geqslant 0 \tag{72}$$

存在，与初始条件无关，且

$$\widetilde{W}(x) = 1 - \frac{\rho K}{\theta(1-\theta)} e^{-n\mu(1-\theta)x}, \quad x \geqslant 0, \tag{73}$$

其中K为 (5) 所定义，θ 为方程 (3) 在 (0, 1) 内的唯一解.

若 $\rho < 1$，且 $A(x)$ 为算术分布，则极限 (72) 不存在.

若 $\rho \geqslant 1$，则极限

$$\lim_{t \to \infty} W(t, x) \equiv 0. \quad || \tag{74}$$

证 与定理 3 之证明同理，可得

$$W(t, x) = \sum_{j=0}^{n-1} P\{\boldsymbol{q}(t) = j\} + \sum_{j=n}^{\infty} P\{\boldsymbol{q}(t) = j\} \int_0^x e^{-n\mu u} \frac{(n\mu u)^{j-n}}{(j-n)!} n\mu du.$$

令 $t \to \infty$，并利用定理 2，即得所证. #

由定理 4，即得下列推论.

推论 1 对 GI/M/n 系统，在平衡状态下，任意时刻服务台未被全占的概率为

$$\widetilde{W}(0) = 1 - \frac{\rho K}{\theta(1-\theta)}, \tag{75}$$

平均虚等待时间为

$$\int_{0-}^{\infty} x d\widetilde{W}(x) = \frac{\rho K}{n\mu\theta(1-\theta)^2}, \tag{76}$$

其中K为 (5) 所定义，θ 为方程 (3) 在 (0, 1) 内的唯一解. ||

推论 2 对 GI/M/1 系统，若 $\rho \equiv \frac{\lambda}{\mu} < 1$，且 $A(x)$ 非算术分布，则虚等待时间 $\boldsymbol{w}(t)$ 的极限分布

$$\widetilde{W}(x) \equiv \lim_{t \to \infty} W(t, x) = 1 - \rho e^{-\mu(1-\theta)x}, \quad x \geqslant 0 \tag{77}$$

存在，且与初始条件无关，其中 θ 为方程 (20) 在 (0, 1) 内的唯一解. 因而在平衡状态下，任意时刻服务台未占的概率为

$$\widetilde{W}(0) = 1 - \rho, \tag{78}$$

平均虚等待时间为

$$\int_{0-}^{\infty} x d\widetilde{W}(x) = \frac{\rho}{\mu(1-\theta)}. \tag{79}$$

若 $\rho<1$，但 $A(x)$ 为算术分布，则极限 $\lim\limits_{t\to\infty} W(t,x)$ 不存在.

若 $\rho\geqslant 1$，则极限

$$\lim_{t\to\infty} W(t,x)\equiv 0. \quad \| \tag{80}$$

推论 3 对平均输入间隔为 $\frac{k}{\lambda}$ 的 $E_k/M/1$ 系统，若 $\rho\equiv\frac{\lambda}{k\mu}<1$，则虚等待时间 $\boldsymbol{w}(t)$ 的极限分布

$$\widetilde{W}(x)\equiv\lim_{t\to\infty} W(t,x) = 1-\rho e^{-\mu(1-\theta)x}, \quad x\geqslant 0 \tag{81}$$

存在，且与初始条件无关，其中 θ 为方程

$$\theta\left(1+\frac{1-\theta}{k\rho}\right)^k = 1 \tag{82}$$

在 $(0,1)$ 内的唯一解. ‖

§3. 非平衡理论

首先建立一个引理，它与第三章 §3 的引理 1 相似.

引理 1 若 i) $\mathscr{R}(s)\geqslant 0, |u|<1$; 或 ii) $\mathscr{R}(s)>0, |u|\leqslant 1$; 或 iii) $\mathscr{R}(s)\geqslant 0$, $|u|\leqslant 1$, 且 $\rho\equiv\frac{\lambda}{n\mu}<1$，则方程

$$z = uA^*(s+n\mu(1-z)) \tag{1}$$

在单位圆 $|z|<1$ 内有唯一解 $z=\delta(s,u)$，它可表成

$$\delta(s,u) = \sum_{j=1}^{\infty}\frac{(n\mu)^{j-1}u^j}{j!}\int_{0-}^{\infty} e^{-(s+n\mu)x}x^{j-1}dA^{(j)}(x), \tag{2}$$

其中 $A^{(j)}(x)$ 为到达间隔分布 $A(x)$ 的 j 重卷积. 由此即知 $\delta(s,u)$ 在上述三个区域内为 (s,u) 的连续函数，且在 $\mathscr{R}(s)>0$, $|u|<1$ 为 (s,u) 的解析函数.

若令 $b(u)\equiv\delta(0,u)$, $f(s)\equiv\delta(s,1)$; 则

$$\lim_{u\uparrow 1} b(u) = \theta\begin{cases}<1, & 若\ \rho<1;\\ =1, & 若\ \rho\geqslant 1,\end{cases} \tag{3}$$

$$\lim_{s \downarrow 0} f(s) = \theta \begin{cases} < 1, & 若 \rho < 1; \\ = 1, & 若 \rho \geqslant 1, \end{cases} \tag{4}$$

其中 θ 为方程

$$\theta = A^*(n\mu(1-\theta)) \tag{5}$$

的最小非负实根,且在 $\rho < 1$ 时为 $(0, 1)$ 内的唯一解. ||

证 其证明与第三章 § 3 的引理 1 完全相似,故略去. #

推论 1 我们有

$$\lim_{u \uparrow 1} b'(u) = \begin{cases} \dfrac{\rho}{\rho - 1}, & 若 \rho > 1; \\ \infty, & 若 \rho = 1, \end{cases} \tag{6}$$

$$\lim_{s \downarrow 0} f'(s) = \begin{cases} \dfrac{1}{n\mu - \lambda}, & 若 \rho > 1; \\ \infty, & 若 \rho = 1. \end{cases} \tag{7}$$

||

证 在方程 (1) 中令 $s = 0$, 并以 $z = b(u)$ 代入,得

$$b(u) = uA^*(n\mu(1 - b(u))), \quad |u| < 1,$$

两端对 u 微商,并整理之,得

$$\{1 + n\mu u A^{*\prime}[n\mu(1 - b(u))]\} b'(u) = A^*[n\mu(1 - b(u))],$$

令 $u \uparrow 1$, 注意 (3), (5), 得

$$\left(1 - \frac{1}{\rho}\right) \lim_{u \uparrow 1} b'(u) = 1,$$

由此即得所证 (6) 式. 同理证 (7) 式. #

推论 2 在 $\mathscr{R}(s) > 0$, $0 < |u| < 1$ 内, $\dfrac{\delta(s, u)}{u}$ 仍为 (s, u) 的解析函数,且其模 < 1. ||

证 $\dfrac{\delta(s, u)}{u}$ 仍为 (s, u) 的解析函数是显然的. 下面证其模 < 1. 由 (2) 及正项级数的阿贝尔定理,知

$$\left|\frac{\delta(s, u)}{u}\right| < \sum_{j=1}^{\infty} \frac{(n\mu)^{j-1}}{j!} \int_{0-}^{\infty} e^{-n\mu x} x^{j-1} dA^{(j)}(x)$$
$$= \lim_{n \uparrow 1} \delta(0, u) \leqslant 1.$$

此即所证. #

现在就分队长 $\boldsymbol{q}_m$、队长 $\boldsymbol{q}(t)$、等待时间、忙期、非闲期和首达时间等六部分来讨论.

1. 队长 $\boldsymbol{q}_m$ 我们先来考虑 $\{\boldsymbol{q}_m\}$ 的瞬时性态，即欲求出分布 $P\{\boldsymbol{q}_m=k\}$，$m=1,2,\cdots$；$k=0,1,\cdots$. 显然，只需求出各阶转移概率 $p_{ik}^{(m)}\equiv\{\boldsymbol{q}_m=k|\boldsymbol{q}_0=i\}(m=1,2,\cdots;i,k=0,1,\cdots)$，就能完全确定 $\{\boldsymbol{q}_m\}$ 的分布. 下面的定理 1 给出了 $p_{ik}^{(m)}$.

定理 1 对 GI/M/n 系统，当 $|z|<1$，$0<|u|<\varepsilon$ (ε 为充分小正数)时，

$$\sum_{m=0}^{\infty}\sum_{i=0}^{\infty}p_{ik}^{(m)}z^iu^m$$

$$=\frac{1}{z-uA^*(n\mu(1-z))}\left\{z^{k+1}+u\sum_{j=0}^{n-1}d_j(z)V_{jk}(u)\right\},\tag{8}$$

其中

$$V_{jk}(u),\quad 0\leqslant j\leqslant n-1,$$

为下列线性代数方程组的唯一解:

$$\begin{cases}\displaystyle\sum_{j=0}^{h+1}[ua_{hj}-\delta_{hj}]V_{jk}(u)=-\delta_{hk},\quad 0\leqslant h\leqslant n-2;\\ \displaystyle u\sum_{j=0}^{n-1}d_j(b(u))V_{jk}(u)=-[b(u)]^{k+1},\end{cases}\tag{9}$$

或用显式表示，为

$$\begin{cases}V_{0k}(u)=\left\{-[b(u)]^{k+1}-\displaystyle\sum_{l=1}^{n-1}\frac{d_l(b(u))}{a_{l-1,l}}\right.\\ \qquad\times\left.\left[-\delta_{l-1,k}-\displaystyle\sum_{j=1}^{l-1}\delta_{j-1,k}\sum_{\nu=0}^{l-1-j}(-1)^{\nu+1}f_{j,l-1}^{\nu}\right]\right\}\Big/\\ \qquad\left\{ud_0(b(u))-\displaystyle\sum_{l=1}^{n-1}\frac{d_l(b(u))}{a_{l-1,l}}\left[(ua_{l-1,0}-\delta_{l-1,0})\right.\right.\\ \qquad\left.\left.+\displaystyle\sum_{j=1}^{l-1}(ua_{j-1,0}-\delta_{j-1,0})\sum_{\nu=0}^{l-1-j}(-1)^{\nu+1}f_{j,l-1}^{\nu}\right]\right\};\qquad(10)\\ V_{jk}(u)=\dfrac{-1}{ua_{j-1,j}}\left\{\delta_{j-1,k}+\displaystyle\sum_{l=1}^{j-1}\delta_{l-1,k}\sum_{\nu=0}^{j-1-l}(-1)^{\nu+1}f_{l,j-1}^{\nu}\right.\end{cases}$$

$$+\left[(ua_{j-1,0}-\delta_{j-1,0})+\sum_{l=1}^{j-1}(ua_{l-1,0}-\delta_{l-1,0})\right.$$

$$\left.\left.\times\sum_{\nu=0}^{j-1-l}(-1)^{\nu+1}f_{l,j-1}^{\nu}\right]V_{0k}(u)\right\},\quad 1\leqslant j\leqslant n-1,$$

此处

$$\begin{cases} f_{ij}^{\nu}\equiv\sum_{i<n_1<n_2<\cdots<n_\nu\leqslant j}\{[(ua_{n_1-1,i}-\delta_{n_1-1,i})(ua_{n_2-1,n_1} \\ \quad -\delta_{n_2-1,n_1})\cdots\times(ua_{j,n_\nu}-\delta_{j,n_\nu})]/ \\ \quad [u^{\nu+1}a_{i-1,i}a_{n_1-1,n_1}a_{n_2-1,n_2}\cdots a_{n_\nu-1,n_\nu}]\} \\ \quad 1\leqslant i<j\leqslant n-2,\ 0<\nu\leqslant j-i; \\ f_{ij}^{0}\equiv\dfrac{ua_{ji}-\delta_{ji}}{ua_{i-1,i}},\quad 1\leqslant i\leqslant j\leqslant n-2, \end{cases} \tag{11}$$

而

$$d_j(z)\equiv\sum_{i=\max(j-1,0)}^{n-1}a_{ij}z^{i+1}-A^*(n\mu(1-z))z^j+z^{n+1}a_{n-1,j}^*(z),$$

$$0\leqslant j\leqslant n-1, \tag{12}$$

$$a_{ij}(y)\equiv\int_{0-}^{\infty}\binom{i+1}{j}e^{-j\mu x}(1-e^{-\mu x})^{i+1-j}dA(x+y), \tag{13}$$

$$a_{ij}\equiv a_{ij}(0), \tag{14}$$

$$a_{ij}^*(z)\equiv\int_0^{\infty}n\mu e^{-n\mu y(1-z)}a_{ij}(y)dy, \tag{15}$$

$$\delta_{hk}\equiv\begin{cases}1, & h=k;\\ 0, & h\neq k,\end{cases} \tag{16}$$

$b(u)$ 在引理 1 中已定义. ||

证 由全概定理,

$$p_{ik}^{(m+1)}=\sum_{j=0}^{\infty}p_{ij}p_{jk}^{(m)},$$

将 §1 中 p_{ij} 的表达式 (1) 代入,得:

当 $i<n$ 时,

$$p_{ik}^{(m+1)} = \sum_{j=0}^{i+1} \int_{0-}^{\infty} \binom{i+1}{j} (1 - e^{-\mu x})^{i+1-j} e^{-j\mu x} dA(x) \cdot p_{ik}^{(m)}; \quad (17)$$

当 $i \geqslant n$ 时,

$$p_{ik}^{(m+1)} = \sum_{j=0}^{n-1} \int_{0-}^{\infty} \left\{ \int_{0}^{x} e^{-n\mu y} \frac{(n\mu y)^{i-n}}{(i-n)!} n\mu \binom{n}{j} \times (1 - e^{-\mu(x-y)})^{n-j} e^{-j\mu(x-y)} dy \right\} dA(x) \cdot p_{ik}^{(m)} + \sum_{j=n}^{i+1} \int_{0-}^{\infty} e^{-n\mu x} \frac{(n\mu x)^{i+1-j}}{(i+1-j)!} dA(x) \cdot p_{ik}^{(m)}. \quad (18)$$

固定 k,令

$$U_m(z) \equiv \sum_{i=0}^{\infty} p_{ik}^{(m)} z^i, \quad |z| < 1, \quad (19)$$

则将 (17), (18) 两端对 i 取母函数后,经过不难的计算,即得

$$U_{m+1}(z) = \sum_{i=0}^{\infty} p_{ik}^{(m+1)} z^i = \sum_{i=0}^{n-1} p_{ik}^{(m+1)} z^i + \sum_{i=n}^{\infty} p_{ik}^{(m+1)} z^i = \frac{1}{z} A^*(n\mu(1-z)) U_m(z) + \frac{1}{z} \sum_{j=0}^{n-1} d_j(z) p_{jk}^{(m)},$$

其中 $d_j(z)$, $0 \leqslant j \leqslant n-1$, 为 (12) 所定义. 移项后,得

$$zU_{m+1}(z) - A^*(n\mu(1-z)) U_m(z) = \sum_{j=0}^{n-1} d_j(z) p_{jk}^{(m)}, \quad m \geqslant 0. \quad (20)$$

显见有

$$U_0(z) = z^k. \quad (21)$$

再令

$$V_{ik}(u) \equiv \sum_{m=0}^{\infty} p_{ik}^{(m)} u^m, \quad |u| < 1, \quad (22)$$

$$\Omega(z, u) \equiv \sum_{m=0}^{\infty} U_m(z) u^m = \sum_{m=0}^{\infty} \sum_{i=0}^{\infty} p_{ik}^{(m)} z^i u^m, \quad |z| < 1, |u| < 1, \quad (23)$$

将 (20) 式两端乘 u^m 后对 m 从 0 到 ∞ 求和,考虑到 (21), 即得

$$\{z - uA^*(n\mu(1-z))\}\Omega(z,u)$$
$$= z^{k+1} + u\sum_{j=0}^{n-1} d_j(z)V_{jk}(u), \tag{24}$$

此即所求 (8) 式. 剩下只需再证 $V_{jk}(u)$, $0 \leqslant j \leqslant n-1$, 为线性代数方程组 (9) 的唯一解.

由引理 1 知,当 $|u| < 1$ 时 $z = b(u)$ 为 $z = uA^*(n\mu(1-z))$ 在 $|z| < 1$ 内的唯一解. 又由于 $\Omega(z,u)$ 在 $|z| < 1$, $|u| < 1$ 为解析,故 $\Omega(b(u),u)$ 为有限数,因而将 $z = b(u)$ 代入 (24) 后,即得

$$u\sum_{h=0}^{n-1} d_j(b(u))V_{jk}(u) = -[b(u)]^{k+1},$$

此即 (9) 式的最后一个方程式.

另一方面,将 (17) 式重写成

$$p_{jk}^{(m+1)} = \sum_{h=0}^{j+1} a_{jh}p_{hk}^{(m)}, \quad 0 \leqslant j \leqslant n-2,$$

其中 a_{jh} 为 (14) 所定义. 两端乘 u^m 后对 m 从 0 到 ∞ 求和,得

$$\frac{1}{u}[V_{jk}(u) - \delta_{jk}] = \sum_{h=0}^{j+1} a_{jh}V_{hk}(u), \quad 0 \leqslant j \leqslant n-2,$$

其中 δ_{jk} 为 (16) 所定义. 移项后即得 (9) 式的前 $n-1$ 个方程式.

最后,证明 (9) 的解 $V_{jk}(u)$, $0 \leqslant j \leqslant n-1$, 是存在唯一的. 线性方程组 (9) 的系数行列式为

$$\Delta(u) \equiv \begin{vmatrix} ua_{00}-1 & ua_{01} & & \\ ua_{10} & ua_{11}-1 & \ddots & \\ \vdots & \vdots & \ddots & \ddots \\ ua_{n-2,0} & ua_{n-2,1} & \cdots ua_{n-2,n-2}-1 & ua_{n-2,n-1} \\ ud_0(b(u)) & ud_1(b(u)) & \cdots ud_{n-2}(b(u)) & ud_{n-1}(b(u)) \end{vmatrix},$$

将第 i 行乘以 $-[b(u)]^i(1 \leqslant i \leqslant n-1)$ 后都加到第 n 行, 即得

$$
\Delta(u)=[b(u)]^{n}\times\begin{vmatrix}
ua_{00}-1 & ua_{01} & \cdots & \cdots & ua_{0,n-1}\\
ua_{10} & ua_{11}-1 & \cdots & \cdots & \vdots\\
\vdots & \vdots & \ddots & & \vdots\\
ua_{n-2,0} & ua_{n-2,1} & \cdots & ua_{n-2,n-2}-1 & ua_{n-2,n-1}\\
ua_{n-1,0}+ub(u)a^{*}_{n-1,0}(b(u)) & ua_{n-1,1}+ub(u)a^{*}_{n-1,1}(b(u)) & \cdots & ua_{n-1,n-2}+ub(u)a^{*}_{n-1,n-2}(b(u)) & ua_{n-1,n-1}-1+ub(u)a^{*}_{n-1,n-1}(b(u))
\end{vmatrix}.
$$

由行列式的定义即知上式的展开式中除 $(-1)^n$ 一项外，其它各项至少含有 u 的一次方，由于 $b(u)$，a_{ij}，$a_{ij}^*(b(u))$ 均有界，故上面的行列式当 $0<|u|<\varepsilon$（ε 为充分小正数）时恒不为 0，即 $\Delta(u)\neq 0$，只要 $0<|u|<\varepsilon$. 因而当 $0<|u|<\varepsilon$ 时线性代数方程组 (9) 存在唯一解. 再由第三章 § 3 引理 3，即得 (10) 式. 定理 1 证毕. #

现在来看下面两种特殊情形：

1) $n=1$ 的情形 (GI/M/1 系统).

此时不难算出下列各量：

$$a_{00}=1-A^*(\mu);$$

$$a_{00}^*(z)=\frac{1}{z(1-z)}[z+(1-z)A^*(\mu)-A^*(\mu(1-z))];$$

$$d_0(z)=a_{00}z-A^*(\mu(1-z))+z^2a_{00}^*(z)$$

$$=\frac{z-A^*(\mu(1-z))}{1-z}.$$

又由 (10) 的第一式，得

$$V_{0k}(u)=\frac{-[b(u)]^{k+1}}{ud_0(b(u))}=\frac{[b(u)]^k[1-b(u)]}{1-u}, \tag{25}$$

将这些量代入 (8) 式，即得

$$\sum_{m=0}^{\infty}\sum_{i=0}^{\infty}p_{ik}^{(m)}z^iu^m$$

$$=\frac{(1-u)(1-z)z^{k+1}+u[z-A^*(\mu(1-z))][1-b(u)][b(u)]^k}{(1-u)(1-z)[z-uA^*(\mu(1-z))]}.$$

这就是最后的结果. 将此结果写成下面推论：

推论 1 在 GI/M/1 系统中，若 $|z|<1$，$|u|<1$，则

$$\sum_{m=0}^{\infty}\sum_{i=0}^{\infty}p_{ik}^{(m)}z^iu^m$$

$$=\frac{(1-u)(1-z)z^{k+1}+u[z-A^*(\mu(1-z))][1-b(u)][b(u)]^k}{(1-u)(1-z)[z-uA^*(\mu(1-z))]}, \tag{26}$$

其中 $z=b(u)$ 为方程

$$z = uA^*(\mu(1-z)) \tag{27}$$

在单位圆 $|z|<1$ 内的唯一解。||

注 必须指出，这里把定理 1 中 u 的定义区域"$0<|u|<\varepsilon$"改为"$|u|<1$"了，因为如上所示，当 $n=1$ 时方程组 (9) 只剩了最后一个方程，直接可解出 $V_{0k}(u)$，不需再考虑 (9) 的系数行列式. ||

下列推论求出了队长 q_m 的极限分布，它与 § 2 的结果一致.

推论 2 在 GI/M/1 系统中，当 $\rho \equiv \frac{\lambda}{\mu} < 1$ 时，极限分布

$$\lim_{m\to\infty} P\{q_m = k\} = \pi_k > 0, \quad k = 0, 1, \cdots \tag{28}$$

存在，与初始条件无关，且有明显表达式

$$\pi_k = (1-\theta)\theta^k, \quad k = 0, 1, \cdots, \tag{29}$$

其中 θ 为方程

$$\theta = A^*(\mu(1-\theta)) \tag{30}$$

在 (0, 1) 内的唯一解.

当 $\rho \geqslant 1$ 时，极限

$$\lim_{m\to\infty} P\{q_m = k\} = 0, \quad k = 0, 1, \cdots. \ || \tag{31}$$

证 由 § 1 的定理 1，马尔可夫链 $\{q_m\}$ 是不可约、非周期的，故由第三章 § 1 的引理 5，极限

$$\lim_{m\to\infty} P\{q_m = k\} = \lim_{m\to\infty} p_{ik}^{(m)} = \pi_k$$

存在，与初始条件无关，且 $\{\pi_k\}$ 或者全部为 0，或者全部为正，特别，

$$\lim_{m\to\infty} p_{0k}^{(m)} = \pi_k$$

存在，因而由 (22)，(25)，利用阿贝尔定理(第三章 § 3 的引理 2)，

$$\pi_k = \lim_{u\uparrow 1}(1-u)\sum_{m=0}^{\infty} p_{0k}^{(m)} u^m = \lim_{u\uparrow 1}[1-b(u)][b(u)]^k,$$

将 (3) 代入上式即得所证的 (29)，(31) 式. 推论 2 证毕. #

2) $n=2$ 的情形 (GI/M/2 系统).

此时不难算出下列各量:

$$a_{00} = 1 - A^*(\mu);$$
$$a_{01} = A^*(\mu);$$
$$a_{10} = 1 - 2A^*(\mu) + A^*(2\mu);$$
$$a_{11} = 2A^*(\mu) - 2A^*(2\mu);$$
$$a_{10}^*(z) = \frac{1 - A^*(2\mu(1-z))}{1-z} - \frac{4[A^*(\mu) - A^*(2\mu(1-z))]}{1-2z} + \frac{A^*(2\mu(1-z)) - A^*(2\mu)}{z};$$
$$a_{11}^*(z) = \frac{4[A^*(\mu) - A^*(2\mu(1-z))]}{1-2z} - \frac{2[A^*(2\mu(1-z)) - A^*(2\mu)]}{z};$$
$$\begin{aligned} d_0(z) &= a_{00}z + a_{10}z^2 - A^*(2\mu(1-z)) + z^3 a_{10}^*(z) \\ &= \frac{z}{1-z} - \frac{z}{1-2z}A^*(\mu) \\ &\quad - \frac{1-3z+z^2}{(1-z)(1-2z)}A^*(2\mu(1-z)); \end{aligned} \tag{32}$$
$$\begin{aligned} d_1(z) &= a_{01}z + a_{11}z^2 - A^*(2\mu(1-z))z + z^3 a_{11}^*(z) \\ &= \frac{z}{1-2z}[A^*(\mu) - A^*(2\mu(1-z))]. \end{aligned} \tag{33}$$
由 (10),
$$V_{0k}(u) = \frac{-[b(u)]^{k+1} + \dfrac{d_1(b(u))}{a_{01}}\delta_{0k}}{ud_0(b(u)) - \dfrac{d_1(b(u))}{a_{01}}[ua_{00} - 1]}$$
$$= \begin{cases} uA^*(\mu)\dfrac{(1-b(u))(1-2b(u))(b(u))^{k-1}}{(1-u)(1-b(u)-uA^*(\mu))}, & k > 0; \\ -\dfrac{(1-2uA^*(\mu))(1-b(u))}{(1-u)(1-b(u)-uA^*(\mu))}, & k = 0, \end{cases} \tag{34}$$
$$V_{1k}(u) = \frac{-1}{ua_{01}}\{\delta_{0k} + [ua_{00} - 1]V_{0k}(u)\}$$

$$
=\begin{cases}(1-u+uA^*(\mu))\dfrac{(1-b(u))(1-2b(u))(b(u))^{k-1}}{(1-u)(1-b(u)-uA^*(\mu))}, \\ \qquad k>0; \\ -\left[\dfrac{b(u)+u(1-2b(u))}{1-b(u)}-2uA^*(\mu)\right] \\ \quad\times\dfrac{1-b(u)}{(1-u)(1-b(u)-uA^*(\mu))}, \quad k=0. \end{cases} \tag{35}
$$

另外，(8) 式化为

$$
\sum_{m=0}^{\infty}\sum_{i=0}^{\infty}p_{ik}^{(m)}z^iu^m=\frac{1}{z-uA^*(2\mu(1-z))} \times\{z^{k+1}+ud_0(z)V_{0k}(u)+ud_1(z)V_{1k}(u)\}. \tag{36}
$$

将 (32), (33), (34), (35) 代入 (36), 即得 $\sum_{m=0}^{\infty}\sum_{i=0}^{\infty}p_{ik}^{(m)}z^iu^m$ 的明显表达式. 将此结果写成下面推论:

推论 3 在 GI/M/2 系统中, 当 $|z|<1$, $0<|u|<\varepsilon$ (ε 为充分小正数)时,

$$
\begin{aligned}
\sum_{m=0}^{\infty}\sum_{i=0}^{\infty}p_{ik}^{(m)}z^iu^m=&\frac{1}{z-uA^*(2\mu(1-z))}\Bigg\{z^{k+1} \\
&+u\frac{(1-b(u))(1-2b(u))(b(u))^{k-1}}{(1-u)[1-b(u)-uA^*(\mu)]} \\
&\times\Bigg[uA^*(\mu)\Bigg(\frac{z}{1-z}-\frac{z}{1-2z}A^*(\mu) \\
&-\frac{1-3z+z^2}{(1-z)(1-2z)}A^*(2\mu(1-z))\Bigg) \\
&+\frac{z}{1-2z}(1-u+uA^*(\mu)) \\
&\times(A^*(\mu)-A^*(2\mu(1-z)))\Bigg]\Bigg\}, \quad k>0;
\end{aligned} \tag{37}
$$

$$
\sum_{m=0}^{\infty}\sum_{i=0}^{\infty}p_{i0}^{(m)}z^iu^m=\frac{1}{z-uA^*(2\mu(1-z))}
$$

$$
\times\left\{z-u\frac{1-b(u)}{(1-u)[1-b(u)-uA^*(\mu)]}\right.
$$

$$
\times\left[(1-2uA^*(\mu))\left(\frac{z}{1-z}-\frac{z}{1-2z}A^*(\mu)\right.\right.
$$

$$
\left.-\frac{1-3z+z^2}{(1-z)(1-2z)}A^*(2\mu(1-z))\right)
$$

$$
+\frac{z}{1-2z}\left(\frac{b(u)+u(1-2b(u))}{1-b(u)}-2uA^*(\mu)\right)
$$

$$
\left.\left.\times(A^*(\mu)-A^*(2\mu(1-z)))\right]\right\}, \tag{38}
$$

其中 $b(u)$ 为方程

$$
z=uA^*(2\mu(1-z)) \tag{39}
$$

在单位圆 $|z|<1$ 内的唯一解. ||

2. 队长 $\boldsymbol{q}(t)$ 现在我们来考虑任意时刻 t 队长 $\boldsymbol{q}(t)$ 的分布 $P\{\boldsymbol{q}(t)=k\}$. 同前面一样，只需寻求转移概率函数 $P_{ik}(t)\equiv P\{\boldsymbol{q}(t)=k|\boldsymbol{q}(0)=i\}(t\geqslant 0; i, k=0, 1, \cdots)$. 记其拉普拉斯变换为

$$
P_{ik}^*(s)\equiv\int_0^\infty e^{-st}P_{ik}(t)dt, \quad \mathscr{R}(s)>0.
$$

我们来建立确定 $P_{ik}(t)$ 的下列定理:

定理 2 对 GI/M/n 系统，假定 $A(0)=0$, 则当 $|z|<1$, $\mathscr{R}(s)>K$ (K 为充分大正数)时,

$$
\sum_{i=0}^\infty p_{ik}^*(s)z^i=\frac{1}{z-A^*(s+n\mu(1-z))}
$$

$$
\times\left\{-A^*(s+n\mu(1-z))P_{0k}^*(s)\right.
$$

$$
\left.+\sum_{j=1}^n C_j(s, z)P_{jk}^*(s)+C(s, z)\right\}, \tag{40}
$$

其中 $P_{jk}^*(s)$, $0\leqslant j\leqslant n$, 为下列线性代数方程组的唯一解:

$$\begin{cases} -P_{0k}^*(s)+\theta_{00}(s)P_{1k}^*(s)=-\delta_{0k}^*\psi_{0k}(s); \\ \sum_{j=1}^{i+1}[\theta_{i,i-j+1}(s)-\delta_{ij}]P_{jk}^*(s)=-\delta_{ik}^*\psi_{ik}(s), \quad 1\leqslant i\leqslant n-1; \\ -f(s)P_{0k}^*(s)+\sum_{j=1}^{n}C_j(s,f(s))P_{jk}^*(s)=-C(s,f(s)). \end{cases} \tag{41}$$

或用显式表示，为

$$\begin{cases} P_{0k}^*(s)=\left\{-C(s,f(s))+\sum_{l=1}^{n}\frac{C_l(s,f(s))}{\theta_{l-1,0}(s)}\left[\delta_{l-1,k}^*\psi_{l-1,k}(s)\right.\right. \\ \quad \left.\left.+\sum_{j=1}^{l-1}\delta_{j-1,k}^*\psi_{j-1,k}(s)\sum_{\nu=0}^{l-1-j}(-1)^{\nu+1}f_{j,l-1}^{\nu}\right]\right\}\Big/ \\ \quad \left\{-f(s)+\frac{C_1(s,f(s))}{\theta_{00}(s)}\right. \\ \quad \left.+\sum_{l=2}^{n}\frac{C_l(s,f(s))}{\theta_{l-1,0}(s)}\sum_{\nu=0}^{l-2}(-1)^{\nu+1}f_{1,l-1}^{\nu}\right\} \\ P_{jk}^*(s)=\frac{1}{\theta_{j-1,0}(s)}\left\{-\delta_{j-1,k}^*\psi_{j-1,k}(s)\right. \\ \quad -\sum_{l=1}^{j-1}\delta_{l-1,k}^*\psi_{l-1,k}(s)\sum_{\nu=0}^{j-1-l}(-1)^{\nu+1}f_{l,j-1}^{\nu} \\ \quad \left.+\left[\delta_{j-1,0}+\sum_{\nu=0}^{j-2}(-1)^{\nu+1}f_{1,j-1}^{\nu}\right]P_{0k}^*(s)\right\}, \\ \qquad 1\leqslant j\leqslant n. \end{cases} \tag{42}$$

此处

$$\begin{cases} f_{ij}^{\nu}\equiv\sum_{i<n_1<n_2<\cdots<n_\nu<j}\{\{[\theta_{n_1-1,n_1-i}(s)-\delta_{n_1-1,i}][\theta_{n_2-1,n_2-n_1}(s) \\ \quad -\delta_{n_2-1,n_1}]\cdots[\theta_{j,j+1-n_\nu}(s)-\delta_{j,n_\nu}]\}/ \\ \quad \{\theta_{i-1,0}(s)\theta_{n_1-1,0}(s)\cdots\theta_{n_\nu-1,0}(s)\}\}, \\ \qquad 1\leqslant i<j\leqslant n-1, 0<\nu\leqslant j-i; \\ f_{ij}^{0}\equiv\frac{\theta_{j,j+1-i}(s)-\delta_{ji}}{\theta_{i-1,0}(s)}, \quad 1\leqslant i\leqslant j\leqslant n-1, \end{cases} \tag{43}$$

而

$$C_j(s,z) \equiv \sum_{i=j-1}^{n} z^{i+1}\theta_{i,i-j+1}(s) - A^*(s+n\mu(1-z))z^i$$
$$+ z^{n+2}\theta^*_{n,n-j+1}(s,z), \quad 1 \leqslant j \leqslant n, \tag{44}$$

$$C(s,z) \equiv \begin{cases} z^{k+1}\dfrac{1-A^*(s+n\mu(1-z))}{s+n\mu(1-z)}, & k>n; \\ \sum\limits_{i=k}^{n} z^{i+1}\psi_{ik}(s) + z^{n+2}\psi^*_{nk}(s,z), & k \leqslant n, \end{cases} \tag{45}$$

$$\theta_{ij}(s,u) \equiv \int_{0-}^{\infty} e^{-sx}\binom{i}{j}(1-e^{-\mu x})^j e^{-\mu(i-j)x}dA(x+u), \tag{46}$$

$$\theta_{ij}(s) \equiv \theta_{ij}(s,0), \tag{47}$$

$$\theta^*_{ij}(s,z) \equiv \int_0^{\infty} n\mu e^{-[s+n\mu(1-z)]u}\theta_{ij}(s,u)du, \tag{48}$$

$$\psi_{ij}(s,u) \equiv \int_0^{\infty} e^{-sx}[1-A(x+u)]\binom{i}{j}(1-e^{-\mu x})^{i-j}e^{-j\mu x}dx, \tag{49}$$

$$\psi_{ij}(s) \equiv \psi_{ij}(s,0), \tag{50}$$

$$\psi^*_{ij}(s,z) \equiv \int_0^{\infty} n\mu e^{-[s+n\mu(1-z)]u}\psi_{ij}(s,u)du, \tag{51}$$

$$\delta_{ij} \equiv \begin{cases} 1, & i=j; \\ 0, & i \neq j, \end{cases} \tag{52}$$

$$\delta^*_{ik} \equiv \sum_{j=k}^{\infty}\delta_{ij} = \begin{cases} 1, & k \leqslant i; \\ 0, & k>i, \end{cases} \tag{53}$$

$f(s)$ 在引理 1 中已定义. ||

证 在 $q(0)=i$ 的条件下, $q(t)=k$ 可以按下列互斥事件来分解: $\tau_1 = x(0<x<\infty)$, 且在区间 $(0, \min(x,t)]$ 内恰好服务完 $j(j=0,1,\cdots,i)$ 个顾客. 在此事件发生的条件下, $q(t)=k$ 的概率等于 $P_{i-j+1,k}(t-x)$, 若 $x \leqslant t$; 等于 1, 若 $k=i-j$, 且 $x>t$; 等于 0, 若 $k \neq i-j$, 且 $x>t$. 因此, 由全概定理, 可以得到下列公式:

当 $i \leqslant n$ 时,

$$P_{ik}(t)=\sum_{j=0}^{i}\int_0^t\binom{i}{j}(1-e^{-\mu x})^j e^{-\mu(i-j)x}P_{i-j+1,k}(t-x)dA(x)$$

$$+\begin{cases}[1-A(t)]\binom{i}{k}(1-e^{-\mu t})^{i-k}e^{-\mu kt}, & 0\leqslant k\leqslant i;\\ 0, & k>i,\end{cases}\tag{54}$$

当 $i>n$ 时，

$$P_{ik}(t)=\sum_{j=0}^{i-n}\int_0^t e^{-n\mu x}\frac{(n\mu x)^j}{j!}P_{i-j+1,k}(t-x)dA(x)$$

$$+\sum_{j=i-n+1}^{i}\int_0^t\left\{\int_0^x e^{-n\mu u}\frac{(n\mu u)^{i-n-1}}{(i-n-1)!}n\mu\binom{n}{i-j}\right.$$

$$\left.\times(1-e^{-\mu(x-u)})^{j-i+n}e^{-\mu(i-j)(x-u)}du\right\}$$

$$\times P_{i-j+1,k}(t-x)dA(x)$$

$$+\begin{cases}[1-A(t)]\int_0^t e^{-n\mu u}\frac{(n\mu u)^{i-n-1}}{(i-n-1)!}n\mu\binom{n}{k}\\ \quad\times(1-e^{-\mu(t-u)})^{n-k}e^{-\mu k(t-u)}du, & 0\leqslant k\leqslant n;\\ [1-A(t)]e^{-n\mu t}\frac{(n\mu t)^{i-k}}{(i-k)!}, & n<k\leqslant i;\\ 0, & k>i.\end{cases}\tag{55}$$

对固定的 k，引入母函数

$$U(s,z)\equiv\sum_{i=0}^{\infty}P_{ik}^*(s)z^i,\quad \mathscr{R}(s)>0,|z|<1.$$

将 (54),(55) 取拉普拉斯变换，并对 i 求母函数，经过比较复杂但是并不困难的运算，即得

$$U(s,z)=\frac{1}{z}A^*(s+n\mu(1-z))U(s,z)$$

$$-\frac{1}{z}A^*(s+n\mu(1-z))P_{0k}^*(s)$$

$$+\frac{1}{z}\sum_{j=1}^{n} C_j(s,z)P_{jk}^*(s)+\frac{1}{z}C(s,z),$$

其中 $C_j(s,z)$, $1\leqslant j\leqslant n$, $C(s,z)$ 分别为 (44), (45) 所定义. 整理后即得

$$\begin{aligned}\{z-A^*(s+n\mu(1-z))\}&U(s,z)\\ =-A^*&(s+n\mu(1-z))P_{0k}^*(s)\\ &+\sum_{j=1}^{n}C_j(s,z)P_{jk}^*(s)+C(s,z). \qquad (56)\end{aligned}$$

此即 (40) 式.

剩下的是证明 $P_{jk}^*(s)$, $0\leqslant j\leqslant n$, 为线性代数方程组 (41) 的唯一解.

由引理 1 知当 $\mathscr{R}(s)>0$ 时 $z=f(s)$ 为方程 $z=A^*(s+n\mu(1-z))$ 在 $|z|<1$ 内的唯一解, 又由于 $U(s,z)$ 在 $\mathscr{R}(s)>0$, $|z|<1$ 时解析, 故 $U(s,f(s))$ 为有限数, 因而将 $z=f(s)$ 代入 (56) 后即得

$$-f(s)P_{0k}^*(s)+\sum_{j=1}^{n}C_j(s,f(s))P_{jk}^*(s)=-C(s,f(s)),$$

此即 (41) 的最后一个方程式.

另一方面, 将 (54) 取拉普拉斯变换, 利用 (47), (50) 的记号, 即得

$$\begin{aligned}P_{ik}^*(s)=\sum_{j=0}^{i}\theta_{ij}(s)&P_{i-j+1,k}^*(s)\\ &+\begin{cases}\phi_{ik}(s), & k\leqslant i;\\ 0, & k>i,\end{cases}\quad 0\leqslant i\leqslant n-1.\end{aligned}$$

整理后即得 (41) 的前 n 个方程式.

最后, 证明 (41) 的解 $P_{jk}^*(s)$, $0\leqslant j\leqslant n$, 是存在唯一的. (41) 的系数行列式为

$$\Delta(s)\equiv\begin{vmatrix} -1 & \theta_{00}(s) & & & & \\ 0 & \theta_{11}(s)-1 & \theta_{10}(s) & & & \\ 0 & \theta_{22}(s) & \theta_{21}(s)-1 & \ddots & & \\ \vdots & \vdots & \vdots & \ddots & \ddots & \\ 0 & \theta_{n-1,n-1}(s) & \theta_{n-1,n-2}(s) & \cdots & \theta_{n-1,1}(s)-1 & \theta_{n-1,0}(s) \\ -f(s) & C_1(s,f(s)) & C_2(s,f(s)) & \cdots & C_{n-1}(s,f(s)) & C_n(s,f(s)) \end{vmatrix},$$

将第 i 行乘以 $-[f(s)]^i(1\leqslant i\leqslant n)$ 后都加到最后一行，再按第一列展开，即得

$$\Delta(s)=-[f(s)]^{n+1}$$

$$\times\begin{vmatrix} \theta_{11}(s)-1 & \theta_{10}(s) & & & \\ \theta_{22}(s) & \theta_{21}(s)-1 & \ddots & & \\ \vdots & \vdots & \ddots & \ddots & \\ \theta_{n-1,n-1}(s) & \theta_{n-1,n-2}(s) & \cdots & \theta_{n-1,1}(s)-1 & \theta_{n-1,0}(s) \\ \theta_{nn}(s)+f(s)\theta^*_{nn}(s,f(s)) & \theta_{n,n-1}(s)+f(s)\theta^*_{n,n-1}(s,f(s)) & \cdots & \theta_{n2}(s)+f(s)\theta^*_{n2}(s,f(s)) & \theta_{n1}(s)-1+f(s)\theta^*_{n1}(s,f(s)) \end{vmatrix}.$$

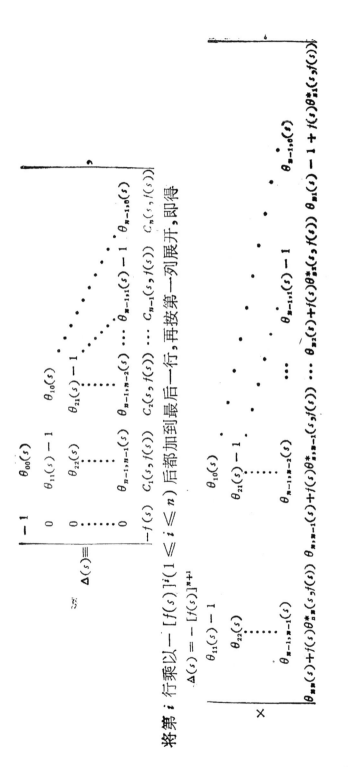

由行列式的定义即可看出：上面行列式的展开式中除 $(-1)^n$ 这一项外，其它各项都含有因子 $\theta_{ij}(s)$ 或 $\theta^*_{ij}(s, f(s))$. 由于 $\theta_{ij}(s)$, $\theta^*_{ij}(s, f(s))(0 \leqslant j \leqslant i \leqslant n)$ 数目有限，而行列式展开后的项数也有限，因而只要注意到：在 $A(0)=0$ 的假定下，当 $\mathscr{R}(s)$ 充分大时，$\theta_{ij}(s)$, $\theta^*_{ij}(s, f(s))$ 的模均可任意小，立即推知：当 $\mathscr{R}(s)>K$ (K 为充分大正数）时，所有其它各项的和的模 $<\frac{1}{2}$，又由于 $f(s) \neq 0$，故知 $\mathscr{R}(s)>K$ 时，$\Delta(s) \neq 0$. 这就证明了线性代数方程组 (41) 的解 $P^*_{jk}(s)$, $0 \leqslant j \leqslant n$，是存在唯一的. 再由第三章 § 3 引理 3，即得 (42) 式. 定理 2 证毕. #

下面来看两种特殊情形：

1) $n=1$ 的情形 (GI/M/1 系统).

此时不难算出下列各量：

$$\theta_{00}(s)=A^*(s),$$

$$\theta_{10}(s)=A^*(s+\mu),$$

$$\theta_{11}(s)=A^*(s)-A^*(s+\mu),$$

$$\begin{aligned}\theta^*_{11}(s, z)=&\frac{1}{1-z}\{A^*(s)-A^*(s+\mu(1-z))\}\\&-\frac{1}{z}\{A^*(s+\mu(1-z))-A^*(s+\mu)\},\end{aligned}$$

$$\psi_{00}(s)=\frac{1}{s}[1-A^*(s)],$$

$$\psi_{10}(s)=\frac{1}{s}[1-A^*(s)]-\frac{1}{s+\mu}[1-A^*(s+\mu)],$$

$$\begin{aligned}\psi^*_{10}(s, z)=&\frac{1}{1-z}\left\{\frac{1-A^*(s)}{s}-\frac{1-A^*(s+\mu(1-z))}{s+\mu(1-z)}\right\}\\&-\frac{1}{z}\left\{\frac{1-A^*(s+\mu(1-z))}{s+\mu(1-z)}\right.\\&\left.-\frac{1-A^*(s+\mu)}{s+\mu}\right\},\end{aligned}$$

$$C_1(s, z)=\theta_{00}(s)z+\theta_{11}(s)z^2$$

$$- A^*(s+\mu(1-z))z + z^s\theta_{11}^*(s,z)$$

$$= \frac{z}{1-z}\{A^*(s) - A^*(s+\mu(1-z))\},$$

$$C(s,z) = \begin{cases} z^{k+1}\dfrac{1-A^*(s+\mu(1-z))}{s+\mu(1-z)}, & k>0; \\ \dfrac{z}{1-z}\left\{\dfrac{1-A^*(s)}{s} - z\dfrac{1-A^*(s+\mu(1-z))}{s+\mu(1-z)}\right\}, & \\ \qquad k=0. \end{cases}$$

(40) 式化为

$$\{z - A^*(s+\mu(1-z))\}\sum_{i=0}^{\infty} P_{ik}^*(s)z^i$$

$$= - A^*(s+\mu(1-z))P_{0k}^*(s)$$

$$+ \frac{z}{1-z}\{A^*(s) - A^*(s+\mu(1-z))\}P_{1k}^*(s)$$

$$+ \begin{cases} z^{k+1}\dfrac{1-A^*(s+\mu(1-z))}{s+\mu(1-z)}, & k>0; \\ \dfrac{z}{1-z}\left\{\dfrac{1-A^*(s)}{s} - z\dfrac{1-A^*(s+\mu(1-z))}{s+\mu(1-z)}\right\}, & \\ \qquad k=0. \end{cases} \tag{57}$$

方程组 (41) 化为

$$\begin{cases} -P_{0k}^*(s) + \theta_{00}(s)P_{1k}^*(s) = -\delta_{0k}^*\psi_{0k}(s); \\ -f(s)P_{0k}^*(s) + C_1(s,f(s))P_{1k}^*(s) = -C(s,f(s)). \end{cases} \tag{58}$$

其系数行列式为

$$\Delta(s) = \begin{vmatrix} -1 & \theta_0(s) \\ -f(s) & C_1(s,f(s)) \end{vmatrix} = \frac{[f(s)]^2[1-A^*(s)]}{1-f(s)} \neq 0.$$

由 (42), 即得方程组 (58) 的解:

$$P_{0k}^*(s) = \frac{-C(s,f(s)) + \dfrac{C_1(s,f(s))}{\theta_{00}(s)}\delta_{0k}^*\psi_{0k}(s)}{-f(s) + \dfrac{C_1(s,f(s))}{\theta_{00}(s)}}$$

$$
=\begin{cases} A^*(s)\dfrac{(f(s))^{k-1}(1-f(s))^2}{(1-A^*(s))[s+\mu(1-f(s))]}, & k>0; \\ \dfrac{1}{s}-\dfrac{A^*(s)(1-f(s))}{(1-A^*(s))[s+\mu(1-f(s))]}, & k=0, \end{cases} \tag{59}
$$

$$
P^*_{1k}(s)=\frac{1}{\theta_{00}(s)}\{-\delta^*_{0k}\psi_{0k}(s)+P^*_{0k}(s)\}
$$

$$
=\begin{cases} \dfrac{(f(s))^{k-1}(1-f(s))^2}{(1-A^*(s))[s+\mu(1-f(s)]}, & k>0; \\ \dfrac{1}{s}-\dfrac{1-f(s)}{(1-A^*(s))[s+\mu(1-f(s))]}, & k=0. \end{cases} \tag{60}
$$

将 (59), (60) 代入 (57), 即得最终的表达式. 将此结果写成下面推论:

推论 1 在 GI/M/1 系统中,若 $|z|<1$, $\mathscr{R}(s)>0$, 则

$$
\begin{aligned}
\sum_{i=0}^{\infty} P^*_{ik}(s)z^i = {} & \frac{z^{k+1}[1-A^*(s+\mu(1-z))]}{(s+\mu(1-z))[z-A^*(s+\mu(1-z))]} \\
& -\{[zA^*(s)-zA^*(s+\mu(1-z)) \\
& -(1-z)A^*(s)A^*(s+\mu(1-z))] \\
& \times[1-f(s)]^2[f(s)]^{k-1}\}/ \\
& \{(1-z)[1-A^*(s)][s+\mu(1-f(s))][z \\
& -A^*(s+\mu(1-z))]\}, \quad k>0;
\end{aligned} \tag{61}
$$

$$
\begin{aligned}
\sum_{i=0}^{\infty} P^*_{i0}(s)z^i = {} & \frac{(\mu+s)z-(\mu+s+sz)A^*(s+\mu(1-z))}{s(s+\mu(1-z))[z-A^*(s+\mu(1-z))]} \\
& -\{[zA^*(s)-zA^*(s+\mu(1-z)) \\
& -(1-z)A^*(s)A^*(s+\mu(1-z))] \\
& \times[1-f(s)]\}/ \\
& \{(1-z)[1-A^*(s)][s+\mu(1-f(s))] \\
& \times[z-A^*(s+\mu(1-z))]\},
\end{aligned} \tag{62}
$$

其中 $z=f(s)$ 为方程

$$
z=A^*(s+\mu(1-z)) \tag{63}
$$

在单位圆 $|z|<1$ 内的唯一解. ||

注 1 必须指出，这里把定理 2 中 s 的定义域"$\mathscr{R}(s) > K$(K 为充分大正数)"改为"$\mathscr{R}(s) > 0$"了，且不需假定 $A(0) = 0$，因为如上所示，当 $n = 1$ 时方程组 (41) 化为 (58)，而 (58) 的系数行列式 $\Delta(s)$ 在 $\mathscr{R}(s) > 0$ 时不为 0，故可在 $\mathscr{R}(s) > 0$ 内求解得 (59)，(60). ||

注 2 对 GI/M/1 系统，在已知极限分布

$$\lim_{t\to\infty} P\{\boldsymbol{q}(t) = k\} = p_k$$

存在，且与初始条件无关的情形下（§ 2 的定理 2 已经证明在 $\rho \equiv \frac{\lambda}{\mu} < 1$ 且 $A(x)$ 非算术分布或 $\rho \geqslant 1$ 时此结论成立)，也可由现在的 $P_{0k}^*(s)$ 表达式 (59) 来求此极限. 事实上，由于上述极限与初始条件无关，因而可取初始状态为 0，故

$$p_k = \lim_{t\to\infty} P_{0k}(t).$$

由于此极限存在，就可利用拉普拉斯变换的阿贝尔定理(例如，参阅 Doetsch[54])，得

$$p_k = \lim_{t\to\infty} P_{0k}(t) = \lim_{s\to 0} sP_{0k}^*(s).$$

再利用 (59)，(4) 与 (7)，即得：当 $\rho < 1$ 且 $A(x)$ 为非算术分布时，

$$p_k = \begin{cases} \rho(1-\theta)\theta^{k-1}, & k > 0; \\ 1-\rho, & k = 0, \end{cases}$$

其中 θ 为方程

$$\theta = A^*(\mu(1-\theta))$$

在 (0, 1) 内的唯一解；

当 $\rho \geqslant 1$ 时，

$$p_k = 0, \quad k \geqslant 0.$$

此结论与 § 2 定理 2 的推论 3 是一致的. ||

2) $n = 2$ 的情形 (GI/M/2 系统).

此时不难算出下列各量：

$\theta_{00}(s) = A^*(s)$,

$\theta_{10}(s) = A^*(s + \mu)$,

$$\theta_{11}(s) = A^*(s) - A^*(s+\mu),$$

$$\theta_{21}(s) = 2A^*(s+\mu) - 2A^*(s+2\mu),$$

$$\theta_{22}(s) = A^*(s) - 2A^*(s+\mu) + A^*(s+2\mu),$$

$$\theta_{21}^*(s,z) = \frac{-2}{z(1-2z)} A^*(s+2\mu(1-z)) + \frac{4}{1-2z} A^*(s+\mu) + \frac{2}{z} A^*(s+2\mu),$$

$$\theta_{22}^*(s,z) = \frac{1}{z(1-z)(1-2z)} A^*(s+2\mu(1-z)) + \frac{1}{1-z} A^*(s) - \frac{4}{1-2z} A^*(s+\mu) - \frac{1}{z} A^*(s+2\mu),$$

$$\psi_{00}(s) = \frac{1}{s}[1-A^*(s)],$$

$$\psi_{10}(s) = \frac{1}{s}[1-A^*(s)] - \frac{1}{s+\mu}[1-A^*(s+\mu)],$$

$$\psi_{20}(s) = \frac{1}{s}[1-A^*(s)] - \frac{2}{s+\mu}[1-A^*(s+\mu)] + \frac{1}{s+2\mu}[1-A^*(s+2\mu)],$$

$$\psi_{11}(s) = \frac{1}{s+\mu}[1-A^*(s+\mu)],$$

$$\psi_{21}(s) = \frac{2}{s+\mu}[1-A^*(s+\mu)] - \frac{2}{s+2\mu}[1-A^*(s+2\mu)],$$

$$\psi_{20}^*(s,z) = \frac{1}{z(1-z)(1-2z)} \frac{1-A^*(s+2\mu(1-z))}{s+2\mu(1-z)} + \frac{1}{1-z}\frac{1-A^*(s)}{s} - \frac{4}{1-2z}\frac{1-A^*(s+\mu)}{s+\mu}$$

$$-\frac{1}{z}\frac{1-A^*(s+2\mu)}{s+2\mu},$$

$$\psi_{21}^*(s,z)=\frac{-2}{z(1-2z)}\frac{1-A^*(s+2\mu(1-z))}{s+2\mu(1-z)}$$

$$+\frac{4}{1-2z}\frac{1-A^*(s+\mu)}{s+\mu}$$

$$+\frac{2}{z}\frac{1-A^*(s+2\mu)}{s+2\mu},$$

$$C_1(s,z)=\frac{z}{(1-z)(1-2z)}\{(1-2z)A^*(s)$$

$$-z(1-z)A^*(s+\mu)$$

$$-(z^2-3z+1)A^*(s+2\mu(1-z))\},$$

$$C_2(s,z)=\frac{z^2}{1-2z}\{A^*(s+\mu)-A^*(s+2\mu(1-z))\},$$

$$C(s,z)=\begin{cases}\dfrac{z^{k+1}}{s+2\mu(1-z)}\{1-A^*(s+2\mu(1-z))\}, \\ \qquad\qquad k\geqslant 2; \\ \dfrac{z^2}{1-2z}\left\{\dfrac{1-A^*(s+\mu)}{s+\mu}\right. \\ \qquad \left.-2z\dfrac{1-A^*(s+2\mu(1-z))}{s+2\mu(1-z)}\right\}, \quad k=1; \\ \dfrac{z}{(1-z)(1-2z)}\left\{(1-2z)\dfrac{1-A^*(s)}{s}\right. \\ \qquad -z(1-z)\dfrac{1-A^*(s+\mu)}{s+\mu} \\ \qquad \left.+z^2\dfrac{1-A^*(s+2\mu(1-z))}{s+2\mu(1-z)}\right\}, \quad k=0.\end{cases}$$

于是 (40) 式化为

$$\{z-A^*(s+2\mu(1-z))\}\sum_{i=0}^{\infty}P_{ik}^*(s)z^i$$

$$=-A^*(s+2\mu(1-z))P_{0k}^*(s)$$

$$+ \frac{z}{(1-z)(1-2z)} \{(1-2z)A^*(s) - z(1-z)A^*(s+\mu)$$

$$- (z^2 - 3z + 1)A^*(s+2\mu(1-z))\}P_{1k}^*(s)$$

$$+ \frac{z^2}{1-2z} \{A^*(s+\mu) - A^*(s+2\mu(1-z))\}P_{2k}^*(s)$$

$$+ \begin{cases} \dfrac{2^{k+1}}{s+2\mu(1-z)} \{1 - A^*(s+2\mu(1-z))\}, & k \geqslant 2; \\[2ex] \dfrac{z^2}{1-2z} \left\{ \dfrac{1-A^*(s+\mu)}{s+\mu} \right. \\[2ex] \qquad \left. -2z\dfrac{1-A^*(s+2\mu(1-z))}{s+2\mu(1-z)}\right\}, & k=1; \\[2ex] \dfrac{z}{(1-z)(1-2z)} \left\{(1-2z)\dfrac{1-A^*(s)}{s} \right. \\[2ex] \qquad - z(1-z)\dfrac{1-A^*(s+\mu)}{s+\mu} \\[2ex] \qquad \left. + z^2 \dfrac{1-A^*(s+2\mu(1-z))}{s+2\mu(1-z)}\right\}, & k=0. \end{cases}$$

$$\tag{64}$$

再由 (43),

$$f_{11}^0 = \frac{\theta_{11}(s)-1}{\theta_{00}(s)} = \frac{A^*(s) - A^*(s+\mu) - 1}{A^*(s)}. \tag{65}$$

由 (42),

$$P_{0k}^*(s) = \left\{ -C(s,f(s)) + \frac{C_1(s,f(s))}{\theta_{00}(s)} \delta_{0k}^* \phi_{0k}(s) \right.$$

$$\left. + \frac{C_2(s,f(s))}{\theta_{10}(s)} [\delta_{1k}^* \phi_{1k}(s) - \delta_{0k}^* \phi_{0k}(s)f_{11}^0] \right\} \Big/$$

$$\left\{ -f(s) + \frac{C_1(s,f(s))}{\theta_{00}(s)} - \frac{C_2(s,f(s))}{\theta_{10}(s)} f_{11}^0 \right\}.$$

$$\begin{cases} \dfrac{-A^*(s)A^*(s+\mu)[f(s)]^{k-2}[1-f(s)]^2[1-2f(s)]}{[s+2\mu(1-f(s))][1-A^*(s)][A^*(s+\mu)+f(s)-1]}, \\[1ex] \qquad\qquad k \geqslant 2; \\[1ex] \dfrac{-[1-f(s)]}{(s+\mu)[1-A^*(s)][A^*(s+\mu)+f(s)-1]} \end{cases}$$

$$
\times\left\{A^*(s)-\frac{[3-2f(s)]s+4\mu[1-f(s)]}{s+2\mu[1-f(s)]}\times A^*(s)A^*(s+\mu)\right\},\quad k=1;
$$

$$
=\begin{cases}
\dfrac{1-f(s)}{s[1-A^*(s)][A^*(s+\mu)+f(s)-1]} \\
\quad\times\Big\{-1+\dfrac{2s+\mu}{s+\mu}A^*(s)+\dfrac{1}{1-f(s)}A^*(s+\mu) \\
\quad-\{[3-2f(s)]s^2+\mu[2-f(s)][3-2f(s)]s \\
\quad+2\mu^2[1-f(s)]\}/\{[1-f(s)](s+\mu)[s \\
\quad+2\mu(1-f(s))]\}A^*(s)A^*(s+\mu)\Big\},\qquad k=0,
\end{cases}
\tag{66}
$$

$$
P_{1k}^*(s)=\frac{1}{\theta_{00}(s)}\{-\delta_{0k}^*\psi_{0k}(s)+P_{0k}^*(s)\}
$$

$$
=\begin{cases}
\dfrac{-A^*(s+\mu)[f(s)]^{k-2}[1-f(s)]^2[1-2f(s)]}{[s+2\mu(1-f(s))][1-A^*(s)][A^*(s+\mu)+f(s)-1]}, \\
\qquad k\geqslant 2; \\
\dfrac{-[1-f(s)]}{(s+\mu)[1-A^*(s)][A^*(s+\mu)+f(s)-1]} \\
\quad\times\left\{1-\dfrac{(3-2f(s))s+4\mu(1-f(s))}{s+2\mu(1-f(s))}A^*(s+\mu)\right\}, \\
\qquad k=1; \\
\dfrac{1-f(s)}{s[1-A^*(s)][A^*(s+\mu)+f(s)-1]} \\
\quad\times\Big\{-\dfrac{\mu}{s+\mu}+A^*(s)-\{(1-2f(s))s^2+[2(f(s))^2 \\
\quad-f(s)-2]\mu s-2\mu^2(1-f(s))\}/\{(s+\mu)(1-f(s)) \\
\quad\times[s+2\mu(1-f(s))]\}A^*(s+\mu) \\
\quad-\dfrac{1}{1-f(s)}A^*(s)A^*(s+\mu)\Big\},\quad k=0,
\end{cases}
\tag{67}
$$

$$
P_{2k}^*(s)=\frac{1}{\theta_{10}(s)}\{-\delta_{1k}^*\psi_{1k}(s)+\delta_{0k}^*\psi_{0k}(s)f_{11}^0-f_{11}^0P_{0k}^*(s)\}
$$

$$
=\begin{cases}
\{-[1-A^*(s)+A^*(s+\mu)][f(s)]^{k-2}[1-f(s)]^2 \\
\quad \times[1-2f(s)]\}/\{[s+2\mu(1-f(s))][1-A^*(s)] \\
\quad \times[A^*(s+\mu)+f(s)-1]\}, \quad k\geqslant 2; \\
\dfrac{-1}{(s+\mu)[1-A^*(s)][A^*(s+\mu)+f(s)-1]} \\
\quad \times\Big\{\{f(s)[2(f(s))^2-6f(s)+5]s+2\mu[1-f(s)] \\
\quad \times[(f(s))^2-f(s)-1]\}/\{s+2\mu[1-f(s)]\} \\
\quad +\dfrac{[2(f(s))^2-4f(s)+1]s-2\mu f(s)[1-f(s)]}{s+2\mu[1-f(s)]}A^*(s) \\
\quad -\dfrac{[2(f(s))^2-5f(s)+4]s+6\mu[1-f(s)]}{s+2\mu[1-f(s)]}A^*(s+\mu) \\
\quad +A^*(s)A^*(s+\mu)\Big\}, \quad k=1; \\
\dfrac{1}{s(s+\mu)[1-A^*(s)][A^*(s+\mu)+f(s)-1]} \\
\quad \times\Big\{\dfrac{f(s)s^2-2\mu^2(1-f(s))^2}{s+2\mu(1-f(s))} \\
\quad +\{(1-2f(s))s^2+2\mu(1-f(s))^2s \\
\quad +2\mu^2(1-f(s))^2\}/\{s+2\mu(1-f(s))\}A^*(s) \\
\quad -\{2(1-f(s))s^2-\mu(2-f(s))(1-2f(s))s \\
\quad +2\mu^2(1-f(s))\}/\{s+2\mu(1-f(s))\}A^*(s+\mu) \\
\quad -\mu A^*(s)A^*(s+\mu)\Big\}, \quad k=0.
\end{cases}
\tag{68}
$$

将 (66), (67), (68) 代入 (64), 就得到了 GI/M/2 系统的明显表达式. 将此结果写成:

推论 2 在 GI/M/2 系统中, 假定 $A(0)=0$, 若 $|z|<1$, $\mathscr{R}(s)>K$ (K 为充分大正数), 则 $\sum_{i=0}^{\infty} P_{ik}^*(s)z^i$ 为 (64) 式所给定, (64) 式中的 $P_{0k}^*(s)$, $P_{1k}^*(s)$, $P_{2k}^*(s)$ 分别给出如 (66), (67), (68) 式. ||

3. 等待时间

1）等待时间$\boldsymbol{w}_m$. 若顾客到达时，系统状态为 k，则当 $k<n$ 时，不需等待就可开始服务；而当 $k\geqslant n$ 时，就必须等到服务完 $k-n+1$ 个后才能开始服务. 因而由全概定理，第 m 个顾客的等待时间 $\boldsymbol{w}_m$ 的分布为

$$
\begin{aligned}
W_m(x) &\equiv P\{\boldsymbol{w}_m\leqslant x\}\\
&=\sum_{k=0}^{n-1}P\{\boldsymbol{q}_m=k\}+\sum_{k=n}^{\infty}P\{\boldsymbol{q}_m=k\}\int_0^x e^{-n\mu u}\\
&\qquad\times\frac{(n\mu u)^{k-n}}{(k-n)!}n\mu du,\quad x\geqslant 0。
\end{aligned}
\tag{69}
$$

但

$$
\begin{aligned}
P\{\boldsymbol{q}_m=k\}&=\sum_{i=-1}^{\infty}P\{\boldsymbol{q}_0=i\}P\{\boldsymbol{q}_m=k|\boldsymbol{q}_0=i\}\\
&=P\{\boldsymbol{q}_0=-1\}P\{\boldsymbol{q}_m=k|\boldsymbol{q}_0=-1\}\\
&\quad+\sum_{i=0}^{\infty}P\{\boldsymbol{q}_0=i\}p_{ik}^{(m)}\\
&=P\{\boldsymbol{q}(0)=0\}P\{\boldsymbol{q}_m=k|\boldsymbol{q}_1=0,\boldsymbol{q}_0=-1\}\\
&\quad+\sum_{i=0}^{\infty}P\{\boldsymbol{q}(0)=i+1\}p_{ik}^{(m)}\\
&=p_0^{(0)}p_{0k}^{(m-1)}+\sum_{i=0}^{\infty}p_{i+1}^{(0)}p_{ik}^{(m)},
\end{aligned}
\tag{70}
$$

其中 $p_i^{(0)}\equiv P\{\boldsymbol{q}(0)=i\}$ 为初始分布.

将(70)代入(69)，即得

$$
\begin{aligned}
W_m(x)&=\sum_{k=0}^{n-1}p_0^{(0)}p_{0k}^{(m-1)}+\sum_{k=0}^{n-1}\sum_{i=0}^{\infty}p_{i+1}^{(0)}p_{ik}^{(m)}\\
&\quad+\sum_{k=n}^{\infty}p_0^{(0)}p_{0k}^{(m-1)}\int_0^x e^{-n\mu u}\frac{(n\mu u)^{k-n}}{(k-n)!}n\mu du\\
&\quad+\sum_{k=n}^{\infty}\sum_{i=0}^{\infty}p_{i+1}^{(0)}p_{ik}^{(m)}\int_0^x e^{-n\mu u}\frac{(n\mu u)^{k-n}}{(k-n)!}n\mu du,\\
&\qquad\qquad x\geqslant 0,
\end{aligned}
\tag{71}
$$

其中 $\{p_i^{(0)}\}$ 为初始分布，$p_{ik}^{(m)}$ 由定理 1 给定。此即所求的等待时间分布。

特别地，若初始分布为 $p_0^{(0)}=1$，则由 (71)，得

$$W_m(x)=\sum_{k=0}^{n-1}p_{0k}^{(m-1)}+\sum_{k=n}^{\infty}p_{0k}^{(m-1)}\int_0^x e^{-n\mu u}\frac{(n\mu u)^{k-n}}{(k-n)!}n\mu du,\quad x\geqslant 0. \tag{72}$$

令

$$W_m^*(s)\equiv\int_{0-}^{\infty}e^{-sx}dW_m(x),\quad \mathscr{R}(s)>0,$$

将 (72) 取拉普拉斯-斯蒂尔吉斯变换，即得

$$W_m^*(s)=\sum_{k=0}^{n-1}p_{0k}^{(m-1)}+\sum_{k=n}^{\infty}p_{0k}^{(m-1)}\left(\frac{n\mu}{s+n\mu}\right)^{k-n+1},$$

再取母函数，利用 (22)，即得

$$\sum_{m=1}^{\infty}W_m^*(s)u^m=u\sum_{k=1}^{n-1}V_{0k}(u)+u\sum_{k=n}^{\infty}\left(\frac{n\mu}{s+n\mu}\right)^{k-n+1}V_{0k}(u), \tag{73}$$

其中 $V_{0k}(u)$ 为 (10) 所给定。

对 GI/M/1 系统，在 (73) 中令 $n=1$，并利用 (25)，即得

$$\sum_{m=1}^{\infty}W_m^*(s)u^m=u\sum_{k=0}^{\infty}\left(\frac{\mu}{s+\mu}\right)^k V_{0k}(u)=\frac{u(1-b(u))}{1-u}\frac{s+\mu}{s+\mu(1-b(u))}, \tag{74}$$

其中 $b(u)$ 为引理 1 所定义。

2）虚等待时间 $\boldsymbol{w}(t)$. 同理，可求出任意时刻 t 到达的顾客的虚等待时间 $\boldsymbol{w}(t)$ 的分布

$$P\{\boldsymbol{w}(t)\leqslant x\}\equiv W(t,x).$$

事实上，类似于 (69)，可得

$$W(t,x)=\sum_{k=0}^{n-1}P\{\boldsymbol{q}(t)=k\}$$

$$+\sum_{k=n}^{\infty} P\{\boldsymbol{q}(t)=k\}\int_0^x e^{-n\mu u}\frac{(n\mu u)^{k-n}}{(k-n)!}n\mu du,$$

$$x\geqslant 0,\ t\geqslant 0. \tag{75}$$

但

$$\begin{aligned}P\{\boldsymbol{q}(t)=k\}&\\&=\sum_{i=0}^{\infty}P\{\boldsymbol{q}(0)=i\}P\{\boldsymbol{q}(t)=k|\boldsymbol{q}(0)=i\}\\&=\sum_{i=0}^{\infty}p_i^{(0)}P_{ik}(t),\end{aligned}$$

代入 (75), 即得

$$\begin{aligned}W(t,x)=&\sum_{k=0}^{n-1}\sum_{i=0}^{\infty}p_i^{(0)}P_{ik}(t)\\&+\sum_{k=n}^{\infty}\sum_{i=0}^{\infty}p_i^{(0)}P_{ik}(t)\int_0^x e^{-n\mu u}\frac{(n\mu u)^{k-n}}{(k-n)!}n\mu du,\\&x\geqslant 0,\ t\geqslant 0,\end{aligned} \tag{76}$$

其中 $\{p_i^{(0)}\}$ 为初始分布, $P_{ik}(t)$ 由定理 2 给定. 此即所求的虚等待时间分布.

特别地,若初始分布 $p_0^{(0)}=1$, 则由 (76), 得

$$\begin{aligned}W(t,x)=&\sum_{k=0}^{n-1}P_{0k}(t)+\sum_{k=n}^{\infty}P_{0k}(t)\int_0^x e^{-n\mu u}\\&\times\frac{(n\mu u)^{k-n}}{(k-n)!}n\mu du,\quad t\geqslant 0, x\geqslant 0.\end{aligned} \tag{77}$$

令

$$W^*(t,\sigma)\equiv\int_{0-}^{\infty}e^{-\sigma x}d_xW(t,x),\quad \mathscr{R}(\sigma)>0,$$

将 (77) 对 x 取拉普拉斯-斯蒂尔吉斯变换,即得

$$\begin{aligned}W^*(t,\sigma)=&\sum_{k=0}^{n-1}P_{0k}(t)\\&+\sum_{k=n}^{\infty}P_{0k}(t)\left(\frac{n\mu}{\sigma+n\mu}\right)^{k-n+1},\quad t\geqslant 0, \mathscr{R}(\sigma)>0.\end{aligned} \tag{78}$$

再令

$$\widetilde{W}(s,\sigma)\equiv\int_0^\infty e^{-st}W^*(t,\sigma)dt,\quad \mathscr{R}(s)>0, \tag{79}$$

将 (78) 对 t 取拉普拉斯变换,即得

$$\widetilde{W}(s,\sigma)=\sum_{k=0}^{n-1}P_{0k}^*(s)+\sum_{k=n}^{\infty}P_{0k}^*(s)\left(\frac{n\mu}{\sigma+n\mu}\right)^{k-n+1}, \tag{80}$$

其中 $P_{0k}^*(s)$ 为 (42) 所给定.

对 GI/M/1 系统,在 (80) 中令 $n=1$,并利用 (59),(60),即得

$$\widetilde{W}(s,\sigma)=\sum_{k=0}^{\infty}P_{0k}^*(s)\left(\frac{\mu}{\sigma+\mu}\right)^k=\frac{1}{s}-\frac{\sigma A^*(s)(1-f(s))}{(1-A^*(s))[s+\mu(1-f(s))][\sigma+\mu(1-f)s))]}, \tag{81}$$

其中 $f(s)$ 为引理 1 所定义.

4. 忙期 若 n 个服务台都在进行服务,我们称系统处于“忙期”,否则,就称系统处于“非忙期”.

当某顾客到达时,若系统状态由 $n-1+k(k\geqslant-(n-1))$ 上升到 $n+k$,则称从此时开始到系统状态首次由 n 下降到 $n-1$ 时为止这段时间为 k 阶忙期. 显见,0 阶忙期的起始时刻是系统由非忙期转入忙期的时刻,它的终止时刻是此后系统首次由忙期转回非忙期的时刻. 当 $k>0$ 时,在 k 阶忙期的起始时刻之前系统就已处于忙期,在它的起始时刻,恰有 k 个顾客正在排队等待,而在它的进程中,系统始终处于忙期,直到系统首次由忙期转入非忙时,k 阶忙期才结束. 当 $0>k\geqslant-(n-1)$ 时,在 k 阶忙期的起始时刻,系统中还有 $(-k)$ 个服务台尚未被占,即系统仍还处于非忙期,此后直到系统首次由非忙期转入忙期(在此之前系统可以完全得空),并到系统首次由忙期转回非忙期时为止,k 阶忙期才结束.

因此,k 阶忙期 $(k\geqslant-(n-1))$ 是刻划与预测系统极度繁忙程度的重要指标,是系统设计的一个依据.

对 $k \geqslant -(n-1)$, $m \geqslant 1$, 令 $D_{k,m}(x)$ 为下列事件的联合概率:

1) k 阶忙期的长度 $\leqslant x$;

2) 在此 k 阶忙期内共服务完了 m 个顾客.

再令

$$D^*_{k,m}(s) \equiv \int_{0-}^{\infty} e^{-sx} dD_{k,m}(x), \quad \mathscr{R}(s) > 0.$$

则 $D_{k,m}(x)$ 由下面的定理完全确定:

定理 3 对 GI/M/n 系统,假定 $A(0)=0$, 当 $\mathscr{R}(s) > K$ (K 为充分大正数), $|z|<1$, $0<|u|<1$ 时,

$$\begin{aligned}\sum_{k=-(n-1)}^{\infty} \sum_{m=1}^{\infty} D^*_{k,m}(s) u^m z^{k+n-1} \\ = \frac{1}{z - A^*(s+n\mu(1-uz))} \Big\{ n\mu u z^n \frac{1-A^*(s+n\mu(1-uz))}{s+n\mu(1-uz)} \\ - \theta_{00}(s) J_0(s,u) + \sum_{j=0}^{n-1} \Big[\sum_{i=0}^{n-j-1} u^i z^{j+i} \theta_{j+i,i}(s) \\ - z^j A^*(s+n\mu(1-uz)) \Big] J_j(s,u) \Big\},\end{aligned} \tag{82}$$

其中

$$J_j(s,u) \equiv \sum_{m=1}^{\infty} D^*_{j-n+1,m}(s) u^m, \quad 0 \leqslant j \leqslant n-1, \tag{83}$$

它为下列线性代数方程组的唯一解:

$$\begin{cases} \sum_{l=0}^{j+1} \theta_{j+1,j+1-l}(s) u^{j+1-l} J_l(s,u) - J_j(s,u) = 0, \\ \qquad 0 \leqslant j \leqslant n-2; \\ J_{n-1}(s,u) = n\mu \dfrac{u-\delta(s,u)}{s+n\mu(1-\delta(s,u))}. \end{cases} \tag{84}$$

或用显示表示,为

$$\begin{cases} J_0(s,u) = \Big\{ n\mu \dfrac{u-\delta(s,u)}{s+n\mu(1-\delta(s,u))} \Big\} \Big/ \\ \qquad \Big\{ \delta_{n-1,0} - \sum_{l=1}^{n-1} \dfrac{\delta_{n-1,l}}{\theta_{l0}(s)} \Big[(\theta_{ll}(s) u^l - \delta_{l-1,0}) \end{cases} \tag{85}$$

$$
\left\{\begin{aligned}
&\qquad + \sum_{i=1}^{l-1} (\theta_{li}(s)u^{i} - \delta_{i-1,0}) \sum_{\nu=0}^{l-1-i} (-1)^{\nu+1} f_{i,l-1}^{\nu}\Big]\Big\};\\
&J_j(s,u) = \Big\{-\frac{n\mu}{\theta_{j0}(s)} \cdot \frac{u-\delta(s,u)}{s+n\mu(1-\delta(s,u))}\Big[(\theta_{jj}(s)u^{j}-\delta_{j-1,0})\\
&\qquad + \sum_{i=1}^{j-1} (\theta_{ji}(s)u^{i}-\delta_{i-1,0}) \sum_{\nu=0}^{j-1-i} (-1)^{\nu+1} f_{i,j-1}^{\nu}\Big]\Big\}\Big/\\
&\quad \Big\{\delta_{n-1,0} - \sum_{l=1}^{n-1} \frac{\delta_{n-1,l}}{\theta_{l0}(s)}\Big[(\theta_{ll}(s)u^{l} - \delta_{l-1,0})\\
&\qquad + \sum_{i=1}^{l-1} (\theta_{li}(s)u^{i} - \delta_{i-1,0}) \sum_{\nu=0}^{l-1-i} (-1)^{\nu+1} f_{i,l-1}^{\nu}\Big]\Big\},\\
&\qquad\qquad 1 \leqslant j \leqslant n-1.
\end{aligned}\right. \tag{86}
$$

特别，有

$$
\sum_{m=1}^{\infty} D_{0,m}^{*}(s)u^{m} \equiv J_{n-1}(s,u)
$$

$$
= n\mu \frac{u-\delta(s,u)}{s+n\mu(1-\delta(s,u))}, \quad n \geqslant 1. \tag{87}
$$

此处

$$
\left\{\begin{aligned}
&f_{ij}^{\nu} \equiv \sum_{i<n_1<n_2<\cdots<n_\nu\leqslant j} \{[(\theta_{n_1,n_1-i}(s)u^{n_1-i}-\delta_{n_1-1,i})(\theta_{n_2,n_2-n_1}(s)u^{n_2-n_1}\\
&\qquad - \delta_{n_2-1,n_1})\cdots(\theta_{j+1,j+1-n_\nu}(s)u^{j+1-n_\nu} - \delta_{j,n_\nu})]/\\
&\qquad [\theta_{i0}(s)\theta_{n_1 0}(s)\theta_{n_2 0}(s)\cdots\theta_{n_\nu 0}(s)]\},\\
&\qquad\qquad 1 \leqslant i < j \leqslant n-2,\ 0 < \nu \leqslant j-i;\\
&f_{ij}^{0} \equiv \frac{\theta_{j+1,j+1-i}(s)u^{j+1-i} - \delta_{ji}}{\theta_{i0}(s)},\quad 1 \leqslant i \leqslant j \leqslant n-2,
\end{aligned}\right. \tag{88}
$$

$$
\theta_{ij}(s) \equiv \int_{0-}^{\infty} e^{-sx} \binom{i}{j} (1-e^{-\mu x})^{j} e^{-(i-j)\mu x} dA(x), \tag{89}
$$

$$
\delta_{ij} \equiv \begin{cases} 1, & i = j; \\ 0, & i \neq j, \end{cases} \tag{90}
$$

$\delta(s, u)$ 为引理 1 所定义. 此处及以后求和号中，当上标小于下标时，该和规定为 0. ||

证 令 $G_{i,m}(x)$ 为顾客到达时系统状态为 i 的条件下，下列

事件的联合概率:

1）从该顾客到达时刻起，到系统状态首次由 n 下降到 $n-1$ 时为止的总时间 $\leqslant x$;

2）在此期间共服务完了 m 个顾客.

再令

$$G_{j,m}^{*}(s)\equiv\int_{0-}^{\infty}e^{-sx}dG_{j,m}(x),\quad \mathscr{R}(s)>0.$$

显见

$$D_{k,m}(x)=G_{n-1+k,m}(x),\ D_{k,m}^{*}(s)=G_{n-1+k,m}^{*}(s).\tag{91}$$

由全概定理，容易推知：当 $j<n-1$ 时，

$$G_{j,m+1}(x)=\sum_{i=0}^{\min(m,j+1)}\int_{0}^{x}\binom{j+1}{i}(1-e^{-\mu y})^{i}e^{-(j+1-i)\mu y}\times G_{j+1-i,m+1-i}(x-y)dA(y),\quad m\geqslant 0;\tag{92}$$

当 $j\geqslant n-1$ 时，

$$G_{j,m+1}(x)=\begin{cases}\displaystyle\sum_{i=0}^{j+1-n}\int_{0}^{x}e^{-n\mu y}\frac{(n\mu y)^{i}}{i!}\times G_{j+1-i,m+1-i}(x-y)dA(y), & \text{若 } j<m+n-1,\ m\geqslant 1;\\ \displaystyle\int_{0}^{x}e^{-n\mu y}\frac{(n\mu y)^{m}}{m!}n\mu[1-A(y)]dy, & \text{若 } j=m+n-1,\ m\geqslant 0;\\ 0, & \text{若 } j>m+n-1,\ m\geqslant 0.\end{cases}\tag{93}$$

取拉普拉斯-斯蒂尔吉斯变换可以推出，当 $j<n-1$ 时，

$$G_{j,m+1}^{*}(s)=\sum_{i=0}^{\min(m,j+1)}\theta_{j+1,i}(s)G_{j+1-i,m+1-i}^{*}(s),\quad m\geqslant 0,\tag{94}$$

其中 $\theta_{ij}(s)$ 为 (89) 所定义；当 $j\geqslant n-1$ 时，

$$G_{j,m+1}^{*}(s)=\begin{cases}\displaystyle\sum_{i=0}^{j+1-n}\int_{0}^{\infty}e^{-(s+n\mu)y}\frac{(n\mu y)^{i}}{i!}dA(y)\times G_{j+1-i,m+1-i}^{*}(s), & \text{若 } j<m+n-1,\ m\geqslant 1;\end{cases}\tag{95}$$

$$
\begin{cases}
\int_0^\infty e^{-(s+n\mu)y}\dfrac{(n\mu y)^m}{m!}n\mu[1-A(y)]dy, \\
\qquad 若\ j=m+n-1,\ m\geqslant 0; \\
0, \quad 若\ j>m+n-1,\ m\geqslant 0.
\end{cases}
$$

令

$$
Q_m(s,z)\equiv\sum_{j=0}^{\infty}G_{j,m}^*(s)z^j,\quad \mathscr{R}(s)>0,|z|<1.
$$

将 (94), (95) 两端都乘以 z^j 后，对 j 求和，即得

$$
Q_1(s,z)=\sum_{j=0}^{n-2}z^j\theta_{j+1,0}(s)G_{j+1,1}^*(s)
+\frac{n\mu z^{n-1}}{s+n\mu}[1-\theta_{n0}(s)]; \tag{96}
$$

$$
\begin{aligned}
Q_{m+1}(s,z)=&\sum_{i=0}^{\min(m,n-1)}\sum_{j=i-1}^{n-2}z^j\theta_{j+1,i}(s)G_{j+1-i,m+1-i}^*(s) \\
&-z^{-1}\theta_{00}(s)G_{0,m+1}^*(s)+\sum_{i=0}^{m-1}\sum_{j=i+n-1}^{m+n-2}z^j \\
&\times\int_0^\infty e^{-(s+n\mu)y}\frac{(n\mu y)^i}{i!}dA(y)G_{j+1-i,m+1-i}^*(s) \\
&+z^{m+n-1}\int_0^\infty e^{-(s+n\mu)y}\frac{(n\mu y)^m}{m!}n\mu[1-A(y)]dy, \\
&m\geqslant 1.
\end{aligned} \tag{97}
$$

再令

$$
J_j(s,u)\equiv\sum_{m=1}^{\infty}G_{j,m}^*(s)u^m,\quad \mathscr{R}(s)>0,|u|<1,j\geqslant 0;
$$

$$
\begin{aligned}
Q(s,z,u)&\equiv\sum_{j=0}^{\infty}\sum_{m=1}^{\infty}G_{j,m}^*(s)z^ju^m=\sum_{j=0}^{\infty}J_j(s,u)z^j \\
&=\sum_{m=1}^{\infty}Q_m(s,z)u^m,
\end{aligned}
$$

$$
\mathscr{R}(s)>0,|z|<1,|u|<1.
$$

由 (91)，易知此处 $J_j(s,u)$ 与 (83) 所定义的 $J_j(s,u)$ 是一致的.

现将 (97) 两端乘以 u^m 后对 m 从 1 到 ∞ 求和，经过比较复杂

而并不困难的计算，可得

$$[z - A^*(s + n\mu(1 - uz))]\Omega(s, z, u)$$

$$= zu\Omega_1(s, z) - u\sum_{j=0}^{n-2} z^{j+1}\theta_{j+1,0}(s)G_{j+1,1}^*(s)$$

$$+ n\mu uz^n\left[\frac{1 - A^*(s + n\mu(1 - uz))}{s + n\mu(1 - uz)}\right.$$

$$\left. - \frac{1 - A^*(s + n\mu)}{s + n\mu}\right]$$

$$- \theta_{00}(s)J_0(s, u) + \sum_{l=0}^{n-1}\left[\sum_{i=0}^{n-l-1} u^i z^{l+i}\theta_{l+i,i}(s)\right.$$

$$\left. - z^l A^*(s + n\mu(1 - uz))\right] J_l(s, u).$$

将 (96) 代入上式，得

$$[z - A^*(s + n\mu(1 - uz))]\Omega(s, z, u)$$

$$= n\mu uz^n \frac{1 - A^*(s + n\mu(1 - uz))}{s + n\mu(1 - uz)} - \theta_{00}(s)J_0(s, u)$$

$$+ \sum_{l=0}^{n-1}\left[\sum_{i=0}^{n-l-1} u^i z^{l+i}\theta_{l+i,i}(s)\right.$$

$$\left. - z^l A^*(s + n\mu(1 - uz))\right] J_l(s, u). \tag{98}$$

由 (91)，

$$\Omega(s, z, u) = \sum_{k=-(n-1)}^{\infty}\sum_{m=1}^{\infty} D_{k,m}^*(s)u^m z^{k+n-1},$$

代入 (98)，即得所证的 (82) 式.

再令 $uz = v$, $0 < |u| < 1$, $|z| < 1$，则 (98) 变成

$$[v - uA^*(s + n\mu(1 - v))]\Omega\left(s, \frac{v}{u}, u\right)$$

$$= n\mu v^n u^{-n+2}\frac{1 - A^*(s + n\mu(1 - v))}{s + n\mu(1 - v)} - u\theta_{00}(s)J_0(s, u)$$

$$+ \sum_{l=0}^{n-1}\left[\sum_{i=0}^{n-l-1} v^{l+i}u^{-l+1}\theta_{l+i,i}(s)\right.$$

$$-v^l u^{-l+1} A^*(s+n\mu(1-v))\Big] J_l(s,u). \tag{99}$$

由引理 1 及其推论 2，$v=\delta(s,u)$ 为 $v=uA^*(s+n\mu(1-v))$ 在单位圆 $|v|<1$ 内的唯一解，$\frac{\delta(s,u)}{u}$ 在 $\mathscr{R}(s)>0, 0<|u|<1$ 内为 (s,u) 的解析函数，且其模 <1. 故由 $\Omega(s,z,u)$ 在 $\mathscr{R}(s)>0$, $|z|<1$, $0<|u|<1$ 内解析，即知 $\Omega\left(s,\frac{\delta(s,u)}{u},u\right)$ 为有限数。因而将 $v=\delta(s,u)$ 代入 (99) 式后，得

$$-u\theta_{00}(s)J_0(s,u)+\sum_{l=0}^{n-1} d_l(s,u)J_l(s,u)$$

$$=-n\mu[\delta(s,u)]^n u^{-n+1}\frac{u-\delta(s,u)}{s+n\mu(1-\delta(s,u))}, \tag{100}$$

其中

$$d_l(s,u)\equiv\sum_{i=0}^{n-l-1}[\delta(s,u)]^{l+i}u^{-l+1}\theta_{l+i,i}(s)$$

$$-[\delta(s,u)]^{l+1}u^{-l},\quad 0\leqslant l\leqslant n-1. \tag{101}$$

另外，将 (94) 式两端乘以 u^{m+1} 后对 m 从 0 到 ∞ 求和，即得

$$\sum_{l=0}^{j+1}\theta_{j+1,j+1-l}(s)u^{j+1-l}J_l(s,u)$$

$$-J_j(s,u)=0,$$

$$0\leqslant j\leqslant n-2. \tag{102}$$

此即 (84) 的前 $n-1$ 个方程。

当 $n\geqslant 2$ 时，将 (102) 两端乘以 $[-(\delta(s,u))^{j+1}u^{-j}]$ 后对 $j=0$ 到 $n-2$ 求和，并与 (100) 左右两端分别相加，即得

$$J_{n-1}(s,u)=n\mu\frac{u-\delta(s,u)}{s+n\mu(1-\delta(s,u))}. \tag{103}$$

而当 $n=1$ 时，直接由 (100) 就可解出 (103) 式，故 (103) 式对 $n\geqslant 1$ 均成立. 这就是 (84) 的最后一个方程，即所证之 (87) 式.

于是 (102), (103) 就组成 n 个未知数 $J_j(s,u)$, $0\leqslant j\leqslant n-1$, n 个方程的线性代数方程组 (84)，其系数行列式为

$$
\Delta(s, u) \equiv \begin{vmatrix}
-1+\theta_{11}(s)u & \theta_{10}(s) & & & & & & \\
\theta_{22}(s)u^2 & -1+\theta_{21}(s)u & \theta_{20}(s) & & & & & \\
\theta_{33}(s)u^3 & \theta_{32}(s)u^2 & -1+\theta_{31}(s)u & \theta_{30}(s) & & & & \\
\cdots\cdots & \cdots\cdots & \cdots\cdots & \cdots\cdots & \ddots & & & \\
\theta_{n-2,n-2}(s)u^{n-2} & \theta_{n-2,n-3}(s)u^{n-3} & \theta_{n-2,n-4}(s)u^{n-4} & \theta_{n-2,n-5}(s)u^{n-5} & \cdots & -1+\theta_{n-2,1}(s)u & \theta_{n-2,0}(s) & \\
\theta_{n-1,n-1}(s)u^{n-1} & \theta_{n-1,n-2}(s)u^{n-2} & \theta_{n-1,n-3}(s)u^{n-3} & \theta_{n-1,n-4}(s)u^{n-4} & \cdots & \theta_{n-1,2}(s)u^2 & -1+\theta_{n-1,1}(s)u & \theta_{n-1,0}(s) \\
0 & 0 & 0 & 0 & \cdots & 0 & 0 & 1
\end{vmatrix}
$$

由行列式的定义即知上面行列式的展开式中除了 $(-1)^{n-1}$ 一项外，其它各项都含有 $\theta_{ij}(s)$ 这种项，由于这些 $\theta_{ij}(s)(0 \leqslant j \leqslant i \leqslant n-1)$ 数目有限，而行列式展开后的项数也有限，因而只要注意到：在 $A(0)=0$ 的假定下，当 $\mathscr{R}(s)>K$ (K 为充分大正数)时，各 $\theta_{ij}(s)$ 的模均可任意小，即可推知：当 $\mathscr{R}(s)>K, |u|<1$ 时，所有其它各项的和的模 $<\frac{1}{2}$. 故知当 $\mathscr{R}(s)>K$, $0<|u|<1$ 时，$\Delta(s,u) \neq 0$.

于是由第三章 § 3 引理 3，即知未知数 $J_j(s,u)$, $0 \leqslant j \leqslant n-1$，能表成 (85)，(86) 式. 定理 3 证毕. #

下面来看两种特殊情形：

1) $n=1$ 的情形 (GI/M/1 系统).

此时由 (89)，得

$$\theta_{00}(s)=A^*(s). \tag{104}$$

由 (87)，得

$$\sum_{m=1}^{\infty} D_{0,m}^*(s) u^m \equiv J_0(s,u)=\mu \frac{u-\delta(s,u)}{s+\mu(1-\delta(s,u))}. \tag{105}$$

其中 $\delta(s,u)$ 为方程 $z=uA^*(s+\mu(1-z))$ 在单位圆 $|z|<1$ 内的唯一解. 这是 GI/M/1 系统中通常的忙期(即 0 阶忙期)的结果.

将 (104)，(105) 代入 (82)，即得 GI/M/1 系统的最终结果. 将此结果写成下面推论：

推论 1 在 GI/M/1 系统中，若 $\mathscr{R}(s)>0$, $|z|<1$, $0<|u|<1$，则

$$\begin{aligned}\sum_{k=0}^{\infty} \sum_{m=1}^{\infty} D_{k,m}^*(s) u^m z^k \\ = \frac{\mu}{z-A^*(s+\mu(1-uz))} \Big\{ uz \frac{1-A^*(s+\mu(1-uz))}{s+\mu(1-uz)} \\ - A^*(s+\mu(1-uz)) \frac{u-\delta(s,u)}{s+\mu(1-\delta(s,u))} \Big\},\end{aligned} \tag{106}$$

其中 $z=\delta(s,u)$ 为方程

$$z = uA^*(s + \mu(1 - z)) \tag{107}$$

在单位圆 $|z| < 1$ 内的唯一解. ||

注 这里把定理 3 中 s 的定义区域“$\mathscr{R}(s) > K$ (K 为充分大正数)”改为“$\mathscr{R}(s) > 0$”了，且不需假定 $A(0) = 0$，因为当 $n = 1$ 时方程组 (84) 只剩了最后一个方程，即 (105)，它已解出，不再需要保证系数行列式 $\Delta(s, u) \neq 0$ 的条件“$R(s) > K$ 及 $A(0) = 0$”. ||

2) $n = 2$ 的情形 (GI/M/2 系统).

此时由 (89) 可算出

$$\begin{cases} \theta_{00}(s) = A^*(s); \\ \theta_{10}(s) = A^*(s + \mu); \\ \theta_{11}(s) = A^*(s) - A^*(s + \mu). \end{cases} \tag{108}$$

又由 (87)，得

$$\begin{aligned} \sum_{m=1}^{\infty} D_{0,m}^*(s) u^m &\equiv J_1(s, u) \\ &= 2\mu \frac{u - \delta(s, u)}{s + 2\mu(1 - \delta(s, u))}, \end{aligned} \tag{109}$$

其中 $\delta(s, u)$ 为方程 $z = uA^*(s + 2\mu(1 - z))$ 在单位圆 $|z| < 1$ 内的唯一解. 这是 GI/M/2 系统中通常的忙期(即 0 阶忙期)的结果.

再由 (85)，得

$$\begin{aligned} J_0(s, u) = &\frac{2\mu A^*(s + \mu)}{1 - uA^*(s) + uA^*(s + \mu)} \\ &\times \frac{u - \delta(s, u)}{s + 2\mu(1 - \delta(s, u))}. \end{aligned} \tag{110}$$

将 (108), (109), (110) 代入 (82)，即得 GI/M/2 系统的最终结果. 将此结果写成下面推论:

推论 2 在 GI/M/2 系统中，假定 $A(0) = 0$，若 $\mathscr{R}(s) > K$ (K 为充分大正数)，$|z| < 1$，$0 < |u| < 1$，则

$$\sum_{k=-1}^{\infty} \sum_{m=1}^{\infty} D_{k,m}^*(s) u^m z^{k+1}$$

$$= \frac{2\mu}{z - A^*(s + 2\mu(1 - uz))} \left\{ uz^2 \frac{1 - A^*(s + 2\mu(1 - uz))}{s + 2\mu(1 - uz)} \right.$$

$$- \left[A^*(s + \mu) \frac{A^*(s+2\mu(1-uz)) - uz(A^*(s) - A^*(s+\mu))}{1 - u(A^*(s) - A^*(s + \mu))} \right.$$

$$\left. - z[A^*(s + \mu) - A^*(s + 2\mu(1 - uz))] \right]$$

$$\left. \times \frac{u - \delta(s, u)}{s + 2\mu(1 - \delta(s, u))} \right\}, \tag{111}$$

其中 $z = \delta(s, u)$ 为方程

$$z = uA^*(s + 2\mu(1 - z)) \tag{112}$$

在单位圆 $|z| < 1$ 内的唯一解. ||

5. 非闲期 我们称系统处于"闲期",若所有 n 个服务台都空闲着没有进行服务;否则就称系统处于"非闲期". 显然,在 $n = 1$,即单服务台系统的情形,非闲期就是忙期.

当某顾客到达时,若系统状态由 k ($k \geqslant 0$) 上升到 $k + 1$, 则称从此时开始到系统状态首次由 1 下降到 0, 即系统首次得空时为止这段时间为 k 阶非闲期. 显见, 0 阶非闲期的起始时刻是系统由闲期转入非闲期的时刻, 它的终止时刻是此后系统首次由非闲期转回闲期的时刻. 当 $k > 0$ 时, 在 k 阶非闲期的起始时刻之前,系统已处于非闲期, 而在 k 阶非闲期的进程中, 系统始终处于非闲期,直到系统首次由非闲期转入闲期时, k 阶非闲期才结束.

因此, k 阶非闲期 ($k \geqslant 0$) 是刻划系统是否处于不停工状态的重要指标,也是系统设计的一个依据.

对 $k \geqslant 0$, $m \geqslant 1$, 令 $\hat{D}_{k,m}(x)$ 为下列事件的联合概率:

1) k 阶非闲期的长度 $\leqslant x$;

2) 在此 k 阶非闲期内共服务完了 m 个顾客.

再令

$$\hat{D}^*_{k,m}(s) \equiv \int_{0-}^{\infty} e^{-sx} d\hat{D}_{k,m}(x), \quad \mathscr{R}(s) > 0.$$

则 $\hat{D}_{k,m}(x)$ 由下面定理完全确定:

定理 4 对 GI/M/n 系统,当 $\mathscr{R}(s) > 0$, $|z| < 1$, $0 < |u| < \varepsilon$ (ε 为充分小正数)时,

$$\sum_{k=0}^{\infty}\sum_{m=1}^{\infty}\hat{D}^*_{k,m}(s)u^m z^k$$

$$= \frac{1}{z - A^*(s+n\mu(1-uz))}\Big\{uz\hat{\Omega}_1(s,uz)$$

$$- A^*(s+n\mu(1-uz))\hat{f}_0(s,u)$$

$$+ \sum_{j=1}^{n-1}\Big[\sum_{i=j-1}^{n-1} u^{i+1}z^{i+1}\theta_{i+1,i+1-j}(s) - u^j z^j A^*(s$$

$$+ n\mu(1-uz)) + u^{n+1}z^{n+1}\theta^*_{n,n-j}(s, uz)\Big]\hat{f}_j(s,u)\Big\}, \quad (113)$$

其中的 $\hat{f}_j(s,u)$, $0 \leqslant j \leqslant n-1$, 当 $n = 1$ 时为

$$\hat{f}_0(s,u) = \mu\frac{u - \delta(s,u)}{s + \mu(1-\delta(s,u))}; \quad (114)$$

当 $n \geqslant 2$ 时为下列线性代数方程组的唯一解:

$$\begin{cases} u\sum_{l=1}^{j+1}\theta_{j+1,j+1-l}(s)\hat{f}_l(s,u) - \hat{f}_j(s,u) \\ \qquad = -u\tilde{\Phi}_{j+1,1}(s), \quad 0 \leqslant j \leqslant n-2; \\ \sum_{l=1}^{n-1}\hat{d}_l(s,u)\hat{f}_l(s,u) \\ \qquad = -u[\tilde{\Phi}_{n,1}(s) + \delta(s,u)\tilde{\Phi}^*_{n,1}(s,\delta(s,u))], \end{cases} \quad (115)$$

或用显示表示,当 $n \geqslant 2$ 时,

$$\begin{cases} \hat{f}_0(s,u) = \Big\{-u[\tilde{\Phi}_{n,1}(s) + \delta(s,u)\tilde{\Phi}^*_{n,1}(s,\delta(s,u))] \\ \qquad + \sum_{l=1}^{n-1}\frac{\hat{d}_l(s,u)}{\theta_{l0}(s)}\Big[\tilde{\Phi}_{l,1}(s) + \sum_{i=1}^{l-1}\tilde{\Phi}_{i,1}(s) \\ \qquad \times \sum_{\nu=0}^{l-1-i}(-1)^{\nu+1}f^{\nu}_{i,l-1}\Big]\Big\}\Big/\Big\{\sum_{l=1}^{n-1}\frac{\hat{d}_l(s,u)}{u\theta_{l0}(s)} \\ \qquad \times \Big[\delta_{l-1,0} + \sum_{\nu=0}^{l-2}(-1)^{\nu+1}f^{\nu}_{i,l-1}\Big]\Big\}; \quad (116) \\ \hat{f}_j(s,u) = \frac{-1}{u\theta_{j0}(s)}\Big\{u\tilde{\Phi}_{j,1}(s) \\ \qquad + \sum_{i=1}^{j-1}u\tilde{\Phi}_{i,1}(s)\sum_{\nu=0}^{j-1-i}(-1)^{\nu+1}f^{\nu}_{i,j-1} \end{cases}$$

$$
\left.\begin{aligned}
&-\left[\delta_{j-1,0}+\sum_{\nu=0}^{j-2}(-1)^{\nu+1}f_{i,j-1}^{\nu}\right]\\
&\times \hat{I}_0(s,u)\right\},\quad 1\leqslant j\leqslant n-1.
\end{aligned}
$$
(117)

而

$$
\hat{Q}_1(s,z)=\sum_{j=0}^{n-1}z^j\tilde{\phi}_{j+1,1}(s)+z^n\tilde{\phi}_{n,1}^*(s,z). \tag{118}
$$

此处

$$
\left\{\begin{aligned}
f_{ij}^{\nu}\equiv&\sum_{i<n_1<n_2<\cdots<n_\nu\leqslant j}\{[(u\theta_{n_1,n_1-i}(s)-\delta_{n_1-1,i})(u\theta_{n_2,n_2-n_1}(s)\\
&-\delta_{n_2-1,n_1})\cdots(u\theta_{j+1,j+1-n_\nu}(s)-\delta_{j,n_\nu})]/\\
&[u^{\nu+1}\theta_{i,0}(s)\theta_{n_1,0}(s)\theta_{n_2,0}(s)\cdots\theta_{n_\nu,0}(s)]\},\\
&\quad 1\leqslant i<j\leqslant n-2,\ 0<\nu\leqslant j-i;\\
f_{ij}^{0}\equiv&\frac{u\theta_{j+1,j+1-i}(s)-\delta_{ji}}{u\theta_{i,0}(s)},\quad 1\leqslant i\leqslant j\leqslant n-2.
\end{aligned}\right. \tag{119}
$$

$$
\begin{aligned}
\hat{d}_j(s,u)\equiv&u\theta_{n,n-j}(s)-\delta_{n-1,j}\\
&+u\delta(s,u)\theta_{n,n-j}^*(s,\delta(s,u)),\quad 1\leqslant j\leqslant n-1,
\end{aligned} \tag{120}
$$

$$
\theta_{ij}(s,t)\equiv\int_{0-}^{\infty}e^{-sx}\binom{i}{j}(1-e^{-\mu x})^j e^{-\mu(i-j)x}dA(x+t), \tag{121}
$$

$$
\theta_{ij}(s)\equiv\theta_{ij}(s,0), \tag{122}
$$

$$
\theta_{ij}^*(s,z)\equiv\int_0^{\infty}n\mu e^{-(s+n\mu(1-z))t}\theta_{ij}(s,t)dt, \tag{123}
$$

$$
\tilde{\phi}_{ij}(s,t)\equiv\mu\int_0^{\infty}e^{-sx}[1-A(x+t)]\binom{i}{j}(1-e^{-\mu x})^{i-j}e^{-j\mu x}dx, \tag{124}
$$

$$
\tilde{\phi}_{ij}(s)\equiv\tilde{\phi}_{ij}(s,0), \tag{125}
$$

$$
\tilde{\phi}_{ij}^*(s,z)\equiv\int_0^{\infty}n\mu e^{-(s+n\mu(1-z))t}\tilde{\phi}_{ij}(s,t)dt, \tag{126}
$$

$$
\delta_{ij}\equiv\begin{cases}1, & i=j;\\ 0, & i\neq j,\end{cases} \tag{127}
$$

$\delta(s,u)$ 为引理 1 所定义. 此处及以后的求和号中,当上标小于下

标时，该和规定为 0。||

证 对 $k \geqslant 0, l \geqslant 1$，令 $\hat{G}_{k,l}(x)$ 为下列事件的联合概率：

1）k 阶非闲期的长度 $\leqslant x$；

2）在此 k 阶非闲期内共服务完了 $k+l$ 个顾客。

再令

$$\hat{G}^*_{k,l}(s) \equiv \int_{0-}^{\infty} e^{-sx} d\hat{G}_{k,l}(x), \quad \mathscr{R}(s) > 0.$$

显见

$$\hat{D}_{k,m}(x) = \begin{cases} \hat{G}_{k,m-k}(x), & m > k; \\ 0, & m \leqslant k. \end{cases}$$

因而

$$\hat{D}^*_{k,m}(s) = \begin{cases} \hat{G}^*_{k,m-k}(s), & m > k; \\ 0, & m \leqslant k. \end{cases} \tag{128}$$

另外，由全概定理，可推知：

当 $\kappa < n$ 时，

$$\begin{aligned} \hat{G}_{k,1}(x) = & \int_0^x (1 - e^{-\mu y})^{k+1} dA(y) \\ & + [1 - A(x)](1 - e^{-\mu x})^{k+1}; \end{aligned} \tag{129}$$

$$\begin{aligned} \hat{G}_{k,l+1}(x) = & \sum_{i=0}^{k} \int_{0-}^{x} \binom{k+1}{i} (1 - e^{-\mu y})^i e^{-(k+1-i)\mu y} \\ & \times \hat{G}_{k+1-i,l}(x-y) dA(y), \quad l \geqslant 1, \end{aligned} \tag{130}$$

当 $k \geqslant n$ 时，

$$\begin{aligned} \hat{G}_{k,1}(x) = & \int_{0-}^{x} \left\{ \int_0^y \frac{(n\mu t)^{k-n}}{(k-n)!} e^{-n\mu t} n\mu (1 - e^{-\mu(y-t)})^n dt \right\} dA(t) \\ & + [1 - A(x)] \int_0^x \frac{(n\mu t)^{k-n}}{(k-n)!} \\ & \times e^{-n\mu t} n\mu (1 - e^{-\mu(x-t)})^n dt; \end{aligned} \tag{131}$$

$$\begin{aligned} \hat{G}_{k,l+1}(x) = & \sum_{i=0}^{k+1-n} \int_{0-}^{x} \frac{(n\mu y)^i}{i!} e^{-n\mu y} \hat{G}_{k+1-i,l}(x-y) dA(y) \\ & + \sum_{i=k-n+2}^{k} \int_{0-}^{x} \left\{ \int_0^y \frac{(n\mu t)^{k-n}}{(\kappa-n)!} e^{-n\mu t} n\mu \right. \end{aligned}$$

$$\times \binom{n}{k+1-i}(1-e^{-\mu(y-t)})^{n-k-1+i}$$

$$\times e^{-(k+1-i)\mu(y-t)}dt\Big\}\hat{G}_{k+1-i,l}(x-y)dA(y),$$

$$l \geqslant 1. \tag{132}$$

取拉普拉斯-斯蒂尔吉斯变换，可以推出，当 $k<n$ 时，

$$\hat{G}^*_{k,1}(s)=\int_0^\infty e^{-sx}[1-A(x)](k+1)(1-e^{-\mu x})^k e^{-\mu x}\mu dx; \tag{133}$$

$$\hat{G}^*_{k,l+1}(s)=\sum_{i=0}^{k}\int_{0-}^\infty e^{-sx}\binom{k+1}{i}(1-e^{-\mu x})^i$$

$$\times e^{-(k+1-i)\mu x}dA(x)\hat{G}^*_{k+1-i,l}(s),\quad l\geqslant 1. \tag{134}$$

当 $k\geqslant n$ 时，

$$\hat{G}^*_{k,1}(s)=\int_0^\infty e^{-sx}[1-A(x)]\Big\{\int_0^x \frac{(n\mu t)^{k-n}}{(k-n)!}$$

$$\times e^{-n\mu t}(n\mu)^2(1-e^{-\mu(x-t)})^{n-1}\cdot e^{-\mu(x-t)}dt\Big\}dx; \tag{135}$$

$$\hat{G}^*_{k,l+1}(s)=\sum_{i=0}^{k+1-n}\int_{0-}^\infty e^{-(s+n\mu)x}\frac{(n\mu x)^i}{i!}dA(x)\hat{G}^*_{k+1-i,l}(s)$$

$$+\sum_{i=k-n+2}^{k}\int_{0-}^\infty e^{-sx}\Big\{\int_0^x \frac{(n\mu t)^{k-n}}{(k-n)!}e^{-n\mu t}n\mu$$

$$\times\binom{n}{k+1-i}(1-e^{-\mu(x-t)})^{n-k-1+i}e^{-(k+1-i)\mu(x-t)}dt\Big\}$$

$$\times dA(x)\hat{G}^*_{k+1-i,l}(s),\quad l\geqslant 1. \tag{136}$$

引入母函数

$$\hat{\Omega}_l(s,z)\equiv\sum_{k=0}^\infty \hat{G}^*_{k,l}(s)z^k,\quad \mathscr{R}(s)>0,|z|<1. \tag{137}$$

将(133)，(135)对 k 求母函数后，即得

$$\hat{\Omega}_1(s,z)=\sum_{j=0}^{n-1}z^j\tilde{\Phi}_{j+1,1}(s)+z^n\tilde{\Phi}^*_{n,1}(s,z). \tag{138}$$

此即(118)式.

再将(134)，(136)对 k 求母函数后，得

$$\hat{Q}_{l+1}(s, z) = \frac{1}{z} A^*(s + n\mu(1 - z))\hat{Q}_l(s, z)$$
$$- \frac{1}{z} A^*(s + n\mu(1 - z))\hat{G}_{0,l}(s)$$
$$+ \frac{1}{z} \sum_{j=1}^{n-1} \left\{ \sum_{i=j-1}^{n-1} z^{i+1}\theta_{i+1,i+1-j}(s) \right.$$
$$\left. - A^*(s + n\mu(1 - z))z^j + z^{n+1}\theta^*_{n,n-j}(s, z) \right\}$$
$$\times \hat{G}^*_{j,l}(s), \quad l \geqslant 1. \tag{139}$$

令

$$\hat{f}_k(s, u) \equiv \sum_{l=1}^{\infty} \hat{G}^*_{k,l}(s)u^l, \quad \mathscr{R}(s) > 0, |u| < 1, k \geqslant 0; \tag{140}$$

$$\hat{Q}(s, z, u) \equiv \sum_{k=0}^{\infty} \sum_{l=1}^{\infty} \hat{G}^*_{k,l}(s)u^l z^k = \sum_{k=0}^{\infty} \hat{f}_k(s, u)z^k$$
$$= \sum_{l=1}^{\infty} \hat{Q}_l(s, z)u^l, \quad \mathscr{R}(s) > 0, |z| < 1, |u| < 1. \tag{141}$$

将 (139) 两端乘以 u^l 后对 l 从 1 到 ∞ 求和,即得

$$\{z - uA^*(s + n\mu(1 - z))\}\hat{Q}(s, z, u)$$
$$= uz\hat{Q}_1(s, z) - uA^*(s + n\mu(1 - z))\hat{f}_0(s, u)$$
$$+ u \sum_{j=1}^{n-1} \left\{ \sum_{i=j-1}^{n-1} z^{i+1}\theta_{i+1,i+1-j}(s) - A^*(s + n\mu(1 - z))z^j \right.$$
$$\left. + z^{n+1}\theta^*_{n,n-j}(s, z) \right\} \hat{f}_j(s, u), \tag{142}$$

其中 $\hat{Q}_1(s, z)$ 为 (138) 所给定.

由 (128) 与 (141),

$$\sum_{k=0}^{\infty} \sum_{m=1}^{\infty} \hat{D}^*_{k,m}(s) z^k u^m = \sum_{k=0}^{\infty} \sum_{m=k+1}^{\infty} \hat{G}^*_{k,m-k}(s) z^k u^m$$
$$= \hat{Q}(s, uz, u). \tag{143}$$

结合 (142), (143) 两式, 即得所证的 (113) 式, 其中 $\hat{Q}_1(s, z)$ 为 (138), 即 (118) 式所给定.

再由引理 1, $z = \delta(s, u)$ 为方程 $z = uA^*(s + n\mu(1 - z))$

在单位圆 $|z|<1$ 内的唯一解，又由于 $\hat{Q}(s, z, u)$ 在 $\mathscr{R}(s)>0$，$|z|<1, |u|<1$ 内解析，故 $\hat{Q}(s, \delta(s, u), u)$ 为有限数，因而将 $z=\delta(s, u)$ 代入 (142) 后，即得

$$
\begin{aligned}
&-\delta(s, u)\hat{f}_0(s, u)+\sum_{j=1}^{n-1}\left\{u\sum_{i=j-1}^{n-1}[\delta(s, u)]^{i+1}\theta_{i+1, i+1-j}(s)\right.\\
&\left.-[\delta(s, u)]^{j+1}+u[\delta(s, u)]^{n+1}\theta^*_{n, n-j}(s, \delta(s, u))\right\}\hat{f}_j(s, u)\\
&\qquad=-u\delta(s, u)\hat{Q}_1(s, \delta(s, u)). \qquad (144)
\end{aligned}
$$

当 $n=1$ 时，由此即得

$$
\hat{f}_0(s, u)=u\hat{Q}_1(s, \delta(s, u)). \qquad (145)
$$

又由 (138)，(125) 及 (126)，容易算出当 $n=1$ 时，

$$
\hat{Q}_1(s, z)=\mu\frac{1-A^*(s+\mu(1-z))}{s+\mu(1-z)}, \qquad (146)
$$

代入 (145)，即得所证的 (114) 式。

另一方面，当 $n\geqslant 2$ 时，将 (134) 中 $k\leqslant n-2$ 诸式两端乘以 u^l 后对 l 从 1 到 ∞ 求和，得

$$
\begin{aligned}
&\hat{f}_k(s, u)-\hat{G}^*_{k,1}(s)u\\
&\qquad=u\sum_{i=0}^{k}\theta_{k+1,i}(s)\hat{f}_{k+1-i}(s, u), \quad 0\leqslant k\leqslant n-2.
\end{aligned}
$$

由 (133)，

$$
\hat{G}^*_{k,1}(s)=\tilde{\phi}_{k+1,1}(s),
$$

其中 $\tilde{\phi}_{i,j}(s)$ 为 (125) 所定义，故前式可改写为

$$
\begin{aligned}
&u\sum_{l=1}^{j+1}\theta_{j+1,j+1-l}(s)\hat{f}_l(s, u)-\hat{f}_j(s, u)\\
&\qquad=-u\tilde{\phi}_{j+1,1}(s), \quad 0\leqslant j\leqslant n-2. \qquad (147)
\end{aligned}
$$

这就是方程组 (115) 的前 $n-1$ 个方程。

当 $n\geqslant 2$ 时，将 (147) 两端都乘以 $-(\delta(s, u))^{j+1}$ 后对 j 从 0 到 $n-2$ 求和，并与 (144) 左右两端分别相加，即得

$$
\begin{aligned}
&\sum_{j=1}^{n-1}\hat{d}_j(s, u)\hat{f}_j(s, u)\\
&\qquad=-u[\tilde{\phi}_{n,1}(s)+\delta(s, u)\tilde{\phi}^*_{n,1}(s, \delta(s, u))], \qquad (148)
\end{aligned}
$$

其中 $\hat{d}_j(s, u)$，$1 \leqslant j \leqslant n-1$，为 (120) 式所定义．此即方程组 (115) 的最后一个方程．

于是当 $n \geqslant 2$ 时，(147)，(148) 就组成 n 个未知数 $\hat{f}_j(s, u)$，$0 \leqslant j \leqslant n-1$，$n$ 个方程的线性代数方程组 (115)，其系数行列式为

$$\hat{\Delta}(s, u)$$
$$\equiv \begin{vmatrix} -1 & u\theta_{10}(s) & & & & \\ 0 & -1+u\theta_{21}(s) & u\theta_{20}(s) & & & \\ 0 & u\theta_{32}(s) & -1+u\theta_{31}(s) & \ddots & & \\ \vdots & \vdots & \vdots & \ddots & \ddots & \\ 0 & u\theta_{n-1,n-2}(s) & u\theta_{n-1,n-3}(s) & \cdots & -1+u\theta_{n-1,1}(s) & u\theta_{n-1,0}(s) \\ 0 & \hat{d}_1(s, u) & \hat{d}_2(s, u) & \cdots & \hat{d}_{n-2}(s, u) & \hat{d}_{n-1}(s, u) \end{vmatrix}.$$

由 $\hat{d}_j(s, u)$ 的定义 (120) 式知，上面行列式的展开式中除了 $(-1)^n$ 一项外，其它各项至少含有 u 的一次方，由于 $\delta(s, u)$，$\theta_{ij}(s)$，$\theta^*_{ij}(s, \delta(s, u))$ 均有界，故当 $0 < |u| < \varepsilon$ (ε 为充分小正数)，$\mathscr{R}(s) > 0$ 时，$\hat{\Delta}(s, u) \neq 0$．

于是由第三章 §3 引理 3，即知当 $n \geqslant 2$ 时，未知数 $\hat{f}_j(s, u)$，$0 \leqslant j \leqslant n-1$，能表示 (116)，(117) 式．定理 4 证毕．#

下面来看两种特殊情形．

1) $n=1$ 的情形 (GI/M/1 系统)．

此时 (128)，(140) 与 (114) 已给出

$$\sum_{m=1}^{\infty} D^*_{0m}(s)u^m = \hat{f}_0(s, u) = \mu \frac{u-\delta(s, u)}{s+\mu(1-\delta(s, u))}, \quad (149)$$

其中 $z=\delta(s, u)$ 为方程 $z = uA^*(s+\mu(1-z))$ 在单位圆 $|z|<1$ 内的唯一解．这是 GI/M/1 系统中通常的非闲期 (即 0 阶非闲期)的结果，由于单服务台系统的非闲期就是忙期，因此这也就是 GI/M/1 系统中通常的忙期(即 0 阶忙期)的结果．此结果与 (105) 是一致的．

此外，由 (146)，

$$\hat{Q}_1(s, z) = \mu \frac{1-A^*(s+\mu(1-z))}{s+\mu(1-z)}.$$

将上列两式代入 (113)，即得 GI/M/1 系统的最终结果。将此结果写成下面推论：

推论 1 在 GI/M/1 系统中，若 $\mathscr{R}(s) > 0$，$|z| < 1$，$0 < |u| < 1$，则

$$\sum_{k=0}^{\infty}\sum_{m=1}^{\infty}\hat{D}_{k,m}^{*}(s)u^m z^k$$
$$= \frac{\mu}{z - A^*(s+\mu(1-uz))}\left\{uz\frac{1-A^*(s+\mu(1-uz))}{s+\mu(1-uz)} - A^*(s+\mu(1-uz))\frac{u-\delta(s,u)}{s+\mu(1-\delta(s,u))}\right\}, \quad (150)$$

其中 $z = \delta(s, u)$ 为方程

$$z = uA^*(s+\mu(1-z)) \quad (151)$$

在单位圆 $|z| < 1$ 内的唯一解。||

由于单服务台系统中忙期就是非闲期，所以此结果与定理 3 的推论 1 完全一致。

2) $n = 2$ 的情形 (GI/M/2 系统)。

此时由 (118)—(125)，不难算出

$$\theta_{10}(s) = A^*(s+\mu);$$

$$\theta_{21}(s) = 2A^*(s+\mu) - 2A^*(s+2\mu);$$

$$\theta_{21}^*(s, z) = \frac{-2}{z(1-2z)}A^*(s+2\mu(1-z)) + \frac{4}{1-2z}A^*(s+\mu) + \frac{2}{z}A^*(s+2\mu);$$

$$\tilde{\Phi}_{11}(s) = \frac{\mu}{s+\mu}(1-A^*(s+\mu));$$

$$\tilde{\Phi}_{21}(s) = \frac{2\mu}{s+\mu}(1-A^*(s+\mu)) - \frac{2\mu}{s+2\mu}(1-A^*(s+2\mu));$$

$$\tilde{\Phi}_{21}^*(s, z) = \frac{-2\mu}{z(1-2z)}\frac{1-A^*(s+2\mu(1-z))}{s+2\mu(1-z)}$$

$$+\frac{4\mu}{1-2z}\frac{1-A^*(s+\mu)}{s+\mu}$$

$$+\frac{2\mu}{z}\frac{1-A^*(s+2\mu)}{s+2\mu};$$

$$\hat{d}_1(s,u)=u\theta_{21}(s)-1+u\delta(s,u)\theta_{21}^*(s,\delta(s,u))$$

$$=\frac{-1+2uA^*(s+\mu)}{1-2\delta(s,u)};$$

$$\hat{\Omega}_1(s,z)=\tilde{\psi}_{11}(z)+z\tilde{\psi}_{21}(s)+z^2\tilde{\psi}_{21}^*(s,z)$$

$$=\frac{\mu}{1-2z}\frac{1-A^*(s+\mu)}{s+\mu}$$

$$-\frac{2\mu z}{1-2z}\frac{1-A^*(s+2\mu(1-z))}{s+2\mu(1-z)}. \quad (152)$$

故由 (116)，得

$$\sum_{m=1}^{\infty}D_{0,m}^*(s)u^m=\hat{f}_0(s,u)$$

$$=\frac{-u[\tilde{\psi}_{21}(s)+\delta(s,u)\tilde{\psi}_{21}^*(s,\delta(s,u))]+\dfrac{\hat{d}_1(s,u)}{\theta_{10}(s)}\tilde{\psi}_{11}(s)}{\dfrac{\hat{d}_1(s,u)}{u\theta_{10}(s)}}$$

$$=\frac{\mu u}{(s+\mu)(1-2uA^*(s+\mu))}\Big\{1-A^*(s+\mu)$$

$$-A^*(s+\mu)\frac{2(s+\mu)(u-\delta(s,u))}{s+2\mu(1-\delta(s,u))}\Big\}, \quad (153)$$

其中 $z=\delta(s,u)$ 为方程 $z=uA^*(s+2\mu(1-z))$ 在单位圆 $|z|<1$ 内的唯一解．此即 GI/M/2 系统中通常的非闲期(即 0 阶非闲期)的结果．

再由 (117)，得

$$\hat{f}_1(s,u)=\frac{-1}{u\theta_{10}(s)}\{u\tilde{\psi}_{11}(s)-\hat{f}_0(s,u)\}$$

$$=\frac{\mu}{(s+\mu)A^*(s+\mu)}$$

$$\times\left\{\frac{1-A^*(s+\mu)-A^*(s+\mu)\dfrac{2(s+\mu)(u-\delta(s,u))}{s+2\mu(1-\delta(s,u))}}{1-2uA^*(s+\mu)}\right.$$

$$\left.-(1-A^*(s+\mu))\right\}, \qquad (154)$$

将 (152), (153), (154) 代入 (113), 即得 GI/M/2 系统的最终结果. 将此结果写成下面推论:

推论 2 对 GI/M/2 系统,若 $\mathscr{R}(s)>0,|z|<1,0<|u|<\varepsilon$ (ε 为充分小正数),则

$$\sum_{k=0}^{\infty}\sum_{m=1}^{\infty}\hat{D}^*_{k,m}(s)u^mz^k$$

$$=\frac{1}{z-A^*(s+2\mu(1-uz))}\left\{uz\hat{Q}_1(s,uz)\right.$$

$$-A^*(s+2\mu(1-uz))\hat{f}_0(s,u)+\frac{uz}{1-2uz}[A^*(s+\mu)$$

$$\left.-A^*(s+2\mu(1-uz))]\hat{f}_1(s,u)\right\}, \qquad (155)$$

其中 $\hat{Q}_1(s,z)$, $\hat{f}_0(s,u)$, $\hat{f}_1(s,u)$ 分别为 (152), (153), (154) 所给定, $\delta(s,u)$ 为方程

$$z=uA^*(s+2\mu(1-z)) \qquad (156)$$

在单位圆 $|z|<1$ 内的唯一解. ||

6. 首达时间 首达时间的概念已在第三章 § 3 中给出. 先讨论首达上界时间. 令 $N>0$ 为确定的整数, 并取之为我们所考虑的上界. 令在初始时刻队长为 j $(0\leqslant j<N)$ 的条件下,系统的队长首达上界 N 的时间长度为 $\boldsymbol{\xi}_j^{(N)}$.

对 $0\leqslant j<N$, $m\geqslant 1$, $x\geqslant 0$, 令 $G_{j,N,m}(x)$ 为在初始时刻队长为 j 的条件下,下列两事件的联合概率:

1) 首达上界时间 $\boldsymbol{\xi}_j^{(N)}\leqslant x$;

2) 在首达上界时间 $\boldsymbol{\xi}_j^{(N)}$ 内,共到达了 m 个顾客.

显见

$$G_{j,N,m}(x)\equiv 0,\quad m<N-j. \qquad (157)$$

再令

$$G^*_{j,N,m}(s) \equiv \int_{0-}^{\infty} e^{-sx} dG_{j,N,m}(x),$$

$$\mathscr{R}(s) > 0,\ 0 \leqslant j < N,\ m \geqslant 1; \tag{158}$$

$$\Omega_{j,N}(s,z) \equiv \sum_{m=1}^{\infty} G^*_{j,N,m}(s) z^m,$$

$$\mathscr{R}(s) > 0, |z| < 1,\ 0 \leqslant j < N. \tag{159}$$

则 $G_{j,N,m}(x)$ 由下列定理完全确定:

定理 5 对 GI/M/n 系统，若 $\mathscr{R}(s) > 0,\ 0 < |z| < \varepsilon$（充分小正数），则

1）当 $N > n+1$ 时，有

$$\begin{cases} \Omega_{0,N}(s,z) = \{-z\phi_0(s)\} \Big/ \Big\{ \sum\limits_{l=1}^{n} \dfrac{\tilde{\theta}_{N-l,N-n-1}(s)}{\theta_{l-1,0}(s)} \Big(\delta_{l-1,0} \\ \qquad + \sum\limits_{v=0}^{l-2} (-1)^{v+1} f^v_{1,l-1}\Big) \\ \qquad + \sum\limits_{l=n+1}^{N-1} \dfrac{-\delta_{j,N-l} + z\phi_{N-l}(s)}{z\phi_0(s)} \sum\limits_{v=0}^{l-2} (-1)^{v+1} f^v_{1,l-1} \Big\}; \\ \Omega_{j,N}(s,z) = \dfrac{1}{z\theta_{j-1,0}(s)} \Big(\delta_{j-1,0} + \sum\limits_{v=0}^{j-2} (-1)^{v+1} f^v_{1,j-1}\Big) \\ \qquad \times \Omega_{0,N}(s,z), \quad 1 \leqslant j \leqslant n+1; \\ \Omega_{j,N}(s,z) = \dfrac{1}{z\phi_0(s)} \sum\limits_{v=0}^{j-2} (-1)^{v+1} f^v_{1,j-1} \Omega_{0,N}(s,z), \\ \qquad n+2 \leqslant j \leqslant N-1, \end{cases} \tag{160}$$

其中

$$\begin{cases} f^v_{1,j} \equiv \sum\limits_{1<n_1<n_2<\cdots<n_v \leqslant j} \{[(\alpha_{n_1-1,1}(s,z) - \delta_{n_1-1,1})(\alpha_{n_2-1,n_1}(s,z) \\ \qquad - \delta_{n_2-1,n_1}) \cdots (\alpha_{j,n_v}(s,z) - \delta_{j,n_v})] / [z\theta_{00}(s)\alpha_{n_1-1,n_1} \\ \qquad \cdot (s,z)\alpha_{n_2-1,n_2}(s,z) \cdots \alpha_{n_v-1,n_v}(s,z)]\}, \\ \qquad 1 < j \leqslant N-2,\ 0 < v \leqslant j-1; \\ f^0_{1,j} \equiv \begin{cases} \dfrac{z\theta_{jj}(s) - \delta_{j1}}{z\theta_{00}(s)}, & 1 \leqslant j \leqslant n; \\ \dfrac{\tilde{\theta}_{j,j-n}(s)}{\theta_{00}(s)}, & n+1 \leqslant j \leqslant N-2, \end{cases} \end{cases} \tag{161}$$

$$
\alpha_{ij}(s,z)\equiv\begin{cases} z\theta_{i,i-j+1}(s), & 0\leqslant i\leqslant n,\ 1\leqslant j\leqslant i+1;\\ z\tilde{\theta}_{i-j+1,i-n}(s), & n+1\leqslant i\leqslant N-2,\ 1\leqslant j\leqslant n;\\ z\phi_{i-j+1}(s), & n+1\leqslant i\leqslant N-2,\ n+1\leqslant j\leqslant i+1;\\ 0, & \text{其它,}\end{cases} \tag{162}
$$

$$
\phi_i(s)\equiv\int_{0-}^{\infty}e^{-(s+n\mu)t}\frac{(n\mu t)^i}{i!}dA(t), \tag{163}
$$

$$
\theta_{ij}(s,u)\equiv\int_{0-}^{\infty}\binom{i}{j}e^{-(s+(i-j)\mu)t}(1-e^{-\mu t})^j dA(t+u), \tag{164}
$$

$$
\theta_{ij}(s)\equiv\theta_{ij}(s,0), \tag{165}
$$

$$
\tilde{\theta}_{ij}(s)\equiv\int_0^{\infty}e^{-(s+n\mu)u}\frac{(n\mu u)^{j-1}}{(j-1)!}\theta_{n,i-j}(s,u)n\mu du,
$$

$$
i\geqslant j\geqslant 1, \tag{166}
$$

$$
\delta_{ij}\equiv\begin{cases}1, & i=j;\\ 0, & i\neq j.\end{cases} \tag{167}
$$

2) 当 $1\leqslant N\leqslant n+1$ 时，有

$$
\begin{cases} \Omega_{0,N}(s,z)=\{-z\theta_{N-1,0}(s)\}/\Big\{-\delta_{N-1,0} \\ \qquad +\sum_{l=1}^{N-1}\dfrac{-\delta_{l,N-1}+z\theta_{N-1,N-l}(s)}{z\theta_{l-1,0}}\Big(\delta_{l-1,0} \\ \qquad +\sum_{\nu=0}^{l-2}(-1)^{\nu+1}f_{1,l-1}^{\nu}\Big)\Big\}; \\ \Omega_{j,N}(s,z)=\dfrac{1}{z\theta_{j-1,0}(s)}\Big(\delta_{j-1,0}+\sum_{\nu=0}^{j-2}(-1)^{\nu+1}f_{1,j-1}^{\nu}\Big) \\ \qquad \times\Omega_{0,N}(s,z),\quad 1\leqslant j\leqslant N-1, \end{cases} \tag{168}
$$

其中

$$
\begin{cases} f_{1,j}^{\nu}\equiv\sum_{1<n_1<n_2<\cdots<n_\nu\leqslant j}\{[(z\theta_{n_1-1,n_1-1}(s)-\delta_{n_1-1,1})(z\theta_{n_2-1,n_2-n_1}(s) \\ \quad -\delta_{n_2-1,n_1})\cdots(z\theta_{n_\nu-1,n_\nu-n_{\nu-1}}(s)-\delta_{n_\nu-1,n_{\nu-1}}) \\ \quad \times(z\theta_{j,j-n_\nu+1}(s)-\delta_{jn_\nu})]/[z^{\nu+1}\theta_{00}(s)\theta_{n_1-1,0}(s) \\ \quad \cdots\theta_{n_\nu-1,0}(s)]\},\quad 1<j\leqslant N-2,\ 0<\nu\leqslant j-1; \end{cases} \tag{169}
$$

$$f_{1,j}^0 \equiv \frac{z\theta_{ij}(s) - \delta_{j1}}{z\theta_{00}(s)}, \quad 1 \leqslant j \leqslant N-2,$$

$\theta_{ij}(s)$, δ_{ij} 的定义如 (165), (167) 式. ||

证 1) 当 $N > n+1$ 时，首先由于第一个顾客到达之前已经服务掉的初始顾客数可以取值 0, 1, $\cdots$, j, 故 $G_{j,N,m}(x)$ 所代表的事件可能在这 $j+1$ 种互斥的情况下发生，因而由全概定理，可以列出下列关系式:

$$\begin{cases} G_{j,N,m}(x) = \sum_{i=0}^{j} \int_{0-}^{x} \binom{j}{i} e^{-(j-i)\mu t}(1-e^{-\mu t})^i G_{j-i+1,N,m-1} \\ \quad \cdot (x-t)dA(t), \quad 0 \leqslant j \leqslant n, m \geqslant 1; \\ G_{j,N,m}(x) = \sum_{i=0}^{j-n} \int_{0-}^{x} e^{-n\mu t} \frac{(n\mu t)^i}{i!} G_{j-i+1,N,m-1} \cdot (x-t)dA(t) \\ \quad + \sum_{i=j-n+1}^{j} \int_{0-}^{x} \left\{ \int_0^t \cdot e^{-n\mu y} \frac{(n\mu y)^{j-n-1}}{(j-n-1)!} \right. \\ \quad \cdot \binom{n}{j-i} e^{-(j-i)\mu(t-y)}(1-e^{-\mu(t-y)})^{n-j+i} \\ \quad \left. \cdot n\mu dy \right\} G_{j-i+1,N,m-1}(x-t)dA(t), \\ \quad n < j \leqslant N-1, m \geqslant 1. \end{cases} \tag{170}$$

此处 $G_{N,N,m}(x)$ 由下式所定义:

$$\begin{cases} G_{N,N,0}(x) \equiv \begin{cases} 1, & x \geqslant 0, \\ 0; & x < 0, \end{cases} \\ G_{N,N,m}(x) \equiv 0, \quad m > 0. \end{cases} \tag{171}$$

取拉普拉斯-斯蒂尔吉斯变换，得

$$\begin{cases} G_{j,N,m}^*(s) = \sum_{i=0}^{j} \theta_{ji}(s) G_{j-i+1,N,m-1}^*(s), \quad 0 \leqslant j \leqslant n, m \geqslant 1; \\ G_{j,N,m}^*(s) = \sum_{i=0}^{j-n} \phi_i(s) G_{j-i+1,N,m-1}^*(s) \\ \quad + \sum_{i=j-n+1}^{j} \tilde{\theta}_{i,j-n}(s) G_{j-i+1,N,m-1}^*(s), \\ \quad n < j < N, m \geqslant 1. \end{cases} \tag{172}$$

再取母函数，并经过适当的整理，即得

$$\begin{cases}\sum_{k=1}^{j+1} z\theta_{j,j-k+1}(s)\Omega_{k,N}(s,z)-\Omega_{j,N}(s,z)=0, \quad 0\leqslant j\leqslant n;\\ \sum_{k=1}^{n} z\tilde{\theta}_{j-k+1,j-n}(s)\Omega_{k,N}(s,z)+\sum_{k=n+1}^{j+1} z\phi_{j-k+1}(s)\Omega_{k,N}(s,z)\\ \qquad -\Omega_{j,N}(s,z)=0, \quad n<j\leqslant N-2;\\ \sum_{k=1}^{n} z\tilde{\theta}_{N-k,N-n-1}(s)\Omega_{k,N}(s,z)+\sum_{k=n+1}^{N-1} z\phi_{N-k}(s)\Omega_{k,N}(s,z)\\ \qquad -\Omega_{N-1,N}(s,z)=-z\phi_0(s).\end{cases} \tag{173}$$

此为一组 N 个未知数 $\Omega_{j,N}(s,z)$ $(0\leqslant j\leqslant N-1)$，$N$ 个方程式的线性代数方程组，其系数行列式为 $\Delta(s,z)$(见下页上面的行列式)

由行列式的定义，即知上式的展开式中除了$(-1)^N$一项外，其它各项都含有 z 的因子，由于项数有限，而当$\mathscr{R}(s)>0$时，各 $\theta_{ij}(s)$，$\tilde{\theta}_{ij}(s)$，$\phi_i(s)$ 的模均有界，因而推知当 $\mathscr{R}(s)>0$，$|z|<\varepsilon$ (充分小正数)时，所有其它各项的和的模小于 $\frac{1}{2}$，故 $\Delta(s,z)\neq 0$. 于是由第三章 § 3 引理 3，即得 (160) 式.

2) 当 $1\leqslant N\leqslant n+1$ 时，与 (170) 同理，得到下列关系式：

$$G_{j,N,m}(x)=\sum_{i=0}^{j}\int_{0-}^{x}\binom{j}{i}e^{-(j-i)\mu t}(1-e^{-\mu t})^i G_{j-i+1,N,m-1} \cdot(x-t)dA(t), \quad 0\leqslant j\leqslant N-1,\ m\geqslant 1, \tag{174}$$

此处 $G_{N,N,m}(x)$ 的定义见 (171) 式.

取拉普拉斯-斯蒂尔吉斯变换，再取母函数，如前即得

$$\sum_{k=1}^{j+1} z\theta_{j,j-k+1}(s)\Omega_{k,N}(s,z)-\Omega_{j,N}(s,z) =-\delta_{j,N-1}z\theta_{N-1,0}(s), \quad 0\leqslant j\leqslant N-1, \tag{175}$$

此处定义 $\Omega_{N,N}(s,z)\equiv 0$. 这是一组 N 个未知数，N 个方程式的线性代数方程组，其系数行列式为 $\Delta(s,z)$(见下面的行列式)

与前同理，知此行列式当$\mathscr{R}(s)>0$，$|z|<\varepsilon$(充分小正数)时不为 0，故当 $N\geqslant 2$ 时，由第三章 § 3 引理 3，即得 (168) 式. 当

$$
\Delta(s,z) \equiv \begin{vmatrix}
-1, & z\theta_{00}(s). & & & & & & \\
0, & -1+z\theta_{11}(s), & z\theta_{10}(s), & & & & & \\
0, & z\theta_{22}(s), & -1+z\theta_{21}(s), & z\theta_{20}(s), & \ddots & & & \\
\vdots & \vdots & \vdots & \vdots & & & & \\
0, & z\theta_{nn}(s), & z\theta_{n,n-1}(s), & z\theta_{n,n-2}(s), & \cdots, & -1+z\theta_{n1}(s), & z\theta_{n0}(s), & \\
0, & z\tilde{\theta}_{n+1,1}(s), & z\tilde{\theta}_{n,1}(s), & z\tilde{\theta}_{n-1,1}(s), & \cdots, & z\tilde{\theta}_{21}(s), & -1+z\phi_1(s), & z\phi_0(s), \ddots \\
\vdots & \vdots & \vdots & \vdots & & \vdots & \vdots & \vdots \\
0, & z\tilde{\theta}_{N-2,N-n-2}(s), & z\tilde{\theta}_{N-3,N-n-2}(s), & z\tilde{\theta}_{N-4,N-n-2}(s), & \cdots, & z\tilde{\theta}_{N-n-1,N-n-2}(s), & z\phi_{N-n-2}(s), & z\phi_{N-n-3}(s), \cdots, -1+z\phi_1(s), \quad z\phi_0(s) \\
0, & z\tilde{\theta}_{N-1,N-n-1}(s), & z\tilde{\theta}_{N-2,N-n-1}(s), & z\tilde{\theta}_{N-3,N-n-2}(s), & \cdots, & z\tilde{\theta}_{N-n,N-n-1}(s), & z\phi_{N-n-1}(s), & z\phi_{N-n-2}(s), \cdots, \quad z\phi_2(s), \quad -1+z\phi_1(s)
\end{vmatrix}.
$$

$$
\Delta(s,z) \equiv \begin{vmatrix}
-1 & z\theta_{00}(s) & & & & & \\
0 & -1+z\theta_{11}(s) & z\theta_{10}(s) & & & & \\
0 & z\theta_{22}(s) & -1+z\theta_{21}(s) & z\theta_{20}(s) & \ddots & & \\
\vdots & \vdots & \vdots & \vdots & & \ddots & \\
0 & z\theta_{N-2,N-2}(s) & z\theta_{N-2,N-3}(s) & z\theta_{N-2,N-4}(s) & \cdots & -1+z\theta_{N-2,1}(s) & z\theta_{N-2,0}(s) \\
0 & z\theta_{N-1,N-1}(s) & z\theta_{N-1,N-2}(s) & z\theta_{N-1,N-3}(s) & & z\theta_{N-1,2}(s) & -1+z\theta_{N-1,1}(s)
\end{vmatrix}.
$$

$N=1$ 时，(175) 化归为一个方程式:

$$\Omega_{0,1}(s, z)=z\theta_{00}(s),$$

这就是解．当然它也是符合 (168) 式的，因而 (168) 式对 $1 \leqslant N \leqslant n+1$ 均成立．定理 5 证毕．#

再讨论首达下界时间．令 $M \geqslant 0$ 为确定的整数,并取之为所考虑的下界．令在初始时刻队长为 $k\,(k>M)$ 的条件下，系统的队长首达下界 M 的时间长度为 $\zeta_k^{(M)}$．因此，$\zeta_{l+1}^{(0)}$ 就是 l 阶非闲期 $(l \geqslant 0)$，$\zeta_{l+n}^{(n-1)}$ 就是 l 阶忙期 $(l \geqslant 0)$．

对 $k>M, m \geqslant 1, x \geqslant 0$，令 $F_{k,M,m}(x)$ 为在初始时刻队长为 k 的条件下,下列两事件的联合概率:

1) 首达下界时间 $\zeta_k^{(M)} \leqslant x$;

2) 在首达下界时间 $\zeta_k^{(M)}$ 内,共服务完了 m 个顾客．

显见

$$F_{k,M,m}(x)=0,\ m<k-M. \tag{176}$$

再令

$$F_{k,M,m}^*(s) \equiv \int_{0-}^{\infty} e^{-sx} d F_{k,M,m}(x), \quad \mathscr{R}(s)>0, k>M, m \geqslant 1. \tag{177}$$

则 $F_{k,M,m}(x)$ 由下列定理完全确定:

定理 6　对 GI/M/n 系统，

1) 当 $M \geqslant n-1$ 时,有

$$F_{k,M,m}(x)=D_{k-M-1,m}(x), \tag{178}$$

其中的 $D_{l,m}(x)$ 为 l 阶忙期的长度小于或等于 x，且在此 l 阶忙期中共服务了 m 个顾客的联合概率,它已由定理 3 完全确定．

2) 当 $0 \leqslant M<n-1$ 时,若 $\mathscr{R}(s)>0, |w|<1,0<|z|<\varepsilon$ (充分小正数)，有

$$\begin{aligned}
&\sum_{m=1}^{\infty} \sum_{k=M+1}^{\infty} F_{k,M,m}^*(s) w^k z^m \\
&\quad=\frac{w z^{-M}}{w-A^*(s+n\mu(1-wz))}\Big\{\sum_{k=M+1}^{n}(wz)^k(M+1)\tilde{\psi}_{k,M+1}(s) \\
&\qquad+(zw)^{n+1}(M+1)\tilde{\psi}_{n,M+1}^*(s, wz)
\end{aligned}$$

$$-w^{M}zA^{*}(s+n\mu(1-wz))V_{0,M}(s,z)+z$$

$$\cdot\sum_{j=1}^{n-M-1}\Big[\sum_{k=M+j}^{n}(wz)^{k}\theta_{k,k-M-j}(s)+(wz)^{n+1}\theta^{*}_{n,n-M-j}(s,wz)$$

$$-(wz)^{M+j}A^{*}(s+n\mu(1-wz))\Big]V_{j,M}(s,z)\Big\},\qquad(179)$$

其中

$$\begin{cases}V_{0,M}(s,z)\equiv\Big\{-(M+1)[\tilde{\phi}_{n,M+1}(s)+\delta(s,z)\\ \quad\cdot\tilde{\phi}^{*}_{n,M+1}(s,\delta(s,z))]-\sum_{l=1}^{n-M-1}\frac{\hat{d}_{l,M}(s,z)}{z\theta_{M+l,0}(s)}\Big[\tilde{\phi}_{M+l,M+1}(s)\\ \quad+\sum_{i=1}^{l-1}\tilde{\phi}_{M+i,M+1}(s)\sum_{v=0}^{l-1-i}(-1)^{v+1}f^{v}_{i,l-1}\Big]\Big\}\Big/\\ \quad\Big\{\sum_{l=1}^{n-M-1}\frac{\hat{d}_{l,M}(s,z)}{z\theta_{M+l,0}(s)}\Big[\delta_{l-1,0}+\sum_{v=0}^{l-2}(-1)^{v+1}f^{v}_{1,l-1}\Big]\Big\};\\ V_{j,M}(s,z)\equiv\frac{-1}{z\theta_{M+j,0}(s)}\Big\{(M+1)\tilde{\phi}_{M+j,M+1}(s)\\ \quad+\sum_{i=1}^{j-1}(M+1)\tilde{\phi}_{M+i,M+1}(s)\sum_{v=0}^{j-1-i}(-1)^{v+1}f^{v}_{i,j-1}\\ \quad-\Big[\delta_{j-1,0}+\sum_{v=0}^{j-2}(-1)^{v+1}f^{v}_{1,j-1}\Big]V_{0,M}(s,z)\Big\},\\ \qquad 1\leqslant j\leqslant n-M-1,\end{cases}\qquad(180)$$

$$\begin{cases}f^{v}_{ij}\equiv\sum_{i<n_1<n_2<\cdots<n_v\leqslant j}\{[(z\theta_{M+n_1,n_1-i}(s)-\delta_{n_1-1,i})\\ \quad\cdot(z\theta_{M+n_2,n_2-n_1}(s)-\delta_{n_2-1,n_1})\cdots(z\theta_{M+j+1,j+1-n_v}(s)\\ \quad-\delta_{jn_v})]/[z^{v+1}\theta_{M+i,0}(s)\theta_{M+n_1,0}(s)\cdots\theta_{M+n_v,0}(s)]\},\\ \qquad 1\leqslant i<j\leqslant n-M-2,\ 0<v\leqslant j-i;\\ f^{0}_{ij}\equiv\frac{z\theta_{M+j+1,j+1-i}(s)-\delta_{ji}}{z\theta_{M+i,0}(s)},\quad 1\leqslant i\leqslant j\leqslant n-M-2,\end{cases}\qquad(181)$$

$$\hat{d}_{j,M}(s,z)\equiv z\theta_{n,n-M-j}(s)-\delta_{n-M-1,j}+z\delta(s,z)\theta^{*}_{n,n-M-j}(s,\delta(s,z)),$$
$$1\leqslant j\leqslant n-M-1,\qquad(182)$$

$\theta_{ij}(s)$, $\theta^{*}_{ij}(s,w)$, $\tilde{\phi}_{ij}(s)$, $\tilde{\phi}^{*}_{ij}(s,w)$, δ_{ij}, $\delta(s,z)$ 定义如定理4.||

证 1) 当 $M \geqslant n-1$ 时，系统在整个首达下界时间内都处于忙期，因此易见首达下界时间 $\zeta_k^{(M)}$ 的概率分布与系统由初始状态 $n+k-M-1$ 出发到忙期结束（状态首次变成 $n-1$）为止的 $(k-M-1)$ 阶忙期的概率分布相同，故有 (178) 式.

2) 当 $0 \leqslant M < n-1$ 时，对 $k > M$，$m \geqslant 0$，$x \geqslant 0$，令 $E_{k,M,m}(x)$ 为在初始时刻队长为 k 的条件下，下列两个事件的联合概率：

i) 首达下界时间 $\zeta_k^{(M)} \leqslant x$；

ii) 在首达下界时间 $\zeta_k^{(M)}$ 内共服务完了 $k-M+m$ 个顾客.

由定义，易知

$$F_{k,M,m}(x) = E_{k,M,m-k+M}(x). \tag{183}$$

由全概定理，不难推知下列关系：

当 $k \leqslant n$ 时，

$$E_{k,M,m}(x) = \begin{cases} \displaystyle\int_0^x \binom{k}{M+1}(1-A(y))(1-e^{-\mu y})^{k-M-1}e^{-\mu(M+1)y} \\ \qquad \cdot (M+1)\mu dy, \quad 当\ m=0; & (184) \\ \displaystyle\sum_{i=0}^{k-M-1}\int_{0-}^x \binom{k}{i}(1-e^{-\mu y})^i e^{-\mu(k-i)y} E_{k-i+1,M,m-1} \\ \qquad \cdot (x-y)dA(y), \quad 当\ m \geqslant 1. & (185) \end{cases}$$

当 $k > n$ 时，

$$E_{k,M,m}(x) = \begin{cases} \displaystyle\int_0^x \left\{\int_0^y \binom{n}{M+1}(1-A(y))\frac{(n\mu u)^{k-n-1}}{(k-n-1)!}e^{-n\mu u} \right. \\ \qquad \left. \cdot n\mu(1-e^{-\mu(y-u)})^{n-M-1}e^{-\mu(M+1)(y-u)}du\right\} \\ \qquad \cdot (M+1)\mu dy, \quad 当\ m=0; & (186) \\ \displaystyle\sum_{i=0}^{k-n}\int_{0-}^x \frac{(n\mu y)^i}{i!}e^{-n\mu y}E_{k-i+1,M,m-1}(x-y)dA(y) \\ \qquad \displaystyle + \sum_{i=j-n+1}^{k-M-1}\int_{0-}^x \left\{\int_0^y \binom{n}{k-i}\frac{(n\mu u)^{k-n-1}}{(k-n-1)!} \right. \\ \qquad \left. \cdot e^{-n\mu u}n\mu(1-e^{-\mu(y-u)})^{i-k+n}e^{-\mu(k-i)(y-u)}du\right\} \\ \qquad \cdot E_{k-i+1,M,m-1}(x-y)dA(y), \quad 当\ m \geqslant 1. \end{cases} \tag{187}$$

令

$$E^*_{k,M,m}(s) \equiv \int_{0-}^{\infty} e^{-sx} dE_{k,M,m}(x), \quad \mathscr{R}(s) > 0; \tag{188}$$

$$\phi_i(s) \equiv \int_{0-}^{\infty} e^{-(s+n\mu)x} \frac{(n\mu x)^i}{i!} dA(x), \quad \mathscr{R}(s) > 0. \tag{189}$$

将前面四个式子取拉普拉斯-斯蒂尔吉斯变换，即得：
当 $k \leqslant n$ 时，

$$E^*_{k,M,m}(s) = \begin{cases} (M+1)\tilde{\Phi}_{k,M+1}(s), \quad 当\ m=0; & (190) \\ \sum_{i=0}^{k-M-1} \theta_{ki}(s) E^*_{k-i+1,M,m-1}(s), 当\ m \geqslant 1. & (191) \end{cases}$$

当 $k > n$ 时，

$$E^*_{k,M,m}(s) = \begin{cases} (M+1)\mu \int_0^{\infty} e^{-sx}(1-A(x))H_{k,M+1}(x)dx, \\ \qquad 当\ m=0; & (192) \\ \sum_{i=0}^{k-n} E^*_{k-i+1,M,m-1}(s)\phi_i(s) \\ \quad + \sum_{i=k-n+1}^{k-M-1} \left[\int_{0-}^{\infty} e^{-sx} H_{k,k-i}(x) dA(x)\right] \\ \quad \cdot E^*_{k-i+1,M,m-1}(s), \quad 当\ m \geqslant 1. & (193) \end{cases}$$

其中的 $\theta_{ki}(s)$，$\tilde{\Phi}_{k,M+1}(s)$，$\phi_i(s)$ 分别由 (122)，(125)，(189) 式所定义，而

$$H_{k,i}(x) \equiv \int_0^x n\mu \binom{n}{i} \frac{(n\mu u)^{k-n-1}}{(k-n-1)!} e^{-n\mu u}(1-e^{-\mu(x-u)})^{n-i} \cdot e^{-\mu i(x-u)} du. \tag{194}$$

再令

$$U_{M,m}(s, w) \equiv \sum_{k=0}^{\infty} E^*_{M+k+1,M,m}(s) w^{M+k+1}, \quad |w| < 1, m \geqslant 0; \tag{195}$$

$$V_{k,M}(s, z) \equiv \sum_{m=0}^{\infty} E^*_{M+k+1,M,m}(s) z^m, \quad |z| < 1, k \geqslant 0; \tag{196}$$

$$\Pi_M(s, w, z) \equiv \sum_{m=0}^{\infty} U_{M,m}(s, w) z^m, \quad |z| < 1, |w| < 1. \tag{197}$$

将 (190)，(192) 式两端都乘以 w^k 后，对 k 从 $M+1$ 到 ∞

求和，即得 $m=0$ 的情形：

$$U_{M,0}(s,w)=(M+1)\sum_{k=M+1}^{n} w^k\tilde{\phi}_{k,M+1}(s)$$
$$+(M+1)w^{n+1}\tilde{\phi}^*_{n,M+1}(s,w), \tag{198}$$

其中 $\tilde{\phi}^*_{n,M+1}(s,w)$ 为 (126) 所定义.

同理，由 (191), (193) 式即得 $m\geqslant 1$ 的情形：

$$U_{M,m}(s,w)=\sum_{k=M+1}^{n} w^k\sum_{i=0}^{k-M-1}\theta_{ki}(s)E^*_{k-i+1,M,m-1}(s)$$
$$+\sum_{k=n+1}^{\infty} w^k\sum_{i=0}^{k-n}\phi_i(s)E^*_{k-i+1,M,m-1}(s)$$
$$+\sum_{k=n+1}^{\infty} w^k\sum_{i=k-n+1}^{k-M-1}\left[\int_{0-}^{\infty}e^{-sx}H_{k,k-i}(x)dA(x)\right]$$
$$\cdot E^*_{k-i+1,M,m-1}(s). \tag{199}$$

再令 $k-i=M+j$，上式可化成

$$U_{M,m}(s,w)=\sum_{k=M+1}^{n} w^k\sum_{j=1}^{k-M}\theta_{k,k-M-j}(s)E^*_{M+j+1,M,m-1}(s)$$
$$+\sum_{k=n+1}^{\infty} w^k\sum_{j=n-M}^{k-M}\phi_{k-M-j}(s)E^*_{M+j+1,M,m-1}(s)$$
$$+\sum_{k=n+1}^{\infty} w^k\sum_{j=1}^{n-M-1}\left[\int_{0-}^{\infty}e^{-sx}H_{k,M+j}(x)dA(x)\right]$$
$$\cdot E^*_{M+j+1,M,m-1}(s),$$

交换求和号后，再予化简，即得

$$U_{M,m}(s,w)=\sum_{j=0}^{n-M-1} d_{j,M}(s,w)E^*_{M+j+1,M,m-1}(s)$$
$$+\frac{1}{w}A^*(s+n\mu(1-w))U_{M,m-1}(s,w),$$

其中

$$d_{j,M}(s,w)\equiv\begin{cases}-w^MA^*(s+n\mu(1-w)), & \text{当 } j=0;\\ \displaystyle\sum_{k=M+1}^{n}\theta_{k,k-M-j}(s)w^k+w^{n+1}\theta^*_{n,n-M-j}(s,w) & \\ \quad -w^{M+j}A^*(s+n\mu(1-w)), & \\ \qquad \text{当 } 1\leqslant j\leqslant n-M-1. & \end{cases} \tag{200}$$

现将前式两边乘以 z^m，对 $m=1,2,\cdots$ 求和，注意到 (196)，(197) 式，即得

$$[w-zA^*(s+n\mu(1-w))]\Pi_M(s,w,z)$$
$$=wU_{M,0}(s,w)+wz\sum_{j=0}^{n-M-1}d_{j,M}(s,w)V_{j,M}(s,z).$$

将 (198) 代入上式，即得

$$[w-zA^*(s+n\mu(1-w))]\Pi_M(s,w,z)$$
$$=(M+1)\sum_{k=M+1}^{n}w^{k+1}\tilde{\phi}_{k,M+1}(s)+(M+1)w^{n+2}\tilde{\phi}^*_{n,M+1}(s,w)$$
$$+zw\sum_{j=0}^{n-M-1}d_{j,M}(s,w)V_{j,M}(s,z). \tag{201}$$

再由 (183)，得

$$\sum_{m=1}^{\infty}\sum_{k=M+1}^{\infty}F^*_{k,M,m}(s)w^kz^m=\frac{1}{z^M}\Pi_M(s,wz,z).$$

将 (201) 代入，即得所求的 (179) 式。

下面来证诸 $V_{j,M}(s,z)$ 满足 (180) 式。由引理 1，将 $w=\delta(s,z)$ 代入 (201)，得

$$z\sum_{j=0}^{n-M-1}d_{j,M}(s,\delta(s,z))V_{j,M}(s,z)$$
$$=-(M+1)\sum_{k=M+1}^{n}[\delta(s,z)]^k\tilde{\phi}_{k,M+1}(s)$$
$$-(M+1)[\delta(s,z)]^{n+1}\tilde{\phi}^*_{n,M+1}(s,\delta(s,z)). \tag{202}$$

又由 (191) 式中 $M+1\leqslant k\leqslant n-1$ 时的 $n-M-1$ 个方程，令 $k-i=M+j$ 及 $M+l+1=k$，可得

$$E^*_{M+l+1,M,m}(s)=\sum_{j=1}^{l+1}\theta_{M+l+1,l+1-j}(s)E^*_{M+j+1,M,m-1}(s),$$
$$0\leqslant l\leqslant n-M-2.$$

两边乘以 z^m，对 m 从 1 到 ∞ 求和，得

$$z\sum_{j=1}^{l+1}\theta_{M+l+1,l+1-j}(s)V_{j,M}(s,z)-V_{l,M}(s,z)$$

$$= -(M+1)\tilde{\phi}_{M+l+1,M+1}(s), \quad 0 \leqslant l \leqslant n-M-2. \tag{203}$$

将 (203) 两端都乘以 $-[\delta(s, z)]^{M+l+1}$ 后对 l 从 0 到 $n-M-2$ 求和，并与 (202) 左右两端分别相加，即得

$$\sum_{j=1}^{n-M-1} \hat{d}_{j,M}(s, z) V_{j,M}(s, z)$$

$$= -(M+1)[\tilde{\phi}_{n,M+1}(s) + \delta(s, z)\tilde{\phi}^*_{n,M+1}(s, \delta(s, z))], \tag{204}$$

其中 $\hat{d}_{j,M}(s, z)$ 为 (182) 所定义。

(203)、(204) 为一组 $n-M$ 个未知数 $V_{j,M}(s, z)$，$0 \leqslant j \leqslant n-M-1$，$n-M$ 个方程式的线性方程组，此方程组的系数行列式为$\Delta(s, z)$(见下页)。

由 $\hat{d}_{j,M}(s, z)$ 的定义，即知上面行列式的展开式中，除了 $(-1)^{n-M}$ 一项外，其它各项至少包含 z 的一次方，由于 $\theta_{ij}(s)$、$\theta^*_{ij}(s, w)$ 与 $\delta(s, z)$ 均有界，故此行列式当 $0<|z|<\varepsilon$ (充分小正数)，$\mathscr{R}(s)>0$，$|w|<1$ 时恒不为零，因而由第三章 § 3引理 3，即可得出诸 $V_{j,M}(s, z)$ 的明显表达式 (180)。定理 6 证毕。#

$$
\Delta(s,z)=\begin{vmatrix}
-1 & z\theta_{M+1,0}(s) & & & & & \\
0 & -1+z\theta_{M+2,1}(s) & z\theta_{M+2,0}(s) & & & & \\
0 & z\theta_{M+3,2}(s) & -1+z\theta_{M+3,1}(s) & z\theta_{M+3,0}(s) & & & \\
\vdots & \vdots & \vdots & \vdots & \ddots & & \\
0 & z\theta_{n-1,n-M-2}(s) & z\theta_{n-1,n-M-3}(s) & z\theta_{n-1,n-M-4}(s) & \cdots & -1+z\theta_{n-1,1}(s) & z\theta_{n-1,0}(s) \\
0 & \hat{d}_{1,M}(s,z) & \hat{d}_{2,M}(s,z) & \hat{d}_{3,M}(s,z) & \cdots & \hat{d}_{n-M-2,M}(s,z) & \hat{d}_{n-M-1,M}(s,z)
\end{vmatrix}
$$

第五章 GI/G/1 系统

本章将讨论 GI/G/1 系统，也就是这样的系统：

(i) 顾客在时刻 $\boldsymbol{\tau}_1, \boldsymbol{\tau}_2, \cdots$ 陆续到来，到达时刻的间隔 $\boldsymbol{t}_m \equiv \boldsymbol{\tau}_{m+1} - \boldsymbol{\tau}_m (m = 0, 1, \cdots, \boldsymbol{\tau}_0 \equiv 0)$ 是相互独立、相同分布的随机变量，其分布函数记为 $A(x)$，即

$$P\{\boldsymbol{t}_m \leqslant x\} \equiv A(x), \quad m = 0, 1, \cdots.$$

令

$$\frac{1}{\lambda} \equiv \int_{0-}^{\infty} x dA(x),$$

假定 $\lambda > 0$ 为一常数.

(ii) 有一个服务台，顾客到达时，若服务台空闲，就立即接受服务；否则就排入队伍末尾等待，并按到达次序逐个接受服务. 顾客在服务完毕后就离开系统，同时队首顾客(如果此时有顾客等待的话)立即被接受服务.

(iii) 各顾客的服务时间 $\boldsymbol{v}_1, \boldsymbol{v}_2, \cdots$ 之间以及与 $\{\boldsymbol{t}_m\}$ 之间均相互独立，并且各 $\boldsymbol{v}_m$ 均有相同分布

$$P\{\boldsymbol{v}_m \leqslant x\} \equiv B(x), \quad m = 1, 2, \cdots.$$

令

$$\frac{1}{\mu} \equiv \int_{0-}^{\infty} x dB(x),$$

假定 $\mu > 0$ 为一常数.

令

$$\rho \equiv \frac{\lambda}{\mu},$$

称为服务强度.

本章比前面各章所研究过的系统是更为一般的系统. 当

$A(x)$，$B(x)$ 均为负指数分布时，就化为 M/M/1 系统；而当 $A(x)$，$B(x)$ 之一为负指数分布时，分别得到 M/G/1 与 GI/M/1 系统．由于我们假设得更宽，因而所能得到的结论必然没有前几章那么多、那么深入，而且大致都是属于定性的．

本章分三节讨论．§1 等待时间，§2 忙期，§3 队长．

§1. 等待时间

令 $\boldsymbol{w}_m$ 为第 m 个顾客的等待时间，则易知

$$\boldsymbol{w}_{m+1}=\max(\boldsymbol{w}_m+\boldsymbol{v}_m-\boldsymbol{t}_m,0),\quad m=1,2,\cdots. \tag{1}$$

令 $\boldsymbol{u}_m\equiv\boldsymbol{v}_m-\boldsymbol{t}_m$，则得

$$\boldsymbol{w}_{m+1}=\max(\boldsymbol{w}_m+\boldsymbol{u}_m,0),\quad m=1,2,\cdots. \tag{2}$$

易知 $\{\boldsymbol{u}_m\}$ 为一族相互独立、相同分布的随机变量，

$$E\{|\boldsymbol{u}_m|\}<\infty,$$

且其分布函数为

$$H(x)\equiv\int_{0-}^{\infty}B(x+t)dA(t). \tag{3}$$

再记 $\boldsymbol{w}_m$ 的分布函数为 $W_m(x)$，则对任一 $x\geqslant 0$，

$$\begin{aligned}W_{m+1}(x)&=P\{\boldsymbol{w}_{m+1}\leqslant x\}\\&=P\{\max(\boldsymbol{w}_m+\boldsymbol{u}_m,0)\leqslant x\}\\&=P\{\boldsymbol{w}_m+\boldsymbol{u}_m\leqslant x\}\\&=\int_{-\infty}^{x}W_m(x-t)dH(t),\quad m=1,2,\cdots.\end{aligned} \tag{4}$$

由此公式知道，只要第一个顾客的等待时间 $\boldsymbol{w}_1$ 的分布 $W_1(x)$ 已知，则由此递推即可求得所有顾客的等待时间分布，因为由 (3)，公式 (4) 中的 $H(x)$ 是被 $A(x)$，$B(x)$ 唯一确定的．

下面讨论等待时间的极限分布．先不加证明地引用 Chung 与 Fuchs 的一个引理，有兴趣的读者可参阅 K. L. Chung and W. H. Fuchs J. (1951) 的论文 [43]．

引理 1 若 $\{\boldsymbol{X}_i\}$ 独立同分布，$E\boldsymbol{X}_i=0$，$P\{\boldsymbol{X}_i=0\}<1$，

则对任一 x，有

$$P\left\{\sum_{i=1}^{k} \boldsymbol{X}_i > x, \text{ i.o.}\right\} = 1. \quad \|$$

定理 1 对 GI/G/1 系统，当 $\rho < 1$ 时，极限分布

$$\lim_{m\to\infty} W_m(x) = W(x) \tag{5}$$

存在，独立于初始分布 $W_1(x)$，且对任一 $x \geqslant 0$，满足积分方程

$$W(x) = \int_{-\infty}^{x} W(x-u)dH(u). \tag{6}$$

当 $\rho > 1$，或当 $\rho = 1$ 但 $A(x)$ 与 $B(x)$ 不全为定长分布时，

$$\lim_{m\to\infty} W_m(x) \equiv 0. \tag{7}$$

当 $\rho = 1$ 且 $A(x)$ 与 $B(x)$ 全为定长分布时，极限分布

$$\lim_{m\to\infty} W_m(x) = W_1(x) \tag{8}$$

存在，且满足积分方程 (6)，但此极限与初始分布有关(等于初始分布 $W_1(x)$)。 $\|$

证 当 $\rho = 1$ 且 $A(x)$ 与 $B(x)$ 全为定长分布时，$P\{\boldsymbol{v}_m = \boldsymbol{t}_m = \text{常数}\} = 1$，由 (4) 即知

$$W_{m+1}(x) = W_1(x), \quad m = 1, 2, \cdots.$$

因此结论是显然的，但极限

$$\lim_{m\to\infty} W_m(x) = W_1(x)$$

与初始分布有关.

其次，我们指出，当 $A(x)$ 与 $B(x)$ 不全为定长分布时，必有 $P\{\boldsymbol{v}_m = \boldsymbol{t}_m\} < 1$. 事实上，假如不然，即 $P\{\boldsymbol{v}_m = \boldsymbol{t}_m\} = 1$，则由 $\boldsymbol{v}_m$，$\boldsymbol{t}_m$ 相互独立，对任一 x，有

$$P\{\boldsymbol{t}_m \leqslant x, \ \boldsymbol{v}_m \leqslant x\} = P\{\boldsymbol{t}_m \leqslant x\}P\{\boldsymbol{v}_m \leqslant x\}.$$

但因 $P\{\boldsymbol{v}_m = \boldsymbol{t}_m\} = 1$，故上式左端 $= P\{\boldsymbol{t}_m \leqslant x\}$，右端 $= [P\{\boldsymbol{t}_m \leqslant x\}]^2$，因而

$$P\{\boldsymbol{t}_m \leqslant x\} = [P\{\boldsymbol{t}_m \leqslant x\}]^2,$$

于是对任一 x，

$$P\{\boldsymbol{t}_m \leqslant x\} = 0 \text{ 或 } 1.$$

此式表明

$$P\{\boldsymbol{t}_m = \text{常数}\} = 1.$$

因此

$$P\{\boldsymbol{t}_m = \boldsymbol{v}_m = \text{常数}\} = 1.$$

此与假设矛盾.

下面讨论定理的其余部分. 显见

$$\begin{aligned}
\boldsymbol{w}_m &= \max(0,\ \boldsymbol{w}_{m-1} + \boldsymbol{u}_{m-1}) \\
&= \max(0,\ \boldsymbol{u}_{m-1},\ \boldsymbol{w}_{m-2} + \boldsymbol{u}_{m-2} + \boldsymbol{u}_{m-1}) \\
&= \cdots \\
&= \max(0,\ \boldsymbol{u}_{m-1},\ \boldsymbol{u}_{m-1} + \boldsymbol{u}_{m-2}, \cdots,\ \boldsymbol{u}_{m-1} + \boldsymbol{u}_{m-2} \\
&\quad + \cdots + \boldsymbol{u}_2,\ \boldsymbol{u}_{m-1} + \boldsymbol{u}_{m-2} + \cdots + \boldsymbol{u}_1 + \boldsymbol{w}_1).
\end{aligned}$$

由于 $\{\boldsymbol{u}_m\}$ 独立同分布，故 $\boldsymbol{w}_m$ 与下列变量具有相同分布:

$$\max(0,\ \boldsymbol{u}_1,\ \boldsymbol{u}_1 + \boldsymbol{u}_2, \cdots,\ \boldsymbol{u}_1 + \boldsymbol{u}_2 + \cdots + \boldsymbol{u}_{m-2},\ \boldsymbol{u}_1 + \boldsymbol{u}_2 + \cdots + \boldsymbol{u}_{m-1} + \boldsymbol{w}_1).$$

先假定 $\boldsymbol{w}_1 \equiv 0$，并令

$$\boldsymbol{\zeta}_0 \equiv 0;$$

$$\boldsymbol{\zeta}_k \equiv \sum_{i=1}^{k} \boldsymbol{u}_i, \quad k = 1, 2, \cdots,$$

则

$$P\{\boldsymbol{w}_m \leqslant x\} = P\{\max_{0 \leqslant k \leqslant m-1} \boldsymbol{\zeta}_k \leqslant x\}.$$

由于事件 $\{\max\limits_{0 \leqslant k \leqslant m-1} \boldsymbol{\zeta}_k \leqslant x\}$ 为一单调非增序列，其极限为 $\{\sup\limits_{k \geqslant 0} \boldsymbol{\zeta}_k \leqslant x\}$，因而

$$\lim_{m \to \infty} W_m(x) = \lim_{m \to \infty} P\{\boldsymbol{w}_m \leqslant x\} = P\{\sup_{k \geqslant 0} \boldsymbol{\zeta}_k \leqslant x\}$$

存在，记之为 $W(x)$. 易知 $W(x)$ 为 x 的非负非降右连续函数，且当 $x < 0$ 时，$W(x) = 0$，因此为了证明 $W(x)$ 为一分布函数，只需再证 $W(\infty) = 1$.

由强大数定律，

$$\lim_{m\to\infty}\frac{\zeta_m}{m}=E\{\boldsymbol{u}_1\},\ \text{a.e.} \tag{9}$$

若 $\rho>1$，即 $E\{\boldsymbol{u}_1\}>0$，则

$$P\left\{\zeta_m>\frac{1}{2}mE(\boldsymbol{u}_1),\ \text{a.a.m}\right\}=1,$$

故对任一 x，

$$1=P\left\{\bigcup_{k=1}^{\infty}\bigcap_{m=k}^{\infty}\left(\zeta_m>\frac{1}{2}mE(\boldsymbol{u}_1)\right)\right\}$$

$$=\lim_{k\to\infty}P\left\{\bigcap_{m=k}^{\infty}\left(\zeta_m>\frac{1}{2}mE(\boldsymbol{u}_1)\right)\right\}$$

$$\leqslant P\{\sup_{m\geqslant 0}\zeta_m>x\}=1-W(x),$$

因而 $W(x)=0$ 对任一 x 成立.

若 $\rho<1$，即 $E\{\boldsymbol{u}_1\}<0$，则

$$P\{\zeta_m<0,\ \text{a.a.m}\}=1,$$

即

$$1=P\left\{\bigcup_{k=1}^{\infty}\bigcap_{m=k}^{\infty}(\zeta_m<0)\right\}=\lim_{k\to\infty}P\left\{\bigcap_{m=k}^{\infty}(\zeta_m<0)\right\}.$$

因而对任一 $\varepsilon>0$，$\exists k_0$，使

$$P\left\{\bigcap_{m=k_0}^{\infty}(\zeta_m<0)\right\}>1-\frac{\varepsilon}{2}. \tag{10}$$

另一方面，对此固定的 k_0，$\exists x_0>0$，当 $x>x_0$ 时，

$$P\left\{\bigcap_{m=0}^{k_0-1}(\zeta_m\leqslant x)\right\}>1-\frac{\varepsilon}{2}. \tag{11}$$

结合 (10)，(11)，即知对任一 $\varepsilon>0$，$\exists x_0>0$，当 $x>x_0$ 时，

$$W(x)\geqslant P\left\{\bigcap_{m=0}^{\infty}(\zeta_m\leqslant x)\right\}>1-\varepsilon,$$

因而

$$\lim_{x\to\infty}W(x)=1.$$

这就证明了极限分布 (5) 的存在性. 再将 (4) 取极限 $m\to\infty$, 即得积分方程 (6).

若 $\rho=1$, 即 $E\{\boldsymbol{u}_1\}=0$, 且 $A(x)$ 与 $B(x)$ 不全为定长分布. 则因证明开始部分已指出, 此时必有 $P\{\boldsymbol{u}_1=0\}<1$, 故由引理 1, 对任一 x,

$$P\{\zeta_k>x,\ \text{i.o.}\}=1.$$

于是

$$1=P\{\zeta_k>x,\ \text{i.o.}\}\leqslant P\{\sup_{m\geqslant 0}\zeta_m>x\}=1-W(x),$$

因而 $W(x)=0$ 对任一 x 成立.

最后只需再证极限分布 (5) 与初始分布无关. 令 $\boldsymbol{w}_1=y$($y\geqslant 0$ 为一固定数), 则

$$P\{\max_{0\leqslant k\leqslant m-2}\zeta_k\leqslant x\}-P\{\zeta_{m-1}>x-y\}$$
$$\leqslant P\{\boldsymbol{w}_m\leqslant x\,|\,\boldsymbol{w}_1=y\}\leqslant P\{\max_{0\leqslant k\leqslant m-2}\zeta_k\leqslant x\}. \tag{12}$$

若 $\rho<1$, 即 $E\{\boldsymbol{u}_1\}<0$, 由 (9),

$$P\left\{\bigcup_{n=1}^{\infty}\bigcap_{m=n}^{\infty}\left(\zeta_m<\frac{1}{2}\,mE(\boldsymbol{u}_1)\right)\right\}=1,$$

故对任意固定的 $x-y$ (不论正负), 有

$$P\left\{\bigcup_{n=1}^{\infty}\bigcap_{m=n}^{\infty}(\zeta_m\leqslant x-y)\right\}=1.$$

因而

$$\limsup_{n\to\infty}P\{\zeta_n>x-y\}\leqslant\lim_{n\to\infty}P\left\{\bigcup_{m=n}^{\infty}(\zeta_m>x-y)\right\}$$
$$=P\left\{\bigcap_{n=1}^{\infty}\bigcup_{m=n}^{\infty}(\zeta_m>x-y)\right\}=0,$$

也就有

$$\lim_{n\to\infty}P\{\zeta_n>x-y\}=0.$$

于是在 (12) 中令 $m\to\infty$, 即得

$$\lim_{m\to\infty}P\{\boldsymbol{w}_m\leqslant x\,|\,\boldsymbol{w}_1=y\}=W(x);$$

它与 y 无关。

若 $\rho>1$，或若 $\rho=1$ 但 $A(x)$ 与 $B(x)$ 不全为定长分布，则由 (12) 的第二个不等式，

$$\lim_{m\to\infty} P\{\boldsymbol{w}_m \leqslant x \mid \boldsymbol{w}_1 = y\} = 0,$$

因为已证，此时对任一 x 有

$$P\{\sup_{k\geqslant 0} \zeta_k \leqslant x\} \equiv W(x) = 0.$$

结合上面两种情形，由

$$P\{\boldsymbol{w}_m \leqslant x\} = \int_{0-}^{\infty} P\{\boldsymbol{w}_m \leqslant x \mid \boldsymbol{w}_1 = y\} dW_1(y),$$

即得

$$\lim_{m\to\infty} P\{\boldsymbol{w}_m \leqslant x\} = \begin{cases} W(x), & \rho<1; \\ & \rho>1, \text{或} \rho=1 \text{ 但 } A(x) \text{ 与} \\ 0, & B(x) \text{ 不全为定长分布}, \end{cases}$$

它与初始分布 $W_1(x)$ 无关，定理 1 证毕。 #

作为定理 1 的一个应用，我们来推导 M/G/1 系统中关于等待时间平稳分布的扑拉切克-欣钦（Pollaczek-Хинчин）公式，它在第三章中曾被直接求得。

假定 $\rho<1$，此时

$$A(x) = 1 - e^{-\lambda x}, \quad x \geqslant 0,$$

因此

$$H(x) = \lambda \int_0^{\infty} e^{-\lambda t} B(x+t)\, dt. \tag{13}$$

对所有实数 x，定义

$$\widetilde{W}(x) \equiv \int_{-\infty}^{x} W(x-u)\, dH(u), \tag{14}$$

则当 $x<0$ 时，

$$\begin{aligned} \widetilde{W}(x) &= \lambda \int_{u\leqslant x} \int_{t\geqslant 0} e^{-\lambda t} W(x-u)\, dB(u+t)\, dt \\ &= \lambda \int_{y\geqslant 0} \int_{v\geqslant x-y} e^{-\lambda(v+y-x)} W(y)\, dB(v)\, dy \\ &= \lambda \int_{y\geqslant 0} \int_{v\geqslant 0} e^{-\lambda(v+y-x)} W(y)\, dB(v)\, dy \end{aligned}$$

$$= Ce^{\lambda x}, \tag{15}$$

其中

$$C = \lambda \int_{y\geqslant 0} \int_{v\geqslant 0} e^{-\lambda(y+v)} W(y) dB(v) dy$$

为一与 x 无关的常数.

再将 (14) 取拉普拉斯-斯蒂尔吉斯变换，得

$$\begin{aligned}\int_{-\infty}^{\infty} e^{-sx} d\widetilde{W}(x) &= \int_{-\infty}^{\infty} e^{-sx} \int_{-\infty}^{\infty} dW(x-u) dH(u) \\ &= \int_{-\infty}^{\infty} e^{-su} dH(u) \int_{-\infty}^{\infty} e^{-s(x-u)} dW(x-u) \\ &= W^*(s) \int_{-\infty}^{\infty} e^{-sx} dH(x), \quad \mathscr{R}(s) > 0, \end{aligned} \tag{16}$$

其中

$$W^*(s) \equiv \int_{-\infty}^{\infty} e^{-sx} dW(x), \quad \mathscr{R}(s) > 0.$$

由于 $x \geqslant 0$ 时 $\widetilde{W}(x) = W(x)$，且由 (15)，

$$\int_{-\infty}^{0-} e^{-sx} d\widetilde{W}(x) = C\lambda \int_{-\infty}^{0-} e^{-sx+\lambda x} dx = \frac{C\lambda}{\lambda - s},$$

$$0 < \mathscr{R}(s) < \lambda;$$

$$\begin{aligned}\int_{0-}^{\infty} e^{-sx} d\widetilde{W}(x) &= \int_{0-}^{0+} e^{-sx} d\widetilde{W}(x) + \int_{0+}^{\infty} e^{-sx} dW(x) \\ &= W(0) - \widetilde{W}(0-) + \int_{0+}^{\infty} e^{-sx} dW(x) \\ &= -C + W^*(s);\end{aligned}$$

由 (13)，

$$\begin{aligned}\int_{-\infty}^{\infty} e^{-sx} dH(x) &= \lambda \int_{-\infty}^{\infty} \int_{0}^{\infty} e^{-sx-\lambda t} dB(x+t) dt \\ &= \lambda \int_{0}^{\infty} e^{-(\lambda-s)t} dt \int_{-\infty}^{\infty} e^{-s(x+t)} dB(x+t) \\ &= \frac{\lambda B^*(s)}{\lambda - s}, \quad 0 < \mathscr{R}(s) < \lambda,\end{aligned}$$

将上列三式代入 (16)，即得

$$\frac{C\lambda}{\lambda-s}-C+W^*(s)=W^*(s)\frac{\lambda B^*(s)}{\lambda-s}$$

或

$$W^*(s)=C\left\{1-\lambda\frac{1-B^*(s)}{s}\right\}^{-1},\quad 0<\mathscr{R}(s)<\lambda, \tag{17}$$

令 $s\to 0$，并注意到

$$\lim_{s\to 0}\frac{1-B^*(s)}{s}=-\lim_{s\to 0}\frac{dB^*(s)}{ds}=\frac{1}{\mu},$$

即得

$$1=C\left(1-\frac{\lambda}{\mu}\right)^{-1}$$

或

$$C=1-\rho.$$

代入(17)，得

$$W^*(s)=\frac{(1-\rho)s}{s-\lambda+\lambda B^*(s)} \tag{18}$$

对 $0<\mathscr{R}(s)<\lambda$ 成立．再经解析开拓，即知(18)对 $\mathscr{R}(s)>0$ 成立．此即所求的扑拉切克-欣钦公式，由此即可完全确定等待时间的平稳分布．

§2. 忙 期

本节讨论通常的忙期，当一个顾客到达空闲的服务台时忙期就开始，一直到服务台再一次变成空闲时忙期才结束．为了求出忙期的分布，我们引进一个新的概念．

令 $C_1, C_2, \cdots, C_m$ 为 m 个实数．记

$$\begin{cases} S_0\equiv 0; \\ S_k\equiv \sum_{i=1}^{k} C_i, \quad k=1,2,\cdots,m. \end{cases}$$

若 $S_k>S_j$，$j=0,1,\cdots,k-1$，且 $k\geqslant 1$，就称 k 为 $(S_0, S_1,\cdots, S_m)$ 的一个梯点．

若某梯点之前有 $l-1$ 个其它的梯点，就称此梯点为第 l 个梯点.

对任一整数 a，$0\leqslant a<m$，用下之方程定义 $(C_1, C_2, \cdots, C_m)$ 的一个循环排列 $(C_1(a), C_2(a), \cdots, C_m(a))$：

$$\begin{cases} C_i(a)\equiv C_{a+i}, & i=1,2,\cdots,(m-a); \\ C_i(a)\equiv C_{a+i-m}, & i=(m-a+1),(m-a+2),\cdots,m. \end{cases} \tag{1}$$

再令

$$\begin{cases} S_0(a)\equiv 0; \\ S_k(a)\equiv \sum_{i=1}^{k} C_i(a), \quad k=1,2,\cdots,m. \end{cases}$$

则显见

$$\begin{cases} S_k(a)=S_{a+k}-S_a, \\ \qquad\qquad k=1,2,\cdots,(m-a); \\ S_k(a)=S_m-S_a+S_{a+k-m}, \\ \qquad\qquad k=(m-a+1),(m-a+2),\cdots,m. \end{cases} \tag{2}$$

引理 1 1) 若 $S_m>0$,则 $\exists a$，$0\leqslant a<m$，使得 m 为 $(S_0(a), S_1(a), \cdots, S_m(a))$的一个梯点.

2) 若 m 为此部分和序列的第 l 个梯点,则恰好存在 l 个如上的 a,即存在 l 个循环排列,使得 m 为 $(S_0(a), S_1(a), \cdots, S_m(a))$ 的梯点,而且恰好为第 l 个梯点. ||

证 1) 令 $S_0, S_1, \cdots, S_{m-1}, S_m$ 中第一次达到最大值的项为 S_b (即 $S_b>S_j$，$0\leqslant j\leqslant b-1$； 且 $S_b\geqslant S_k$，$b+1\leqslant k\leqslant m$).

由于 $S_m>0$，必有 $m\geqslant b>0$. 令

$$a\equiv\begin{cases} 0, & 若\ b=m; \\ b, & 若\ b<m. \end{cases}$$

我们来证此 a 即为 1) 中所求的 a. 事实上，若 $b=m$，则表明 m 为 $(S_0, S_1, \cdots, S_m)$ 的一个梯点，即 m 为 $(S_0(0), S_1(0), \cdots, S_m(0))$ 的一个梯点，此即所证. 若 $b<m$，则 $a=b$，故由 (2) 知：当 $k\leqslant m-a$ 时，

$$S_k(a)=S_k(b)=S_{b+k}-S_b\leqslant 0<S_m=S_m(a);$$

当 $m > k > m - a$ 时，

$$S_k(a) = S_k(b) = S_m - S_b + S_{b+k-m} < S_m = S_m(a),$$

因而 m 为 $(S_0(a), S_1(a), \cdots, S_m(a))$ 的一个梯点.

2) 不妨假设 m 为 $(S_0, S_1, \cdots, S_m)$ 的第 l 个梯点. 容易看出，为了证明 2)，只需证明下列结论：

"若 $a > 0$，则 $S_m(a) > S_k(a)$，$k < m$，的充要条件为 $S_a > S_k$，$k < a$."

下面证明此结论.

充分性：设 $S_a > S_k$，$k < a$，则由 (2)，当 $k \leqslant m - a$ 时，

$$S_k(a) = S_{a+k} - S_a < S_{a+k} \leqslant S_m = S_m(a);$$

当 $m > k > m - a$ 时，

$$S_k(a) = S_m - S_a + S_{a+k-m} < S_m = S_m(a).$$

必要性：设 $S_m(a) > S_k(a)$，$k < m$，则由 (2)，当 $m > k \geqslant m - a$ 时，

$$0 > S_k(a) - S_m = -S_a + S_{a+k-m},$$

因而

$$S_a > S_{a+k-m}, \quad m > k \geqslant m - a,$$

即

$$S_a > S_j, \quad a > j \geqslant 0.$$

引理 1 证毕. #

令 $m!\varphi_m^{(l)}(C_1, C_2, \cdots, C_m)$ 为 $m!$ 个排列 $\{(C_1, C_2, \cdots, C_m)\}$ 中以 m 为其部分和序列的第 l 个梯点的那种 $(C_1, C_2, \cdots, C_m)$ 的数目，或简记为 $m!\varphi_m^{(l)}$. 则有如下的引理：

引理 2 若 $S_m > 0$，则

$$\frac{1}{m} = \sum_{l=1}^{m} \frac{1}{l} \varphi_m^{(l)}. \quad \| \tag{3}$$

证 两个排列称为属于同一等价类的，假如它们能由循环的手续互相变换获得. 因此在 $m!$ 个排列 $\{(C_1, C_2, \cdots, C_m)\}$ 中有 $(m-1)!$ 个等价类.

另外，在以 m 为其梯点的所有排列中，以 m 为其第 l 个梯点的

排列有 $m!\varphi_m^{(l)}$ 个，故由引理 1，其中每一个都有其它 $l-1$ 个与之等价，而且每一排列必属于也只属于一个等价类，因此，以 m 为其第 l 个梯点的排列共有 $\dfrac{m!\varphi_m^{(l)}}{l}$ 个等价类，又由引理 1，每一排列都属于以 m 为梯点的一个等价类，故得

$$\sum_{l=1}^{m}\frac{m!\varphi_m^{(l)}}{l}=(m-1)!.$$

化简后即得所求 (3) 式．引理 2 证毕．#

有了这些准备工作后，就可以来寻求忙期分布了．不妨假定顾客在时刻 $\boldsymbol{\tau}_1\equiv 0, \boldsymbol{\tau}_2, \cdots$ 陆续到来，而第一个顾客在 $\boldsymbol{\tau}_1\equiv 0$ 到来时服务台是空着的．因此忙期在时刻 0 就开始．仍令 $\boldsymbol{t}_m\equiv\boldsymbol{\tau}_{m+1}-\boldsymbol{\tau}_m, m=1,2,\cdots$，假定 $\{\boldsymbol{t}_m\}$ 独立同分布，其分布函数为 $A(x)$，均值为 $\dfrac{1}{\lambda}<\infty$；而每个顾客的服务时间为 $\boldsymbol{v}_m$，假定 $\{\boldsymbol{v}_m\}$ 独立同分布，并与 $\{\boldsymbol{t}_m\}$ 独立，记 $\boldsymbol{v}_m$ 的分布函数为 $B(x)$，均值为 $\dfrac{1}{\mu}<\infty$.

令 $D_m(x)(x\geqslant 0, m\geqslant 1)$ 为忙期长度 $\leqslant x$，且在此忙期中服务了 m 个顾客的联合概率．再令

$$D_m^*(s)\equiv\int_{0-}^{\infty}e^{-sx}dD_m(x),\quad \mathscr{R}(s)>0.$$

则 $D_m(x)$ 由下列定理完全确定:

定理 1 对 GI/G/1 系统，若 $\mathscr{R}(s)>0$，$|z|<1$，则

$$\sum_{m=1}^{\infty}D_m^*(s)z^m=1-\exp\left\{-\sum_{k=1}^{\infty}\frac{a_k^*(s)}{k}z^k\right\},\tag{4}$$

其中

$$a_k^*(s)\equiv\int_{0-}^{\infty}e^{-sx}[1-A^{(k)}(x)]dB^{(k)}(x),\tag{5}$$

而 $A^{(k)}(x)$，$B^{(k)}(x)$ 分别为 $A(x)$，$B(x)$ 的 k 重卷积．||

证 令 $\boldsymbol{\sigma}_j\equiv\boldsymbol{t}_j-\boldsymbol{v}_j$，则易知

$D_m(x)=P\{\boldsymbol{\sigma}_1\leqslant 0, \boldsymbol{\sigma}_1+\boldsymbol{\sigma}_2\leqslant 0,\cdots,\boldsymbol{\sigma}_1+\boldsymbol{\sigma}_2+\cdots$

$$+\boldsymbol{\sigma}_{m-1}\leqslant 0,\ \boldsymbol{\sigma}_1+\boldsymbol{\sigma}_2+\cdots+\boldsymbol{\sigma}_m>0,\ \boldsymbol{v}_1+\boldsymbol{v}_2+\cdots+\boldsymbol{v}_m\leqslant x\}. \tag{6}$$

令

$$\begin{cases}\boldsymbol{S}_0\equiv 0;\\ \boldsymbol{S}_k\equiv\sum_{i=1}^{k}\boldsymbol{\sigma}_i,\end{cases}$$

则 (6) 式表明 $D_m(x)$ 是 m 为 $(\boldsymbol{S}_0,\ \boldsymbol{S}_1,\ \cdots,\ \boldsymbol{S}_m)$ 的第一个梯点及 $\boldsymbol{v}_1+\boldsymbol{v}_2+\cdots+\boldsymbol{v}_m\leqslant x$ 的联合概率.

若再令 $\pi_m^{(l)}(x)$ 表示 m 为 $(\boldsymbol{S}_0,\ \boldsymbol{S}_1,\cdots,\ \boldsymbol{S}_m)$ 的第 l 个梯点及 $\boldsymbol{v}_1+\boldsymbol{v}_2+\cdots+\boldsymbol{v}_m\leqslant x$ 的联合概率,则显见

$$D_m(x)=\pi_m^{(1)}(x),\quad m\geqslant 1. \tag{7}$$

又由 $\{\boldsymbol{t}_m\}$, $\{\boldsymbol{v}_m\}$ 独立同分布的假定,据全概定理, 即得

$$\pi_m^{(l)}(x)=\sum_{v=1}^{m-l+1}\int_{0-}^{x}\pi_{m-v}^{(l-1)}(x-y)d\pi_v^{(1)}(y),\quad m\geqslant 1. \tag{8}$$

引入拉普拉斯-斯蒂尔吉斯变换:

$$^*\pi_m^{(l)}(s)\equiv\int_{0-}^{\infty}e^{-sx}d\pi_m^{(l)}(x),\quad \mathscr{R}(s)>0$$

及母函数:

$$\Pi^{(l)}(s,z)\equiv\sum_{m=1}^{\infty}{}^*\pi_m^{(l)}(s)z^m,\quad \mathscr{R}(s)>0,\ |z|<1.$$

将 (8) 式取拉普拉斯-斯蒂尔吉斯变换,再取母函数,即得

$$\Pi^{(l)}(s,\ z)=\Pi^{(1)}(s,\ z)\Pi^{(l-1)}(s,\ z),$$

由归纳法即知

$$\Pi^{(l)}(s,\ z)=[\Pi^{(1)}(s,\ z)]^l. \tag{9}$$

另一方面,若令

$$a_k(x)\equiv P\{\boldsymbol{\sigma}_1+\boldsymbol{\sigma}_2+\cdots+\boldsymbol{\sigma}_k>0;\ \boldsymbol{v}_1+\boldsymbol{v}_2+\cdots+\boldsymbol{v}_k\leqslant x\}, \tag{10}$$

则利用引理 2, 可知

$$\frac{a_k(x)}{k}=\frac{1}{k}P\{\boldsymbol{S}_k>0;\ \boldsymbol{v}_1+\boldsymbol{v}_2+\cdots+\boldsymbol{v}_k\leqslant x\}$$

$$=\int_{\{S_k>0;\,v_1+v_2+\cdots+v_k\leqslant x\}}\frac{1}{k}dP$$

$$=\int_{\{S_k>0;\,v_1+v_2+\cdots+v_k\leqslant x\}}\sum_{l=1}^{k}\frac{1}{l}\varphi_k^{(l)}(\boldsymbol{\sigma}_1,\boldsymbol{\sigma}_2,\cdots,\boldsymbol{\sigma}_k)dP$$

$$=\frac{1}{k!}\sum_{l=1}^{k}\frac{1}{l}\int_{\{S_k>0;\,v_1+v_2+\cdots+v_k\leqslant x\}}k!\varphi_k^{(l)}(\boldsymbol{\sigma}_1,\boldsymbol{\sigma}_2,\cdots,\boldsymbol{\sigma}_k)dP$$

$$=\frac{1}{k!}\sum_{l=1}^{k}\frac{1}{l}\int_{\{S_k>0;\,v_1+v_2+\cdots+v_k\leqslant x\}}\sum_{(i_1,i_2,\cdots,i_k)}$$

$$\chi_{(\text{以}k\text{为第}l\text{个梯点})}(\boldsymbol{\sigma}_{i_1},\boldsymbol{\sigma}_{i_2},\cdots,\boldsymbol{\sigma}_{i_k})dP,$$

其中第二个求和号是对 $(1,2,\cdots,k)$ 的所有 $k!$ 个置换 $(i_1, i_2,\cdots,i_k)$ 求和的;而 $\chi_{(A)}$ 表示 $\{A\}$ 的示性函数,即

$$\chi_{(A)}(\omega)\equiv\begin{cases}1, & \omega\in A;\\ 0, & \omega\notin A.\end{cases}$$

由于 $\{\boldsymbol{\sigma}_i\}$ 独立同分布,故上式又可改写为

$$\frac{a_k(x)}{k}=\frac{1}{k!}\sum_{(i_1,i_2,\cdots,i_k)}\sum_{l=1}^{k}\frac{1}{l}\int_{\{S_k>0;\,v_1+v_2+\cdots+v_k\leqslant x\}}$$

$$\chi_{\{\text{以}k\text{为第}l\text{个梯点}\}}(\boldsymbol{\sigma}_1,\boldsymbol{\sigma}_2,\cdots,\boldsymbol{\sigma}_k)dP$$

$$=\sum_{l=1}^{k}\frac{1}{l}P\{S_k>0;\ v_1+v_2+\cdots+v_k\leqslant x;\ \text{以}k\text{为第}l\text{个梯点}\}$$

$$=\sum_{l=1}^{k}\frac{1}{l}P\{\text{以}k\text{为第}l\text{个梯点};\ v_1+v_2+\cdots+v_k\leqslant x\}$$

$$=\sum_{l=1}^{k}\frac{1}{l}\pi_k^{(l)}(x).$$

将此式左右两端取拉普拉斯-斯蒂尔吉斯变换,再取母函数,并记

$$a_k^*(s)\equiv\int_{0-}^{\infty}e^{-sx}da_k(x),$$

就得

$$\sum_{k=1}^{\infty}\frac{a_k^*(s)}{k}z^k=\sum_{l=1}^{\infty}\frac{1}{l}\Pi^{(l)}(s,z).$$

由 (9)，上式化为

$$\sum_{k=1}^{\infty} \frac{a_k^*(s)}{k} z^k = -\ln[1 - \Pi^{(1)}(s, z)].$$

再由 (7)，即得

$$\sum_{m=1}^{\infty} D_m^*(s) z^m = 1 - \exp\left\{-\sum_{k=1}^{\infty} \frac{a_k^*(s)}{k} z^k\right\},$$

此即所求 (4) 式. 剩下只需再证 $a_k^*(s)$ 可表成 (5) 式. 事实上，由 (10)，

$$\begin{aligned} a_k(x) &= P\{(\boldsymbol{t}_1 + \boldsymbol{t}_2 + \cdots + \boldsymbol{t}_k) - (\boldsymbol{v}_1 + \boldsymbol{v}_2 + \cdots + \boldsymbol{v}_k) \\ &\qquad > 0, \boldsymbol{v}_1 + \boldsymbol{v}_2 + \cdots + \boldsymbol{v}_k \leqslant x\} \\ &= \iint\limits_{\substack{t-v>0 \\ v\leqslant x}} dA^{(k)}(t) dB^{(k)}(v) \\ &= \int_{0-}^{x} dB^{(k)}(v) \int_{v}^{\infty} dA^{(k)}(t) \\ &= \int_{0-}^{x} [1 - A^{(k)}(v)] dB^{(k)}(v), \end{aligned}$$

取拉普拉斯-斯蒂尔吉斯变换，即得 (5) 式. 定理 1 证毕. #

现令

$$\pi_m \equiv D_m(\infty) = D_m^*(0), \tag{11}$$

则 π_m 表示在一个忙期中服务了 m 个顾客的概率. 再令

$$\Pi \equiv \sum_{m=1}^{\infty} \pi_m. \tag{12}$$

若到达间隔 $\boldsymbol{t}_1$ 与服务时间 $\boldsymbol{v}_1$ 为相同的定长分布，即 $P\{\boldsymbol{t}_1 = \boldsymbol{v}_1 = \text{常数}\} = 1$，则由 (6) 即知 $D_m(x) \equiv 0$，因而 $\Pi = 0$，即此忙期中概率为 1 地服务了∞个顾客，这种情形没有什么意思. 下面来看 $\boldsymbol{t}_1$ 与 $\boldsymbol{v}_1$ 不为相同定长分布的情形. 先不加证明地引用 Spitzer 的一个引理，有兴趣的读者可参看 F. Spitzer (1956) 的论文 [125].

引理 3 若 $\{\boldsymbol{X}_i\}$ 独立同分布，$P\{\boldsymbol{X}_i = 0\} < 1$，令 $\boldsymbol{S}_k \equiv$

$\sum_{i=1}^{k} \boldsymbol{X}_i$，则

1) $P\{\boldsymbol{S}_k > 0, \text{ i.o.}\} = 1$

的充分必要条件为

$$\sum_{k=1}^{\infty} \frac{P\{\boldsymbol{S}_k > 0\}}{k} = \infty; \tag{13}$$

2) $P\{\boldsymbol{S}_k > 0, \text{ i.o.}\} = 0$

的充分必要条件为

$$\sum_{k=1}^{\infty} \frac{P\{\boldsymbol{S}_k > 0\}}{k} < \infty. \tag{14}$$

上面各式中所有 $\{\boldsymbol{S}_k > 0\}$ 都换成 $\{\boldsymbol{S}_k \geqslant 0\}$ 时，结论也成立. ||

下面的定理 2 表明：当 $\rho < 1$，或当 $\rho = 1$ 但 $\boldsymbol{t}_1$ 与 $\boldsymbol{v}_1$ 不全为定长分布时，$\{\pi_m\}$ 构成一分布；而当 $\rho > 1$ 时，$\{\pi_m\}$ 不构成分布.

定理 2 对 GI/G/1 系统，

$$\Pi = \begin{cases} 1, & \text{若 } \rho<1\text{，或若 } \rho = 1 \text{ 但 } \boldsymbol{t}_1 \text{ 与 } \boldsymbol{v}_1 \text{ 不全为定长分布；} \\ 1 - \exp\left\{-\sum_{k=1}^{\infty} \frac{a_k}{k}\right\} < 1, & \text{若 } \rho > 1, \end{cases} \tag{15}$$

其中

$$a_k \equiv \int_{0-}^{\infty} [1 - A^{(k)}(x)] dB^{(k)}(x). \quad || \tag{16}$$

证 首先指出，当 $\rho < 1$，或 $\rho > 1$，或 $\rho = 1$ 但 $\boldsymbol{t}_1$ 与 $\boldsymbol{v}_1$ 不全为定长分布时，均有 $P\{\boldsymbol{\sigma}_1 = 0\} < 1$. 这里前两种情形是显然的，而最后这种情形在 § 1 定理 1 证明的开始部分已表明.

其次，令

$$\Pi(z) \equiv \sum_{m=1}^{\infty} \pi_m z^m,$$

由 (4)，

$$\Pi(z) = 1 - \exp\left\{-\sum_{k=1}^{\infty} \frac{a_k}{k} z^k\right\}, \tag{17}$$

其中

$$a_k \equiv a_k^*(0) = a_k(\infty) = P\{\boldsymbol{\sigma}_1 + \boldsymbol{\sigma}_2 + \cdots + \boldsymbol{\sigma}_k > 0\}.$$

由于 (17) 中 a_k 非负，故由阿贝尔定理，即得

$$\boldsymbol{\Pi} = \boldsymbol{\Pi}(1) = \lim_{z \uparrow 1} \Pi(z) = 1 - \exp\left\{-\sum_{k=1}^{\infty} \frac{a_k}{k}\right\}. \tag{18}$$

现令

$$\begin{cases} \boldsymbol{S}_0 \equiv 0; \\ \boldsymbol{S}_k \equiv \sum_{i=1}^{k} \boldsymbol{\sigma}_i. \end{cases}$$

并分三种情形讨论：

1) $\rho > 1$，即 $E\boldsymbol{\sigma}_1 < 0$.

由强大数定律

$$\lim_{k \to \infty} \frac{\boldsymbol{S}_k}{k} = E\boldsymbol{\sigma}_1, \text{ a.e.} \tag{19}$$

因而

$$P\{\boldsymbol{S}_k > 0, \text{ i.o.}\} = 0.$$

由引理 3，

$$\sum_{k=1}^{\infty} \frac{a_k}{k} < \infty.$$

故由 (18)，即得 (15) 中关于 $\rho > 1$ 的结论。

2) $\rho < 1$，即 $E\boldsymbol{\sigma}_1 > 0$.

由 (19)，

$$P\{\boldsymbol{S}_k > 0, \text{ a.a.}\} = 1,$$

于是更有

$$P\{\boldsymbol{S}_k > 0, \text{ i.o.}\} = 1.$$

由引理 3，

$$\sum_{k=1}^{\infty} \frac{a_k}{k} = \infty.$$

故由 (18)，即得 (15) 中关于 $\rho < 1$ 的结论.

3) $\rho = 1$，即 $E\boldsymbol{\sigma}_1 = 0$，且 $\boldsymbol{t}_1$ 与 $\boldsymbol{v}_1$ 不全为定长分布.

由 § 1 的引理 1，

$$P\{\boldsymbol{S}_k > 0, \text{ i.o.}\} = 1.$$

于是由引理3,

$$\sum_{k=1}^{\infty} \frac{a_k}{k} = \infty.$$

故由(18),即得(15)中关于 $\rho = 1$ 的结论. 定理2证毕. #

定理3 对GI/G/1系统,设 $\rho < 1$,则在一个忙期内被服务的顾客的平均数

$$EN \equiv \sum_{m=1}^{\infty} m\pi_m = \exp\left\{\sum_{k=1}^{\infty} \frac{1 - a_k}{k}\right\} < \infty. \tag{20}$$

而忙期的平均长度

$$\bar{D} = \frac{1}{\mu} \exp\left\{\sum_{k=1}^{\infty} \frac{1 - a_k}{k}\right\} < \infty. \quad \| \tag{21}$$

证 令

$$\Pi(z) \equiv \sum_{m=1}^{\infty} \pi_m z^m,$$

由(4),

$$\Pi(z) = 1 - \exp\left\{- \sum_{k=1}^{\infty} \frac{a_k}{k} z^k\right\}.$$

因而

$$\Pi'(z) = \left\{\sum_{m=1}^{\infty} a_m z^{m-1}\right\} \exp\left\{- \sum_{k=1}^{\infty} \frac{a_k}{k} z^k\right\}.$$

改写成

$$\Pi'(z) = \left\{(1 - z) \sum_{m=1}^{\infty} a_m z^{m-1}\right\} \exp\left\{\sum_{k=1}^{\infty} \frac{1 - a_k}{k} z^k\right\}. \tag{22}$$

当 $z \uparrow 1$ 时,由于 $\frac{1 - a_k}{k}$ 非负,故由阿贝尔定理,上式右端第二个因子趋于 $\exp\left\{\sum_{k=1}^{\infty} \frac{1 - a_k}{k}\right\}$; 而据第三章§3的引理2[阿贝尔定理],上式右端第一个因子趋于 $\lim_{m \to \infty} a_m$,只要此极限存在. 因此,只需 $\lim_{m \to \infty} a_m$ 存在,由(22)即得

$$\mathrm{E}\boldsymbol{N}=\Pi'(1)=(\lim_{m\to\infty}a_m)\exp\left\{\sum_{k=1}^{\infty}\frac{1-a_k}{k}\right\}. \tag{23}$$

现令

$$\begin{cases}\boldsymbol{S}_0\equiv 0;\\ \boldsymbol{S}_k\equiv\sum_{i=1}^{k}\boldsymbol{\sigma}_i,\end{cases}$$

由强大数定律，

$$\lim_{k\to\infty}\frac{\boldsymbol{S}_k}{k}=E\boldsymbol{\sigma}_1,\ \text{a.e.}$$

由于假定 $\rho<1$，即 $E\boldsymbol{\sigma}_1>0$，因而

$$P\{\boldsymbol{S}_k>0,\ \text{a.a.}\}=1. \tag{24}$$

即

$$1=P\left\{\bigcup_{k=1}^{\infty}\bigcap_{m=k}^{\infty}(\boldsymbol{S}_m>0)\right\}=\lim_{k\to\infty}P\left\{\bigcap_{m=k}^{\infty}(\boldsymbol{S}_m>0)\right\}$$
$$\leqslant\lim_{k\to\infty}\inf P\{\boldsymbol{S}_k>0\},$$

故得

$$\lim_{k\to\infty}a_k=1. \tag{25}$$

又由 (24)，

$$P\{\boldsymbol{S}_k\leqslant 0,\ \text{i.o.}\}=0,$$

即

$$P\{-\boldsymbol{S}_k\geqslant 0,\ \text{i.o.}\}=0,$$

由引理 3(注意此时因 $\rho<1$，故必有 $P\{\boldsymbol{\sigma}_1=0\}<1$)，

$$\sum_{k=1}^{\infty}\frac{1-a_k}{k}<\infty. \tag{26}$$

结合 (23), (25), (26), 即得所求 (20) 式.

为证 (21) 式,注意忙期长度

$$\boldsymbol{d}=\boldsymbol{v}_1+\boldsymbol{v}_2+\cdots+\boldsymbol{v}_N, \tag{27}$$

其中 $\boldsymbol{N}$ 为一个忙期中被服务的顾客数. 因

$$\{\boldsymbol{N}=m\}=\{\boldsymbol{\sigma}_1\leqslant 0,\boldsymbol{\sigma}_1+\boldsymbol{\sigma}_2\leqslant 0,\cdots,\boldsymbol{\sigma}_1+\boldsymbol{\sigma}_2+\cdots$$
$$+\boldsymbol{\sigma}_{m-1}\leqslant 0,\boldsymbol{\sigma}_1+\boldsymbol{\sigma}_2+\cdots+\boldsymbol{\sigma}_m>0\}$$
$$=\{\boldsymbol{t}_1-\boldsymbol{v}_1\leqslant 0,\ (\boldsymbol{t}_1+\boldsymbol{t}_2)-(\boldsymbol{v}_1+\boldsymbol{v}_2)\leqslant 0,\cdots,$$

$$(\boldsymbol{t}_1+\boldsymbol{t}_2+\cdots+\boldsymbol{t}_{m-1})-(\boldsymbol{v}_1+\boldsymbol{v}_2+\cdots+\boldsymbol{v}_{m-1})\leqslant 0,\ (\boldsymbol{t}_1+\boldsymbol{t}_2+\cdots+\boldsymbol{t}_m)-(\boldsymbol{v}_1+\boldsymbol{v}_2+\cdots+\boldsymbol{v}_m)>0\},$$

故由 $\{\boldsymbol{t}_i\}$, $\{\boldsymbol{v}_i\}$ 独立性的假定，此式表明事件 $\{\boldsymbol{N}=m\}$ 与 $\boldsymbol{v}_{m+1}$, $\boldsymbol{v}_{m+2}$, $\cdots$独立，因此，据柯尔莫哥洛夫-普洛霍洛夫（Колмогоров-Прохоров）的一个著名的定理（例如可参阅洛涅坚科（1955）的书[17]第188—189页），由(27)即得

$$\overline{D}=E\boldsymbol{v}_1E\boldsymbol{N}.$$

考虑到(20)，即得所证(21)式．定理3证毕．#

§3. 队　　长

令 $\boldsymbol{\tau}_1$, $\boldsymbol{\tau}_2$, $\cdots$为顾客相继到达的时刻，$\boldsymbol{t}_i\equiv\boldsymbol{\tau}_{i+1}-\boldsymbol{\tau}_i(i=0,1,\cdots,\boldsymbol{\tau}_0\equiv 0)$．假定 $\{\boldsymbol{t}_i\}$ 独立同分布，记其分布函数为 $A(x)$，并假定 $\frac{1}{\lambda}\equiv\int_{0-}^{\infty}xdA(x)<\infty$.

令 $\boldsymbol{v}_1$, $\boldsymbol{v}_2$, $\cdots$为各顾客的服务时间，假定 $\{\boldsymbol{v}_i\}$ 独立同分布，并与 $\{\boldsymbol{t}_i\}$ 独立，记 $\boldsymbol{v}_i$ 的分布函数为 $B(x)$，假定

$$\frac{1}{\mu}\equiv\int_{0-}^{\infty}xdB(x)<\infty.$$

令

$$\boldsymbol{\sigma}_i\equiv\boldsymbol{t}_i-\boldsymbol{v}_i,\quad i=1,2,\cdots.$$

在本节中，假定 $A(x)$, $B(x)$ 绝对连续，分别记它们的密度为 $a(x)$, $b(x)$．令 $\boldsymbol{q}(t)$ 为在时刻 t 的队长（正在服务的与排队等待的顾客的总和），记

$$P_k(t)\equiv P\{\boldsymbol{q}(t)=k\},\quad k=0,1,\cdots,t\geqslant 0.$$

再假定初始时刻 $t=0$ 时队长 $\boldsymbol{q}(0)=0$．先建立几个引理．

引理1　若 $F_l(x)$ 为 x 的非降函数，绝对连续，且

$$F(x)\equiv\sum_{l=1}^{\infty}F_l(x)<\infty,$$

则 $F(x)$ 绝对连续，且

$$F'(x)=\sum_{l=1}^{\infty}F'_l(x),\quad \text{a.a.x.}\ \|\tag{1}$$

证 由富比尼 (Fubini) 逐项微分定理(例如参阅 Saks[118] 第 117 页) 即得 (1) 式. 又由于 $F_l(x)$ 非降，$F'_l(x)\geqslant 0$，故 (1) 中的级数可逐项积分. 将 (1) 两端积分并利用 $F_l(x)$ 的绝对连续性，即得

$$\int_0^x F'(u)du=\sum_{l=1}^{\infty}\int_0^x F'_l(u)du=\sum_{l=1}^{\infty}F_l(x)=F(x).$$

此式表明 $F(x)$ 是绝对连续的. 引理 1 证毕. #

引理 2 对 $x\geqslant 0$，函数

$$\begin{aligned}F(x)\equiv\sum_{l=1}^{\infty}P\{&\boldsymbol{\sigma}_1\leqslant 0,\ \boldsymbol{\sigma}_1+\boldsymbol{\sigma}_2\leqslant 0,\cdots,\ \boldsymbol{\sigma}_1+\boldsymbol{\sigma}_2+\cdots\\&+\boldsymbol{\sigma}_{l-1}\leqslant 0,\ \boldsymbol{\sigma}_1+\boldsymbol{\sigma}_2+\cdots+\boldsymbol{\sigma}_l>0,\ \boldsymbol{t}_1\\&+\boldsymbol{t}_2+\cdots+\boldsymbol{t}_l\leqslant x\}\end{aligned}\tag{2}$$

是 x 的绝对连续函数，且 $F(0)=0$. ‖

证 首先指出，由于 (2) 右端各项所表示的事件是互斥的，因而此级数是收敛的，故函数 $F(x)$ 有意义，且有 $F(x)\leqslant 1$.

其次令

$$\begin{aligned}F_l(x)\equiv P\{&\boldsymbol{\sigma}_1\leqslant 0,\boldsymbol{\sigma}_1+\boldsymbol{\sigma}_2\leqslant 0,\cdots,\boldsymbol{\sigma}_1+\boldsymbol{\sigma}_2+\cdots+\boldsymbol{\sigma}_{l-1}\leqslant 0,\\&\boldsymbol{\sigma}_1+\boldsymbol{\sigma}_2+\cdots+\boldsymbol{\sigma}_l>0,\ \boldsymbol{t}_1+\boldsymbol{t}_2+\cdots+\boldsymbol{t}_l\leqslant x\}.\end{aligned}$$

我们来证 $F_l(x)$ 是 x 的绝对连续函数. 可将 $F_l(x)$ 写成:

$$\begin{aligned}F_l(x)&\\=&\int\!\!\cdots\!\!\int_{0\leqslant t_1+t_2+\cdots+t_l\leqslant x}\chi_{\{\sigma_1\leqslant 0,\sigma_1+\sigma_2\leqslant 0,\cdots,\sigma_1+\sigma_2+\cdots+\sigma_{l-1}\leqslant 0,\sigma_1+\sigma_2+\cdots+\sigma_l>0\}}\\&\times a(t_1)a(t_2)\cdots a(t_l)b(v_1)b(v_2)\cdots b(v_l)dt_1dt_2\cdots dt_l\\&\times dv_1dv_2\cdots dv_l,\end{aligned}$$

其中 $\chi_{\{\cdot\}}$ 表示 $\{\cdot\}$ 的示性函数，即在集 $\{\cdot\}$ 上取值为 1，而在其它处取值为 0. 由此式即知 $F_l(0)=0$. 因而 $F(0)=0$. 又由于

被积函数是可积的，因此，由绝对连续函数的定义立即看出 $F_l(x)$ 是绝对连续的.

现在有

$$F(x)=\sum_{l=1}^{\infty}F_l(x),$$

而 $F(x)\leqslant 1$，且 $F_l(x)$ 为 x 的非降函数，绝对连续，因而由引理 1，$F(x)$ 绝对连续. 引理 2 证毕. #

引理 3 设 $K_1(x)$，$K_2(x)$，$\cdots$，$K_m(x)$ 是 $m(m\geqslant 2)$ 个分布函数，若其中之一是绝对连续的，则其卷积 $K_1(x)☆K_2(x)☆\cdots☆K_m(x)$ 也是绝对连续的. ||

证 显然只需考虑 $m=2$ 的情形. 不妨假设 $K_1(x)$ 绝对连续，因而

$$\begin{aligned}K_1(x)☆K_2(x)&=\int_{-\infty}^{\infty}K_1(x-u)dK_2(u)\\&=\int_{-\infty}^{\infty}\left\{\int_{-\infty}^{x}K_1'(t-u)dt\right\}dK_2(u).\end{aligned}$$

由于 $K_1(x)$ 为分布函数，其微商 $K_1'(t-u)\geqslant 0$，因而由富比尼定理，积分次序可交换，于是得到

$$K_1(x)☆K_2(x)=\int_{-\infty}^{x}\left\{\int_{-\infty}^{\infty}K_1'(t-u)\,dK_2(u)\right\}dt.$$

此式左端 $<\infty$，因而右端被积函数 $\int_{-\infty}^{\infty}K_1'(t-u)dK_2(u)$ 为 t 的可积函数，由此可见 $K_1(x)☆K_2(x)$ 为绝对连续. 引理 3 证毕. #

下面不加证明地引用 Smith[123] 的一个基本更新定理，它和第三章中的基本更新定理的假设条件略有不同.

引理 4 设 $F_1(t)$，$F(t)$ 分别为更新过程的初始寿命与寿命分布函数，$M(t)$ 为更新函数，并假定：

1）$g(t)$ 在 $t\geqslant 0$ 上为有界函数；

2）$g(t)\in L_1(0,\infty)$；

3）$\lim\limits_{t\to\infty}g(t)=0$；

4）$F(t)$ 绝对连续，且 $F(0)=0$；

5) $\Delta \equiv \int_0^\infty t dF(t) < \infty$,

则

$$\lim_{t\to\infty} \int_0^t g(t-u)dM(u) = \frac{1}{\Delta}\int_0^\infty g(u)du. \quad \| \tag{3}$$

定理 1 对 GI/G/1 系统，若 $\rho \equiv \frac{\lambda}{\mu} < 1$，则极限

$$\lim_{t\to\infty} P_k(t) = p_k, \quad k = 0, 1, \cdots \tag{4}$$

存在，且

$$\sum_{k=0}^\infty p_k = 1. \quad \| \tag{5}$$

证 令 R 为“一个顾客到达并发现服务台空着”这一事件，再令 R 的相继发生时刻为 $\boldsymbol{r}_1, \boldsymbol{r}_2, \cdots$，则易知 $\{\boldsymbol{r}_i\}$ 构成一个更新过程的更新时刻序列，即 $\boldsymbol{r}_1, \boldsymbol{r}_2 - \boldsymbol{r}_1, \boldsymbol{r}_3 - \boldsymbol{r}_2, \cdots$. 相互独立，且 $\boldsymbol{r}_{m+1} - \boldsymbol{r}_m (m = 1, 2, \cdots)$ 具有相同分布. 事实上，独立性是显然的，而每一 $\boldsymbol{r}_{m+1} - \boldsymbol{r}_m$ 的分布 $P\{\boldsymbol{r}_{m+1} - \boldsymbol{r}_m \leqslant x\}$ 都等于

$$\sum_{l=1}^\infty P\{\boldsymbol{\sigma}_1 \leqslant 0,\ \boldsymbol{\sigma} + \boldsymbol{\sigma}_2 \leqslant 0, \cdots, \boldsymbol{\sigma}_1 + \boldsymbol{\sigma}_2 + \cdots + \boldsymbol{\sigma}_{l-1} \leqslant 0, \boldsymbol{\sigma}_1 + \boldsymbol{\sigma}_2 + \cdots + \boldsymbol{\sigma}_l > 0, \boldsymbol{t}_1 + \boldsymbol{t}_2 + \cdots + \boldsymbol{t}_l \leqslant \boldsymbol{x}\}, \tag{6}$$

记此分布为 $F(x)$.

又显见

$$\boldsymbol{r}_{m+1} - \boldsymbol{r}_m \leqslant \text{包含在其中的忙期的长度} + \text{其中最后的一个到达间隔},$$

因而

$$E\{\boldsymbol{r}_{m+1} - \boldsymbol{r}_m\} \leqslant \bar{D} + \frac{1}{\lambda}. \tag{7}$$

由 §2 的定理 3，当 $\rho < 1$ 时，

$$\bar{D} < \infty,$$

故由 (7)，

$$\Delta \equiv E\{\boldsymbol{r}_{m+1} - \boldsymbol{r}_m\} = \int_0^\infty x dF(x) < \infty. \tag{8}$$

另外，容易看出 $\boldsymbol{r}_1$ 的分布为 $A(x)$。

现令

$$\phi_k(u) \equiv P\{\boldsymbol{q}(u+\boldsymbol{r}_m)=k,\ \boldsymbol{r}_{m+1}-\boldsymbol{r}_m>u\},\quad k=0,1,\cdots,$$

$$\Phi_k(u) \equiv P\{\boldsymbol{q}(u)=k,\ \boldsymbol{r}_1>u\},\quad k=0,1,\cdots.$$

易知

$$\sum_{k=0}^{\infty}\phi_k(u)=1-F(u).$$

再令

$$\begin{cases}F_A^{(0)}(t)\equiv A(t);\\ F_A^{(m)}(t)\equiv F_A^{(m-1)}(t)☆F(t),\quad m=1,2,\cdots,\end{cases}$$

则易知 $\{\boldsymbol{r}_i\}$ 对应的更新过程的更新函数

$$M(t)=\sum_{m=0}^{\infty}F_A^{(m)}(t).$$

若令 $\boldsymbol{r}_0\equiv 0$，则得

$$\begin{aligned}P_k(t)&=P\{\boldsymbol{q}(t)=k\}\\
&=\sum_{m=0}^{\infty}P\{\boldsymbol{q}(t)=k,\ \boldsymbol{r}_m\leqslant t<\boldsymbol{r}_{m+1}\}\\
&=P\{\boldsymbol{q}(t)=k,\ \boldsymbol{r}_1>t\}+\sum_{m=1}^{\infty}\int_{0-}^{t}P\{\boldsymbol{q}(t)=k,\\
&\qquad \boldsymbol{r}_{m+1}-\boldsymbol{r}_m>t-u\,|\,\boldsymbol{r}_m=u\}dP\{\boldsymbol{r}_m\leqslant u\}\\
&=\Phi_k(t)+\sum_{m=1}^{\infty}\int_{0-}^{t}P\{\boldsymbol{q}(t-u+\boldsymbol{r}_m)=k,\\
&\qquad \boldsymbol{r}_{m+1}-\boldsymbol{r}_m>t-u\}dP\{\boldsymbol{r}_m\leqslant u\}\\
&=\Phi_k(t)+\sum_{m=1}^{\infty}\int_{0-}^{t}\phi_k(t-u)dF_A^{(m-1)}(u),\end{aligned}\tag{9}$$

其中最后的等式中用到了

$$\boldsymbol{r}_m=\boldsymbol{r}_1+(\boldsymbol{r}_2-\boldsymbol{r}_1)+\cdots+(\boldsymbol{r}_m-\boldsymbol{r}_{m-1}),$$

因此

$$P\{\boldsymbol{r}_m\leqslant u\}=F_A^{(m-1)}(u).\tag{10}$$

再由 $A(t)$ 的绝对连续性，据引理 3，所有 $F_A^{(m)}(t)(m\geqslant 0)$ 均绝对连续；且由 (10)，所有 $F_A^{(m)}(t)(m\geqslant 0)$ 对 t 非降，故 $F_A^{(m)\prime}(t)\geqslant$

0, a.a.t, 因而 (9) 可改写为

$$P_k(t)=\Phi_k(t)+\sum_{m=0}^{\infty}\int_0^t \psi_k(t-u)F_A^{(m-1)'}(u)du$$

$$=\Phi_k(t)+\int_0^t \psi_k(t-u)\sum_{m=0}^{\infty}F_A^{(m-1)'}(u)du.$$

再由引理 1 的 (1) 式,即得

$$P_k(t)=\Phi_k(t)+\int_0^t \psi_k(t-u)dM(t). \tag{11}$$

如果引理 4 的条件都能满足,则由上式,令 $t\to\infty$, 即得

$$\lim_{t\to\infty} P_k(t)=\frac{1}{\Delta}\int_0^{\infty}\psi_k(u)du \tag{12}$$

存在,此即所证的 (4) 式. 因此只需验证引理 4 的条件:

1) $|\psi_k(u)|\leqslant 1$;

2) 因 $0\leqslant\psi_k(u)\leqslant 1-F(u)$, 所以

$$0\leqslant\int_0^{\infty}\psi_k(u)du\leqslant\int_0^{\infty}[1-F(u)]du=\Delta<\infty;$$

3) 由

$$\overline{\lim_{u\to\infty}}\,\psi_k(u)\leqslant\lim_{u\to\infty}P\{\boldsymbol{r}_{m+1}-\boldsymbol{r}_m>u\}=0,$$

即知

$$\lim_{u\to\infty}\psi_k(u)=0;$$

4) 由 (6) 及引理 2, 即知条件 4) 满足;

5) 由 (8), $\Delta\equiv\int_0^{\infty}xdF(x)<\infty$.

这样,就验证了引理 4 的所有条件.

剩下只需再证 (5) 式成立,事实上,由 (12),

$$\sum_{k=0}^{\infty}p_k=\frac{1}{\Delta}\int_0^{\infty}\sum_{k=0}^{\infty}\psi_k(u)du$$

$$=\frac{1}{\Delta}\int_0^{\infty}[1-F(u)]du=1.$$

此即所证. 定理 1 证毕. #

第六章　特殊的随机服务系统

§ 1.　成批服务的系统

1. 问题的提出　假定参数为 λ 的最简单流到达单服务台的等待系统，空闲的服务台当且仅当等待的顾客数不小于 $r(r \geqslant 1$ 为一常数)时才开始服务，每次同时服务 r 人(同时开始服务，同时服务结束)，服务时间与到达间隔独立，并遵从参数为 μ 的负指数分布。

我们说系统在时刻 t 的状态 $N(t)=j$，若 $j<r$，则表示服务台空着，而有 j 个顾客正在等待；若 $j \geqslant r$，则表示有 r 人正被服务，同时有 $j-r$ 人还在等待。

本系统包含第二章 § 1.1.4) 的单个服务的等待系统作为特例，事实上，令 $r=1$，就得到后一系统。

2. 对应的系统　根据对这一系统的讨论，可以得到另一对应系统的性质。这就是 $E_r/M/1$ 系统：参数为 λ 的爱尔朗输入 E_r 到达单服务台的等待系统，单个服务，服务时间是参数为 μ 的负指数分布。这两个系统的对应性由第一章 § 2.6 的最后所指出的性质，即最简单流中第 j 与 $j+r$ 个顾客之间的到达间隔遵从爱尔朗分布 E_r 这一性质就可看出，因为原系统到达第 r 个顾客，相当于新系统到达第 1 个顾客，原系统到达第 $2r$ 个顾客，相当于新系统到达第 2 个顾客，…，等等；而原系统服务第 1 批、第 2 批、…顾客，相当于新系统服务第 1 个、第 2 个、…顾客，他们的服务时间分布都是相同的负指数分布。

原系统状态为 j，相当于新系统中有 $\left[\frac{j}{r}\right]$ 个顾客，其中$[\alpha]$为不超过 α 的最大整数。

令 p_i 与 $\bar{p}_i$ 分别表示原系统与新系统中有 i 个顾客的概率，则

$$\bar{p}_l = \sum_{j=lr}^{lr+r-1} p_j, \tag{1}$$

所以只要对原系统求出 $p_j,\ j=0, 1, \cdots$，则新系统的状态概率 $\bar{p}_l,\ l=0, 1, \cdots$，也就完全确定.

3. 微分方程组 令

$$P_j(t) \equiv P\{\boldsymbol{N}(t)=j\}, \quad j=0, 1, \cdots.$$

易知 $\boldsymbol{N}(t)$ 为一马尔可夫过程，因而与第一章 § 3 同样处理，可列出 $[t, t+\Delta t]$ 内状态转移的方程组：

$$\begin{cases} P_0(t+\Delta t) = (1-\lambda\Delta t)P_0(t) + \mu\Delta t P_r(t) + o(\Delta t); \\ P_j(t+\Delta t) = \lambda\Delta t P_{j-1}(t) + (1-\lambda\Delta t)P_j(t) \\ \qquad\qquad + \mu\Delta t P_{r+j}(t) + o(\Delta t), \quad 1 \leqslant j \leqslant r-1; \\ P_j(t+\Delta t) = \lambda\Delta t P_{j-1}(t) + (1-\lambda\Delta t - \mu\Delta t)P_j(t) \\ \qquad\qquad + \mu\Delta t P_{r+j}(t) + o(\Delta t), \quad j \geqslant r. \end{cases}$$

这里要注意的只有一点：由于服务是以 r 人为一批来进行的，因此，每当服务完一次时，状态转移是从 $r+j$ 到 j.

将上式移项后除以 Δt，再令 $\Delta t \to 0$ 取极限，即得微分方程组：

$$\begin{cases} P_0'(t) = -\lambda P_0(t) + \mu P_r(t); \\ P_j'(t) = \lambda P_{j-1}(t) - \lambda P_j(t) + \mu P_{r+j}(t), \quad 1 \leqslant j \leqslant r-1; \\ P_j'(t) = \lambda P_{j-1}(t) - (\lambda+\mu)P_j(t) + \mu P_{r+j}(t), \quad j \geqslant r. \end{cases} \tag{2}$$

根据马尔可夫过程的理论（参阅 Chung (1960)[42] Part II, § 18 定理 1 与定理 3 及 § 19 定理 1 的推论 2)，此微分方程组满足任给初始条件并满足条件 $P_j(t) \geqslant 0$ 与 $\sum_{j=0}^{\infty} P_j(t) = 1,\ t \geqslant 0$，的解 $\{P_j(t)\}$ 存在且唯一.

4. 马尔可夫过程的一个极限定理 不加证明地引用马尔可夫过程的一个定理，有兴趣的读者可参阅 K. L. Chung (1960) 的书 [42], Part II, § 10 的定理 1，及 Part I, § 6 的定理4,

定理 对于一个具有可数或有限状态的不可约的马尔可夫过程，设其转移概率函数为 $P_{ij}(t)$，若

$$\lim_{t\downarrow 0} P_{ij}(t) = \delta_{ij} = \begin{cases} 1, & i = j; \\ 0, & i \neq j, \end{cases} \tag{3}$$

则极限

$$\lim_{t\to\infty} P_{ij}(t) = p_j \tag{4}$$

存在，与初始条件无关，而且要末所有的 $p_j = 0$；要末所有的 $p_j > 0$，且 $\{p_j\}$ 构成一分布。

5. 求极限解　下面假定

$$\rho \equiv \frac{\lambda}{r\mu} < 1. \tag{5}$$

易知可数状态的马尔可夫过程 $N(t)$ 满足上述极限定理的条件，故由此定理，$\lim\limits_{t\to\infty} P_{ij}(t) = p_j$ 存在. 又由全概定理，

$$P_j(t) = \sum_{i=0}^{\infty} P_i(0) P_{ij}(t),$$

但右端级数被囿于 $\sum\limits_{i=0}^{\infty} P_i(0) = 1$，因而关于 t 一致收敛，令 $t \to \infty$，即得

$$\lim_{t\to\infty} P_j(t) = \sum_{i=0}^{\infty} P_i(0) \lim_{t\to\infty} P_{ij}(t) = \sum_{i=0}^{\infty} P_i(0) p_j = p_j$$

存在，且与初始条件无关.

再如第一章 § 3.5 中所证，即知

$$\lim_{t\to\infty} P_j'(t) = 0.$$

现在先假定极限 (4) 中所有 $p_j > 0$ (最后将证明此结论成立). 故由 (2)，令 $t \to \infty$，得方程组：

$$\begin{cases} \lambda p_0 = \mu p_r; \\ \lambda p_j = \lambda p_{j-1} + \mu p_{r+j}, & 1 \leqslant j \leqslant r-1; \\ (\lambda + \mu) p_j = \lambda p_{j-1} + \mu p_{r+j}, & j \geqslant r. \end{cases} \tag{6}$$

为了解此方程组，引入母函数

$$Q(z) \equiv \sum_{j=0}^{\infty} p_j z^j, \quad |z| \leqslant 1. \tag{7}$$

将 (6) 式两端分别乘以 z^j 后对 j 求和,即得

$$\lambda Q(z) + \mu \sum_{j=r}^{\infty} p_j z^j = \mu p_r + \lambda \sum_{j=1}^{\infty} p_{j-1} z^j + \mu \sum_{j=1}^{\infty} p_{r+j} z^j,$$

即

$$\lambda(1-z)Q(z) = \mu(z^{-r}-1) \sum_{j=r}^{\infty} p_j z^j,$$

即

$$[\lambda(1-z) + \mu(1-z^{-r})]Q(z) = \mu(1-z^{-r}) \sum_{j=0}^{r-1} p_j z^j,$$

故

$$Q(z) = \frac{\mu(1-z^r)\sum_{j=0}^{r-1} p_j z^j}{\lambda z^{r+1} - (\lambda+\mu)z^r + \mu}, \tag{8}$$

其中 $p_0, p_1, \cdots, p_{r-1}$ 若能定出, $Q(z)$ 就完全确定.

下面分几步讨论:

1) 证明 (8) 式分母

$$f(z) \equiv \lambda z^{r+1} - (\lambda+\mu)z^r + \mu \tag{9}$$

在单位圆 $|z| \leqslant 1$ 内恰好有 r 个根,其中一根为 1.

我们指出,当 $\delta > 1$ 而充分接近于 1 时,有

$$\lambda\delta^{r+1} + \mu < (\lambda+\mu)\delta^r. \tag{10}$$

事实上,因为两端当 $\delta = 1$ 时相等,而由假设 (5),在 $\delta = 1$ 处左端微商 $(r+1)\lambda <$ 右端微商 $r(\lambda+\mu)$.

因而由 (10),即推知在 $|z| = \delta > 1$ (δ 为充分接近于 1 的任意数)时,

$$|\lambda z^{r+1} + \mu| \leqslant \lambda\delta^{r+1} + \mu < (\lambda+\mu)\delta^r = |(\lambda+\mu)z^r|,$$

故由儒歇定理, $\lambda z^{r+1} + \mu - (\lambda+\mu)z^r$ 与 $(\lambda+\mu)z^r$ 在 $|z| < \delta(>1)$ 内有相同个数的零点,即 (9) 在 $|z| < \delta$ 内恰好有 r 个根,由于 δ 可任意接近于 1,故所欲求证的前一结论成立. 后一结

论是显然的.

2) 令 $f(z)$ 在单位圆 $|z|\leqslant 1$ 内的根为 $z_1, z_2, \cdots, z_{r-1}, z_r\equiv 1$. 证明 $z_k\neq 1, 1\leqslant k\leqslant r-1$.

只需证明 $z_r\equiv 1$ 为单根,而此由

$$f'(1)=(r+1)\lambda-r(\lambda+\mu)=\lambda-r\mu\neq 0$$

即得.

3) 证明 $z_1, z_2, \cdots, z_{r-1}$ 都不是 $1-z^r$ 的根.

用反证法,若对 $1\leqslant k\leqslant r-1$, 有

$$z_k^r=1,$$

由

$$f(z_k)\equiv\lambda z_k^{r+1}-(\lambda+\mu)z_k^r+\mu=0,$$

即得

$$\lambda z_k-(\lambda+\mu)+\mu=0,$$

即

$$z_k=1.$$

由 2), 此为矛盾.

4) 导出最终表达式.

由于 $Q(z)$ 在 $|z|\leqslant 1$ 内收敛,因而(8)式分母在 $|z|\leqslant 1$ 内的零点 $z_1, z_2, \cdots, z_{r-1}, z_r\equiv 1$ 都必为分子的零点, $z_r\equiv 1$ 显然为 $1-z^r$ 的零点,又由 3), $z_1, z_2, \cdots, z_{r-1}$ 必为 $\sum_{j=0}^{r-1} p_j z^j$ 的零点,因而

$$\sum_{j=0}^{r-1} p_j z^j = A\prod_{k=1}^{r-1}(z-z_k), \tag{11}$$

其中 A 为待定常数.

又 (9) 为 $r+1$ 阶多项式, 故除了 $|z|\leqslant 1$ 内恰好有 r 个零点外, 必有唯一的零点 z_0 在单位圆外: $|z|>1$, 所以可将 (9) 写成:

$$\lambda z^{r+1}-(\lambda+\mu)z^r+\mu=\lambda\prod_{k=0}^{r}(z-z_k). \tag{12}$$

将 (11), (12) 代入 (8) 式,得

$$Q(z)=\frac{A\mu(1-z^r)\prod_{k=1}^{r-1}(z-z_k)}{\lambda\prod_{k=0}^{r}(z-z_k)}=\frac{A\mu\sum_{k=0}^{r-1}z^k}{\lambda(z_0-z)}. \tag{13}$$

将 $z=1$ 代入上式,由于已假定极限(4)中所有 $p_i>0$,因而 $\{p_j\}$ 构成一分布,故得

$$1=Q(1)=\frac{Ar\mu}{\lambda(z_0-1)},$$

于是

$$A=\frac{\lambda(z_0-1)}{r\mu}.$$

代入 (13),即得

$$Q(z)=\frac{(z_0-1)}{r(z_0-z)}\sum_{k=0}^{r-1}z^k, \tag{14}$$

其中 z_0 为 (9) 之多项式在单位圆外的唯一零点,由于实系数多项式的复根共轭存在,故 z_0 必为实根. 将 (14) 改写成

$$Q(z)=\sum_{j=0}^{\infty}\frac{(z_0-1)}{rz_0^{j+1}}z^j\sum_{k=0}^{r-1}z^k,$$

比较 z^j 的系数,即得

$$p_j=\begin{cases}\frac{1}{r}(1-z_0^{-j-1}), & j=0,1,\cdots,r-1;\\ \frac{1}{r}z_0^{-j-1}(z_0^r-1), & j=r,r+1,\cdots.\end{cases} \tag{15}$$

而系统中顾客的平均数为

$$\sum_{j=1}^{\infty}jp_j=Q'(1)=\frac{(r-1)(z_0-1)+2}{2(z_0-1)}. \tag{16}$$

这样,我们就在极限 (4) 中所有 $p_j>0$ 的假定下求出了它们的表达式 (15). 现在证明确实极限 (4) 中所有 $p_j>0$. 事实上,我们只要考虑时刻 $t=0,\Delta t,2\Delta t,\cdots$ 所对应的离散时刻马尔可夫链,易知它是不可约、非周期的,因而可以利用第四章 § 1 的引

理 1，该处的方程组 $\sum_{i} x_i p_{ij} = x_j$，$j = 0, 1, \cdots$，即现在的(6)式。由于我们已经找出了(6)的一组绝对收敛的非零解(15)，故由该引理 1，此离散时刻马尔可夫链为正常返，由此其 n 步转移概率的极限 $\lim_{n\to\infty} P_{ij}(n\Delta t) > 0$. 但因极限 (4) 存在，因而 (4) 中所有 $p_j = \lim_{t\to\infty} P_{ij}(t) = \lim_{n\to\infty} P_{ij}(n\Delta t) > 0$，此即所证。这样就完成了关于 M/M/1 成批服务系统的讨论。

关于对应的 $E_r/M/1$ 单个服务的系统，由 (1) 即得其队长极限分布

$$\bar{p}_j = \begin{cases} 1 - \rho, & j = 0; \\ \rho(1 - z_0^{-r}) z_0^{-(j-1)r}, & j = 1, 2, \cdots, \end{cases} \tag{17}$$

其中利用了 z_0 为 (9) 的根，此式与第四章 § 2 的 (59) 式是一致的。

§ 2. 有优先权的系统

1. 问题的提出 在通讯系统中经常会遇到这样的随机服务系统：有两个相互独立的参数分别为 λ_1 与 λ_2 的最简单流到达单服务台的等待系统，在两类输入流中，第一类有服务的优先权，就是说，我们规定：i) 服务台得空时，若队伍中同时有两类顾客，则首先接纳第一类顾客进行服务；ii) 若第一类顾客到达时第二类顾客正在服务，则正在服务的顾客被逐出重新排入队伍中，服务台立即转而为新到的第一类顾客服务。假定两类顾客的服务时间及到达间隔是相互独立的，而两类顾客的服务时间分别遵从参数为 μ_1 与 μ_2 的负指数分布。

我们说系统在时刻 t 的状态 $\boldsymbol{N}(t) = (i, j)$，若此时系统中有 i 个第一类顾客和 j 个第二类顾客。所以状态空间为 $\{(i, j), i, j = 0, 1, \cdots\}$. 令

$$P_{i,j}(t) \equiv P\{\boldsymbol{N}(t) = (i, j)\}. \tag{1}$$

容易证明 $N(t)$ 为一马尔可夫过程.

2. 微分方程组　首先写出状态转移方程组：

$$
\begin{cases}
P_{0,0}(t+\Delta t) = (1 - \lambda_1\Delta t - \lambda_2\Delta t)P_{0,0}(t) \\
\qquad\qquad + \mu_1\Delta t P_{1,0}(t) + \mu_2\Delta t P_{0,1}(t) + o(\Delta t); \\
P_{i,0}(t+\Delta t) = \lambda_1\Delta t P_{i-1,0}(t) + (1 - \lambda_1\Delta t - \lambda_2\Delta t - \mu_1\Delta t)P_{i,0}(t) \\
\qquad\qquad + \mu_1\Delta t P_{i+1,0}(t) + o(\Delta t),\ i > 0; \\
P_{0,j}(t+\Delta t) = \lambda_2\Delta t P_{0,j-1}(t) + (1 - \lambda_1\Delta t - \lambda_2\Delta t - \mu_2\Delta t)P_{0,j}(t) \\
\qquad\qquad + \mu_1\Delta t P_{1,j}(t) + \mu_2\Delta t P_{0,j+1}(t) + o(\Delta t),\ j > 0; \\
P_{i,j}(t+\Delta t) = \lambda_1\Delta t P_{i-1,j}(t) + \lambda_2\Delta t P_{i,j-1}(t) + (1 - \lambda_1\Delta t - \lambda_2\Delta t \\
\qquad\qquad - \mu_1\Delta t)P_{i,j}(t) + \mu_1\Delta t P_{i+1,j}(t) + o(\Delta t),\ i,j > 0.
\end{cases}
$$

移项后除以 Δt，再令 $\Delta t \to 0$，即得微分方程组：

$$
\begin{cases}
P'_{0,0}(t) = -(\lambda_1 + \lambda_2)P_{0,0}(t) + \mu_1 P_{1,0}(t) + \mu_2 P_{0,1}(t); \\
P'_{i,0}(t) = \lambda_1 P_{i-1,0}(t) - (\lambda_1 + \lambda_2 + \mu_1)P_{i,0}(t) \\
\qquad\quad + \mu_1 P_{i+1,0}(t),\ i > 0; \\
P'_{0,j}(t) = \lambda_2 P_{0,j-1}(t) - (\lambda_1 + \lambda_2 + \mu_2)P_{0,j}(t) \qquad\qquad (2) \\
\qquad\quad + \mu_1 P_{1,j}(t) + \mu_2 P_{0,j+1}(t),\ j > 0; \\
P'_{i,j}(t) = \lambda_1 P_{i-1,j}(t) + \lambda_2 P_{i,j-1}(t) \\
\qquad\quad - (\lambda_1 + \lambda_2 + \mu_1)P_{i,j}(t) + \mu_1 P_{i+1,j}(t),\ i,j > 0.
\end{cases}
$$

与 §1 同样，根据马尔可夫过程的理论，此微分方程组满足任给初始条件并满足条件 $P_{i,j}(t) \geqslant 0$ 与 $\sum\limits_{i,j=0}^{\infty} P_{i,j}(t) = 1$，$t \geqslant 0$，的解 $\{P_{i,j}(t)\}$ 存在且唯一.

3. 求极限解　令

$$
\rho_i \equiv \frac{\lambda_i}{\mu_i},\quad i = 1, 2. \qquad\qquad (3)
$$

假定

$$
\rho_1 + \rho_2 < 1. \qquad\qquad (4)
$$

利用 §1 的极限定理，如同该节一样处理，可证极限

$$
\lim_{t \to \infty} P_{i,j}(t) = p_{i,j} > 0,\quad i,j = 0,1,\cdots \qquad\qquad (5)
$$

是存在的，与初始条件无关，且 $\{p_{i,j}\}$ 构成一分布. 现在微分方程

组 (2) 中令 $t\to\infty$，左端微商全趋于 0，故得线性方程组:

$$\begin{cases}(\lambda_1+\lambda_2)p_{0,0}=\mu_1p_{1,0}+\mu_2p_{0,1};\\(\lambda_1+\lambda_2+\mu_1)p_{i,0}=\lambda_1p_{i-1,0}+\mu_1p_{i+1,0},\quad i>0;\\(\lambda_1+\lambda_2+\mu_2)p_{0,j}=\lambda_2p_{0,j-1}+\mu_1p_{1,j}+\mu_2p_{0,j+1},\quad j>0;\\(\lambda_1+\lambda_2+\mu_1)p_{i,j}=\lambda_1p_{i-1,j}+\lambda_2p_{i,j-1}+\mu_1p_{i+1,j},\quad i,j>0.\end{cases}\tag{6}$$

为了解此方程组，引入母函数:

$$Q_i(z)\equiv\sum_{j=0}^{\infty}p_{i,j}z^j,\ |z|<1,\quad i\geqslant 0;\tag{7}$$

$$Q(w,z)\equiv\sum_{i=0}^{\infty}Q_i(z)w^i=\sum_{i=0}^{\infty}\sum_{j=0}^{\infty}p_{i,j}w^iz^j,$$
$$|w|<1,\ |z|<1.\tag{8}$$

由 (6) 式第一、三两方程得

$$(\lambda_1+\lambda_2)Q_0(z)+\mu_2\sum_{j=1}^{\infty}p_{0,j}z^j=\lambda_2zQ_0(z)$$
$$+\mu_1Q_1(z)+\mu_2z^{-1}\sum_{j=1}^{\infty}p_{0,j}z^j,$$

即

$$[\lambda_1+\lambda_2(1-z)+\mu_2(1-z^{-1})]Q_0(z)$$
$$=\mu_1Q_1(z)+\mu_2(1-z^{-1})p_{0,0}.\tag{9}$$

由 (6) 式第二、四两方程得

$$(\lambda_1+\lambda_2+\mu_1)Q_i(z)=\lambda_1Q_{i-1}(z)$$
$$+\lambda_2zQ_i(z)+\mu_1Q_{i+1}(z),\quad i>0,$$

即

$$[\lambda_1+\lambda_2(1-z)+\mu_1]Q_i(z)$$
$$=\lambda_1Q_{i-1}(z)+\mu_1Q_{i+1}(z),\ i>0.\tag{10}$$

此式两端分别乘以 w^i 后对 i 求和，再与 (9) 式左右两端分别相加，即得

$$[\lambda_1+\lambda_2(1-z)+\mu_1]\{Q(w,z)-Q_0(z)\}$$
$$+[\lambda_1+\lambda_2(1-z)+\mu_2(1-z^{-1})]Q_0(z)$$
$$=\lambda_1wQ(w,z)+\mu_1w^{-1}\{Q(w,z)$$

$$- Q_0(z) - Q_1(z)w\} + \mu_1 Q_1(z) + \mu_2(1 - z^{-1})p_{0,0},$$

整理后,得

$$Q(w, z) = \frac{1}{z} \cdot \frac{[\mu_1(1-w)z - \mu_2(1-z)w]Q_0(z) + \mu_2(1-z)wp_{0,0}}{\lambda_1 w^2 - [\lambda_1 + \mu_1 + \lambda_2(1-z)]w + \mu_1}. \tag{11}$$

上式的分母

$$\lambda_1 w^2 - [\lambda_1 + \mu_1 + \lambda_2(1-z)]w + \mu_1 \tag{12}$$

在 $|w| < 1$内有唯一的零点 $w = \nu(z)$, 事实上,因为在 $|w| = 1$ 上,有

$$\begin{aligned} |\lambda_1 w^2 + \mu_1| &\leqslant \lambda_1 + \mu_1 < \lambda_1 + \mu_1 + \mathscr{R}\{\lambda_2(1-z)\} \\ &\leqslant |\lambda_1 + \mu_1 + \lambda_2(1-z)| \\ &= |[\lambda_1 + \mu_1 + \lambda_2(1-z)]w|, \quad |z| < 1. \end{aligned}$$

因而由儒歇定理, $\lambda_1 w^2 + \mu_1 - [\lambda_1 + \mu_1 + \lambda_2(1-z)]w$ 与 $[\lambda_1 + \mu_1 + \lambda_2(1-z)]w$ 在 $|w| < 1$ 内有相同个数的零点, 即 (12) 在 $|w| < 1$ 内有唯一解 $w = \nu(z)$. 再把 (12) 不在单位圆内,即 $|w| \geqslant 1$ 的根记为 $w = \nu_1(z)$, 易见 $\nu(z)$ 与 $\nu_1(z)$ 在 $|z| < 1$ 内都是解析函数.

由于 $w = \nu(z)$ 为 (11) 式的分母的零点, 而 $Q(w, z)$ 在 $|w| < 1$, $|z| < 1$ 收敛, 故 $w = \nu(z)$ 必为 (11) 式的分子的零点,代入分子,即得

$$Q_0(z) = \frac{\mu_2(z-1)\nu(z)p_{0,0}}{\mu_1 z[1-\nu(z)] - \mu_2(1-z)\nu(z)}. \tag{13}$$

将此式代入 (11) 式,并注意

$$\lambda_1 w^2 - [\lambda_1 + \mu_1 + \lambda_2(1-z)]w + \mu_1 = \lambda_1[w - \nu(z)][w - \nu_1(z)],$$

即得

$$Q(w, z) = \frac{\mu_1\mu_2(1-z)p_{0,0}}{\lambda_1[w - \nu_1(z)]\{\mu_1 z[1-\nu(z)] - \mu_2(1-z)\nu(z)\}}. \tag{14}$$

最后来定上式中的 $p_{0,0}$. $w=\nu(z)$ 为 (12) 式的零点，故有

$$\lambda_1[\nu(z)]^2-[\lambda_1+\mu_1+\lambda_2(1-z)]\nu(z)+\mu_1=0.$$

将此式微商，得

$$2\lambda_1\nu(z)\nu'(z)-[\lambda_1+\mu_1+\lambda_2(1-z)]\nu'(z)+\lambda_2\nu(z)=0.$$

令 $z\to1$，由于 $\nu(1)=1$，故得

$$2\lambda_1\nu'(1)-[\lambda_1+\mu_1]\nu'(1)+\lambda_2=0,$$

所以

$$\nu'(1)=\frac{\lambda_2}{\mu_1-\lambda_1}. \tag{15}$$

现将 (14) 式两端取极限 $w\to1$，$z\to1$，由于 $\nu_1(1)=\frac{\mu_1}{\lambda_1}>1$，故得

$$1=\frac{\mu_1\mu_2p_{0,0}}{\lambda_1\left(1-\frac{\mu_1}{\lambda_1}\right)}\lim_{z\to1}\frac{1-z}{\mu_1z[1-\nu(z)]-\mu_2(1-z)\nu(z)}$$

$$=\frac{\mu_1\mu_2p_{0,0}}{\lambda_1-\mu_1}$$

$$\cdot\lim_{z\to1}\frac{-1}{\mu_1[1-\nu(z)]-\mu_1z\nu'(z)-\mu_2(1-z)\nu'(z)+\mu_2\nu(z)}$$

$$=\frac{\mu_1\mu_2p_{0,0}}{\lambda_1-\mu_1}\,\frac{1}{\mu_1\nu'(1)-\mu_2}=\frac{\mu_1\mu_2p_{0,0}}{\mu_1\mu_2-\lambda_1\mu_2-\lambda_2\mu_1}.$$

因而

$$p_{0,0}=\frac{\mu_1\mu_2-\lambda_1\mu_2-\lambda_2\mu_1}{\mu_1\mu_2}=1-\frac{\lambda_1}{\mu_1}-\frac{\lambda_2}{\mu_2}$$

$$=1-\rho_1-\rho_2>0. \tag{16}$$

代入 (14)，并注意 $\nu(z)\nu_1(z)=\frac{\mu_1}{\lambda_1}=\frac{1}{\rho_1}$，即得 $Q(w,z)$ 的最终表达式：

$$Q(w,z)=\frac{(1-\rho_1-\rho_2)(1-z)\nu(z)}{(\rho_1w\nu(z)-1)\left\{\frac{\mu_1}{\mu_2}z[1-\nu(z)]-(1-z)\nu(z)\right\}}. \tag{17}$$

由此求微商即可求得

$$p_{i,j} = \frac{1}{i!j!} \frac{\partial^{i+j} Q(w, z)}{\partial w^i \partial z^j}\bigg|_{w=z=0}. \tag{18}$$

4. 一些讨论 令

$$p_{i.} \equiv \sum_{j=0}^{\infty} p_{i,j}, \quad i = 0, 1, \cdots; \tag{19}$$

$$p_{.j} \equiv \sum_{i=0}^{\infty} p_{i,j}, \quad j = 0, 1, \cdots. \tag{20}$$

则 $p_{i.}$ 与 $p_{.j}$ 分别表示系统中有 i 个第一类顾客与 j 个第二类顾客的概率，而它们的母函数分别为：

$$Q(w, 1) = \sum_{i=0}^{\infty} p_{i.} w^i; \tag{21}$$

$$Q(1, z) = \sum_{j=0}^{\infty} p_{.j} z^j. \tag{22}$$

在 (17) 式中令 $z \to 1$，用洛比达 (l'Hospitale) 法则，并利用 (15) 式，得

$$Q(w, 1) = \frac{1-\rho_1-\rho_2}{\rho_1 w - 1} \lim_{z\to 1} \frac{(1-z)\nu(z)}{\frac{\mu_1}{\mu_2} z[1-\nu(z)] - (1-z)\nu(z)}$$

$$= \frac{1-\rho_1-\rho_2}{\rho_1 w - 1} \frac{-1}{-\frac{\mu_1}{\mu_2}\nu'(1) + 1} = \frac{1-\rho_1}{1-\rho_1 w}$$

$$= \sum_{i=0}^{\infty} (1-\rho_1)\rho_1^i w^i. \tag{23}$$

因而

$$p_{i.} = (1-\rho_1)\rho_1^i. \tag{24}$$

这结果与只有一类以 λ_1 为参数的最简单流输入、服务分布是参数为 μ_1 的负指数分布的单服务台等待系统的结果相同。也就是说，第二类顾客的存在对第一类顾客来说不发生任何影响。

另外，

$$Q(1, z) = \frac{(1-\rho_1-\rho_2)(1-z)\nu(z)}{[\rho\nu(z)-1]\left\{\frac{\mu_1}{\mu_2}z[1-\nu(z)]-(1-z)\nu(z)\right\}}. \tag{25}$$

与上述情况不同，第一类顾客的存在对系统中第二类顾客数目的分布是有影响的. 此时将 (25) 对 z 微商，并利用 (15)，即可求得第二类顾客的平均数

$$\sum_j jp_{\cdot j} = \frac{\rho_2}{1-\rho_1-\rho_2}\left[1+\frac{\mu_2\rho_1}{\mu_1(1-\rho_1)}\right]. \tag{26}$$

§3. 串联系统

1. 问题的提出 假定随机服务系统由串联的两个等待制的服务台所组成，输入是参数为 λ 的最简单流，顾客到达后先由第一台服务，之后再进入第二台服务，第二台服务完后，顾客就离去. 设第一台与第二台的服务时间相互独立，分别是参数为 μ_1 与 μ_2 的负指数分布，并且与到达间隔独立.

我们说系统在时刻 t 的状态 $\boldsymbol{N}(t)=(i, j)$，若此时第一台前等待的顾客数与被服务的顾客数之和为 i，而第二台前等待的顾客数与被服务的顾客数之和为 j，状态空间为 $\{(i, j), i, j=0, 1, \cdots\}$令

$$P_{i,j}(t) \equiv P\{\boldsymbol{N}(t)=(i, j)\}. \tag{1}$$

容易证明 $\boldsymbol{N}(t)$ 为一马尔可夫过程.

2. 微分方程组 首先写出状态转移方程组:

$$\begin{cases} P_{0,0}(t+\Delta t) = (1-\lambda\Delta t)P_{0,0}(t) + \mu_2\Delta tP_{0,1}(t) + o(\Delta t); \\ P_{i,0}(t+\Delta t) = \lambda\Delta tP_{i-1,0}(t) + (1-\lambda\Delta t-\mu_1\Delta t)P_{i,0}(t) \\ \qquad\qquad + \mu_2\Delta tP_{i,1}(t) + o(\Delta t), \quad i>0; \\ P_{0,j}(t+\Delta t) = \mu_1\Delta tP_{1,j-1}(t) + (1-\lambda\Delta t-\mu_2\Delta t)P_{0,j}(t) \\ \qquad\qquad + \mu_2\Delta tP_{0,j+1}(t) + o(\Delta t), \quad j>0; \\ P_{i,j}(t+\Delta t) = \lambda\Delta tP_{i-1,j}(t) + (1-\lambda\Delta t-\mu_1\Delta t \end{cases}$$

$$
\left|\begin{aligned}
&\quad - \mu_2\Delta t)P_{i,j}(t) + \mu_1\Delta t P_{i+1,j-1}(t)\\
&\quad + \mu_2\Delta t P_{i,j+1}(t) + o(\Delta t), \quad i, j > 0.
\end{aligned}\right.
$$

移项后除以 Δt，再令 $\Delta t \downarrow 0$，即得微分方程组：

$$
\begin{cases}
P'_{0,0}(t) = -\lambda P_{0,0}(t) + \mu_2 P_{0,1}(t);\\
P'_{i,0}(t) = \lambda P_{i-1,0}(t) - (\lambda + \mu_1)P_{i,0}(t) + \mu_2 P_{i,1}(t), \quad i > 0;\\
P'_{0,j}(t) = \mu_1 P_{1,j-1}(t) - (\lambda + \mu_2)P_{0,j}(t)\\
\qquad\qquad + \mu_2 P_{0,j+1}(t), \quad j > 0;\\
P'_{i,j}(t) = \lambda P_{i-1,j}(t) - (\lambda + \mu_1 + \mu_2)P_{i,j}(t)\\
\qquad\qquad + \mu_1 P_{i+1,j-1}(t) + \mu_2 P_{i,j+1}(t), \quad i, j > 0.
\end{cases}
\tag{2}
$$

与 § 1 同样，根据马尔可夫过程的理论，此微分方程组满足任给初始条件并满足条件 $P_{i,j}(t) \geqslant 0$ 与 $\sum\limits_{i,j=0}^{\infty} P_{i,j}(t) = 1$，$t \geqslant 0$，的解 $\{P_{i,j}(t)\}$ 存在且唯一。

3. 求极限解 令

$$
\rho_i = \frac{\lambda}{\mu_i}, \quad i = 1, 2. \tag{3}
$$

假定

$$
\rho_i < 1, \ i = 1, 2. \tag{4}
$$

利用 § 1 的极限定理，如同该节一样处理，可证极限

$$
\lim_{t\to\infty} P_{i,j}(t) = p_{i,j} > 0, \quad i, j = 0, 1, \cdots \tag{5}
$$

是存在的，与初始条件无关，且 $\{p_{i,j}\}$ 构成一分布．现在微分方程组 (2) 中令 $t \to \infty$，左端微商全趋于 0，故得线性代数方程组：

$$
\begin{cases}
\lambda p_{0,0} = \mu_2 p_{0,1};\\
(\lambda + \mu_1)p_{i,0} = \lambda p_{i-1,0} + \mu_2 p_{i,1}, \quad i > 0;\\
(\lambda + \mu_2)p_{0,j} = \mu_1 p_{1,j-1} + \mu_2 p_{0,j+1}, \quad j > 0;\\
(\lambda + \mu_1 + \mu_2)p_{i,j} = \lambda p_{i-1,j} + \mu_1 p_{i+1,j-1} + \mu_2 p_{i,j+1}, \ i, j > 0.
\end{cases}
\tag{6}
$$

我们说，方程组 (6) 满足正则性条件

$$
\sum_{i,j=0}^{\infty} p_{i,j} = 1 \tag{7}
$$

的解为

$$p_{i,j} = (1-\rho_1)(1-\rho_2)\rho_1^i\rho_2^j. \tag{8}$$

这由直接验算即可证明。

4. 一些讨论 由 (8)，第一台中等待与被服务的顾客总数等于 i 的概率为

$$p_{i\cdot} \equiv \sum_{j=0}^{\infty} p_{i,j} = \sum_{j=0}^{\infty} (1-\rho_1)(1-\rho_2)\rho_1^i\rho_2^j = (1-\rho_1)\rho_1^i; \tag{9}$$

第二台中等待与被服务的顾客的总数等于 j 的概率为

$$p_{\cdot j} \equiv \sum_{i=0}^{\infty} p_{i,j} = \sum_{i=0}^{\infty} (1-\rho_1)(1-\rho_2)\rho_1^i\rho_2^j = (1-\rho_2)\rho_2^j. \tag{10}$$

由此可见，第一台与第二台的顾客数是独立的，它们的分布都与参数为 λ 的普阿松输入的单服务台系统的结果相同。

§4. 成批到达的系统

我们考虑这样的成批到达的系统：

i) 到达时刻 $\tau_1, \tau_2, \cdots$之间的间隔 $t_m \equiv \tau_{m+1} - \tau_m (m=0, 1, \cdots; \tau_0 \equiv 0)$ 是相互独立、相同分布的随机变量，其分布函数记为 $A(x)$，即

$$P\{t_m \leqslant x\} \equiv A(x), \quad m = 0, 1, \cdots.$$

但在每一到达时刻不是到来一个顾客，而是到来一批顾客，每批顾客的数目都是 k 个 ($k \geqslant 1$ 为一整数)。令

$$\frac{1}{\lambda} \equiv \int_{0-}^{\infty} x dA(x),$$

假定 $\lambda > 0$ 为一常数；

ii) 服务次序任意；

iii) 有一个服务台，各顾客服务时间之间以及与到达间隔之间都相互独立，各服务时间具有相同的负指数分布：

$$B(x) \equiv \begin{cases} 1 - e^{-\mu x} & x \geqslant 0; \\ 0, & x < 0, \end{cases}$$

其中 $\mu > 0$ 为一常数。

令

$$\rho \equiv \frac{k\lambda}{\mu}, \tag{1}$$

称为服务强度.

在本节中假定

$$\rho < 1. \tag{2}$$

和§1一样,可以看出,此系统与 $GI/E_k/1$ 系统是对应的,也就是说,只要知道前一系统的性质,就能得到后一系统的相应性质.

我们还是回到成批到达的系统,令 $\boldsymbol{q}_m$ 为第 m 批顾客到达时所看到的队长,即那时正在服务与正在等待的顾客的总数. 令 $\{\boldsymbol{\nu}_m\}$ 为一串独立同分布、并与 $\{\boldsymbol{q}_m\}$ 独立的随机变量,其分布为:

$$a_j \equiv P\{\boldsymbol{\nu}_m = j\} = \int_{0-}^{\infty} e^{-\mu x} \frac{(\mu x)^j}{j!} dA(x), \quad j = 0, 1, \cdots. \tag{3}$$

则易知

$$\boldsymbol{q}_{m+1} = \max(\boldsymbol{q}_m + k - \boldsymbol{\nu}_m, 0), \quad m = 1, 2, \cdots. \tag{4}$$

因而 $\{\boldsymbol{q}_m\}$ 构成一齐次马尔可夫链,其转移概率为

$$\begin{aligned} P\{\boldsymbol{q}_{m+1} = j | \boldsymbol{q}_m = i\} &= P\{\max(\boldsymbol{q}_m + k - \boldsymbol{\nu}_m, 0) = j | \boldsymbol{q}_m = i\} \\ &= P\{\max(i + k - \boldsymbol{\nu}_m, 0) = j\} \\ &= \begin{cases} 0, & j > i + k; \\ P\{\boldsymbol{\nu}_m = i + k - j\} = a_{i+k-j}, & 0 < j \leqslant i + k; \\ P\{\boldsymbol{\nu}_m \geqslant i + k\} = \sum\limits_{l=i+k}^{\infty} a_l, & j = 0. \end{cases} \end{aligned} \tag{5}$$

写成转移矩阵,为

$$P \equiv \begin{bmatrix} b_k & a_{k-1} & a_{k-2} & \cdots & a_0 & & \\ b_{k+1} & a_k & a_{k-1} & \cdots & a_1 & a_0 & \\ b_{k+2} & a_{k+1} & a_k & \cdots & a_2 & a_1 & a_0 \\ \cdots & \cdots & \cdots & \cdots & \cdots & \cdots & \cdots \end{bmatrix}, \tag{6}$$

其中

$$b_j \equiv \sum_{l=j}^{\infty} a_l.$$

记 $\{a_j\}$ 的母函数为 $F(z)$，则易知

$$F(z) \equiv \sum_{j=0}^{\infty} a_j z^j = A^*(\mu(1-z)); \tag{7}$$

$$F'(1-0) = \frac{k}{\rho}. \tag{8}$$

由 (6)，可看出此马尔可夫链 $\{\boldsymbol{q}_m\}$ 是不可约、非周期的，因而所有状态属于同一类. 下面证明：当 $\rho < 1$ 时，此马尔可夫链是正常返的，并求出队长的平稳分布.

根据第四章 §1 的引理 1，为了证明此马尔可夫链是正常返的，只需证明矩阵方程

$$X = XP \tag{9}$$

存在一个使 $\sum_{i=0}^{\infty} |x_i| < \infty$ 的非零解 X，其中 X 为行向量 $(x_0, x_1, \cdots)$，而 P 为 (6) 所定义.

由 (6)，可将 (9) 中第 k 个以后的方程写成

$$x_j = \sum_{i=j-k}^{\infty} x_i a_{i+k-j}, \quad j \geqslant k. \tag{10}$$

若令

$$x_i = \omega^i (\omega \neq 0), \tag{11}$$

代入 (10)，即得

$$\omega^k = F(\omega). \tag{12}$$

此式两端的函数在 $\omega = 1$ 处均为 1，在 $\omega = 1-0$ 的微商分别为 k 与 $\frac{k}{\rho}(>k)$，因而对充分小的所有 $\delta > 0$，都有 $r^k > F(r)$，其中 $r \equiv 1-\delta$. 于是在 $|\omega| = r$ 上，

$$|F(\omega)| \leqslant \sum_{j=0}^{\infty} a_j r^j = F(r) < r^k = |\omega^k|,$$

或

$$|\varepsilon_l (F(\omega))^{\frac{1}{k}}| < |\omega|,$$

其中 $\varepsilon_l \equiv \frac{2\pi i l}{k}$. 故由儒歇定理，方程 (12) 在 $|\omega| < 1$ 内恰好有

k 个根 $\omega_1, \omega_2, \cdots, \omega_k$，或对任一 $l\,(1 \leqslant l \leqslant k)$，方程

$$\varepsilon_l(F(\omega))^{\frac{1}{k}} = \omega \tag{13}$$

在 $|\omega| < 1$ 内恰好有一个根 ω_l. 易知这些根 ω_l 均不为 0，而且各不相同. 因为若有 $l_1 \neq l_2(1 \leqslant l_1 \leqslant k,\ 1 \leqslant l_2 \leqslant k)$，使 $\omega_{l_1} = \omega_{l_2}$，则因 ω_{l_1} 与 ω_{l_2} 分别 $l = l_1$ 与 l_2 所对应的方程 (13) 的根，即得 $\varepsilon_{l_1} = \varepsilon_{l_2}$，此与 ε_l 的定义矛盾.

现在我们说，方程 (9) 具有形如

$$x_i = \alpha_1\omega_1^i + \alpha_2\omega_2^i + \cdots + \alpha_k\omega_k^i \left(\sum_{i=1}^{k} \alpha_i = 1\right) \tag{14}$$

的绝对收敛的非零解. 事实上，当 $i \geqslant k$ 时，上面已指出，对每个 $m(1 \leqslant m \leqslant k)$，$x_i = \omega_m^i$ 均为 (10) 的解，因而其线性组合 (14) 也为 (10) 的解，也即满足 (9) 的第 k 个以后的所有方程，于是只需再根据(9)的第 $0,1,\cdots,k-1$ 个方程以及正则性条件 $\sum\limits_{i=1}^{k} \alpha_i = 1$ 来确定 $\alpha_1, \alpha_2, \cdots, \alpha_k$，则我们就找到了 (9) 的一个绝对收敛的非零解.

将 (14) 代入 (9) 的第 $1, 2, \cdots, k-1$ 个方程：

$$x_j = \sum_{i=0}^{\infty} x_i a_{i+k-j}, \quad 1 \leqslant j \leqslant k-1,$$

即得

$$\begin{aligned}
\sum_{m=1}^{k} \alpha_m\omega_m^j &= \sum_{i=0}^{\infty} \sum_{m=1}^{k} \alpha_m\omega_m^i a_{i+k-j} \\
&= \sum_{m=1}^{k} \alpha_m\omega_m^{j-k} \sum_{i=0}^{\infty} \omega_m^{i+k-j} a_{i+k-j} \\
&= \sum_{m=1}^{k} \alpha_m\omega_m^{j-k} \left[F(\omega_m) - \sum_{i=0}^{k-j-1} a_i\omega_m^i\right] \\
&= \sum_{m=1}^{k} \alpha_m\omega_m^j - \sum_{m=1}^{k} \alpha_m \sum_{i=0}^{k-j-1} a_i\omega_m^{i+j-k},
\end{aligned}$$

$$1 \leqslant j \leqslant k-1,$$

因而

$$\sum_{m=1}^{k} \alpha_m \sum_{i=0}^{k-j-1} a_i \omega_m^{i+j-k} = 0, \quad 1 \leqslant j \leqslant k-1. \tag{15}$$

下面，由 (15) 及

$$\sum_{m=1}^{k} \alpha_m = 1 \tag{16}$$

来确定 $\alpha_m (1 \leqslant m \leqslant k)$.

非齐次线性方程组 (15), (16) 的系数矩阵为

$$\Delta \equiv \begin{bmatrix} \sum_{i=0}^{k-2} a_i \omega_1^{i+1-k} & \sum_{i=0}^{k-2} a_i \omega_2^{i+1-k} & \cdots & \sum_{i=0}^{k-2} a_i \omega_k^{i+1-k} \\ \sum_{i=0}^{k-3} a_i \omega_1^{i+2-k} & \sum_{i=0}^{k-3} a_i \omega_2^{i+2-k} & \cdots & \sum_{i=0}^{k-3} a_i \omega_k^{i+2-k} \\ \cdots & \cdots & \cdots & \cdots \\ a_0 \omega_1^{-1} & a_0 \omega_2^{-1} & \cdots & a_0 \omega_k^{-1} \\ 1 & 1 & \cdots & 1 \end{bmatrix}$$

$$= \begin{bmatrix} a_0 & a_1 & a_2 & \cdots & a_{k-2} & 0 \\ & a_0 & a_1 & \cdots & a_{k-3} & 0 \\ & & \ddots & & \vdots & \vdots \\ & & & & a_0 & 0 \\ & & & & & 1 \end{bmatrix}$$

$$\times \begin{bmatrix} \left(\frac{1}{\omega_1}\right)^{k-1} & \left(\frac{1}{\omega_2}\right)^{k-1} & \cdots & \left(\frac{1}{\omega_k}\right)^{k-1} \\ \left(\frac{1}{\omega_1}\right)^{k-2} & \left(\frac{1}{\omega_2}\right)^{k-2} & \cdots & \left(\frac{1}{\omega_k}\right)^{k-2} \\ \cdots & \cdots & \cdots & \cdots \\ \frac{1}{\omega_1} & \frac{1}{\omega_2} & \cdots & \frac{1}{\omega_k} \\ 1 & 1 & \cdots & 1 \end{bmatrix}$$

显见右端两矩阵均为非奇异矩阵，因而系数行列式 $|\Delta| \neq 0$.

故由(15),(16)唯一决定 $\alpha_1, \alpha_2, \cdots, \alpha_k$. 这样,就证明了以(15), (16)所决定的 $\alpha_1, \alpha_2, \cdots, \alpha_k$ 为系数的(14)满足矩阵方程(9)中第1,2,…个等方程;再由转移矩阵行和为1的性质,即知(14)亦必满足(9)中第0个方程,因此,就找到了(9)的一个解,它满足:

$$x_0 = 1 \neq 0;$$

$$\sum_{i=0}^{\infty} |x_i| \leqslant \sum_{m=1}^{k} \alpha_m \sum_{i=0}^{\infty} |\omega_m|^i = \sum_{m=1}^{k} \frac{\alpha_m}{1 - |\omega_m|} < \infty.$$

于是此马尔可夫链 $\{q_m\}$ 是正常返的,且队长的平稳分布即为

$$\pi_i \equiv \frac{x_i}{\sum_{j=0}^{\infty} x_j} = \frac{\sum_{m=1}^{k} \alpha_m \omega_m^i}{\sum_{m=1}^{k} \frac{\alpha_m}{1 - \omega_m}}, \quad i \geqslant 0. \tag{17}$$

这就是我们欲证的结果.

§5. "随机服务"的系统

考虑 GI/M/n 系统,但服务次序是随机选择的,即每当有一服务台得空时,就在等待服务的顾客中随机选择一人进行服务,此时等待服务的每一顾客被选到的概率相同,把这种服务规则简称为"随机服务". 显然,在"随机服务"和在"先到先服务"的排队规则下,队长分布是一样的,但等待时间却各不相同. 这一节就来研究"随机服务"情形下等待时间的平稳分布.

令输入分布为 $A(x)$; 服务时间分布为

$$B(x) \equiv \begin{cases} 1 - e^{-\mu x}, & x \geqslant 0; \\ 0, & x < 0. \end{cases}$$

再令

$$A^*(s) \equiv \int_{0-}^{\infty} e^{-sx} dA(x), \ \mathscr{R}(s) \geqslant 0;$$

$$\frac{1}{\lambda} \equiv \int_{0-}^{\infty} x dA(x).$$

我们把等待时间平稳分布记为 $W(x)$；记其拉普拉斯-斯蒂尔吉斯交换为

$$W^*(s) \equiv \int_{0-}^{\infty} e^{-sx} dW(x), \quad \mathscr{R}(s) \geqslant 0.$$

因为讨论的是统计平衡的情况，当然要假定

$$\rho \equiv \frac{\lambda}{n\mu} < 1. \tag{1}$$

定理 1 对"随机服务"的 GI/M/n 系统，等待时间平稳分布的拉普拉斯-斯蒂尔吉斯变换为下式所给定：

$$W^*(s) = 1 - \frac{K}{1-\theta} + K\Phi(s, \theta). \tag{2}$$

其中 $\Phi(s, z)$ 满足线性微分方程：

$$\{z - A^*(s + n\mu(1-z))\} \frac{\partial \Phi(s, z)}{\partial z} + \Phi(s, z) = \frac{1}{1-z} \frac{n\mu\{1 - A^*(s + n\mu(1-z))\}}{s + n\mu(1-z)}, \tag{3}$$

且

$$\Phi(s, f(s)) = \frac{n\mu}{s + n\mu[1 - f(s)]}. \tag{4}$$

此处 $f(s)$ 为在 $\mathscr{R}(s) \geqslant 0$ 的条件下，方程

$$z = A^*(s + n\mu(1-z)) \tag{5}$$

在单位圆 $|z| < 1$ 内的唯一解，而

$$\theta \equiv f(0); \tag{6}$$

$$K \equiv \left\{ \frac{1}{1-\theta} + \sum_{j=1}^{n} \frac{\binom{n}{j}}{C_j(1-\varepsilon_j)} \frac{n(1-\varepsilon_j) - j}{n(1-\theta) - j} \right\}^{-1}; \tag{7}$$

$$C_j \equiv \prod_{\nu=1}^{j} \frac{\varepsilon_\nu}{1 - \varepsilon_\nu}; \tag{8}$$

$$\varepsilon_\nu \equiv A^*(\nu\mu). \quad \| \tag{9}$$

证 令 $\hat{W}_j(x)$ 为顾客到达时遇见所有服务台被占而有 j 个等待者的条件下，它的等待时间 $\leqslant x$ 的概率。由第四章 §2，我

们知道，在 $\rho<1$ 的条件下，系统是平衡的，且顾客到达时遇到所有服务台被占，同时有 j 个等待者的概率为

$$\pi_{j+n}=K\theta^j,$$

其中 θ, K 分别为 (6), (7) 所定义；而顾客到达时遇到有空闲服务台的概率为

$$\sum_{j=0}^{n-1}\pi_j=1-\frac{K}{1-\theta},$$

此时该顾客不需等待．因而对任一 $x\geqslant 0$，有下列关系式：

$$\begin{aligned}W(x)&=\sum_{k=0}^{n-1}\pi_k+\sum_{j=0}^{\infty}\pi_{j+n}\hat{W}_j(x)\\&=1-\frac{K}{1-\theta}+K\sum_{j=0}^{\infty}\hat{W}_j(x)\theta^j.\end{aligned}\tag{10}$$

令

$$\hat{W}_j^*(s)\equiv\int_{0-}^{\infty}e^{-sx}d\hat{W}_j(x),\quad \mathscr{R}(s)\geqslant 0;$$

$$\Phi(s,z)\equiv\sum_{j=0}^{\infty}\hat{W}_j^*(s)z^j,\qquad \mathscr{R}(s)\geqslant 0,\ |z|<1.$$

将 (10) 取拉普拉斯-斯蒂尔吉斯变换，得

$$W^*(s)=1-\frac{K}{1-\theta}+K\Phi(s,\theta),$$

此即所求 (2) 式．只需再证 $\Phi(s,z)$ 满足 (3), (4) 两式．

顾客到达时遇到所有服务台被占而有 j 个等待者的条件下，它的等待时间 $\leqslant x$ 这一事件可以在下列互斥的情况下发生：或者在下一到达间隔内服务完 $k(k=0,1,\cdots,j)$ 个顾客，而所考虑的顾客在此间隔内尚未被接受服务；或者在下一到达间隔内至少服务完 $k+1(k=0,1,\cdots,j)$ 个顾客，而所考虑的顾客在第 $k+1$ 次服务完成的时刻被接受服务，因此有下列关系式：

$$\begin{aligned}\hat{W}_j(x)=\sum_{k=0}^{j}\int_{0-}^{x}\frac{j+1-k}{j+1}\cdot\frac{(n\mu u)^k}{k!}\\\times e^{-n\mu u}\hat{W}_{j+1-k}(x-u)dA(u)\end{aligned}$$

$$+\sum_{k=0}^{j}\int_0^x \frac{1}{j+1}\frac{(n\mu u)^k}{k!}$$

$$\times e^{-n\mu u}[1-A(u)]n\mu du.$$

取拉普拉斯-斯蒂尔吉斯变换，就得

$$(j+1)\hat{W}_j^*(s)=\sum_{k=0}(j+1-k)\hat{W}_{j+1-k}^*(s)$$

$$\times\int_{0-}^{\infty} e^{-(s+n\mu)x}\frac{(n\mu x)^k}{k!}dA(x)$$

$$+\sum_{k=0}^{j}\int_0^{\infty} e^{-(s+n\mu)x}\frac{(n\mu x)^k}{k!}[1-A(x)]n\mu dx.$$

两端分别乘 z^{j+1} 后对 j 从 0 到∞求和，得到

$$z\sum_{j=0}^{\infty}(j+1)\hat{W}_j^*(s)z^j=A^*(s+n\mu(1-z))\sum_{j=0}^{\infty}j\hat{W}_j^*(s)z^j$$

$$+\frac{n\mu z}{1-z}\frac{1-A^*(s+n\mu(1-z))}{s+n\mu(1-z)},$$

即

$$\{z-A^*(s+n\mu(1-z))\}\frac{\partial\Phi(s,z)}{\partial z}+\Phi(s,z)$$

$$=\frac{n\mu}{1-z}\frac{1-A^*(s+n\mu(1-z))}{s+n\mu(1-z)}.$$

此即所求 (3) 式.

因 $\rho<1$，故由第四章 § 3 的引理 1，当 $\mathscr{R}(s)\geqslant 0$ 时，方程 $z=A^*(s+n\mu(1-z))$ 在 $|z|<1$ 内有唯一解 $z=f(s)$. 但当 $\mathscr{R}(s)\geqslant 0$ 时，$\Phi(s,z)$ 在 $|z|<1$ 为 z 的解析函数，因此，将 $z=f(s)$ 代入 (3) 即得

$$\Phi(s,f(s))=\frac{n\mu}{s+n\mu[1-f(s)]}.$$

此即所求 (4) 式. 定理 1 证毕. #

推论 1 平均等待时间为

$$\overline{W}=\frac{K}{n\mu(1-\theta)^2}. \quad \| \tag{11}$$

证 对任一固定的 s，将 $\Phi(s,z)$ 展开成泰勒 (Taylor) 级数：

$$\Phi(s,z)=\sum_{j=0}^{\infty}\Phi_j(s)[z-f(s)]^j, \tag{12}$$

其中

$$\Phi_j(s)\equiv\frac{1}{j!}\cdot\left.\frac{\partial^j\Phi(s,z)}{\partial z^j}\right|_{z=f(s)}. \tag{13}$$

代入 (2)，得

$$W^*(s)=1-\frac{K}{1-\theta}+K\sum_{j=0}^{\infty}\Phi_j(s)[\theta-f(s)]^j.$$

因而

$$\begin{aligned}\overline{W}&=-W^{*\prime}(0)\\&=-K\sum_{j=0}^{\infty}\{\Phi_j'(s)[\theta-f(s)]^j-\Phi_j(s)j[\theta-f(s)]^{j-1}f'(s)\}|_{s=0}\\&=-K\{\Phi_0'(0)-\Phi_1(0)f'(0)\}.\end{aligned} \tag{14}$$

现在来求 $\Phi_0'(0)$ 与 $\Phi_1(0)$. 由 (13) 与 (4)，即得

$$\Phi_0(s)=\Phi(s,f(s))=\frac{n\mu}{s+n\mu[1-f(s)]},$$

微商之，并令 $s=0$，可得

$$\Phi_0'(0)=-\frac{1}{n\mu(1-\theta)^2}+\frac{f'(0)}{(1-\theta)^2}. \tag{15}$$

又将 (3) 对 z 微商，再令 $z=f(s)$，得

$$\{1+n\mu A^{*\prime}[s+n\mu(1-f(s))]\}\left.\frac{\partial\Phi(s,z)}{\partial z}\right|_{z=f(s)}+\left.\frac{\partial\Phi(s,z)}{\partial z}\right|_{z=f(s)}$$
$$=\frac{(n\mu)^2A^{*\prime}[s+n\mu(1-f(s))][s+n\mu(1-f(s))]+n\mu[s+2n\mu(1-f(s))]}{(1-f(s))[s+n\mu(1-f(s))]^2},$$

因而

$$\left.\frac{\partial\Phi(s,z)}{\partial z}\right|_{z=f(s)}=\frac{n\mu}{2+n\mu A^{*\prime}[s+n\mu(1-f(s))]}$$
$$\times\frac{[s+n\mu(1-f(s))]\{2+n\mu A^{*\prime}[s+n\mu(1-f(s))]\}-s}{[1-f(s)][s+n\mu(1-f(s))]^2}$$

令 $s=0$，并由 (13)，即得

$$\Phi_1(0)=\frac{1}{(1-\theta)^2}. \tag{16}$$

将 (15)，(16) 代入 (14)，得

$$\overline{W}=-K\left\{\frac{-1}{n\mu(1-\theta)^2}+\frac{f'(0)}{(1-\theta)^2}-\frac{f'(0)}{(1-\theta)^2}\right\}$$

$$=\frac{K}{n\mu(1-\theta)^2}.$$

此即所证。#

注 我们看出，"随机服务"情形下的平均等待时间与"先到先服务"情形下的平均等待时间是相同的，这点在直观上是很显然的。||

§6. "后到先服务"的系统

考虑 GI/M/n 系统，但服务次序是"后到先服务"，即每当有一个服务台得空时，等待服务的顾客中最后到来者被接受服务. 显然，"后到先服务"系统的队长分布与"先到先服务"的情形相同，而等待时间分布却有所差异. 下面就来考察"后到先服务"情形下等待时间的平稳分布。

令输入分布为 $A(x)$；服务时间分布为

$$B(x)\equiv\begin{cases}1-e^{-\mu x}, & x\geqslant 0;\\ 0, & x<0.\end{cases}$$

再令

$$A^*(s)\equiv\int_{0-}^{\infty}e^{-sx}dA(x),\quad \mathscr{R}(s)\geqslant 0;$$

$$\frac{1}{\lambda}\equiv\int_{0-}^{\infty}xdA(x).$$

我们把等待时间平稳分布记为 $W(x)$，记其拉普拉斯-斯蒂尔吉斯变换为

$$W^*(s) \equiv \int_{0-}^{\infty} e^{-sx} dW(x), \quad \mathscr{R}(s) \geqslant 0.$$

因为讨论的是统计平衡的情形，当然要假定

$$\rho \equiv \frac{\lambda}{n\mu} < 1. \tag{1}$$

定理 1 对"后到先服务"的 GI/M/n 系统，等待时间平稳分布的拉普拉斯-斯蒂尔吉斯变换为下式所给定：

$$W^*(s) = 1 - \frac{K}{1-\theta} + \frac{K}{1-\theta} \frac{n\mu[1-f(s)]}{s + n\mu[1-f(s)]}, \tag{2}$$

其中 $f(s)$ 为在 $\mathscr{R}(s) \geqslant 0$ 的条件下，方程

$$z = A^*(s + n\mu(1-z)) \tag{3}$$

在单位圆 $|z| < 1$ 内的唯一解，而

$$\theta \equiv f(0); \tag{4}$$

$$K \equiv \left\{ \frac{1}{1-\theta} + \sum_{j=1}^{n} \frac{\binom{n}{j}}{C_j(1-\varepsilon_j)} \frac{n(1-\varepsilon_j) - j}{n(1-\theta) - j} \right\}^{-1}. \tag{5}$$

此处

$$C_j \equiv \prod_{\nu=1}^{j} \frac{\varepsilon_\nu}{1-\varepsilon_\nu}; \tag{6}$$

$$\varepsilon_\nu \equiv A^*(\nu\mu). \quad \| \tag{7}$$

证 令 $\hat{G}_m(x)$ $(m = 1, 2, \cdots)$ 为顾客到达时遇到全部服务台被占而需要等待，但无其它等待者的条件下，他的等待时间 $\leqslant x$，同时从此顾客到达时刻开始到他进入服务台之后为止，队伍中共有 m 人进入服务台的联合概率。

在"后到先服务"的情形下，由于顾客的等待时间与比他先来而正在队伍中等待的顾客无关，因而 $\sum_{m=1}^{\infty} \hat{G}_m(x)$ 就表示在顾客到达后需要等待的条件下，他的等待时间 $\leqslant x$ 的概率。

由第四章 §2，我们知道，在 $\rho < 1$ 的条件下，系统是平衡的，且顾客到达时遇到有空闲服务台因而不需等待的概率为

$$\sum_{j=0}^{n-1} \pi_j = 1 - \frac{K}{1-\theta},$$

其中 K, θ 分别为 (5), (4) 所定义；而顾客到达时遇到所有服务台被占而需要等待的概率为

$$\sum_{j=n}^{\infty} \pi_j = \frac{K}{1-\theta}.$$

因而,对任一 $x \geqslant 0$, 有

$$W(x) = 1 - \frac{K}{1-\theta} + \frac{K}{1-\theta} \sum_{m=1}^{\infty} \hat{G}_m(x). \tag{8}$$

令

$$\hat{G}_m^*(s) \equiv \int_{0-}^{\infty} e^{-sx} d\hat{G}_m(x), \quad \mathscr{R}(s) \geqslant 0;$$

$$\Gamma(s) \equiv \sum_{m=1}^{\infty} \hat{G}_m^*(s). \tag{9}$$

则由海来-勃雷 (Helly-Bray) 定理知此级数收敛，因而

$$\Gamma(s) < \infty.$$

现将 (8) 取拉普拉斯-斯蒂尔吉斯变换,即得

$$W^*(s) = 1 - \frac{K}{1-\theta} + \frac{K}{1-\theta} \Gamma(s). \tag{10}$$

为了求 $\Gamma(s)$，引入一个新的随机服务系统 GI/M/1，其输入分布仍为 $A(x)$，服务时间按参数为 $n\mu$ 的负指数分布，而排队规则为"先到先服务". 在此新系统中，对 $j = 0, 1, \cdots; m = 1, 2, \cdots$，定义 $G_{jm}(x)$ 为顾客到达时发现系统队长等于 $j+1$ (即服务台被占，同时有 j 个顾客正在排队等待)的条件下，从此顾客到达时刻开始到队长第一次变成 1 (即服务台被占,但等待顾客数第一次变成 0) 为止的时间长度 $\leqslant x$，且在此时间内队伍中共有 $m+j$ 人进入服务台的联合概率.

显见

$$\hat{G}_m(x) = G_{0m}(x), \ m \geqslant 1. \tag{11}$$

令

$$G_{jm}^*(s) \equiv \int_{0-}^{\infty} e^{-sx} dG_{jm}(x), \quad \mathscr{R}(s) \geq 0, \; m \geq 1.$$

则

$$\hat{G}_m^*(s) = G_{0m}^*(s), \quad m \geq 1. \tag{12}$$

对 $G_{jm}(x)$，由全概定理，可得下列关系式：

$$\begin{cases} G_{j1}(x) = n\mu \int_0^x e^{-n\mu y} \dfrac{(n\mu y)^j}{j!} [1 - A(y)] dy; \\ G_{j,m+1}(x) = \sum\limits_{i=0}^{j} \int_{0-}^{x} e^{-n\mu y} \dfrac{(n\mu y)^i}{i!} G_{j+1-i,m}(x-y) dA(y), \\ \qquad\qquad\qquad\qquad\qquad\qquad\qquad\qquad m \geq 1. \end{cases}$$

取拉普拉斯-斯蒂尔吉斯变换，得

$$\begin{cases} G_{j1}^*(s) = n\mu \int_0^{\infty} e^{-(s+n\mu)x} \dfrac{(n\mu x)^j}{j!} [1 - A(x)] dx; \\ G_{j,m+1}^*(s) = \sum\limits_{i=0}^{j} G_{j+1-i,m}^*(s) \int_{0-}^{\infty} e^{-(s+n\mu)x} \dfrac{(n\mu x)^i}{i!} dA(x), \\ \qquad\qquad\qquad\qquad\qquad\qquad\qquad\qquad m \geq 1. \end{cases} \tag{13}$$

引进母函数

$$\Omega_m(s, z) \equiv \sum_{j=0}^{\infty} G_{j,m}^*(s) z^j, \quad \mathscr{R}(s) \geq 0, \; |z| < 1, \; m \geq 1.$$

将 (13) 的两端乘以 z^j 后，对 j 从 0 到∞求和，并注意 (12) 式，即得

$$\begin{cases} \Omega_1(s, z) = n\mu \dfrac{1 - A^*(s + n\mu(1-z))}{s + n\mu(1-z)}; \\ \Omega_{m+1}(s, z) = \dfrac{1}{z} A^*[s + n\mu(1-z)] [\Omega_m(s, z) - \hat{G}_m^*(s)], \\ \qquad\qquad\qquad\qquad\qquad\qquad\qquad\qquad m \geq 1. \end{cases}$$

再对 m 取母函数，得

$$\sum_{m=1}^{\infty} \Omega_m(s, z) u^m = \Big\{ n\mu uz \frac{1 - A^*(s + n\mu(1-z))}{s + n\mu(1-z)}$$

$$- uA^*(s + n\mu(1-z)) \sum_{m=1}^{\infty} \hat{G}_m^*(s) u^m \Big\} \Big/$$

$$\{z - uA^*(s + n\mu(1 - z))\} \tag{14}$$

由第四章 § 3 的引理 1，由于 $\rho < 1$，上式右端分母当 $\mathscr{R}(s) \geqslant 0$，$|u| \leqslant 1$ 时，在 $|z| < 1$ 内有唯一解 $z = \delta(s, u)$，且 $\lim_{u \to 1} \delta(s, u) = f(s)$，其中 $f(s)$ 为在 $\mathscr{R}(s) \geqslant 0$ 的条件下，方程 (3) 在 $|z| < 1$ 内的唯一解．但当 $\mathscr{R}(s) \geqslant 0$，$|u| < 1$，$|z| < 1$ 时，(14) 式左端为 z 的解析函数，因而 $z = \delta(s, u)$ 也必为 (14) 式右端分子的零点，故得

$$\sum_{m=1}^{\infty} \hat{G}_m^*(s) u^m = \frac{n\mu[u - \delta(s, u)]}{s + n\mu[1 - \delta(s, u)]}.$$

再令 $u \to 1$，由 (9) 式，用阿贝尔定理，即得

$$\Gamma(s) = \frac{n\mu[1 - f(s)]}{s + n\mu[1 - f(s)]},$$

代入 (10) 即得所求 (2) 式．定理 1 证毕．#

推论 1 平均等待时间为

$$\overline{W} = \frac{K}{n\mu(1 - \theta)^2}. \quad \| \tag{15}$$

证 将 (2) 对 s 求微商，再令 $s = 0$ 即得所证．#

注 我们看出，“后到先服务”、“先到先服务”、“随机服务”等情形下的平均等待时间都是一样的．这点在直观上当然是明显的．||

§ 7. 到达时刻依赖于队长的系统

我们考虑这样的系统：该系统由 n 个服务台所组成，相继顾客到达的时刻为 $\boldsymbol{\tau}_1, \boldsymbol{\tau}_2, \cdots$，令 $\boldsymbol{t}_m \equiv \boldsymbol{\tau}_{m+1} - \boldsymbol{\tau}_m (m = 0, 1, \cdots; \boldsymbol{\tau}_0 \equiv 0)$，顾客到达后排成一队，按“先到先服务”的次序接受服务，各顾客的服务时间分别为 $\boldsymbol{v}_1, \boldsymbol{v}_2, \cdots$．假定各 $\boldsymbol{v}_m$ 之间以及 $\{\boldsymbol{v}_m\}$ 与 $\{\boldsymbol{t}_m\}$ 之间都相互独立，各 $\boldsymbol{v}_m$ 具有相同的负指数分布，参数为 μ．令 $\boldsymbol{q}_m$ 为第 m 个顾客到达时看到系统的队长（包括排队等待的与正被服务的）．设 $N_1, N_2, \cdots, N_l$ 均为正整数，$N_1 <$

$N_2 < \cdots < N_l$. 令 $N_0 \equiv -1$, $N_{l+1} \equiv \infty$. 再设 $A_k(x)(k=1, 2, \cdots, l+1)$ 为任意的分布函数, $a_k \equiv \int_{0-}^{\infty} x dA_k(x) < \infty$. 假定在 $\boldsymbol{q}_m$ 为已知的条件下,到达间隔 $\boldsymbol{t}_m$ 与 $\{\boldsymbol{q}_{m-1}, \boldsymbol{q}_{m-2}, \cdots, \boldsymbol{q}_1\}$ 相互独立,且在队长 $\boldsymbol{q}_m = i$ 条件下的条件分布为

$$P\{\boldsymbol{t}_m \leqslant x | \boldsymbol{q}_m = i\} = A_{k+1}(x),$$
$$N_k + 1 \leqslant i \leqslant N_{k+1}, 0 \leqslant k \leqslant l. \tag{1}$$

令

$$A_j^*(s) \equiv \int_{0-}^{\infty} e^{-sx} dA_j(x), \quad 1 \leqslant j \leqslant l+1.$$

定理 1 $\{\boldsymbol{q}_m\}$ 为一马尔可夫链. ||

证 易知 $\boldsymbol{q}_m$ 满足下列关系式:

$$\boldsymbol{q}_{m+1} = \boldsymbol{q}_m + 1 - \boldsymbol{r}_m, \quad m \geqslant 1, \tag{2}$$

其中 $\boldsymbol{r}_m$ 为时间间隔 $[\boldsymbol{\tau}_m, \boldsymbol{\tau}_{m+1})$ 中服务完毕后离开系统的顾客数.

当 $\boldsymbol{q}_m = i$, $\boldsymbol{q}_{m+1} = j > i+1$ 时, 不论 $\boldsymbol{q}_{m-1}, \boldsymbol{q}_{m-2}, \cdots$ 取何值,总有

$$\begin{aligned} &P\{\boldsymbol{q}_{m+1} = j | \boldsymbol{q}_m = i, \boldsymbol{q}_{m-1}, \boldsymbol{q}_{m-2}, \cdots\} \\ &\quad = P\{\boldsymbol{q}_{m+1} = j | \boldsymbol{q}_m = i\} = 0. \end{aligned} \tag{3}$$

当 $\boldsymbol{q}_m = i$, $\boldsymbol{q}_{m+1} = j \leqslant i+1$ 时,利用 (2) 式,有

$$\begin{aligned} &P\{\boldsymbol{q}_{m+1} = j | \boldsymbol{q}_m = i, \boldsymbol{q}_{m-1} = i_1, \boldsymbol{q}_{m-2} = i_2, \cdots\} \\ &\quad = P\{\boldsymbol{r}_m = i+1-j | \boldsymbol{q}_m = i, \boldsymbol{q}_{m-1} = i_1, \boldsymbol{q}_{m-2} = i_2, \cdots\} \\ &\quad = \int_{0-}^{\infty} P\{\boldsymbol{r}_m = i+1-j | \boldsymbol{t}_m = t, \boldsymbol{q}_m = i, \boldsymbol{q}_{m-1} = i_1, \boldsymbol{q}_{m-2} \\ &\qquad = i_2, \cdots\} dP\{\boldsymbol{t}_m \leqslant t | \boldsymbol{q}_m = i, \boldsymbol{q}_{m-1} = i_1, \boldsymbol{q}_{m-2} \\ &\qquad = i_2, \cdots\}. \end{aligned} \tag{4}$$

因为事件 $\{\boldsymbol{r}_m = i+1-j\}$ 只依赖于随机变量 $(\boldsymbol{t}_m, \boldsymbol{v}_m, \boldsymbol{v}_{m-1}, \cdots, \boldsymbol{v}_{m-i})$, 而事件 $\{\boldsymbol{q}_{m-1} = i_1, \boldsymbol{q}_{m-2} = i_2, \cdots\}$ 只依赖于随机变量 $(\boldsymbol{t}_{m-2}, \boldsymbol{t}_{m-3}, \cdots; \boldsymbol{v}_{m-i_1-1}, \boldsymbol{v}_{m-i_1-2}, \cdots)$,因此根据对系统所作的假设,可得

$$\begin{aligned} &P\{\boldsymbol{r}_m = i+1-j | \boldsymbol{t}_m = t, \boldsymbol{q}_m = i, \boldsymbol{q}_{m-1} = i_1, \boldsymbol{q}_{m-2} = i_2, \cdots\} \\ &\quad = P\{\boldsymbol{r}_m = i+1-j | \boldsymbol{t}_m = t, \boldsymbol{q}_m = i\} \end{aligned}$$

及

$$P\{\boldsymbol{t}_m \leqslant t | \boldsymbol{q}_m = i, \boldsymbol{q}_{m-1} = i_1, \boldsymbol{q}_{m-2} = i_2, \cdots\} \\ = P\{\boldsymbol{t}_m \leqslant t | \boldsymbol{q}_m = i\}.$$

于是由 (4) 就得

$$P\{\boldsymbol{q}_{m+1} = j | \boldsymbol{q}_m = i, \boldsymbol{q}_{m-1} = i_1, \boldsymbol{q}_{m-2} = i_2, \cdots\} \\ = \int_{0-}^{\infty} P\{\boldsymbol{r}_m = i+1-j | \boldsymbol{t}_m = t, \boldsymbol{q}_m = i\} dP\{\boldsymbol{t}_m \leqslant t | \boldsymbol{q}_m = i\} \\ = P\{\boldsymbol{q}_{m+1} = j | \boldsymbol{q}_m = i\}. \tag{5}$$

定理 1 证毕. #

现在,在自然数集合上定义一个函数 $h(i)$:

$$h(i) = k+1, \text{ 若 } N_k + 1 \leqslant i \leqslant N_{k+1}, \ 0 \leqslant k \leqslant l. \tag{6}$$

定理 2 马尔可夫链 $\{\boldsymbol{q}_m\}$ 是不可约、非周期的，其转移概率 $p_{ij}(i, j = 0, 1, \cdots)$ 为下式所给定:

$$p_{ij} = \begin{cases} \displaystyle\int_{0-}^{\infty} \binom{i+1}{j} (1-e^{-\mu t})^{i+1-j} e^{-j\mu t} dA_{h(i)}(t), \\ \qquad\qquad\qquad\qquad 0 \leqslant j \leqslant i+1, \ i < n; \\ \displaystyle\int_{0-}^{\infty} \left\{\int_0^t e^{-n\mu x} \frac{(n\mu x)^{i-n}}{(i-n)!} n\mu \binom{n}{j} (1-e^{-\mu(t-x)})^{n-j} e^{-j\mu(t-x)} dx\right\} \\ \qquad \times dA_{h(i)}(t), \quad 0 \leqslant j < n, i \geqslant n; \\ \displaystyle\int_{0-}^{\infty} e^{-n\mu t} \frac{(n\mu t)^{i+1-j}}{(i+1-j)!} dA_{h(i)}(t), \quad n \leqslant j \leqslant i+1, i \geqslant n; \\ 0, \quad i+1 < j. \ \| \end{cases} \tag{7}$$

证 利用 (5) 式，即可证明 (7) 式. 由 (7)，知 $\{\boldsymbol{q}_m\}$ 的转移矩阵具有下列形式:

$$\begin{pmatrix} * & * & & \\ * & * & * & \\ * & * & * & * \\ \cdots & \cdots & \cdots & \cdots \end{pmatrix},$$

其中“$*$”处的元素 >0，其它空白处的元素均为 0. 故知此马尔

可夫链为不可约、非周期的．定理 2 证毕．#

令

$$\rho_k \equiv \frac{1}{a_k n \mu}, \quad k = 1, 2, \cdots, l+1. \tag{8}$$

$$\alpha \equiv \max(n-1, N_l). \tag{9}$$

定理 3 马尔可夫链 $\{\boldsymbol{q}_m\}$ 为正常返的充分必要条件是 $\rho_{l+1} < 1$．此时极限

$$\lim_{m \to \infty} P\{\boldsymbol{q}_m = j\} = \pi_j \tag{10}$$

存在，且独立于初始状态．π_j 的表达式为：

$$\pi_j = \begin{cases} K x_j, & 若\ j \leqslant \alpha; \\ K \omega^{j-\alpha-1}, & 若\ j > \alpha. \end{cases} \tag{11}$$

此处 $x_j (0 \leqslant j \leqslant \alpha)$ 为下列线性代数方程组的唯一解：

$$\begin{cases} p_{01} x_0 + (p_{11} - 1) x_1 + p_{21} x_2 + \cdots + p_{\alpha 1} x_\alpha = -\sum\limits_{i=\alpha+1}^{\infty} \omega^{i-\alpha-1} p_{i1}; \\ p_{12} x_1 + (p_{22} - 1) x_2 + \cdots + p_{\alpha 2} x_\alpha = -\sum\limits_{i=\alpha+1}^{\infty} \omega^{i-\alpha-1} p_{i2}; \\ \cdots\cdots\cdots\cdots\cdots\cdots\cdots\cdots\cdots\cdots \\ p_{\alpha,\alpha+1} x_\alpha = 1 - \sum\limits_{i=\alpha+1}^{\infty} \omega^{i-\alpha-1} p_{i,\alpha+1}, \end{cases} \tag{12}$$

其中 p_{ij} 为 (7) 所给定．

ω 为方程

$$z = A_{l+1}^*(n\mu(1-z)) \tag{13}$$

在单位圆 $|z| < 1$ 内的唯一解．

$$K \equiv \frac{1}{\dfrac{1}{1-\omega} + \sum\limits_{i=0}^{\alpha} x_i}. \quad \| \tag{14}$$

证 充分性：设 $\rho_{l+1} < 1$．由第四章 § 1 的引理 1，我们看能否找到方程组

$$\sum_{i=0}^{\infty} x_i p_{ij} = x_j, \quad j \geqslant 0 \tag{15}$$

的绝对收敛的非零解．先看 $j \geqslant \alpha + 2$ 的那些方程，此时

$$p_{ij} = \begin{cases} \int_{0-}^{\infty} e^{-n\mu t} \dfrac{(n\mu t)^{i+1-j}}{(i+1-j)!} dA_{l+1}(t), & i \geqslant j-1; \\ 0, & i < j-1. \end{cases} \tag{16}$$

故 (15) 中 $j \geqslant \alpha + 2$ 的那些方程化为

$$\sum_{i=j-1}^{\infty} x_i \int_{0-}^{\infty} e^{-n\mu t} \frac{(n\mu t)^{i+1-j}}{(i+1-j)!} dA_{l+1}(t) = x_j, \quad j \geqslant \alpha + 2. \tag{17}$$

由于

$$\sum_{i=j-1}^{\infty} (i+1-j) \int_{0-}^{\infty} e^{-n\mu t} \frac{(n\mu t)^{i+1-j}}{(i+1-j)!} \cdot dA_{l+1}(t) = \frac{1}{\rho_{l+1}} > 1,$$

故由第三章 § 1 的引理 6，知方程组 (17) 有一组解

$$x_j = \omega^{j-\alpha-1}, \quad j \geqslant \alpha + 1, \tag{18}$$

其中 ω 为方程 (13) 在单位圆 $|z| < 1$ 内的唯一解．

再考虑方程组 (15) 的 $j = 1$ 起到 $j = \alpha + 1$ 为止的 $\alpha + 1$ 个方程．将 (18) 代入这些方程，得

$$\sum_{i=j-1}^{\alpha} x_i p_{ij} - x_j = -\sum_{i=\alpha+1}^{\infty} \omega^{i-\alpha-1} p_{ij}, \quad 1 \leqslant j \leqslant \alpha + 1,$$

此即方程组 (12)．这是 $\alpha + 1$ 个未知数 $x_0, x_1, \cdots, x_\alpha$，$\alpha + 1$ 个方程的非齐次线性代数方程组，其系数矩阵为三角矩阵，且其对角线元素均为正，故有唯一解．由于转移矩阵行和为 1，故此解 $(x_0, x_1, \cdots, x_\alpha, 1, \omega, \omega^2, \cdots)$ 也必满足 (15) 中 $j = 0$ 那个方程．这样，就找到了方程组 (15) 的一组非零解，而且它是绝对收敛的．因此由第四章 § 1 的引理 1，此马尔可夫链是正常返的．此时 (10) 中的极限 π_j 为唯一的平稳分布，且

$$\pi_j = \frac{x_j}{\sum_{j=0}^{\infty} x_j}, \tag{19}$$

其中 $(x_0, x_1, \cdots)$ 即为上述 (15) 的解. 将 x_j 代入 (19) 即得所求的 (11) 式.

必要性：若马尔可夫链 $\{\boldsymbol{q}_m\}$ 为正常返，要证 $\rho_{l+1}<1$. 用反证法，假如 $\rho_{l+1}\geqslant 1$，我们来找满足第四章 §1 引理 1 中不等式 (7) 的一组至多有限个 x_i 为负的解 $\{x_i\}$，使得 $\sum|x_i|=\infty$. 则由该引理，马尔可夫链 $\{\boldsymbol{q}_m\}$ 不能是正常返的，此为矛盾，故得所证. 现在就来找上述的解. 取

$$x_j=1,\quad j\geqslant \alpha+1. \tag{20}$$

则 (20) 满足

$$\sum_{i=0}^{\infty} x_i p_{ij}\leqslant x_j,\quad j\geqslant \alpha+2,$$

因为此时 p_{ij} 为 (16) 所给定.

再看第四章 §1 引理 1 的 (7) 中 $j=1$ 起到 $j=\alpha+1$ 为止的 $\alpha+1$ 个取等号的方程，并以 (20) 代入，得

$$\begin{cases}\displaystyle\sum_{i=j-1}^{\alpha} x_i p_{ij}-x_j=-\sum_{i=\alpha+1}^{\infty} p_{ij},\quad 1\leqslant j\leqslant \alpha;\\ \displaystyle x_\alpha p_{\alpha,\alpha+1}=1-\sum_{i=\alpha+1}^{\infty} p_{i,\alpha+1}.\end{cases} \tag{21}$$

此方程组系数矩阵为三角矩阵，且对角线元素均为正，故有唯一解 $(x_0, x_1, \cdots, x_\alpha)$. 现验证 $(x_0, x_1, \cdots, x_\alpha, 1, 1, \cdots)$ 为第四章 §1 引理 1 的 (7) 的解，显然只需验证：

$$\sum_{i=0}^{\alpha} x_i p_{i0}+\sum_{i=\alpha+1}^{\infty} p_{i0}\leqslant x_0.$$

由 (16)，

$$\begin{aligned}\sum_{j=0}^{\alpha+1}\sum_{i=\alpha+1}^{\infty} p_{ij}&=\sum_{i=\alpha+1}^{\infty}\left[1-\sum_{j=\alpha+2}^{\infty} p_{ij}\right]\\ &=\sum_{i=\alpha+1}^{\infty}\left[1-\sum_{j=\alpha+2}^{i+1}\int_{0-}^{\infty} e^{-n\mu t}\frac{(n\mu t)^{i+1-j}}{(i+1-j)!}\right.\\ &\qquad\left.\times dA_{l+1}(t)\right]\end{aligned}$$

$$= \sum_{i=a+1}^{\infty} \sum_{k=i-a}^{\infty} \int_{0-}^{\infty} e^{-n\mu t} \frac{(n\mu t)^k}{k!} dA_{l+1}(t)$$

$$= \sum_{k=1}^{\infty} k \int_{0-}^{\infty} e^{-n\mu t} \frac{(n\mu t)^k}{k!} dA_{l+1}(t)$$

$$= \frac{1}{\rho_{l+1}}, \tag{22}$$

故将 (21) 诸式左右两端分别相加，即得

$$x_0 - \sum_{i=0}^{a} x_i p_{i0} - \sum_{i=a+1}^{\infty} p_{i0} = 1 - \frac{1}{\rho_{l+1}}.$$

由于 $\rho_{l+1} \geqslant 1$，因此

$$x_0 - \sum_{i=0}^{a} x_i p_{i0} - \sum_{i=a+1}^{\infty} p_{i0} \geqslant 0,$$

此即所证．易见此解 $(x_0, x_1, \cdots, x_a, 1, 1, \cdots)$ 满足 $\sum_{i=0}^{\infty} |x_i| = \infty$，故由第四章 § 1 的引理 1，$\{\boldsymbol{q}_m\}$ 不是正常返的．这就证明了必要性．定理 3 证毕．#

注　定理 3 中 π_j 的具体计算是异常复杂的，下面仅就一个很简单的例子来求它的表达式．设 $l = 1, N_1 = n - 1$．令

$$\varepsilon_j^{(1)} \equiv A_1^*(j\mu), \quad \varepsilon_j^{(2)} \equiv A_2^*(j\mu), \quad j = 1, 2, \cdots; \tag{23}$$

$$C_k \equiv \begin{cases} 1, & k = 0; \\ \prod_{j=1}^{k} \dfrac{\varepsilon_j^{(1)}}{1 - \varepsilon_j^{(1)}}, & k = 1, 2, \cdots. \end{cases} \tag{24}$$

此时

$$a = \max(n-1, N_1) = n - 1.$$

引入母函数

$$U(z) \equiv \sum_{j=0}^{n-1} \pi_j z^j, \quad |z| \leqslant 1. \tag{25}$$

由

$$\pi_j = \sum_{i=0}^{\infty} \pi_i p_{ij}, \quad j = 0, 1, \cdots,$$

及 p_{ij} 的表达式 (7), 即可证明 $U(z)$ 满足下列积分方程:

$$U(z)=\int_{0-}^{\infty}(1-e^{-\mu x}+ze^{-\mu x})U(1-e^{-\mu x}+ze^{-\mu x})dA_1(x)$$

$$+K\int_{0-}^{\infty}\left\{\int_0^x e^{n\mu\omega u}(e^{-\mu u}-e^{-\mu x}+ze^{-\mu x})^n n\mu du\right\}$$

$$\times dA_2(x)-Kz^n. \tag{26}$$

令

$$U_k\equiv\frac{1}{k!}\left(\frac{d^kU(z)}{dz^k}\right)_{z=1},\quad k=0,1,\cdots,n-1, \tag{27}$$

则

$$U_0=U(1)=\sum_{j=0}^{n-1}\pi_j=1-\sum_{j=n}^{\infty}\pi_j=1-\frac{K}{1-\omega}. \tag{28}$$

将 (26) 微商 k 次 ($k=1,2,\cdots,n-1$), 并令 $z=1$, 即得

$$U_k=\varepsilon_k^{(1)}U_k+\varepsilon_k^{(1)}U_{k-1}-K\binom{n}{k}\frac{n(1-\varepsilon_k^{(2)})-k}{n(1-\omega)-k},$$

即

$$U_k=\frac{\varepsilon_k^{(1)}}{1-\varepsilon_k^{(1)}}U_{k-1}-\frac{K\binom{n}{k}}{1-\varepsilon_k^{(1)}}\frac{n(1-\varepsilon_k^{(2)})-k}{n(1-\omega)-k},$$

$$k=1,2,\cdots,n-1. \tag{29}$$

由 (12) 的最后一个方程与 (7), 得

$$\varepsilon_n^{(1)}x_{n-1}=1-\sum_{i=n}^{\infty}\omega^{i-n}p_{in}$$

$$=1-\frac{1}{\omega}\int_{0-}^{\infty}e^{-n\mu t}[e^{n\mu\omega t}-1]dA_2(t)$$

$$=1-\frac{1}{\omega}A_2^*(n\mu(1-\omega))+\frac{A_2^*(n\mu)}{\omega}$$

$$=\frac{\varepsilon_n^{(2)}}{\omega}.$$

故由 (27) 与 (11), 得

$$U_{n-1} = \pi_{n-1} = \frac{K\varepsilon_n^{(2)}}{\omega\varepsilon_n^{(1)}}. \tag{30}$$

于是将 (29) 两端除以 C_k，再对 k 从 $r+1$ 到 $n-1$ 求和，即得

$$\frac{U_r}{C_r} = K\sum_{k=r+1}^{n}\frac{\binom{n}{k}}{C_k(1-\varepsilon_k^{(1)})}\frac{n(1-\varepsilon_k^{(2)})-k}{n(1-\omega)-k},$$
$$r = 0, 1, \cdots, n-1. \tag{31}$$

令 $r=0$，并将 (28) 代入，得

$$K = \left[\frac{1}{1-\omega} + \sum_{k=1}^{n}\frac{\binom{n}{k}}{C_k(1-\varepsilon_k^{(1)})}\frac{n(1-\varepsilon_k^{(2)})-k}{n(1-\omega)-k}\right]^{-1}. \tag{32}$$

由 $U(z)$ 的定义，知

$$\pi_j = \frac{1}{j!}\left(\frac{d^jU(z)}{dz^j}\right)_{z=0}, \quad j = 0, 1, \cdots, n-1.$$

而由泰勒公式，

$$U(z) = \sum_{r=0}^{n-1}\frac{1}{r!}\left(\frac{d^rU(z)}{dz^r}\right)_{z=1}\cdot(z-1)^r.$$

因此，由 (27) 即得

$$\begin{aligned}\pi_j &= \frac{1}{j!}\left(\frac{d^jU(z)}{dz^j}\right)_{z=0}\\ &= \sum_{r=j}^{n-1}\frac{(-1)^{r-j}}{j!(r-j)!}\left(\frac{d^rU(z)}{dz^r}\right)_{z=1}\\ &= \sum_{r=j}^{n-1}(-1)^{r-j}\binom{r}{j}U_r, \quad j = 0, 1, \cdots, n-1.\end{aligned} \tag{33}$$

综合 (31)，(32)，(33)，最后得到 π_j 的表达式：

$$\left\{\left[\frac{1}{1-\omega} + \sum_{k=1}^{n}\frac{\binom{n}{k}}{C_k(1-\varepsilon_k^{(1)})}\frac{n(1-\varepsilon_k^{(2)})-k}{n(1-\omega)-k}\right]^{-1}\right.$$

$$
\pi_j = \begin{cases} \times \sum_{r=j}^{n-1} (-1)^{r-j} \binom{r}{j} \sum_{k=r+1}^{n} \dfrac{C_r \binom{n}{k}}{C_k(1-\varepsilon_k^{(1)})} \\ \times \dfrac{n(1-\varepsilon_k^{(2)})-k}{n(1-\omega)-k}, \quad 0 \leqslant j \leqslant n-1; \\ \left[\dfrac{1}{1-\omega} + \sum_{k=1}^{n} \dfrac{\binom{n}{k}}{C_k(1-\varepsilon_k^{(1)})} \dfrac{n(1-\varepsilon_k^{(2)})-k}{n(1-\omega)-k}\right]^{-1} \omega^{j-n}, \\ \qquad j \geqslant n. \ \| \end{cases} \tag{34}
$$

§8. 输入不独立的系统

直到 §7 之前，我们所考虑的系统都假定顾客到达间隔相互独立、相同分布. 在 §7 中，去掉了顾客到达间隔相互独立的假定，而假定到达间隔之间存在某种依赖关系. 现在我们来研究彻底去掉独立、同分布假定的更为一般的系统.

我们假定:

i) 顾客在时刻 $\boldsymbol{\tau}_1, \boldsymbol{\tau}_2, \cdots$ 陆续到来. 令 $\boldsymbol{t}_i \equiv \boldsymbol{\tau}_{i+1} - \boldsymbol{\tau}_i$, $i = 1, 2, \cdots$;

ii) 有无穷多个服务台. 因此只要顾客一到来，就立即被接受服务;

iii) 各顾客的服务时间 $\boldsymbol{v}_1, \boldsymbol{v}_2, \cdots$ 相互独立、相同分布，并独立于到达时刻，记其分布为 $B(x)$.

我们还假定在初始时刻系统中没有顾客.

下面我们先把 $\boldsymbol{\tau}_1, \boldsymbol{\tau}_2, \cdots$ 看作给定的时刻 $\tau_1, \tau_2, \cdots$，来求表成 $t_1, t_2, \cdots (t_i \equiv \tau_{i+1} - \tau_i, i \geqslant 1)$ 的函数的条件概率，然后当到达过程为一随机过程时，由积分即可求得相应的无条件概率.

令 $\boldsymbol{q}_m(t_1, t_2, \cdots, t_{m-1})$ 为第 m 个顾客来到后瞬时（即 $\tau_m + 0$）系统中的顾客数. 记其分布

$$
P\{\boldsymbol{q}_m(t_1, t_2, \cdots, t_{m-1}) = j\} \equiv p_j^m(t_1, t_2, \cdots, t_{m-1}),
$$

$$1 \leqslant j \leqslant m, \ m \geqslant 2.$$

再引进母函数

$$p^m(z, t_1, t_2, \cdots, t_{m-1}) \equiv \sum_{j=1}^{m} p_j^m(t_1, t_2, \cdots, t_{m-1}) z^j,$$

$$m \geqslant 2, |z| \leqslant 1.$$

定理 1 当到达时刻 $\tau_1, \tau_2, \cdots, \tau_{m+1}$ 给定时，我们有

$$p^{m+1}(z, t_1, t_2, \cdots, t_m) = z \prod_{j=1}^{m} [B(\theta_{m,j}) + z(1 - B(\theta_{m,j}))],$$

$$m \geqslant 1, \tag{1}$$

其中

$$\theta_{m,j} = t_m + t_{m-1} + \cdots + t_{m-j+1}, \quad 1 \leqslant j \leqslant m. \ \| \tag{2}$$

证 由于服务台个数无穷，而服务时间独立、同分布，并独立于到达时刻，因而当 $m \geqslant 2$ 时，

$$q_{m+1}(t_1, t_2, \cdots, t_m) = \begin{cases} q_m^*(t_2, t_3, \cdots, t_m), \\ \quad \text{若 } v_1 \leqslant t_1 + t_2 + \cdots + t_m; \\ q_m^*(t_2, t_3, \cdots, t_m) + 1, \\ \quad \text{若 } v_1 > t_1 + t_2 + \cdots + t_m, \end{cases} \tag{3}$$

其中 $q_m^*(t_2, t_3, \cdots, t_m)$ 与 $q_m(t_2, t_3, \cdots, t_m)$ 同分布；而当 $m = 1$ 时，

$$q_2(t_1) = \begin{cases} 1, & \text{若 } v_1 \leqslant t_1; \\ 2, & \text{若 } v_1 > t_1. \end{cases} \tag{4}$$

将 (3) 取母函数，得

$$Ez^{q_{m+1}(t_1, t_2, \cdots, t_m)} = Ez^{q_m^*(t_2, t_3, \cdots, t_m)} B(t_1 + t_2 + \cdots + t_m)$$

$$+ Ez^{q_m^*(t_2, t_3, \cdots, t_m)+1}[1 - B(t_1 + t_2 + \cdots + t_m)],$$

即

$$p^{m+1}(z, t_1, t_2, \cdots, t_m) = p^m(z, t_2, t_3, \cdots, t_m)$$

$$\times [B(\theta_{m,m}) + z(1 - B(\theta_{m,m}))], \tag{5}$$

其中 $\theta_{m,j}$ 为 (2) 所定义.

再将 (4) 取母函数，得

$$p^2(z, t_1) = z[B(t_1) + z(1 - B(t_1))].$$

将其中的 t_1 换成 t_m，则得

$$p^2(z, t_m) = z[B(\theta_{m,1}) + z(1 - B(\theta_{m,1}))]. \qquad (6)$$

由 (5)，用归纳法，并注意 (6)，即得所证 (1) 式. 定理 1 证毕. #

推论 1 均值

$$E\{\boldsymbol{q}_{m+1}(t_1, t_2, \cdots, t_m)\} = 1 + \sum_{j=1}^{m} [1 - B(\theta_{m,j})]. \qquad (7)$$

方差

$$D\{\boldsymbol{q}_{m+1}(t_1, t_2, \cdots, t_m)\} = \sum_{j=1}^{m} [1 - B(\theta_{m,j})] B(\theta_{m,j}). \quad \| \quad (8)$$

证 由于

$$E\{\boldsymbol{q}_{m+1}(t_1, t_2, \cdots, t_m)\} = \lim_{z \to 1} \frac{d}{dz} p^{m+1}(z, t_1, t_2, \cdots, t_m),$$

由 (1) 即得所求 (7) 式.

另外，由于

$$\lim_{z \to 1} \frac{d^2}{dz^2} p^{m+1}(z, t_1, t_2, \cdots, t_m) = E\{[\boldsymbol{q}_{m+1}(t_1, t_2, \cdots, t_m)]^2\} - E\{\boldsymbol{q}_{m+1}(t_1, t_2, \cdots, t_m)\},$$

因而

$$\begin{aligned} D\{\boldsymbol{q}_{m+1}(t_1, t_2, \cdots, t_m)\} &= E\{[\boldsymbol{q}_{m+1}(t_1, t_2, \cdots, t_m)]^2\} \\ &\quad - [E\{\boldsymbol{q}_{m+1}(t_1, t_2, \cdots, t_m)\}]^2 \\ &= \lim_{z \to 1} \frac{d^2}{dz^2} p^{m+1}(z, t_1, t_2, \cdots, t_m) \\ &\quad + E\{\boldsymbol{q}_{m+1}(t_1, t_2, \cdots, t_m)\} \\ &\quad - [E\{\boldsymbol{q}_{m+1}(t_1, t_2, \cdots, t_m)\}]^2, \end{aligned}$$

由 (1) 即得所求 (8) 式. #

现在假定 $\{\boldsymbol{\tau}_m\}$ 为一随机过程，(2) 中 $\theta_{m,j}$ 就成为非负随机变量 $\boldsymbol{\theta}_{m,j}$. 将 $\boldsymbol{\theta}_{m,j}$，$1 \leqslant j \leqslant m$，的联合分布记为

$$\begin{aligned} P\{\boldsymbol{\theta}_{m,1} \leqslant x_1, \boldsymbol{\theta}_{m,2} \leqslant x_2, \cdots, \boldsymbol{\theta}_{m,m} \leqslant x_m\} \\ = A_m(x_1, x_2, \cdots, x_m). \end{aligned} \qquad (9)$$

再令第 $m+1$ 个顾客来到后瞬时（即 $\boldsymbol{\tau}_{m+1}+0$）系统中有 j 个顾客的概率

$$P\{\boldsymbol{q}_{m+1}=j\}\equiv p_j^{m+1}. \tag{10}$$

则易知

$$p_j^{m+1}=E\{p_j^{m+1}(\boldsymbol{t}_1,\boldsymbol{t}_2,\cdots,\boldsymbol{t}_m)\}. \tag{11}$$

引入母函数

$$p^{m+1}(z)\equiv\sum_{j=1}^{m+1}p_j^{m+1}z^j,\quad m\geqslant 1\quad |z|\leqslant 1. \tag{12}$$

定理 2 当到达时刻 $\{\boldsymbol{\tau}_m\}$ 为一随机过程时，我们有

$$p^{m+1}(z)=\int_{0-}^{\infty}\cdots\int_{0-}^{\infty}z\prod_{j=1}^{m}[B(x_j)+z(1-B(x_j))]$$

$$\times dA_m(x_1,x_2,\cdots,x_m),\quad m\geqslant 1, \tag{13}$$

其中 $A_m(x_1,x_2,\cdots,x_m)$ 为 $\boldsymbol{\theta}_{m,j}$，$1\leqslant j\leqslant m$，的联合分布，而

$$\boldsymbol{\theta}_{m,j}\equiv\boldsymbol{t}_m+\boldsymbol{t}_{m-1}+\cdots+\boldsymbol{t}_{m-j+1},\quad 1\leqslant j\leqslant m. \quad ||$$

证 由 (11)，将 (1) 求数学期望即得 (13) 式. #

推论 1 均值

$$E\{\boldsymbol{q}_{m+1}\}=1+\sum_{j=1}^{m}\int_{0-}^{\infty}[1-B(x)]dP\{\boldsymbol{\theta}_{m,j}\leqslant x\}. \tag{14}$$

方差

$$D\{\boldsymbol{q}_{m+1}\}=(E\{\boldsymbol{q}_{m+1}\}-1)(2-E\{\boldsymbol{q}_{m+1}\})$$

$$+\sum_{j=1}^{m}\sum_{k\neq j}\int_{0-}^{\infty}\int_{0-}^{\infty}[1-B(x)][1-B(y)]$$

$$\times dP\{\boldsymbol{\theta}_{m,j}\leqslant x,\boldsymbol{\theta}_{m,k}\leqslant y\}. \quad || \tag{15}$$

证 由 (7)，(8) 求数学期望即得所证. #

第七章 随机服务系统的最优化

§1. 设计的最优化与控制的最优化

近年来由于生产实践的需要，随机服务系统的最优化问题逐渐受到人们的注意.

随机服务系统的最优化问题分为两大类：系统设计的最优化与系统控制的最优化，前者称为静态问题，后者称为动态问题.

什么叫设计的最优化呢？在第一章开始时就指出，研究随机服务系统的根本目的在于以最少的设备得到最大的效益，或者说，在一定的服务质量的指标下要求机构最为经济. 比如，在等待制的 $M/M/n$ 系统中，输入与服务参数 λ, μ 假定均为已知，希望平均队长 $\leqslant 10$，问至少应该设几个服务台，即 $n=$？很显然，根据第一章求得的平均队长的公式，即可算出 n 的最小值. 这就是在"平均队长恒不超过10"这个指标下服务台数目的最优值(最优设计).

还可以给定某种费用结构，要求在总费用最小的情况下给出最优设计. 例如仍考虑等待制的 M/M/n 系统，输入与服务参数 λ, μ 均为已知，假定系统有两种费用，一种是等待费，每个顾客在系统中逗留单位时间的等待费为 c，另一种是服务费，每个服务台在单位时间内所花的费用为 a. 于是系统在单位时间内的平均总费用 $= c\bar{Q} + an$，其中 $\bar{Q}$ 为系统中顾客的平均数. 根据第一章给出的 $\bar{Q}$ 的计算公式，总费用便可表成 λ, μ, n 的函数，有了这个平均总费用的表达式，就能确定使平均总费用极小化的最优值 n.

象这类在给出的质量指标下寻求最优设计的问题都称为设计的最优化问题. 这类问题一般可借助于前面所得到的一些表达式来解决.

在本章中要着重讨论的是另外一类最优化问题，即系统控制的最优化问题或称动态问题. 对这类问题，我们将要提出一些新的概念，并且要采用一些特殊的技巧来加以处理.

在 § 2 中将介绍服务设备的控制，用控制服务设备来达到系统的最优化，处理方法仍采用我们所熟悉的状态方程法. 在§3 中介绍输入过程的控制，用控制输入过程来达到系统的最优化，采用马尔可夫决策过程的方法来处理，马尔可夫决策过程是解决动态问题很为有力的工具，已经引起人们广泛的注意.

§ 2. 服务设备的最优控制

假定输入是参数为 λ 的普阿松过程，一个服务台，服务时间是负指数分布，但其速度可以根据队长的变化情况加以调整，队长增加时，服务速度随之提高；而队长递减时，服务速度就相应降低. 服务速度的这种变化，比如就可用建立或撤消系统中并联的服务台来实现. 又由于服务台的建立或撤消需要一定的安装费(或者说，服务速度的调整需要调整费)，因此系统的控制者很自然地不希望服务速度的变化率太高，也就是说，当队长发生变化时，不能马上调整服务速度，而要酌量地延迟调整的时间，因而就产生了时滞现象：服务速度的变化不仅依赖于当前的队长，而且还依赖于系统的历史.

于是我们自然地就采用下面这样的控制规则. 考虑 $N+1$ 种不同的服务速度 $\mu_0, \mu_1, \cdots, \mu_N$，它们满足:

$$0=\mu_0<\mu_1<\cdots<\mu_N,$$

以及考虑一个代表控制规则的正整数 Δ. 当队长(从下面)达到值 $k\Delta(0<k\leqslant N)$，且服务速度为 μ_{k-1} 时，就将速度提高到 μ_k；当队长超过 $N\Delta$ 后，服务速度就永远取为 μ_N，不再提高. 当队长(从上面)下降到值 $(k-1)\Delta(0<k\leqslant N)$，且服务速度为 μ_k 时，就将速度降低到 μ_{k-1} (见图 1).

在下面的结果中，若令 $N\to\infty$，就可得到可数种不同服务速

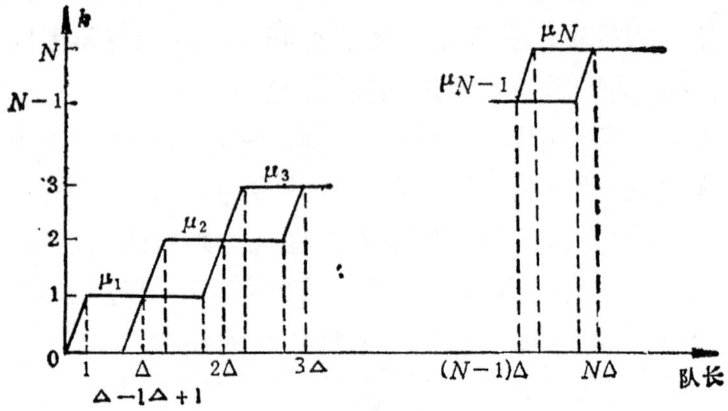

图 1　控制规则图

度 $\mu_0, \mu_1, \mu_2, \cdots$ 的情形.

假设系统费用分三部分:

i) 服务费, 与平均服务速度 μ 成正比, 以单位服务速度服务单位时间的服务费是 a;

ii) 排队费, 与平均队长 $\bar{Q}$ 成正比, 每个顾客在系统内逗留单位时间的排队费是 b;

iii) 调整费, 与单位时间内平均调整次数 R 成正比, 每调整 1 次的调整费是 c.

故单位时间内的平均总费用

$$F = a\mu + b\bar{Q} + cR,$$

其中 $\mu, \bar{Q}, R$ 都是控制变量 Δ 的函数, 因此 F 也是 Δ 的函数, 于是可将上式写成:

$$F(\Delta) = a\mu(\Delta) + b\bar{Q}(\Delta) + cR(\Delta). \tag{1}$$

我们的目的是决定控制变量 Δ 应取何值才能使平均总费用 $F(\Delta)$ 最小.

下面先来求平均服务速度 $\mu(\Delta)$ 的表达式.

令

$$\rho_k \equiv \frac{\lambda}{\mu_k}, \quad 1 \leqslant k \leqslant N.$$

我们称系统在时刻 t 的状态 $N(t)=(k,i)$，若此时服务速度为 μ_k，同时系统内的顾客数（包括正在服务的与排队等待的）为 i.

令 $$P(t;k,i)\equiv P\{\boldsymbol{N}(t)=(k,i)\}.$$

可以证明 $\boldsymbol{N}(t)$ 为一马尔可夫过程. 再假定

$$\rho_k<1,\quad 1\leqslant k\leqslant N, \tag{2}$$

利用第六章 § 1 的极限定理及处理办法，可证极限

$$\lim_{t\to\infty}P(t;k,i)=p(k,i)>0$$

存在，与初始条件无关，且 $\{p(k,i)\}$ 构成一分布.

下面列出状态转移方程组：

$$\left\{\begin{aligned}
&P(t+\Delta t;0,0)=\mu_1\Delta tP(t;1,1)+(1-\lambda\Delta t)P(t;0,0); &(3)\\
&P(t+\Delta t;0,i)=(1-\lambda\Delta t)P(t;0,i)+\lambda\Delta tP(t;0,i-1),\\
&\qquad\qquad 0<i\leqslant\Delta-1; &(4)\\
&P(t+\Delta t;k,(k-1)\Delta+1)=\mu_k\Delta tP(t;k,(k-1)\Delta+2)\\
&\qquad +(1-\lambda\Delta t-\mu_k\Delta t)P(t;k,(k-1)\Delta+1),\\
&\qquad 0<k\leqslant N; &(5)\\
&P(t+\Delta t;k,i)=\mu_k\Delta tP(t;k,i+1)+(1-\lambda\Delta t-\mu_k\Delta t)\\
&\qquad \times P(t;k,i)+\lambda\Delta tP(t;k,i-1),\\
&\qquad 0<k\leqslant N,\quad (k-1)\Delta+1<i<k\Delta; &(6)\\
&P(t+\Delta t;k,k\Delta)=\mu_k\Delta tP(t;k,k\Delta+1)+(1-\lambda\Delta t-\mu_k\Delta t)\\
&\qquad \times P(t;k,k\Delta)+\lambda\Delta tP(t;k,k\Delta-1)\\
&\qquad +\mu_{k+1}\Delta tP(t;k+1,k\Delta+1)\\
&\qquad +\lambda\Delta tP(t;k-1,k\Delta-1),\quad 0<k<N; &(7)\\
&P(t+\Delta t;N,N\Delta)=\mu_N\Delta tP(t;N,N\Delta+1)\\
&\qquad +(1-\lambda\Delta t-\mu_N\Delta t)P(t;N,N\Delta)\\
&\qquad +\lambda\Delta tP(t;N,N\Delta-1)\\
&\qquad +\lambda\Delta tP(t;N-1,N\Delta-1); &(8)\\
&P(t+\Delta t;k,i)=\mu_k\Delta tP(t;k,i+1)+(1-\lambda\Delta t-\mu_k\Delta t)\\
&\qquad \times P(t;k,i)+\lambda\Delta tP(t;k,i-1),\\
&\qquad 0<k<N,\quad k\Delta<i<(k+1)\Delta-1; &(9)
\end{aligned}\right.$$

$$\begin{cases} P(t+\Delta t; k, (k+1)\Delta - 1) = (1 - \lambda\Delta t - \mu_k \Delta t) \\ \qquad \times P(t; k, (k+1)\Delta - 1) \\ \qquad + \lambda\Delta t P(t; k, (k+1)\Delta - 2), \quad 0 < k < N; & (10) \\ P(t+\Delta t; N, i) = \mu_N \Delta t P(t; N, i+1) \\ \qquad + (1 - \lambda\Delta t - \mu_N \Delta t) P(t; N, i) \\ \qquad + \lambda\Delta t P(t; N, i-1), \quad i > N\Delta. & (11) \end{cases}$$

移项后除以 Δt，再令 $\Delta t \to 0$，由 (3)，(4) 两式，得

$$\mu_1 p(1, 1) = \lambda p(0, 0); \tag{12}$$

$$p(0, 0) = p(0, 1) = \cdots = p(0, \Delta - 1); \tag{13}$$

由 (5)，(6) 两式，得

$$\mu_k p(k, i+1) - \lambda p(k, i) = \mu_k p(k, (k-1)\Delta + 1), \\ 0 < k \leqslant N, \ (k-1)\Delta + 1 \leqslant i \leqslant k\Delta; \tag{14}$$

由 (9)，(10) 两式，得

$$\mu_k p(k, i+1) - \lambda p(k, i) = -\lambda p(k, (k+1)\Delta - 1), \\ 0 < k < N, \ k\Delta \leqslant i < (k+1)\Delta - 1; \tag{15}$$

由 (8)，(11) 两式，利用 (14)，得

$$\mu_N p(N, i+1) - \lambda p(N, i) = \mu_N p(N, (N-1)\Delta + 1) \\ - \lambda p(N-1, N\Delta - 1), \quad i \geqslant N\Delta; \tag{16}$$

由 (7)，得

$$\begin{aligned} \mu_k p(k, k\Delta + 1) &- \lambda p(k, k\Delta) \\ &= \mu_k p(k, k\Delta) - \lambda p(k, k\Delta - 1) \\ &\quad - \mu_{k+1} p(k+1, k\Delta + 1) \\ &\quad - \lambda p(k-1, k\Delta - 1), \quad 0 < k < N. \end{aligned}$$

将 (14)，(15) 两式的结果代入，得

$$\begin{aligned} \mu_{k+1} p(k+1, k\Delta + 1) &+ \lambda p(k-1, k\Delta - 1) \\ &= \mu_k p(k, (k-1)\Delta + 1) + \lambda p(k, (k+1)\Delta - 1), \\ &\qquad 0 < k < N. \end{aligned} \tag{17}$$

(17) 式表示一个平衡性质，即单位时间内从服务速度 μ_k 转移出去的平均次数等于转移进来的平均次数。

由 (12), (13), 得

$$\mu_1 p(1, 1) = \lambda p(0, \Delta - 1).$$

在 (17) 中取 $k = 1$, 并利用上式,即得

$$\mu_2 p(2, \Delta + 1) = \lambda p(1, 2\Delta - 1).$$

由此类推,可知对所有 $k \geqslant 0$, 均有

$$\mu_{k+1} p(k + 1, k\Delta + 1) = \lambda p(k, (k + 1)\Delta - 1), \quad 0 \leqslant k < N. \tag{18}$$

此式表示在单位时间内从服务速度 μ_{k+1} 转移到 μ_k 的平均次数等于从 μ_k 转移到 μ_{k+1} 的平均次数.

由于 (18), (16) 就变成

$$\mu_N p(N, i + 1) - \lambda p(N, i) = 0, \quad i \geqslant N\Delta. \tag{19}$$

将 (14), (15), (19) 三式均除以 μ_k, 即得

$$p(k, i + 1) = \rho_k p(k, i) + \begin{cases} p(k, (k - 1)\Delta + 1), \quad 0 < k \leqslant N, \\ \qquad (k - 1)\Delta + 1 \leqslant i < k\Delta; \\ -\rho_k p(k, (k + 1)\Delta - 1), \\ \qquad 0 < k < N, k\Delta \leqslant i < (k+1)\Delta - 1; \\ 0, \quad k = N, i \geqslant N\Delta. \end{cases} \tag{20}$$

于是对任一 $k(0 < k < N)$, 由 $i = (k - 1)\Delta + 1$ 时的 $p(k, i)$ 开始往上递推, 最后可求得 $i = (k + 1)\Delta - 2$ 时 $p(k, i + 1)$ 的值,故得

$$\begin{aligned} p(k, (k + 1)\Delta - 1) = {} & \rho_k^{\Delta-1}(1 + \rho_k + \rho_k^2 + \cdots + \rho_k^{\Delta-1}) \\ & \times p(k, (k - 1)\Delta + 1) \\ & - \rho_k(1 + \rho_k + \rho_k^2 + \cdots + \rho_k^{\Delta-2}) \\ & \times p(k, (k + 1)\Delta - 1), \end{aligned}$$

因而

$$p(k, (k + 1)\Delta - 1) = \rho_k^{\Delta-1} p(k, (k - 1)\Delta + 1), \quad 0 < k < N. \tag{21}$$

故 (20) 可改写成:

$$p(k,i+1)=\rho_k p(k,i)+\begin{cases}p(k,(k-1)\Delta+1), & 0<k\leqslant N,\\ \quad (k-1)\Delta+1\leqslant i<k\Delta; & \\ -\rho_k^{\Delta}p(k,(k-1)\Delta+1), & 0<k<N,\\ \quad k\Delta\leqslant i<(k+1)\Delta-1; & \\ 0, \quad k=N,\ i\geqslant N\Delta. & \end{cases}\tag{22}$$

令

$$p(k,\cdot)\equiv\begin{cases}\sum_{i=(k-1)\Delta+1}^{(k+1)\Delta-1}p(k,i), & 0<k<N;\\ \sum_{i=(N-1)\Delta+1}^{\infty}p(N,i), & k=N.\end{cases}$$

将 (22) 对 i 求和,即得

$$p(k,\cdot)=\rho_k p(k,\cdot)+\begin{cases}\Delta(1-\rho_k^{\Delta})p(k,(k-1)\Delta+1), 0<k<N;\\ \Delta p(k,(k-1)\Delta+1), \quad k=N.\end{cases}$$

因而

$$\begin{cases}p(k,\cdot)=\dfrac{\Delta(1-\rho_k^{\Delta})}{1-\rho_k}p(k,(k-1)\Delta+1), 0<k<N;\\ p(N,\cdot)=\dfrac{\Delta}{1-\rho_N}p(N,(N-1)\Delta+1).\end{cases}\tag{23}$$

又由 (18),

$$p(k,(k-1)\Delta+1)=\rho_k p(k-1,k\Delta-1), \quad 0<k\leqslant N.\tag{24}$$

将 (21) 代入 (24),得

$$p(k,(k-1)\Delta+1)=\rho_k\rho_{k-1}^{\Delta}p(k-1,(k-2)\Delta+1),$$
$$1<k\leqslant N.$$

由此递推即得

$$p(k,(k-1)\Delta+1)=\rho_k\rho_{k-1}^{\Delta}\cdots\rho_2^{\Delta}\rho_1^{\Delta-1}p(1,1)$$
$$=\rho_k\prod_{i=1}^{k-1}\rho_i^{\Delta}p(0,0), \quad 0<k\leqslant N, \tag{25}$$

此处在 $k=1$ 时规定 $\prod_{j=1}^{0}\rho_j^{\triangle}\equiv 1$.

代入 (23)，得

$$\begin{cases} p(k,\cdot)=\dfrac{\Delta(1-\rho_k^{\triangle})\rho_k}{1-\rho_k}\prod_{j=1}^{k-1}\rho_j^{\triangle}p(0,0), \quad 0\leqslant k<N; \\ p(N,\cdot)=\dfrac{\Delta\rho_N}{1-\rho_N}\prod_{j=1}^{N-1}\rho_j^{\triangle}p(0,0). \end{cases} \tag{26}$$

此处在 $k=0$ 时规定

$$\frac{\rho_0(1-\rho_0^{\triangle})}{1-\rho_0}\prod_{j=1}^{-1}\rho_j^{\triangle}\equiv 1,$$

因为由 (13)，有 $p(0,\cdot)=\Delta p(0,0)$.

再将 (26) 式对 $k\geqslant 0$ 求和，即得

$$p(0,0)=\left[\Delta\sum_{k=0}^{N-1}\frac{\rho_k}{1-\rho_k}(1-\rho_k^{\triangle})\prod_{j=1}^{k-1}\rho_j^{\triangle}+\Delta\frac{\rho_N}{1-\rho_N}\prod_{j=1}^{N-1}\rho_j^{\triangle}\right]^{-1}. \tag{27}$$

代入 (26) 即得最终表达式:

$$\begin{cases} p(k,\cdot)=\dfrac{\dfrac{(1-\rho_k^{\triangle})\rho_k}{1-\rho_k}\prod\limits_{j=1}^{k-1}\rho_j^{\triangle}}{\sum\limits_{k=0}^{N-1}\dfrac{(1-\rho_k^{\triangle})\rho_k}{1-\rho_k}\prod\limits_{j=1}^{k-1}\rho_j^{\triangle}+\dfrac{\rho_N}{1-\rho_N}\prod\limits_{j=1}^{N-1}\rho_j^{\triangle}}, \\ \qquad\qquad 0\leqslant k<N; \\ p(N,\cdot)=\dfrac{\dfrac{\rho_N}{1-\rho_N}\prod\limits_{j=1}^{N-1}\rho_j^{\triangle}}{\sum\limits_{k=0}^{N-1}\dfrac{(1-\rho_k^{\triangle})\rho_k}{1-\rho_k}\prod\limits_{j=1}^{k-1}\rho_j^{\triangle}+\dfrac{\rho_N}{1-\rho_N}\prod\limits_{j=1}^{N-1}\rho_j^{\triangle}}. \end{cases} \tag{28}$$

所以，平均服务速度

$$\mu(\Delta)=\sum_{k=0}^{N}\mu_k p(k,\cdot)$$

$$
= \frac{\lambda \sum_{k=0}^{N-1} \frac{1-\rho_k^{\triangle}}{1-\rho_k} \prod_{j=1}^{k-1} \rho_j^{\triangle} + \frac{\lambda}{1-\rho_N} \prod_{j=1}^{N-1} \rho_j^{\triangle}}{\sum_{k=0}^{N-1} \frac{(1-\rho_k^{\triangle})\rho_k}{1-\rho_k} \prod_{j=1}^{k-1} \rho_j^{\triangle} + \frac{\rho_N}{1-\rho_N} \prod_{j=1}^{N-1} \rho_j^{\triangle}}. \tag{29}
$$

其次，我们来求单位时间内平均调整次数 $R(\Delta)$ 的表达式.

单位时间内从服务速度为 μ_k 转移到服务速度为 μ_{k-1} 的平均调整次数 f_k 给如下式:

$$
f_k = \mu_k p(k, (k-1)\Delta + 1), \quad 0 < k \leqslant N.
$$

将 (25) 代入,并注意 (27)，即得

$$
f_k = \frac{\lambda \prod_{j=1}^{k-1} \rho_j^{\triangle}}{\Delta \sum_{l=0}^{N-1} \frac{\rho_l(1-\rho_l^{\triangle})}{1-\rho_l} \prod_{j=1}^{l-1} \rho_j^{\triangle} + \Delta \frac{\rho_N}{1-\rho_N} \prod_{j=1}^{N-1} \rho_j^{\triangle}},
$$

$$
0 < k \leqslant N.
$$

由于单位时间内从 μ_k 转移到 μ_{k-1} 的平均次数等于从 μ_{k-1} 转移到μ_k 的平均调整次数，故单位时间内平均总调整次数

$$
R(\Delta) = 2 \sum_{k=1}^{N} f_k
$$

$$
= \frac{2\lambda \sum_{k=1}^{N} \prod_{j=1}^{k-1} \rho_j^{\triangle}}{\Delta \sum_{l=0}^{N-1} \frac{\rho_l(1-\rho_l^{\triangle})}{1-\rho_l} \prod_{j=1}^{l-1} \rho_j^{\triangle} + \Delta \frac{\rho_N}{1-\rho_N} \prod_{j=1}^{N-1} \rho_j^{\triangle}}, \tag{30}
$$

此处仍约定

$$
\prod_{j=1}^{0} \rho_j^{\triangle} \equiv 1,
$$

与

$$
\frac{\rho_0(1-\rho_0^{\triangle})}{1-\rho_0} \prod_{j=1}^{-1} \rho_j^{\triangle} \equiv 1.
$$

最后求平均队长 $\bar{Q}(\Delta)$ 的表达式.

令 $E(\boldsymbol{q}|k)$ 为服务速度等于 μ_k 的条件下的平均队长，则

$$\bar{Q}(\Delta)\equiv E(\boldsymbol{q})=\sum_{k=0}^{N}E(\boldsymbol{q}|k)p(k,\cdot)$$

$$=\sum_{i=0}^{\Delta-1}ip(0,\ i)+\sum_{k=1}^{N-1}\sum_{i=(k-1)\Delta+1}^{(k+1)\Delta-1}ip(k,\ i)$$

$$+\sum_{i=(N-1)\Delta+1}^{\infty}ip(N,i). \tag{31}$$

再将 (22) 式两端乘以 $i+1$ 后对 i 求和 [$0<k<N$ 时，$(k-1)\Delta+1\leqslant i\leqslant(k+1)\Delta-2$；$k=N$ 时，$(N-1)\Delta+1\leqslant i<\infty$]，利用 (21)，经化简，即得

$$\begin{cases}\displaystyle\sum_{i=(k-1)\Delta+1}^{(k+1)\Delta-1}ip(k,i)=\frac{\rho_k}{1-\rho_k}p(k,\cdot)\\ \displaystyle\qquad+\frac{\Delta}{1-\rho_k}\left[\frac{(2k-1)\Delta+1}{2}-\rho_k^{\Delta}\frac{(2k+1)\Delta+1}{2}\right]\\ \displaystyle\qquad\cdot p(k,(k-1)\Delta+1),\quad 0<k<N;\\ \displaystyle\sum_{i=(N-1)\Delta+1}^{\infty}ip(N,\ i)=\frac{\rho_N}{1-\rho_N}p(N,\cdot)\\ \displaystyle\qquad+\frac{\Delta}{1-\rho_N}\frac{(2N-1)\Delta+1}{2}p(N,(N-1)\Delta+1).\end{cases}$$

将 (26)，(25) 两式代入，可得

$$\begin{cases}\displaystyle\sum_{i=(k-1)\Delta+1}^{(k+1)\Delta-1}ip(k,\ i)=\left\{\Delta\left(\frac{\rho_k}{1-\rho_k}\right)^2(1-\rho_k^{\Delta})\prod_{j=1}^{k-1}\rho_j^{\Delta}\right.\\ \displaystyle\qquad+\frac{\Delta\rho_k}{1-\rho_k}\prod_{j=1}^{k-1}\rho_j^{\Delta}\left[\frac{(2k-1)\Delta+1}{2}\right.\\ \displaystyle\qquad\left.\left.-\rho_k^{\Delta}\frac{(2k+1)\Delta+1}{2}\right]\right\}p(0,\ 0),\quad 0<k<N;\\ \displaystyle\sum_{i=(N-1)\Delta+1}^{\infty}ip(N,\ i)=\left\{\Delta\left(\frac{\rho_N}{1-\rho_N}\right)^2\prod_{j=1}^{N-1}\rho_j^{\Delta}\right.\\ \displaystyle\qquad\left.+\frac{\Delta\rho_N}{1-\rho_N}\prod_{j=1}^{N-1}\rho_j^{\Delta}\frac{(2N-1)\Delta+1}{2}\right\}p(0,\ 0).\end{cases} \tag{32}$$

而当 $k=0$ 时，由 (13) 式，

$$\sum_{i=0}^{\Delta-1} ip(0,\ i)=p(0,\ 0)\sum_{i=0}^{\Delta-1} i=\frac{\Delta-1}{2}\Delta p(0,\ 0). \qquad (33)$$

将 (32)，(33) 两式代入 (31) 式，即得 $\bar{Q}(\Delta)$ 的最后表达式，其中 $p(0,\ 0)$ 为 (27) 式所给定.

于是，$\mu(\Delta)$，$R(\Delta)$，$\bar{Q}(\Delta)$ 三个表达式均已求得，将这些表达式代入 (1) 式，即得平均总费用 $F(\Delta)$ 的表达式，此式中 λ，μ_k，$\rho_k\left(=\frac{\lambda}{\mu_k}\right)$，$N$ 均为已知常数，Δ 为待定的控制变量. 只要给定 Δ 的一个值，就能算出平均总费用 $F(\Delta)$ 的一个对应值，因此，用最优化问题的数值计算就能确定最优值 Δ.

§3. 输入过程的最优控制

1. 问题的提出 考虑 GI/M/n 损失制系统，顾客到达间隔的分布记为 $A(t)$，服务时间分布的参数记为 μ. 输入包括 $m(\geqslant 1)$ 个顾客类，当有顾客到达时，此顾客属于第 $k(1\leqslant k\leqslant m)$ 顾客类的概率为 $p_k>0$，$\sum_{k=1}^{m} p_k=1$.

服务台每服务一个第 k 类顾客可以产生效益 r_k，为方便计，不妨将顾客类安排得使 $r_1>r_2>\cdots>r_m$，并假定 $r_m>0$.

当顾客到达时，若 n 个服务台全都被占，则此顾客就被损失；但若顾客到达的瞬时，服务台并未全占，则服务机构就要作出决策：是否要接受该顾客进行服务. 如果接受，服务机构就产生相应的效益；如果拒绝，则是为了保留空着的服务台，以备下一个能产生更高效益的顾客到来. 我们的目的是使系统在长时期内所产生的平均效益最大化.

例如，在通讯系统中，对某些重要的通道首先予以保证，使得这些通道的信息尽可能不受损失.

这种对输入顾客采用接受或拒绝的决策来加以控制，以使系

统产生的平均效益达到最优的问题就属于输入过程的最优控制问题。

我们用下表所举的例子来说明此模型。假定 $n=m=2$，$\lambda\equiv\left[\int_{0-}^{\infty}tdA(t)\right]^{-1}=3$/小时，$p_1=\frac{1}{3}$，$p_2=\frac{2}{3}$，$\mu=1$/小时，$r_1=6$，$r_2=2$，初始时刻 $t=0$ 时两台均空。

时　刻	事　件	决　策	所处状态	累计效益
0:21	II 类到达	接　受	1 台空、1 台忙	2
0:35	I 类到达	接　受	2 台忙	8
1:17	有一台服务完	不用决策	1 台空、1 台忙	8
1:27	II 类到达	拒　绝	1 台空、1 台忙	8
1:37	服务完	不用决策	2 台空	8
1:39	II 类到达	接　受	1 台空、1 台忙	10
1:45	II 类到达	拒　绝	1 台空、1台忙	10
1:56	I 类到达	接　受	2 台忙	16
2:17	I 类到达	拒绝(无法服务)	2 台忙	16

2. 化成一个马尔可夫决策过程　先介绍一下什么是马尔可夫决策过程。考虑一个决策人，一个动态系统（离散时间的随机过程）和一个效益函数。动态系统的状态空间为 $I=\{0,1,\cdots,n\}$。另外有一集合 $A=\{a,b,c,\cdots\}$ 称为决策空间，它的元素 $a,b,c,\cdots$称为决策。对应于每个状态 $i\in I$，有一子集 $A_i\subset A$ 称为状态 i 对应的决策集。令

$$F\equiv\bigtimes_{i=0}^{n}A_i$$

为 $A_i(i=0,1,\cdots,n)$ 的笛卡儿（Cartesian）积，F中的每个元素(向量)

$$f\equiv\begin{bmatrix}f_0\\f_1\\\vdots\\f_n\end{bmatrix}$$

都称为一个策略，其中决策 $f_i\in A_i$，$0\leqslant i\leqslant n$。

再假定有一族转移概率 $\{p_{ij}(a)\}$，$a \in A_i$，i，$j \in I$，称为动态系统的运动规律，以及有一个在 $I \times A$ 上定义的实值函数 $r(i, a)$，称为效益函数。

假定在初始时刻动态系统取状态 i，若决策人采用的策略为

$$f = \begin{bmatrix} f_0 \\ f_1 \\ \vdots \\ f_n \end{bmatrix},$$

则意指决策人选择决策 $f_i \in A_i$，此时产生效益 $r(i, f_i)$，而动态系统按运动规律 $\{p_{ij}(f_i)\}$，$0 \leqslant j \leqslant n$，在下一时刻转移到一个新的状态 j. 当系统转移到新的状态 j 后，根据决策人采用的策略 f，他选择决策 $f_j \in A_j$，同时又产生一个效益 $r(j, f_j)$，而动态系统再按运动规律 $\{p_{jk}(f_j)\}$，$0 \leqslant k \leqslant n$，在下一时刻转移到一个新的状态 k，如此继续. 这样一个由决策人的策略、具有给定运动规律的动态系统和效益函数三者联合组成的总体就叫一个马尔可夫决策过程.

在这里，决策人采用不同策略会产生不同的效益，我们问决策人应如何选择最优策略，使长期的平均效益最大，这就是马尔可夫决策过程所考虑的中心问题.

现在我们就可将 1 中所提出的问题化成为一个马尔可夫决策过程的问题.

我们说系统处于状态 $i(0 \leqslant i \leqslant n)$，若有 i 个台正在进行服务.

决策空间 A 中的每个决策都是正整数集 $\{1, 2, \cdots, m\}$ 的一个子集，例如决策 $a = \{1, 3, 7\}$，采取决策 a 就是指第 1, 3, 7 类顾客到达时会被接受服务，而其它类的顾客均遭拒绝. 因此对状态 $i < n$，其对应的决策集 A_i 是 $\{1, 2, \cdots, m\}$ 的所有可能子集所构成的集合，但不包含空集 $\varnothing$，因为当服务台没有全部被占时拒绝所有的顾客显然不能使效益最大；而 A_n 只有一个元素，即空集 $\varnothing$，因为当到来的顾客遇到服务台全部被占时即被损失.

令 $F \equiv \bigtimes_{i=0}^{n} A_i$，$F$ 中的元素

$$f \equiv \begin{bmatrix} f_0 \\ f_1 \\ \vdots \\ f_n \end{bmatrix}$$

称为策略，其中每个决策 $f_i \in A_i$，$0 \leqslant i \leqslant n$，采用策略 f 的意思就是指：当系统处于状态 i 时（i 个台被占），接受 k 类顾客服务的充分必要条件是 $k \in f_i$.

令第 t 个顾客到达时看到系统所处的状态为 $\boldsymbol{q}_t$，$t=1, 2, \cdots$. 假定对到达的顾客所采用的策略为 f，则易知

$$\boldsymbol{q}_{t+1} = \begin{cases} \boldsymbol{q}_t + 1 - \boldsymbol{\nu}_t, & \text{若第 } t \text{ 个顾客所属的类} \in f_{q_t}; \\ \boldsymbol{q}_t - \boldsymbol{\nu}_t, & \text{若第 } t \text{ 个顾客所属的类} \bar{\in} f_{q_t}, \end{cases}$$

其中 $\boldsymbol{\nu}_t$ 为第 t 与 $t+1$ 个顾客的到达间隔内服务完毕的顾客数，参考第四章 § 1 的定理 1，即知 $\{\boldsymbol{q}_t, t=1, 2, \cdots\}$ 为一马尔可夫链. 现在就取 $\{\boldsymbol{q}_t, t=1, 2, \cdots\}$ 为马尔可夫决策过程中的动态系统. 据第四章 § 1 定理 1 的推导，又易知此马尔可夫链的转移矩阵为

$$P(f) \equiv \begin{bmatrix} p_{00}(f_0) & p_{01}(f_0) & \cdots & p_{0n}(f_0) \\ p_{10}(f_1) & p_{11}(f_1) & \cdots & p_{1n}(f_1) \\ \cdots & \cdots & \cdots & \cdots \\ p_{n0}(f_n) & p_{n1}(f_n) & \cdots & p_{nn}(f_n) \end{bmatrix},$$

其中

$$p_{ij}(f_i) = \begin{cases} \sum_{k \in f_i} p_k \int_{0-}^{\infty} \binom{i+1}{j} (1-e^{-\mu t})^{i+1-j} e^{-j\mu t} dA(t) \\ \qquad + \sum_{k \bar{\in} f_i} p_k \int_{0-}^{\infty} \binom{i}{j} (1-e^{-\mu t})^{i-j} e^{-j\mu t} dA(t), \\ \qquad\qquad \text{若 } j \leqslant i < n; \\ \sum_{k \in f_i} p_k \int_{0-}^{\infty} e^{-(i+1)\mu t} dA(t), \quad \text{若 } j = i+1, i < n; \end{cases} \tag{1}$$

$$\begin{cases} 0, & \text{若 } j > i+1,\ i < n; \\ \int_{0-}^{\infty} \binom{n}{j} (1-e^{-\mu t})^{n-j} e^{-j\mu t} dA(t), & \text{若 } j \leqslant i = n. \end{cases}$$

故此矩阵的实际形式为

$$P(f) = \begin{bmatrix} p_{00}(f_0) & p_{01}(f_0) & & & \\ p_{10}(f_1) & p_{11}(f_1) & p_{12}(f_1) & & \\ \vdots & \vdots & \vdots & \ddots & \\ p_{n-1,0}(f_{n-1}) & p_{n-1,1}(f_{n-1}) & p_{n-1,2}(f_{n-1}) & \cdots & p_{n-1,n}(f_{n-1}) \\ p_{n0}(f_n) & p_{n1}(f_n) & p_{n2}(f_n) & \cdots & p_{nn}(f_n) \end{bmatrix}, \tag{2}$$

其中右上角空白处的元素均为 0，其它元素均为正。

最后，定义效益函数。对每一决策 $a \in A_i$，取效益函数

$$r(i, a) \equiv r(a) \equiv \sum_{k \in a} p_k r_k. \tag{3}$$

它表示在选择决策 a 的条件下，接受一个顾客服务后所能获得的期望效益，它与系统所处的状态无关。

现在假定第一顾客到达时系统初始状态 $\boldsymbol{q}_1 = i$，系统决策人所取的策略为 f，并令第 k 个顾客到达后所产生的效益为 $\boldsymbol{R}_k(i, f)$，于是系统长期平均总效益的期望值 $\Phi(i, f)$ 为下式所给定：

$$\begin{aligned} \Phi(i, f) &= \lim_{N\to\infty} \frac{1}{N} \sum_{k=1}^{N} E(\boldsymbol{R}_k(i, f) | \boldsymbol{q}_1 = i; f) \\ &= \lim_{N\to\infty} \frac{1}{N} \sum_{k=1}^{N} \sum_{j=0}^{n} E(\boldsymbol{R}_k(i, f) | \boldsymbol{q}_1 = i, \boldsymbol{q}_k = j; f) \\ &\quad \times P\{\boldsymbol{q}_k = j | \boldsymbol{q}_k = i; f\} \\ &= \lim_{N\to\infty} \frac{1}{N} \sum_{k=1}^{N} \sum_{j=0}^{n} r(f_j) P\{\boldsymbol{q}_k = j | \boldsymbol{q}_k = i; f\}, \end{aligned} \tag{4}$$

其中 $r(f_i)$ 为 (3) 式所定义。

引入记号：

$$\Phi(f)\equiv\begin{bmatrix}\Phi(0,f)\\ \Phi(1,f)\\ \vdots\\ \Phi(n,f)\end{bmatrix};\quad r(f)\equiv\begin{bmatrix}r(f_0)\\ r(f_1)\\ \vdots\\ r(f_n)\end{bmatrix}.$$

可以看出，$P\{\boldsymbol{q}_k=j|\boldsymbol{q}_1=i,f\}$ 即为矩阵 $[P(f)]^{k-1}$ 的第 i 行第 j 列的元素，于是可将 (4) 式改写成下列矩阵形式：

$$\Phi(f)=\lim_{N\to\infty}\frac{1}{N}\sum_{k=1}^{N}[P(f)]^{k-1}r(f). \tag{5}$$

由 (2) 知任意两个状态都互通，而且 $P(f)$ 的对角线元素均不为 0，故马尔可夫链 $\{\boldsymbol{q}_t\}$ 为不可约、非周期的. 又由于状态数目有限，故所有状态组成一个正常返类（例如参阅 Feller[60] 355页）. 因而由第三章 §1 引理 5，极限矩阵

$$\lim_{k\to\infty}[P(f)]^k=P^*(f)>0 \tag{6}$$

存在，所有行向量都相同，且行元素构成一分布. 故由 (5)，得

$$\Phi(f)=P^*(f)r(f). \tag{7}$$

我们的目的是要选择一个最优策略 f，使得系统长期平均总效益的期望值 $\Phi(f)$ 的所有坐标均极大化.

3. 寻求最优策略的一种算法 我们不加证明地引用马尔可夫决策过程中寻求最优策略的一种算法（可参看 H. Mine and S. Osaki (1970) 的书 [106]，第三章）.

算法 1) 先任选 $f\in F$，并计算矩阵方程

$$u(f)=P^*(f)r(f) \tag{8}$$

及

$$\begin{cases}[E-P(f)]v(f)=r(f)-u(f),\\ P^*(f)v(f)=0\end{cases} \tag{9}$$

的解向量

$$u(f)\equiv\begin{bmatrix}u_0(f)\\ u_1(f)\\ \vdots\\ u_n(f)\end{bmatrix},\quad v(f)\equiv\begin{bmatrix}v_0(f)\\ v_1(f)\\ \vdots\\ v_n(f)\end{bmatrix},$$

其中 E 为单位矩阵.

由 (7) 式, $u(f)$ 即系统长期平均总效益的期望值 $\Phi(f)$, 也就是我们要使其达到极大值的目标函数.

2) 对 $i<n$, 定义

$$G(i,f)\equiv\{a;\ a\in A_i;\ \sum_j p_{ij}(a)u_j(f)>u_i(f),\ 或$$

$$\sum_j p_{ij}(a)u_j(f)=u_i(f)\ 但$$

$$r(i,a)+\sum_j p_{ij}(a)v_j(f)>u_i(f)+v_i(f)\}. \tag{10}$$

若对所有 $i\in I$, $G(i,f)$ 均为空集 $\varnothing$,则 f 为最优策略, 即 f 使 $\Phi(f)$ 所有坐标达到极大值.

若对某一 i, $G(i,f)$ 非空,则定义 f 的策略迭代 g:

$$g(i)\equiv\begin{cases}a, & 任\ a\in G(i,f)\neq\varnothing;\\ f(i), & 当\ G(i,f)=\varnothing.\end{cases} \tag{11}$$

对此 g, 再按步骤 1) 计算 $u(g)$ 与 $v(g)$, 如此继续. 此算法一定会在有限步内结束,求得最优策略.

现在就将此算法应用于我们的模型. 前面已指出, 极限矩阵 $P^*(f)$ 的所有行向量都相同,故由 (7) 及 (8), 向量 $\Phi(f)$ (即 $u(f)$) 的所有分量均相同,将其恒等分量仍记为 $\Phi(f)$ (与 $u(f)$).

利用 $P(f)$ 为转移矩阵, 有行和为 1 的性质, 可将 (9) 的第一方程改写成:

$$\begin{cases}p_{01}(f_0)(v_1(f)-v_0(f))=u(f)-r(f_0);\\ (p_{11}(f_1)-1)(v_1(f)-v_0(f))+p_{12}(f_1)(v_2(f)-v_0(f))\\ \qquad=u(f)-r(f_1);\\ p_{21}(f_2)(v_1(f)-v_0(f))+(p_{22}(f_2)-1)(v_2(f)-v_0(f))\\ \qquad+p_{23}(f_2)(v_3(f)-v_0(f))=u(f)-r(f_2);\\ \cdots\cdots\cdots\cdots\cdots\cdots\cdots\cdots\cdots\cdots\\ p_{n-1,1}(f_{n-1})(v_1(f)-v_0(f))+\cdots+(p_{n-1,n-1}(f_{n-1})\\ \qquad-1)(v_{n-1}(f)-v_0(f))+p_{n-1,n}(f_{n-1})(v_n(f)-v_0(f))\\ \qquad=u(f)-r(f_{n-1});\end{cases} \tag{12}$$

$$
\left\{
\begin{aligned}
& p_{n1}(f_n)(v_1(f)-v_0(f))+\cdots+p_{n,n-1}(f_n)(v_{n-1}(f)\\
&\qquad -v_0(f))+(p_{nn}(f_n)-1)(v_n(f)-v_0(f))\\
&\quad =u(f)-r(f_n).
\end{aligned}
\right.
$$

这里前 n 个方程中变量 $v_i(f)-v_0(f)$，$1\leqslant i\leqslant n$ 的系数矩阵为对角矩阵，故可立即解出 $v_i(f)-v_0(f)$，$1\leqslant i\leqslant n$，为 $u(f)$ 的线性函数。再代入最后一个方程，即可解得 $u(f)$.

再考虑算法的第二步中 $G(i,f)$ 的构造。由于 $u(f)$ 为恒等向量，故有

$$
\sum_j p_{ij}(a)u(f)=u(f).
$$

因此只需考虑

$$
r(i,a)+\sum_{j=0}^{i+1} p_{ij}(a)v_j(f)>u(f)+v_i(f),\quad i<n.
$$

即

$$
\begin{aligned}
\sum_{k\in a} p_k r_k+\sum_{j=1}^{i+1} p_{ij}(a)(v_j(f)-v_0(f))&\\
-(v_i(f)-v_0(f))>u(f),&\quad i<n.
\end{aligned}
$$

由 (12) 的第 i 式，

$$
\begin{aligned}
u(f)=\sum_{k\in f_i} p_k r_k+\sum_{j=1}^{i+1} p_{ij}(f_i)(v_j(f)-v_0(f))&\\
-(v_i(f)-v_0(f)),&
\end{aligned}
$$

将此式代入前式，即得

$$
\begin{aligned}
&\sum_{k\in a} p_k r_k+\sum_{j=1}^{i+1} p_{ij}(a)(v_j(f)-v_0(f))\\
&\qquad >\sum_{k\in f_i} p_k r_k+\sum_{j=1}^{i+1} p_{ij}(f_i)(v_j(f)-v_0(f)),\quad i<n. \qquad (13)
\end{aligned}
$$

再将 (1) 式代入，经过化简，即得

$$
\sum_{k\in a} p_k[r_k-\nabla l_i(f)]>\sum_{k\in f_i} p_k[r_k-\nabla l_i(f)],\quad i<n, \qquad (14)
$$

其中

$$\nabla I_i(f) \equiv I_i(f) - I_{i+1}(f), \quad i < n; \tag{15}$$

$$\begin{cases} I_0(f) \equiv 0; \\ I_l(f) \equiv \int_0^\infty \sum_{j=0}^{l} \binom{l}{j} (1 - e^{-\mu t})^{l-j} e^{-j\mu t} (v_j(f) \\ \qquad - v_0(f)) dA(t), \quad 1 \leqslant l \leqslant n. \end{cases} \tag{16}$$

于是,对我们的模型, $G(i, f)$ 为:

$$G(i, f) \equiv \{a: a \in A_i;$$

$$\sum_{k \in a} p_k[r_k - \nabla I_i(f)] > \sum_{k \in f_i} p_k[r_k - \nabla I_i(f)]\}. \tag{17}$$

现在就可将寻求最优策略的算法综合如下:

1) 先任选初始策略 f, 解方程组 (12) 得到 $u(f)$ 与 $v_i(f) - v_0(f), 1 \leqslant i \leqslant n$.

2) 检查 (17) 所定义的 $G(i, f)$, 若对所有 i, $G(i, f)$ 均为空集, 则 f 即为最优, 对应的 $u(f)$ 即为长期平均总效益的期望值的最大值. 否则就按 (11) 构造策略迭代 g 来重复上述步骤,直至在有限步内求得最优策略为止.

4. 例 $n = m = 2$, $A(t) = 1 - e^{-2t}$, $p_1 = p_2 = \frac{1}{2}$, $\mu = 1$, $r_1 = 5$, $r_2 = 2$.

取 f 为:

$$f_0 = \{1, 2\};$$
$$f_1 = \{1\};$$
$$f_2 = \varnothing.$$

此时

$$r(f_0) = \frac{1}{2} \cdot 5 + \frac{1}{2} \cdot 2 = \frac{7}{2};$$

$$r(f_1) = \frac{1}{2} \cdot 5 = \frac{5}{2};$$

$$r(f_2) = 0.$$

由 (1) 式,可算出转移矩阵

$$P(f)=\begin{bmatrix}\frac{1}{3} & \frac{2}{3} & 0\\ \frac{1}{4} & \frac{1}{2} & \frac{1}{4}\\ \frac{1}{6} & \frac{1}{3} & \frac{1}{2}\end{bmatrix}.$$

方程组 (12) 化为

$$\begin{cases}-\frac{2}{3}(v_1(f)-v_0(f))=\frac{7}{2}-u(f);\\ \frac{1}{2}(v_1(f)-v_0(f))-\frac{1}{4}(v_2(f)-v_0(f))=\frac{5}{2}-u(f);\\ -\frac{1}{3}(v_1(f)-v_0(f))+\frac{1}{2}(v_2(f)-v_0(f))=-u(f).\end{cases}$$

解之得

$$\begin{cases}u(f)=\frac{17}{8}=2\frac{1}{8};\\ v_1(f)-v_0(f)=-\frac{33}{16};\\ v_2(f)-v_0(f)=-\frac{45}{8}.\end{cases}$$

又由 (16) 式,算出

$$I_1=-\frac{11}{8};$$

$$I_2=-\frac{7}{2}.$$

故

$$\nabla I_0=I_0-I_1=\frac{11}{8};$$

$$\nabla I_1=I_1-I_2=\frac{17}{8}.$$

参看图 1, 易于验证,当 $i=0, 1$ 时, 由 (17) 所定义的 $G(i, f)$ 均为空集,故 f 为最优策略,此时,最大长期平均期望总效益为

$$u(f) = 2\frac{1}{8}.$$

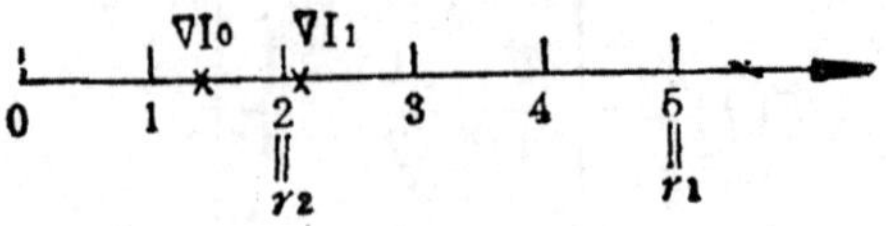

图1

第八章 逼近理论

在随机服务系统的研究中，对于比较简单的系统，一般说来，能够求出它们数量指标的分布或均值、方差等精确结果的明显表达式，但有的表达式过于复杂，或涉及拉普拉斯-斯蒂尔吉斯变换的反演，不便实际应用；而对于较为复杂的系统，往往就很难求出明显表达式，其中有些或许还能用隐式表示，有些却根本无法求解．因此，为了实际应用的需要，人们就从不同的角度去探索各种近似求解的途径，逐渐形成了随机服务系统的逼近理论．

首先考虑的是能否对队长、等待时间等数量指标的分布或均值、方差找出简单有效的上、下界限，以便对它们的变化范围作一个大致的估计．其次会考虑能否找出上述各量的逼近公式，以便作更为精确的近似计算．再进一步就会想到能否用简单的输入过程或服务分布来逼近复杂的输入或服务，能否用简单的系统来逼近复杂的系统，使得复杂系统中难求的或无法求得的数量指标能用简单系统中易求的相应指标来代替，但相应地就要研究这种代替造成的误差有多大．最后考虑的是能否利用现代计算技术的发展对随机服务系统直接采用数值解法，这就导致了随机模拟方法与各种数值算法的研究，其中特别值得注意矩阵分析算法，我们推荐读者参考 Neuts 的书 (1981)[109]．

本章将介绍 §1 上、下界；§2 渐近分布；§3 弱收敛；§4 近似算法：M/G/n 系统．至于随机模拟方法，将在下章专门介绍．

§1. 上、下界

考虑 GI/G/1 系统，并沿用第五章的记号．假定 $\rho<1$ 且系统已处于平稳的情形下，我们来讨论平均等待时间 Ew 与等待

时间分布尾项 $P\{\boldsymbol{w} > x\}$ 的上、下界.

1. $\boldsymbol{E w}$ 的上界

对任一实数 y，定义

$$y^+ \equiv \max(y, 0), \quad y^- \equiv (-y)^+.$$

则易知

$$y = y^+ - y^-, \quad y^2 = (y^+)^2 + (y^-)^2. \tag{1}$$

由第五章 §1 的 (2)，我们有

$$\boldsymbol{w}_{m+1} = (\boldsymbol{w}_m + \boldsymbol{u}_m)^+, \tag{2}$$

其中 $\boldsymbol{u}_m \equiv \boldsymbol{v}_m - \boldsymbol{t}_m$，且 $\boldsymbol{w}_m$ 与 $\boldsymbol{u}_m$ 独立. 因而利用 (1) 即得

$$E\boldsymbol{w} = E(\boldsymbol{w} + \boldsymbol{u})^+ = E(\boldsymbol{w} + \boldsymbol{u}) + E(\boldsymbol{w} + \boldsymbol{u})^-.$$

故

$$-E\boldsymbol{u} = E(\boldsymbol{w} + \boldsymbol{u})^-. \tag{3}$$

再由 (2) 并利用 (1) 及 $\boldsymbol{w}_m$ 与 $\boldsymbol{u}_m$ 的独立性，得

$$\begin{aligned} E\boldsymbol{w}^2 &= E[(\boldsymbol{w} + \boldsymbol{u})^+]^2 = E(\boldsymbol{w} + \boldsymbol{u})^2 - E[(\boldsymbol{w} + \boldsymbol{u})^-]^2 \\ &= E\boldsymbol{w}^2 + E\boldsymbol{u}^2 + 2E\boldsymbol{w} \cdot E\boldsymbol{u} - E[(\boldsymbol{w} + \boldsymbol{u})^-]^2 \end{aligned}$$

或

$$E\boldsymbol{u}^2 + 2E\boldsymbol{w} \cdot E\boldsymbol{u} = E[(\boldsymbol{w} + \boldsymbol{u})^-]^2. \tag{4}$$

将 (4) 两端分别减去 (3) 两端的平方，即得

$$D\boldsymbol{u} + 2E\boldsymbol{w} \cdot E\boldsymbol{u} = D(\boldsymbol{w} + \boldsymbol{u})^-$$

或

$$E\boldsymbol{w} = \lambda \frac{\sigma_t^2 + \sigma_v^2 - D(\boldsymbol{w} + \boldsymbol{u})^-}{2(1 - \rho)}, \tag{5}$$

其中 D 为方差运算，σ_t^2 与 σ_v^2 分别为 $\boldsymbol{t}$ 与 $\boldsymbol{v}$ 的方差. 由于 $D(\boldsymbol{w} + \boldsymbol{u})^- \geqslant 0$，即得

$$E\boldsymbol{w} \leqslant \lambda \frac{\sigma_t^2 + \sigma_v^2}{2(1 - \rho)}. \tag{6}$$

这就是我们所求的上界公式，它只依赖于 $\boldsymbol{t}$ 与 $\boldsymbol{v}$ 的前二阶矩.

2. $\boldsymbol{E w}$ 的下界

我们来估计 $D(\boldsymbol{w} + \boldsymbol{u})^-$ 的上界，从而由 (5) 即可求得 $E\boldsymbol{w}$ 的下界. 由于 $\boldsymbol{w} \geqslant 0$，故 $(\boldsymbol{w} + \boldsymbol{u})^- \leqslant \boldsymbol{u}^-$. 因而利用 (3) 及

(1) 即得

$$
\begin{aligned}
D(\boldsymbol{w}+\boldsymbol{u})^{-} &= E[(\boldsymbol{w}+\boldsymbol{u})^{-}]^2-[E(\boldsymbol{w}+\boldsymbol{u})^{-}]^2 \\
&\leqslant E(\boldsymbol{u}^{-})^2-(E\boldsymbol{u})^2 \\
&= E[\boldsymbol{u}^2-(\boldsymbol{u}^{+})^2]-(E\boldsymbol{u})^2 \\
&= D\boldsymbol{u}-E(\boldsymbol{u}^{+})^2 \\
&= \sigma_t^2+\sigma_v^2-E(\boldsymbol{u}^{+})^2.
\end{aligned}
$$

代入 (5)，即得

$$
E\boldsymbol{w} \geqslant \lambda \frac{E(\boldsymbol{u}^{+})^2}{2(1-\rho)}. \tag{7}
$$

这就是所求的下界公式，它不只依赖于 $\boldsymbol{t}$ 与 $\boldsymbol{v}$ 的前二阶矩。

3. $P\{\boldsymbol{w}>x\}$ 的上界

由第五章 § 1 的 (3) 式，$\boldsymbol{u}$ 的分布函数为

$$
H(x) \equiv P\{\boldsymbol{u} \leqslant x\} = \int_{0-}^{\infty} B(x+t)\,dA(t). \tag{8}
$$

两端取拉普拉斯-斯蒂尔吉斯变换，得

$$
H^*(s) = A^*(-s)B^*(s). \tag{9}
$$

现假定存在某 $s_0>0$，使 $B(x)$ 的拉普拉斯-斯蒂尔吉斯变换满足

$$
B^*(-s_0) < \infty. \tag{10}
$$

于是由 (9) 即知

$$
H^*(-s) < \infty, \quad 0 \leqslant s \leqslant s_0.
$$

由于在 $s=0$ 点，$H^*(-s)$ 为 1，而由 $\rho<1$ 知其微商 $E\boldsymbol{u}<0$，因而

$$
H^*(-\theta) < 1, \quad \text{对充分小的所有 } \theta > 0. \tag{11}
$$

于是可定义

$$
\theta_0 \equiv \sup\{\theta>0;\ H^*(-\theta)<1\}. \tag{12}
$$

现在我们可以断言：对于满足

$$
H^*(-\theta) \leqslant 1 \tag{13}
$$

的任意有限正数 θ (由 (11)，这种 θ 是存在的)，都满足

$$
P\{\boldsymbol{w}>x\} \leqslant e^{-\theta x}, \quad x \geqslant 0. \tag{14}
$$

事实上，若取初始等待时间 $\boldsymbol{w}_0$ 独立于 $\{\boldsymbol{u}_m\}$ 且使

$$P\{\boldsymbol{w}_0 > x\} \leqslant e^{-\theta x}, \quad x \geqslant 0,$$

则此时必有

$$P\{\boldsymbol{w}_{m+1} > x\} \leqslant e^{-\theta x}, \quad x \geqslant 0 \tag{15}$$

对所有 m 成立。因为我们若设上式已对 $\boldsymbol{w}_m$ 成立，则由 (2)，

$$\begin{aligned}
P\{\boldsymbol{w}_{m+1} > x\} &= P\{\boldsymbol{w}_m + \boldsymbol{u}_m > x\} \\
&= \int_{-\infty}^{\infty} P\{\boldsymbol{w}_m > x - y\} dH(y) \\
&= \int_{-\infty}^{x} P\{\boldsymbol{w}_m > x - y\} dH(y) + \int_{x}^{\infty} dH(y) \\
&\leqslant \int_{-\infty}^{x} e^{-\theta(x-y)} dH(y) + \int_{x}^{\infty} dH(y) \\
&\leqslant \int_{-\infty}^{x} e^{-\theta(x-y)} dH(y) + \int_{x}^{\infty} e^{-\theta(x-y)} dH(y) \\
&= e^{-\theta x} H^*(-\theta) \\
&\leqslant e^{-\theta x},
\end{aligned}$$

因此 (15) 对所有 m 成立。令 $m \to \infty$，由第五章 §1 定理 1 即得与初始条件无关的平稳分布 $P\{\boldsymbol{w} > x\}$ 满足 (14) 式。由于 (14) 对所有满足 (13) 的 $\theta > 0$ 都成立，因此由 θ_0 的定义，也必有

$$P\{\boldsymbol{w} > x\} \leqslant e^{-\theta_0 x}, \quad x \geqslant 0. \tag{16}$$

这就是所求的 $P\{\boldsymbol{w} > x\}$ 的上界公式。

4. $P\{\boldsymbol{w} > \boldsymbol{x}\}$ 的下界

现在假定 $H^*(-\theta_0) = 1$。我们来证明对适当选定的常数 a，存在下界公式

$$P\{\boldsymbol{w} > x\} \geqslant a e^{-\theta_0 x}, \quad x \geqslant 0. \tag{17}$$

它的证明与上界公式完全类似。事实上，可取初始等待时间 $\boldsymbol{w}_0$ 独立于 $\{\boldsymbol{u}_m\}$ 且使

$$P\{\boldsymbol{w}_0 > x\} \geqslant a e^{-\theta_0 x}, \quad x \geqslant 0,$$

则由

$$P\{\boldsymbol{w}_m > x\} \geqslant a e^{-\theta_0 x}, \quad x \geqslant 0,$$

利用 $H^*(-\theta_0) = 1$ 的假定，即能推知

$$
\begin{aligned}
P\{\boldsymbol{w}_{m+1} > x\} &= P\{\boldsymbol{w}_m + \boldsymbol{u}_m > x\} \\
&= \int_{-\infty}^{x} P\{\boldsymbol{w}_m > x-y\}dH(y) + \int_x^{\infty} dH(y) \\
&\geqslant a e^{-\theta_0 x}\int_{-\infty}^{x} e^{\theta_0 y}dH(y) + \int_x^{\infty} dH(y) \\
&= a e^{-\theta_0 x}\left[1 - \int_x^{\infty} e^{\theta_0 y}dH(y)\right] + \int_x^{\infty} dH(y) \\
&= a e^{-\theta_0 x} - a\int_x^{\infty} e^{-\theta_0(x-y)}dH(y) + \int_x^{\infty} dH(y).
\end{aligned}
$$

若取

$$
a \leqslant \int_x^{\infty} dH(y) \Big/ \int_x^{\infty} e^{-\theta_0(x-y)}dH(y), \quad x \geqslant 0
$$

或

$$
a \equiv \inf_{x\geqslant 0} \frac{\displaystyle\int_x^{\infty} dH(y)}{\displaystyle\int_x^{\infty} e^{-\theta_0(x-y)}dH(y)}, \tag{18}
$$

则由上式即得

$$
P\{\boldsymbol{w}_{m+1} > x\} \geqslant a e^{-\theta_0 x}, \quad x \geqslant 0,
$$

对所有 m 成立. 令 $m\to\infty$, 即得 (17) 式. 这样, 我们就求得了下界公式 (17), 其中的 θ_0 与 a 分别为 (12) 与 (18) 所给定.

由 $P\{\boldsymbol{w} > x\}$ 的上、下界公式 (16) 与 (17), 立即可得 $E\boldsymbol{w}$ 的另一组上、下界公式:

$$
\frac{a}{\theta_0} \leqslant E\boldsymbol{w} \leqslant \frac{1}{\theta_0}. \tag{19}
$$

它与以前的公式 (6) 与 (7) 相比,在不同情形下各有优劣,没有一致的强弱关系.

§2. 渐 近 分 布

仍考虑 GI/G/1 系统, 并沿用 §1 及第五章的记号. 假定 $\rho < 1$, 且系统已处于平稳, 我们来研究饱和服务情形下, 即 $\rho\uparrow$

1 情形下平稳等待时间分布 $P\{\boldsymbol{w}\leqslant x\}$ 的极限。令

$$\boldsymbol{u}_m\equiv\boldsymbol{v}_m-\boldsymbol{t}_m,\quad m=1,2,\cdots.$$

定理 1 对 GI/G/1 系统，假定

(i) $\liminf\limits_{\rho\uparrow 1}E(\boldsymbol{u}^2)>0$;

(ii) 存在某 $\delta>0$，使 $E(\boldsymbol{v}^{2+\delta})$ 关于 ρ 一致有界；

(iii) $E(\boldsymbol{t}^{2+\delta})$ 关于 ρ 一致有界，

则

$$\lim_{\rho\uparrow 1}P\{\gamma\boldsymbol{w}\leqslant x\}=1-e^{-x},\quad x\geqslant 0,\tag{1}$$

其中

$$\gamma\equiv\frac{2E(-\boldsymbol{u})}{E(\boldsymbol{u}^2)}.\ \|\tag{2}$$

为证明此定理，我们先来证一个引理.

引理 1 设 $\boldsymbol{\xi}$ 为任一随机变量，$\xi\neq 0$，其分布函数与特征函数分别记为 $F(x)$ 与 $\varphi(t)$，则 $\varphi(t)=1$ 的根至多为一可数集 $\{nc_0,n=0,\pm 1,\pm 2,\cdots\}$，$c_0\neq 0$. $\|$

证 $t=0$ 当然是 $\varphi(t)=1$ 的根. 若 $\varphi(t)=1$ 没有其它非 0 根，则引理证毕. 若还有 $t_0\neq 0$ 使 $\varphi(t_0)=1$，即

$$\int_{-\infty}^{\infty}e^{it_0x}dF(x)=1,$$

则

$$\int_{-\infty}^{\infty}[\cos(t_0x)+i\sin(t_0x)]dF(x)=1.$$

比较实部，即得

$$\int_{-\infty}^{\infty}[1-\cos(t_0x)]dF(x)=0.$$

由于 $1-\cos(t_0x)\geqslant 0$，故要上式成立，$F(x)$ 必为一算术分布，且其增点均在 $1-\cos(t_0x)$ 的零点所构成的集 $\left\{\frac{2\pi k}{t_0},k=0,\pm 1,\pm 2,\cdots\right\}$ 上. 因而

$$\varphi(t)=\int_{-\infty}^{\infty}e^{itx}dF(x)=\sum_k e^{it\frac{2\pi k}{t_0}}P\left\{\boldsymbol{\xi}=\frac{2\pi k}{t_0}\right\}$$

$$= \sum_k \cos\left(t\frac{2\pi k}{t_0}\right) P\left\{\boldsymbol{\xi} = \frac{2\pi k}{t_0}\right\}$$
$$+ i\sum_k \sin\left(t\frac{2\pi k}{t_0}\right) P\left\{\boldsymbol{\xi} = \frac{2\pi k}{t_0}\right\}.$$

于是 $\varphi(t) = 1$ 的任一根 $\tilde{t}$ 都满足:

$$\sin\left(\tilde{t}\frac{2\pi k}{t_0}\right) = 0, \quad \cos\left(\tilde{t}\frac{2\pi k}{t_0}\right) = 1$$

对于使 $P\left\{\boldsymbol{\xi} = \frac{2\pi k}{t_0}\right\} > 0$ 的所有 k 成立.由于假定 $\boldsymbol{\xi} \neq 0$,故存在 $k_0 \neq 0$, 使 $P\left\{\boldsymbol{\xi} = \frac{2\pi k_0}{t_0}\right\} > 0$. 于是就有

$$\sin\left(\tilde{t}\frac{2\pi k_0}{t_0}\right) = 0, \quad \cos\left(\tilde{t}\frac{2\pi k_0}{t_0}\right) = 1.$$

因而

$$\tilde{t}\ \frac{2\pi k_0}{t_0} = 2\pi n$$

或

$\tilde{t} = n\frac{t_0}{k_0}$ 对某一 $n=0$, ± 1, ± 2, $\cdots$成立. 这表明 $\tilde{t} \in \{nc_0, n = 0, \pm 1, \pm 2, \cdots\}$,其中 $c_0 \equiv \frac{t_0}{k_0} \neq 0$. 引理 1 证毕. #

现在来证明定理 1. 由第五章 § 1 的 (2), 我们有

$$\boldsymbol{w}_{m+1} = (\boldsymbol{w}_m + \boldsymbol{u}_m)^+,$$

且 $\boldsymbol{w}_m$ 与 $\boldsymbol{u}_m$ 独立. 因而对任一实数 t, 利用 § 1 的 (1), 就有

$$\begin{aligned}
E(1 - e^{it\mathbf{u}})E(e^{it\boldsymbol{w}}) &= E(e^{it\boldsymbol{w}_{m+1}}) - E(e^{it(\boldsymbol{w}_n+\boldsymbol{u}_n)}) \\
&= E(e^{it(\boldsymbol{w}_m+\boldsymbol{u}_m)^+} - e^{it(\boldsymbol{w}_m+\boldsymbol{u}_m)}) \\
&= E[e^{it(\boldsymbol{w}_m+\boldsymbol{u}_m)^+}(1 - e^{-it(\boldsymbol{w}_m+\boldsymbol{u}_m)^-})] \\
&= E(1 - e^{-it(\boldsymbol{w}_m+\boldsymbol{u}_m)^-}) \\
&\equiv E(1 - e^{-it\boldsymbol{r}}),
\end{aligned}$$

其中

$$\boldsymbol{r} \equiv (\boldsymbol{w}_m + \boldsymbol{u}_m)^-. \tag{3}$$

于是

$$E(e^{itw}) = \frac{E(1 - e^{-itr})}{E(1 - e^{itu})}, \tag{4}$$

因为由上述引理 1，右端分母的零点至多为可数集 $\{nc_0, n = 0, \pm 1, \pm 2, \cdots\}$，$c_0 \neq 0$，而在这些零点上，右端项可用连续性来定义。

现令 $t = \tau\gamma$ $(\tau \neq 0)$，并将 (4) 式右端分子分母都除以 $\tau\gamma E(-\boldsymbol{u})$ 后，再取极限 $\rho \to 1$. 由假定 (i)，(iii) 及 (2) 式，知此时 $\gamma \to 0$. 下面分别来看分子分母除以 $\tau\gamma E(-\boldsymbol{u})$ 后的极限.

由于对任一实数 θ，$|e^{i\theta}| = 1$. 因而再利用泰勒 (Taylor) 展开的余项公式，即知存在常数 C 与 C_δ，使对任一实数 θ，

$$|e^{i\theta} - 1 - i\theta| \leqslant C\theta^2 \tag{5}$$

及

$$\left|e^{i\theta} - 1 - i\theta + \frac{1}{2}\theta^2\right| \leqslant C_\delta|\theta|^{2+\delta}. \tag{6}$$

由 (5)，取 $\theta = -\tau\gamma\boldsymbol{r}$，得

$$|E(e^{-i\tau\gamma\boldsymbol{r}} - 1 + i\tau\gamma\boldsymbol{r})| \leqslant C\tau^2\gamma^2E(\boldsymbol{r}^2). \tag{7}$$

但由赫尔德 (Hölder) 不等式(例如参阅 Loève[102]，P. 156)，

$$E(\boldsymbol{r}^2) \leqslant [E\boldsymbol{r}]^{\frac{\delta}{\delta+1}} \cdot [E(\boldsymbol{r}^{2+\delta})]^{\frac{1}{\delta+1}}, \tag{8}$$

而由 § 1 的 (3)，其右端第一因子当 $\rho \uparrow 1$ 时趋于 0，而第二因子中的

$$E(\boldsymbol{r}^{2+\delta}) = E[((\boldsymbol{t}_m - \boldsymbol{v}_m - \boldsymbol{w}_m)^+)^{2+\delta}] \leqslant E(\boldsymbol{t}^{2+\delta}),$$

由假定 (iii)，右端关于 ρ 一致有界. 因而由 (8) 即知当 $\rho \uparrow 1$ 时 $E(\boldsymbol{r}^2) \to 0$. 再由 (7)，即得

$$\gamma^{-2}E(e^{-i\tau\gamma\boldsymbol{r}} - 1 + i\tau\gamma\boldsymbol{r}) \to 0, \quad \rho \uparrow 1. \tag{9}$$

但由 (2) 及 § 1 的 (3)，

$$\gamma^{-2}E(e^{-i\tau\gamma\boldsymbol{r}} - 1 + i\tau\gamma\boldsymbol{r}) = \frac{\tau E(\boldsymbol{u}^2)}{2}\left[\frac{E(e^{-i\tau\gamma\boldsymbol{r}} - 1)}{\tau\gamma E(-\boldsymbol{u})} + i\right],$$

因而由假定 (i) 及 (9)，即得

$$\frac{E(1 - e^{-i\tau\gamma\boldsymbol{r}})}{\tau\gamma E(-\boldsymbol{u})} \to i, \quad \rho \uparrow 1. \tag{10}$$

这就是 (4) 中关于分子那部分所要证的结论.

再看分母部分. 由 (6) 取 $\theta = \tau\gamma\boldsymbol{u}$, 得

$$|E(e^{i\tau\gamma\boldsymbol{u}} - 1 - i\tau\gamma\boldsymbol{u} + \frac{1}{2}\tau^2\gamma^2\boldsymbol{u}^2)| \leqslant C_\delta|\tau\gamma|^{2+\delta}E(|\boldsymbol{u}|^{2+\delta}),$$

其中 $E(|\boldsymbol{u}|^{2+\delta})$ 由假定 (ii) 与 (iii) 是关于 ρ 一致有界的. 因而

$$\gamma^{-2}E(e^{i\tau\gamma\boldsymbol{u}} - 1 - i\tau\gamma\boldsymbol{u} + \frac{1}{2}\tau^2\gamma^2\boldsymbol{u}^2) \to 0, \quad \rho\uparrow 1. \tag{11}$$

但由 (2) 及 § 1 的 (3),

$$\gamma^{-2}E(e^{i\tau\gamma\boldsymbol{u}} - 1 - i\tau\gamma\boldsymbol{u} + \frac{1}{2}\tau^2\gamma^2\boldsymbol{u}^2)$$
$$= \frac{\tau E(\boldsymbol{u}^2)}{2}\left[\frac{E(e^{i\tau\gamma\boldsymbol{u}} - 1)}{\tau\gamma E(-\boldsymbol{u})} + i + \tau\right],$$

因而由假定 (i) 及(11),即得

$$\frac{E(1 - e^{i\tau\gamma\boldsymbol{u}})}{\tau\gamma E(-\boldsymbol{u})} \to i + \tau, \quad \rho\uparrow 1. \tag{12}$$

结合 (4), (10) 与 (12), 即得

$$E(e^{i\tau\gamma\boldsymbol{w}}) \to \frac{i}{i+\tau}, \ \rho\uparrow 1. \tag{13}$$

右端恰为均值为 1 的负指数分布的特征函数, 故由特征函数的连续性定理(例如参阅 Loève[102], P. 191), 所证的 (1) 成立. 定理 1 证毕. #

如果我们取 $\rho < 1$ 但 $\rho \approx 1$, 则由 (2),

$$\gamma = \frac{2(1-\rho)}{\lambda\left[\sigma_t^2 + \sigma_v^2 + \left(\frac{1}{\lambda} - \frac{1}{\mu}\right)^2\right]} \approx \frac{2(1-\rho)}{\lambda(\sigma_t^2 + \sigma_v^2)}.$$

因而由 (1) 即得当 $\rho \approx 1$ 时,

$$P\{\boldsymbol{w} \leqslant x\} = P\{\gamma\boldsymbol{w} \leqslant \gamma x\}$$
$$\approx 1 - e^{-\gamma x}$$
$$\approx 1 - e^{-\frac{2(1-\rho)}{\lambda(\sigma_t^2+\sigma_v^2)}x}, \quad x \geqslant 0. \tag{14}$$

这就是饱和服务情形下平稳等待时间的渐近分布. 因此饱和服务

情形下的平均等待时间的渐近公式为

$$Ew \approx \lambda \frac{\sigma_t^2 + \sigma_v^2}{2(1-\rho)}. \tag{15}$$

与 § 1 的 (6) 比较，可知在饱和服务情形下，该处的上界就是平均等待时间的渐近式，也就是说，此时上界公式的误差最小.

§ 3. 弱 收 敛[1)]

在 §2 中我们研究了饱和服务时，即 $\rho < 1$ 但 $\rho \approx 1$ 时系统的性态. 本节将研究过饱和服务时，即 $\rho \geqslant 1$ 时系统的性态. 饱和服务与过饱和服务这两种情况统称为高负荷.

下面我们将采用概率测度弱收敛的方法来研究 $\rho \geqslant 1$ 时的系统. 为此，先引进关于概率测度弱收敛的一些基本概念和定理.

概率测度弱收敛是随机变量序列弱收敛概念的推广，它可以应用于随机过程序列的弱收敛. 关于这方面的基本理论，可参阅 Billingsley (1968) 的书[36].

设 S 为一完备可分的度量空间，其度量为 ρ. S 中全体开集所生成的 σ 域记为 $\mathscr{S}$. $\mathscr{S}$ 中的元素称为波雷尔 (Borel) 集. $\mathscr{S}$ 上的非负、完全可加、满足 $P(S) = 1$ 的集合函数 P 称为概率测度.

定义 1 概率测度序列 $\{P_n, n \geqslant 1\}$ 称为弱收敛于概率测度 P，并记为 $P_n \Longrightarrow P$，若

$$\lim_{n\to\infty} \int_S f dP_n = \int_S f dP$$

对 S 上所有有界连续实值函数 f 均成立. ||

若 S 取为实直线 R_1，ρ 取为通常的距离，$\mathscr{S}$ 取为直线上的波雷尔集，P 为 $\mathscr{S}$ 上的概率测度，并定义 P 的分布函数为

$$F(x) \equiv P(-\infty, x],$$

则可以证明: $P_n \Longrightarrow P$ 的充分必要条件为其对应的分布函数

1) 本节涉及超出初等概率论范围的内容较多，初读时可以删去，对阅读本书后面各章节并无影响.

$F_n(x) \to F(x)$ 对 F 的所有连续点成立(见 Billingsley [36], PP. 17—18). 因而此时概率测度弱收敛的概念就是初等概率论中随机变量或分布函数的弱收敛。

现令 $(\Omega, \mathscr{B}, \mathscr{P})$ 为一概率空间。

定义 2 从 Ω 到 S 的一个映射 $\boldsymbol{X}$ 称为 S 的一个随机元，若 $\boldsymbol{X}$ 是可测的，也即对任一 $A \in \mathscr{S}$，都有 $\{\omega: \boldsymbol{X}(\omega) \in A\} = \boldsymbol{X}^{-1}A \in \mathscr{B}$. $\mathscr{S}$ 上的概率测度 $P \equiv \mathscr{P}\boldsymbol{X}^{-1}$ 称为 $\boldsymbol{X}$ 的分布，即

$$P(A) \equiv \mathscr{P}\boldsymbol{X}^{-1}(A) = \mathscr{P}\{\omega: \boldsymbol{X}(\omega) \in A\}$$
$$= \mathscr{P}\{\boldsymbol{X} \in A\}. \quad ||$$

若 S 取为实直线 R_1，随机元 $\boldsymbol{X}$ 就是随机变量；S 取为 k 维欧氏空间 R_k，随机元 $\boldsymbol{X}$ 就是随机向量。

定义 3 S 的随机元序列 $\{\boldsymbol{X}_n\}$ 称为弱收敛(或称依分布收敛)于 S 的随机元 $\boldsymbol{X}$，并记为 $\boldsymbol{X}_n \Longrightarrow \boldsymbol{X}$，若其对应的分布 $P_n \Longrightarrow P$. ||

定义 4 S 的随机元序列 $\{\boldsymbol{X}_n\}$ 称为依概率收敛于 S 的随机元 $\boldsymbol{X}$，并记为 $\rho(\boldsymbol{X}_n, \boldsymbol{X}) \Longrightarrow 0$，若 $\boldsymbol{X}_n$ 与 $\boldsymbol{X}$ 均定义于同一概率空间，且对任一 $\varepsilon > 0$，有

$$P\{\rho(\boldsymbol{X}_n, \boldsymbol{X}) > \varepsilon\} \to 0, \quad n \to \infty.$$

我们也用记号 $\rho(\boldsymbol{X}_n, \boldsymbol{Y}_n) \Longrightarrow 0$，若 $\boldsymbol{X}_n, \boldsymbol{Y}_n$ 均为定义于同一概率空间的 S 的随机元，且对任一 $\varepsilon > 0$，有

$$P\{\rho(\boldsymbol{X}_n, \boldsymbol{Y}_n) > \varepsilon\} \to 0, \quad n \to \infty. \quad ||$$

可以证明：1) $\rho(\boldsymbol{X}_n, \boldsymbol{X}) \Longrightarrow 0$ 蕴含 $\boldsymbol{X}_n \Longrightarrow \boldsymbol{X}$; 2)若 $\boldsymbol{X}$ 为常数值随机元(即非随机元)，则 $\rho(\boldsymbol{X}_n, \boldsymbol{X}) \Longrightarrow 0$ 等价于 $\boldsymbol{X}_n \Longrightarrow \boldsymbol{X}$ (见[36], PP. 25—26).

下面不加证明地引用 Billingsley[36] 的两个定理(定理 4.1 与定理 5.1 之推论 1，并参看 Whitt (1980) [140]) 作为我们的引理。

引理 1 若 $\boldsymbol{X}_n \Longrightarrow \boldsymbol{X}$，且 $\rho(\boldsymbol{X}_n, \boldsymbol{Y}_n) \Longrightarrow 0$，则 $\boldsymbol{Y}_n \Longrightarrow \boldsymbol{X}$. ||

令 $(S', \mathscr{S}')$ 为另一度量空间，它具有波雷尔集的 σ 域 $\mathscr{S}'$ 与度量 ρ'. 令 h 为由 S 到 S' 上的可测映射，D_h 为 h 的不连续点所构成的集合. 可证明 $D_h \in \mathscr{S}$ (见[36], P. 225).

引理 2（连续映射定理） 若 $\boldsymbol{X}_n \Longrightarrow \boldsymbol{X}$，且 $P\{\boldsymbol{X} \in D_h\} = 0$，则 $h(\boldsymbol{X}_n) \Longrightarrow h(\boldsymbol{X})$. 此处假设与结论中的弱收敛可以都改为依概率收敛，或都改为几乎处处 (a. e.) 收敛. ||

现在将度量空间 S 取为 $[0, 1]$ 区间上右连续且有左极限的实值函数空间 D. 为了引进它的度量，考虑从 $[0, 1]$ 到它本身的全部严格上升的连续映射所构成的集合 Λ，并假定任一 $\lambda \in \Lambda$ 都满足 $\lambda(0) = 0$，$\lambda(1) = 1$. 再定义 λ 的模为

$$\|\lambda\| \equiv \sup_{s \neq t} \left| \ln \frac{\lambda(t) - \lambda(s)}{t - s} \right|.$$

于是 D 的度量 $d(x, y)$ 就可定义为

$$d(x, y) \equiv \inf \{\varepsilon > 0 : \|\lambda\| \leqslant \varepsilon, \text{且} \sup_{0 \leqslant t \leqslant 1} |x(t) - y(\lambda(t))| \leqslant \varepsilon \text{ 对某一 } \lambda \in \Lambda\}.$$

这里 λ 可以看作是时间标度的一种变换. $\|\lambda\| \leqslant \varepsilon$ 意指 $\lambda(t)$ 的弦的斜率大小落在区间 $[e^{-\varepsilon}, e^{\varepsilon}]$ 上，而 $\sup_{0 \leqslant t \leqslant 1} |x(t) - y(\lambda(t))| \leqslant \varepsilon$ 意指 $y(t)$ 按时间标度变换 λ 改变后与 $x(t)$ 的所有对应纵坐标的差都不超过 ε. 可以证明这样定义的 d 确实是一个度量，而且在此度量下的空间 D 是完备可分的度量空间（见 [36], pp.112—115). 这个度量 d 所生成的拓扑称为斯科洛霍德 (Скороход) 拓扑，其波雷尔集的 σ 域记为 $\mathscr{D}$. D 的随机元 $\boldsymbol{X}(t, \omega)$ 通常就称为随机函数.

现在引用一个泛函中心极限定理——唐斯克(Donsker)定理，它在讨论随机服务系统弱收敛问题时将起基本的作用. 令 $\boldsymbol{\xi}_1, \boldsymbol{\xi}_2, \cdots$ 为 $(\Omega, \mathscr{B}, \mathscr{P})$ 上的随机变量序列，其部分和记为

$$\boldsymbol{S}_n \equiv \boldsymbol{\xi}_1 + \boldsymbol{\xi}_2 + \cdots + \boldsymbol{\xi}_n, \quad n \geqslant 1,$$

并记 $\boldsymbol{S}_0 \equiv 0$. 构造 D 的随机函数序列:

$$\boldsymbol{X}_n(t, \omega) \equiv \frac{1}{\sigma \sqrt{n}} \boldsymbol{S}_{[nt]}(\omega), \quad n \geqslant 1, \tag{1}$$

其中 σ 为有限正常数，而 $[u]$ 为 u 的整数部分.

引理 3（唐斯克（Donsker）定理） 若 $\{\boldsymbol{\xi}_i, i \geqslant 1\}$ 为独立同

分布的随机变量序列,其均值为 0,方差为 $\sigma^2(0<\sigma^2<\infty)$,则

$$\boldsymbol{X}_n \Longrightarrow \xi,$$

其中 $\boldsymbol{\xi}$ 为标准布朗 (Brownian) 运动(证明见 [36], P. 137). ||

有了这些准备知识以后,我们就可以回到随机服务系统的问题了. 考虑 GI/G/1 系统,记号如前. 假定 $\rho\equiv\frac{\lambda}{\mu}\geqslant 1$. 对于各顾客的等待时间 $\boldsymbol{w}_n$, $n\geqslant 1$ (记 $\boldsymbol{w}_0\equiv 0$),定义 D 的随机函数

$$\boldsymbol{W}_n \equiv \frac{\boldsymbol{w}_{[nt]}-\left(\frac{1}{\mu}-\frac{1}{\lambda}\right)nt}{\sigma\sqrt{n}},\quad n\geqslant 1, \tag{2}$$

其中 $\sigma^2\equiv var\boldsymbol{u}_m\equiv var(\boldsymbol{v}_m-\boldsymbol{t}_m)$,并假定 $0<\sigma^2<\infty$. 我们来建立下列泛函中心极限定理.

定理 1 对 GI/G/1 系统,假定 $0<\sigma^2<\infty$. 1) 若 $\rho=1$,则

$$\boldsymbol{W}_n \Longrightarrow f(\boldsymbol{\xi}) \sim |\boldsymbol{\xi}|, \tag{3}$$

其中 f 为由 $(D,\mathscr{D})$ 到 $(D,\mathscr{D})$ 上的映射:

$$f(x)(t)\equiv x(t)-\inf_{0\leqslant s\leqslant t} x(s), \tag{4}$$

而 $\boldsymbol{\xi}$ 为标准布朗运动.

2) 若 $\rho>1$,则

$$\boldsymbol{W}_n \Longrightarrow \boldsymbol{\xi}. \quad || \tag{5}$$

证 1) 若 $\rho=1$. 首先,令

$$\boldsymbol{S}_n\equiv\sum_{i=1}^{n}\boldsymbol{u}_i\equiv\sum_{i=1}^{n}(\boldsymbol{v}_i-\boldsymbol{t}_i),\ \boldsymbol{S}_0\equiv 0,\ \boldsymbol{u}_0\equiv 0.$$

并令

$$\boldsymbol{X}_n(t)\equiv\frac{1}{\sigma\sqrt{n}}\boldsymbol{S}_{[nt]},\ 0\leqslant t\leqslant 1,\ n\geqslant 1.$$

当 $\rho=1$ 时, $E\boldsymbol{u}_i=0$, 而 $\boldsymbol{u}_i$ 的方差 σ^2 已假定 $0<\sigma^2<\infty$. 故由唐斯克定理(引理 3),

$$\boldsymbol{X}_n \Longrightarrow \boldsymbol{\xi}. \tag{6}$$

其次,我们来证明 f 是 $D\to D$ 的连续映射. 事实上,若 $\boldsymbol{x}$,

$y \in D$，且 $d(x, y) < \varepsilon$，则由 d 的定义，$\exists \lambda \in \Lambda$，使 $\|\lambda\| < \varepsilon$ 且

$$\sup_{0 \leqslant t \leqslant 1} |x(t) - y(\lambda(t))| \leqslant \varepsilon.$$

因而

$$\begin{aligned}
\sup_{0 \leqslant t \leqslant 1} |f(x)(t) - f(y)(\lambda(t))| &\leqslant \sup_{0 \leqslant t \leqslant 1} \{|x(t) - y(\lambda(t))| \\
&\quad + |\inf_{0 \leqslant s \leqslant t} x(s) - \inf_{0 \leqslant s \leqslant \lambda(t)} y(s)|\} \\
&= \sup_{0 \leqslant t \leqslant 1} \{|x(t) - y(\lambda(t))| + |\inf_{0 \leqslant s \leqslant t} x(s) - \inf_{0 \leqslant s \leqslant t} y\lambda(s))|\} \\
&\leqslant \sup_{0 \leqslant t \leqslant 1} |x(t) - y(\lambda(t))| + \sup_{0 \leqslant t \leqslant 1} |\inf_{0 \leqslant s \leqslant t} x(s) \\
&\quad - \inf_{0 \leqslant s \leqslant t} y(\lambda(s))|,
\end{aligned} \tag{7}$$

其中第一项已知不超过 ε，只需再证第二项也可任意小．令

$$T_1 \equiv \{t: \inf_{0 \leqslant s \leqslant t} x(s) \geqslant \inf_{0 \leqslant s \leqslant t} y(\lambda(s))\},$$

则

$$\begin{aligned}
&\sup_{0 \leqslant t \leqslant 1} |\inf_{0 \leqslant s \leqslant t} x(s) - \inf_{0 \leqslant s \leqslant t} y(\lambda(s))| \\
&\quad = \max\{\sup_{\substack{0 \leqslant t \leqslant 1 \\ t \in T_1}} (\inf_{0 \leqslant s \leqslant t} x(s) - \inf_{0 \leqslant s \leqslant t} y(\lambda(s))), \\
&\qquad \sup_{\substack{0 \leqslant t \leqslant 1 \\ t \notin T_1}} (\inf_{0 \leqslant s \leqslant t} y(\lambda(s)) - \inf_{0 \leqslant s \leqslant t} x(s))\} \\
&\quad = \max\{\sup_{\substack{0 \leqslant t \leqslant 1 \\ t \in T_1}} \sup_{0 \leqslant s \leqslant t} (\inf_{0 \leqslant u \leqslant t} x(u) - y(\lambda(s))), \\
&\qquad \sup_{\substack{0 \leqslant t \leqslant 1 \\ t \notin T_1}} \sup_{0 \leqslant s \leqslant t} (\inf_{0 \leqslant u \leqslant t} y(\lambda(u)) - x(s))\} \\
&\quad \leqslant \max\{\sup_{\substack{0 \leqslant t \leqslant 1 \\ t \in T_1}} \sup_{0 \leqslant s \leqslant t} (x(s) - y(\lambda(s))), \\
&\qquad \sup_{\substack{0 \leqslant t \leqslant 1 \\ t \notin T_1}} \sup_{0 \leqslant s \leqslant t} (y(\lambda(s)) - x(s))\} \\
&\quad \leqslant \sup_{0 \leqslant s \leqslant 1} |x(s) - y(\lambda(s))| \leqslant \varepsilon.
\end{aligned}$$

代入 (7)，即得

$$\sup_{0 \leqslant t \leqslant 1} |f(x)(t) - f(y)(\lambda(t))| \leqslant 2\varepsilon.$$

根据 d 的定义，即得 $d(f(x), f(y)) < 2\varepsilon$．这就证明了 f 在 D 空

间的连续性.

最后,我们来证定理的结论. 由第五章 § 1 (2) 式,我们有

$$\boldsymbol{w}_n = \max(\boldsymbol{u}_{n-1} + \boldsymbol{w}_{n-1}, 0). \tag{8}$$

并如该处定理 1 的证明,将上式递推即得

$$\begin{aligned}\boldsymbol{w}_n = \max(0, \boldsymbol{u}_{n-1}, \boldsymbol{u}_{n-1} + \boldsymbol{u}_{n-2}, \cdots, \boldsymbol{u}_{n-1} + \boldsymbol{u}_{n-2} \\ + \cdots + \boldsymbol{u}_2, \boldsymbol{u}_{n-1} + \boldsymbol{u}_{n-2} + \cdots + \boldsymbol{u}_1 + \boldsymbol{w}_1).\end{aligned} \tag{9}$$

先假定 $\boldsymbol{w}_1 \equiv 0$, 并将此时对应的 $\boldsymbol{w}_n$ 与 $\boldsymbol{W}_n$ 分别记为 $\boldsymbol{w}_n^\circ$ 与 $\boldsymbol{W}_n^\circ$, 则

$$\begin{aligned}\boldsymbol{w}_n^\circ &= \max_{0 \leqslant i \leqslant n-1} (\boldsymbol{S}_{n-1} - \boldsymbol{S}_i) \\ &= \boldsymbol{S}_{n-1} - \min_{0 \leqslant i \leqslant n-1} \boldsymbol{S}_i,\end{aligned} \tag{10}$$

因而若令

$$\hat{\boldsymbol{W}}_n^\circ \equiv \frac{\boldsymbol{w}^\circ_{[nt]+1}}{\sigma\sqrt{n}},$$

则

$$\begin{aligned}\widetilde{\boldsymbol{W}}_n^\circ(t) \equiv \frac{\boldsymbol{w}^\circ_{[nt]+1}}{\sigma\sqrt{n}} &= \frac{\boldsymbol{S}_{[nt]} - \inf\limits_{0 \leqslant s \leqslant t} \boldsymbol{S}_{[ns]}}{\sigma\sqrt{n}} \\ &= f(\boldsymbol{X}_n(t)).\end{aligned} \tag{11}$$

由于 f 为连续映射,根据连续映射定理 (引理 2), 由 (6) 与 (11) 即得

$$\hat{\boldsymbol{W}}_n^\circ \Longrightarrow f(\boldsymbol{\xi}). \tag{12}$$

但是

$$\begin{aligned}d(\widetilde{\boldsymbol{W}}_n^\circ, \boldsymbol{W}_n^\circ) &\leqslant \sup_{0 \leqslant t \leqslant 1} \left| \frac{\boldsymbol{w}^\circ_{[nt]+1}}{\sigma\sqrt{n}} - \frac{\boldsymbol{w}^\circ_{[nt]}}{\sigma\sqrt{n}} \right| \\ &= \frac{1}{\sigma\sqrt{n}} \max_{0 \leqslant m \leqslant n} \Big| (\boldsymbol{S}_m - \min_{0 \leqslant i \leqslant m} \boldsymbol{S}_i) \\ &\qquad - (\boldsymbol{S}_{m-1} - \min_{0 \leqslant i \leqslant m-1} \boldsymbol{S}_i) \Big| \\ &\leqslant \frac{1}{\sigma\sqrt{n}} \max_{0 \leqslant m \leqslant n} \Big\{ |\boldsymbol{S}_m - \boldsymbol{S}_{m-1}| \\ &\qquad + \Big| \min_{0 \leqslant i \leqslant m-1} \boldsymbol{S}_i - \min_{0 \leqslant i \leqslant m} \boldsymbol{S}_i \Big| \Big\}\end{aligned}$$

$$\leqslant \frac{2}{\sigma\sqrt{n}} \max_{0\leqslant m\leqslant n} |\boldsymbol{u}_m|, \tag{13}$$

因而

$$P\{d(\tilde{\boldsymbol{W}}_n^\circ, \boldsymbol{W}_n^\circ) > \varepsilon\} \leqslant P\left\{\frac{2}{\sigma\sqrt{n}} \max_{0\leqslant m\leqslant n} |\boldsymbol{u}_m| > \varepsilon\right\}$$

$$\leqslant n P\left\{|\boldsymbol{u}_1| > \frac{\varepsilon\sigma\sqrt{n}}{2}\right\}$$

$$\leqslant \frac{4}{\varepsilon^2\sigma^2}\int_{|x|>\frac{\varepsilon\sigma\sqrt{n}}{2}} x^2 dP\{\boldsymbol{u}_1 \leqslant x\} \to 0, \; n\to\infty,$$

因为 $0 < \sigma^2 < \infty$. 由定义 4,

$$d(\tilde{\boldsymbol{W}}_n^\circ, \boldsymbol{W}_n^\circ) \Longrightarrow 0. \tag{14}$$

再由引理 1 及 (12) 即知

$$\boldsymbol{W}_n^\circ \Longrightarrow f(\boldsymbol{\xi}). \tag{15}$$

于是我们已在 $\boldsymbol{w}_1 \equiv 0$ 的假定下证明了 (3) 式.

现考虑任意初始等待时间 $\boldsymbol{w}_1$. 由 (8),

$$\boldsymbol{w}_2 - \boldsymbol{w}_2^\circ = \max(\boldsymbol{u}_1 + \boldsymbol{w}_1, 0) - \max(\boldsymbol{u}_1, 0) \leqslant \boldsymbol{w}_1.$$

现设 $\boldsymbol{w}_{n-1} - \boldsymbol{w}_{n-1}^\circ \leqslant \boldsymbol{w}_1$. 于是由 (8),

$$\begin{aligned}\boldsymbol{w}_n - \boldsymbol{w}_n^\circ &= \max(\boldsymbol{u}_{n-1} + \boldsymbol{w}_{n-1}, 0) - \max(\boldsymbol{u}_{n-1} + \boldsymbol{w}_{n-1}^\circ, 0)\\ &\leqslant \max(\boldsymbol{u}_{n-1} + \boldsymbol{w}_{n-1}^\circ + \boldsymbol{w}_1, 0) - \max(\boldsymbol{u}_{n-1}\\ &\quad + \boldsymbol{w}_{n-1}^\circ, 0) \leqslant \boldsymbol{w}_1.\end{aligned}$$

故由归纳法,上式对任意 n 均成立. 因而

$$d(\boldsymbol{W}_n, \boldsymbol{W}_n^\circ) \leqslant \sup_{0\leqslant t\leqslant 1}\left|\frac{\boldsymbol{w}_{[nt]}}{\sigma\sqrt{n}} - \frac{\boldsymbol{w}_{[nt]}^\circ}{\sigma\sqrt{n}}\right|$$

$$\leqslant \frac{\boldsymbol{w}_1}{\sigma\sqrt{n}} \Longrightarrow 0.$$

故由引理 1 及已证的 (14), 即得所证的 $\boldsymbol{W}_n \Longrightarrow f(\boldsymbol{\xi})$. 至于 $f(\boldsymbol{\xi})$ 与 $|\boldsymbol{\xi}|$ 同分布, 可参看 Ito & McKean [79], P. 41. $|\boldsymbol{\xi}|$ 称为反射布朗运动.

2) 若 $\rho > 1$. 令

$$\begin{cases} \boldsymbol{Y}_n(t) \equiv \dfrac{\boldsymbol{S}_{[nt]} - \left(\dfrac{1}{\mu} - \dfrac{1}{\lambda}\right)[nt]}{\sigma\sqrt{n}} = \dfrac{\sum\limits_{i=1}^{[nt]} (\boldsymbol{u}_i - E\boldsymbol{u}_i)}{\sigma\sqrt{n}}; \\ \boldsymbol{Z}_n(t) \equiv \dfrac{\boldsymbol{S}_{[nt]} - \left(\dfrac{1}{\mu} - \dfrac{1}{\lambda}\right)nt}{\sigma\sqrt{n}}, \quad 0 \leqslant t \leqslant 1, n \geqslant 1. \end{cases}$$

则由唐斯克定理(引理 3),

$$\boldsymbol{Y}_n \Longrightarrow \boldsymbol{\xi}.$$

又因

$$d(\boldsymbol{Y}_n, \boldsymbol{Z}_n) \leqslant \sup_{0\leqslant t\leqslant 1} \frac{\left(\dfrac{1}{\mu} - \dfrac{1}{\lambda}\right)(nt - [nt])}{\sigma\sqrt{n}}$$

$$\leqslant \frac{\dfrac{1}{\mu} - \dfrac{1}{\lambda}}{\sigma\sqrt{n}} \to 0, \text{ a. e.}$$

因而由引理 1,

$$\boldsymbol{Z}_n \Longrightarrow \boldsymbol{\xi}. \tag{16}$$

现假定 $\boldsymbol{w}_1 \equiv 0$, 并将 $\boldsymbol{w}_1 \equiv 0$ 时对应的 $\boldsymbol{w}_n$ 与 $\boldsymbol{W}_n$ 仍分别记为 $\boldsymbol{w}_n^\circ$ 与 $\boldsymbol{W}_n^\circ$. 再令

$$\widetilde{\boldsymbol{W}}_n^\circ \equiv \frac{\boldsymbol{w}^\circ_{[nt]+1} - \left(\dfrac{1}{\mu} - \dfrac{1}{\lambda}\right)nt}{\sigma\sqrt{n}}.$$

则由 (10),

$$d(\widetilde{\boldsymbol{W}}_n^\circ, \boldsymbol{Z}_n) \leqslant \sup_{0\leqslant t\leqslant 1} \left| \frac{\boldsymbol{w}^\circ_{[nt]+1} - \left(\dfrac{1}{\mu} - \dfrac{1}{\lambda}\right)nt}{\sigma\sqrt{n}} \right.$$

$$\left. - \frac{\boldsymbol{S}_{[nt]} - \left(\dfrac{1}{\mu} - \dfrac{1}{\lambda}\right)nt}{\sigma\sqrt{n}} \right|$$

$$\leqslant \sup_{0\leqslant t\leqslant 1} \frac{\min\limits_{0\leqslant k\leqslant [nt]} \boldsymbol{S}_k}{\sigma\sqrt{n}} \Bigg|$$

$$= \frac{-\min\limits_{0\leqslant k\leqslant n} \boldsymbol{S}_k}{\sigma\sqrt{n}} = \frac{\max\limits_{0\leqslant k\leqslant n}(-\boldsymbol{S}_k)}{\sigma\sqrt{n}}. \tag{17}$$

但对任一 $\varepsilon > 0$，

$$P\left\{\frac{\max\limits_{0\leqslant k\leqslant n}(-\boldsymbol{S}_k)}{\sigma\sqrt{n}} > \varepsilon\right\} \to 0, \quad n\to\infty. \tag{18}$$

事实上，由强大数定律，

$$\frac{\boldsymbol{S}_n}{n} \to E\boldsymbol{u}_1 > 0, \text{ a. e.}$$

因而，据叶果洛夫（Егоров）定理（见梯其玛希[20]，§ 10.52），对任一 $\delta > 0$，∃ 充分大的正整数 n_0，使

$$P\left\{\sup_{k\geqslant n_0}\left|\frac{\boldsymbol{S}_k}{k} - E\boldsymbol{u}_1\right| \leqslant \varepsilon\right\} > 1-\delta.$$

于是不妨取 $\varepsilon < E\boldsymbol{u}_1$，就有

$$P\left\{\frac{\max\limits_{n_0\leqslant k\leqslant n}(-\boldsymbol{S}_k)}{\sigma\sqrt{n}} \leqslant \varepsilon\right\} \geqslant P\{\sup_{k\geqslant n_0}(-\boldsymbol{S}_k) \leqslant 0\}$$

$$\geqslant P\left\{\sup_{k\geqslant n_0}\left|\frac{\boldsymbol{S}_k}{k} - E\boldsymbol{u}_1\right| \leqslant \varepsilon\right\} > 1-\delta. \tag{19}$$

另一方面，

$$\frac{\max\limits_{0\leqslant k\leqslant n_0}(-\boldsymbol{S}_k)}{\sigma\sqrt{n}} \leqslant \frac{\max\limits_{0\leqslant k\leqslant n_0}\left(\sum\limits_{i=1}^{k}(\boldsymbol{v}_i + \boldsymbol{t}_i)\right)}{\sigma\sqrt{n}}$$

$$\leqslant \frac{\sum\limits_{i=1}^{n_0}(\boldsymbol{v}_i + \boldsymbol{t}_i)}{\sigma\sqrt{n}}.$$

因而

$$P\left\{\frac{\max\limits_{0\leqslant k\leqslant n_0}(-\boldsymbol{S}_k)}{\sigma\sqrt{n}}>\varepsilon\right\}\leqslant P\left\{\frac{\sum\limits_{i=1}^{n_0}(\boldsymbol{v}_i+\boldsymbol{t}_i)}{\sigma\sqrt{n}}>\varepsilon\right\}\to 0,$$

$$n\to\infty. \tag{20}$$

结合 (19) 与 (20)，即得所证的 (18) 式。

于是再由 (17)，知

$$d(\widetilde{\boldsymbol{W}}_n^\circ,\boldsymbol{Z}_n)\Longrightarrow 0. \tag{21}$$

结合 (16) 与 (21)，由引理1，即得

$$\widetilde{\boldsymbol{W}}_n^\circ\Longrightarrow\boldsymbol{\xi}. \tag{22}$$

但

$$d(\widetilde{\boldsymbol{W}}_n^\circ,\boldsymbol{W}_n^\circ)\leqslant\sup_{0\leqslant t\leqslant 1}\left|\frac{\boldsymbol{w}_{[nt]+1}^\circ}{\sigma\sqrt{n}}-\frac{\boldsymbol{w}_{[nt]}^\circ}{\sigma\sqrt{n}}\right|,$$

因而利用由 (13) 式到 (14) 式同样的推理，即知

$$d(\widetilde{\boldsymbol{W}}_n^\circ,\ \boldsymbol{W}_n^\circ)\Longrightarrow 0.$$

再由引理 1 及 (22) 即得

$$\boldsymbol{W}_n^\circ\Longrightarrow\boldsymbol{\xi}. \tag{23}$$

对任意初始等待时间 $\boldsymbol{w}_1$，与第 1) 部分完全同样可证 $d(\boldsymbol{W}_n,\boldsymbol{W}_n^\circ)\Longrightarrow 0$. 再由引理 1 及 (23)，就得 $\boldsymbol{W}_n\Longrightarrow\boldsymbol{\xi}$，此即所证. 定理 1 证毕. #

有了上述泛函中心极限定理，我们就能求出相应随机变量的渐近分布. 下面的推论分别在 $\rho=1$ 与 $\rho>1$ 的情形下给出了 $n\to\infty$ 时 $\boldsymbol{w}_n$ 的渐近分布.

推论 1 对 GI/G/1 系统，假定 $0<\sigma^2<\infty$.

1) 若 $\rho=1$，则

$$\lim_{n\to\infty}P\left\{\frac{\boldsymbol{w}_n}{\sigma\sqrt{n}}\leqslant x\right\}=\begin{cases}\sqrt{\dfrac{2}{\pi}}\displaystyle\int_0^x e^{-\frac{y^2}{2}}dy, & x\geqslant 0;\\ 0, & x<0,\end{cases} \tag{24}$$

2) 若 $\rho>1$，则

$$\lim_{n\to\infty} P\left\{\frac{\boldsymbol{w}_n - \left(\frac{1}{\mu} - \frac{1}{\lambda}\right)n}{\sigma\sqrt{n}} \leqslant x\right\}$$

$$= \frac{1}{\sqrt{2\pi}}\int_{-\infty}^{x} e^{-\frac{y^2}{2}}dy. \quad \| \tag{25}$$

证 定义 $D \to R_1$ 的射影 π_1: $\pi_1(x) \equiv x(1)$, $x \in D$. 易知 π_1 为连续映射. 因而由连续映射定理 (引理 2) 及定理 1, 即得

$$\pi_1(\boldsymbol{W}_n) \Longrightarrow \begin{cases}\pi_1(|\boldsymbol{\xi}|), & 若\ \rho = 1;\\ \pi_1(\boldsymbol{\xi}), & 若\ \rho > 1,\end{cases}$$

即

$$\boldsymbol{W}_n(1) \Longrightarrow \begin{cases}|\boldsymbol{\xi}(1)|, & 若\ \rho = 1;\\ \boldsymbol{\xi}(1), & 若\ \rho > 1,\end{cases}$$

由定义 3 及定义 1 之后的说明, 上式等价于我们所要证明的 (24) 与 (25). 推论 1 证毕. #

§4. 近似算法: M/G/n 系统

这一节将对 M/G/n 系统提出一个寻求平稳队长分布的近似算法. 为此, 先建立更新过程中的一些结果. 我们在第三章 § 2 中已引进了更新过程的概念和更新定理, 现在仍沿用该处的符号, 令初始寿命和寿命分函数均为 $F(x)$, 令更新函数为 $M(t)$. 假定 $g(t)$ 为一已知函数, 我们来考虑积分方程

$$G(t) = g(t) + \int_{0-}^{t} G(t-x)dF(x), \quad t \geqslant 0 \tag{1}$$

的解 $G(t)$. 所有这种形式的方程都称为更新方程.

引理 1 (更新方程的解的存在唯一性定理) 设 $g(t)$ 在任意有限区间上均为有界, 则更新方程 (1) 存在唯一的在有限区间上有界的解 $G(t)$:

$$G(t) = g(t) + \int_{0-}^{t} g(t-x)dM(x). \quad \| \tag{2}$$

证 (2) 是 (1) 的解只需直接代入验证. 事实上, 将 (2) 代入 (1) 的右端, 并用卷积运算的符号☆, 即得

$$
\begin{aligned}
g + (g + g☆M)☆F &= g + g☆(1 + M)☆F \\
&= g + g☆\left(1 + \sum_{k=1}^{\infty} F^{(k)}\right)☆F \\
&= g + g☆\left(F☆\sum_{k=2}^{\infty} F^{(k)}\right) \\
&= g + g☆M = G.
\end{aligned}
$$

$G(t)$ 在任意有限区间上是有界的．事实上，在第三章 §2 已指出 $M(t)$ 为非降的，且对任意 t，$M(t) < \infty$；而对任意有限区间 $[0, t_0]$，由假设，$g(t)$ 有界，故 $|g(t)| \leqslant K(t_0) < \infty$，$t \leqslant t_0$．因而对 $t \leqslant t_0$，有

$$
\begin{aligned}
|G(t)| &\leqslant |g(t)| + \int_{0-}^{t_0} |g(t-x)|dM(x) \\
&\leqslant K(t_0) + K(t_0)M(t_0) < \infty.
\end{aligned}
$$

最后，证明解的唯一性．若存在另一在任意有限区间上有界的解 $H(t)$，则由 H、G 均满足 (1) 即得 $H - G = (H - G)☆E$ 由归纳法，得

$$
H - G = (H - G)☆F^{(k)}. \tag{3}
$$

由于对任意 t，$M(t) < \infty$，因而当 $k \to \infty$ 时，对任意 t，都有 $F^{(k)}(t) \to 0$．又由于 H，G 在 $[0, t]$ 内有界，故得

$$
(H - G)☆F^{(k)}(t) \to 0, \quad k \to \infty.
$$

于是在 (3) 中令 $k \to \infty$ 即得

$$
H - G \equiv 0,
$$

此即所证．引理 1 证毕．#

现在考虑与更新过程 $\{\boldsymbol{X}_i\}$ 有关的另外一个随机变量序列 $\{\boldsymbol{Y}_i\}$．假定 $\boldsymbol{Y}_i$ 是更新间隔 $\boldsymbol{X}_i$ 的一部分，$(\boldsymbol{X}_1, \boldsymbol{Y}_1)$，$(\boldsymbol{X}_2, \boldsymbol{Y}_2)$，$\cdots$ 相互独立，且 $\{\boldsymbol{Y}_i\}$ 同分布．

引理 2 令

$$
P_Y(t) \equiv P\left\{t \in \bigcup_{i=1}^{\infty} \boldsymbol{Y}_i\right\}
$$

代表 t 落入某更新间隔 $\boldsymbol{X}_i$ 中的 $\boldsymbol{Y}_i$ 部分的概率．若 $\boldsymbol{X}_i$ 的分布

$F(x)$ 为非算术分布，且 $E\boldsymbol{X}_1 < \infty$，则

$$\lim_{t\to\infty} P_Y(t) = \frac{E\boldsymbol{Y}_1}{E\boldsymbol{X}_1}. \quad \| \tag{4}$$

证 令

$$P_{Y_1}(t) \equiv P\{t \in \boldsymbol{Y}_1\}$$

代表 t 落入 $\boldsymbol{X}_1$ 中的 $\boldsymbol{Y}_1$ 部分的概率，则由 $(\boldsymbol{X}_i, \boldsymbol{Y}_i)$，$i = 1, 2, \cdots$ 的独立性，

$$\begin{aligned} P_Y(t) &= \int_{0-}^{\infty} P\left\{t \in \bigcup_{i=1}^{\infty} \boldsymbol{Y}_i \,|\, \boldsymbol{X}_1 = x\right\} dF(x) \\ &= \int_{0-}^{t} P_Y(t-x)dF(x) + \int_{t}^{\infty} P\{t \in \boldsymbol{Y}_1 \,|\, \boldsymbol{X}_1 = x\} dF(x) \\ &= \int_{0-}^{t} P_Y(t-x)dF(x) + P_{Y_1}(t). \end{aligned}$$

这是一个形如 (1) 的更新方程，故由定理 1，它存在唯一解

$$P_Y(t) = P_{Y_1}(t) + \int_{0-}^{t} P_{Y_1}(t-x)dM(x). \tag{5}$$

令

$$\chi_{Y_1}(t) \equiv \begin{cases} 1, & t \in \boldsymbol{Y}_1; \\ 0, & t \notin \boldsymbol{Y}_1, \end{cases}$$

则

$$\begin{aligned} \int_0^{\infty} P_{Y_1}(t)dt &= \int_0^{\infty} E\chi_{Y_1}(t)dt = E\left\{\int_0^{\infty} \chi_{Y_1}(t)dt\right\} \\ &= E\boldsymbol{Y}_1 < \infty. \end{aligned} \tag{6}$$

若 $\boldsymbol{Y}_i$ 位于 $\boldsymbol{X}_i$ 中的开始部分，则 $P_{Y_1}(t) \equiv P\{t \in \boldsymbol{Y}_1\} = P\{\boldsymbol{Y}_1 \geqslant t\}$ 为单调函数；而若 $\boldsymbol{Y}_i$ 位于 $\boldsymbol{X}_i$ 中的结束部分，则

$$P_{Y_1}(t) \equiv P\{t \in \boldsymbol{Y}_1\} = P\{t \geqslant \boldsymbol{X}_1 - \boldsymbol{Y}_1\}$$

仍为单调函数，故由 (6) 及第三章 § 2 中定义 3 后所述的命题 2) 即知 $P_{Y_1}(t)$ 为直接黎曼可积. 因而对 (5) 的右端第二项可用基本更新定理，而第一项当 $t \to \infty$ 时由 (6) 趋于 0，故得

$$\lim_{t\to\infty} P_Y(t) = \frac{1}{E\boldsymbol{X}_1} \int_0^{\infty} P_{Y_1}(t)dt.$$

再由 (6)，即得所证 (4) 式.

若 $\boldsymbol{Y}_i$ 位于 $\boldsymbol{X}_i$ 的中间部分，令 $\boldsymbol{X}_i - \boldsymbol{Y}_i = \boldsymbol{Z}_i^{(1)} + \boldsymbol{Z}_i^{(2)}$，其中 $\boldsymbol{Z}_i^{(1)}$ 与 $\boldsymbol{Z}_i^{(2)}$ 分别为 $\boldsymbol{X}_i$ 的开始部分与结束部分，则

$$P_{Y_1}(t) \equiv P\{t \in \boldsymbol{Y}_1\} = P\{t \in \boldsymbol{X}_1\} - P\{t \in \boldsymbol{Z}_1^{(1)}\} - P\{t \in \boldsymbol{Z}_1^{(2)}\},$$

其中右端三项的 $\boldsymbol{X}_1$、$\boldsymbol{Z}_1^{(1)}$ 与 $\boldsymbol{Z}_1^{(2)}$ 均为 $\boldsymbol{X}_1$ 的开始或结束部分，且均值均有限. 因而即可利用前面已证的结果得到所证 (4) 式. 引理 2 证毕. #

现在就可开始讨论 M/G/n 系统平稳队长分布的近似算法了. 令普阿松输入的参数为 $\lambda(\lambda > 0)$，服务时间分布为 $B(x)$，其均值为 $\frac{1}{\mu}$ $(\mu > 0)$，并假定 $\rho \equiv \frac{\lambda}{n\mu} < 1$. 再假定初始时刻 $t = 0$ 时系统中没有顾客. 定义下列各随机变量:

$\boldsymbol{T}$: 系统的忙循环，即系统两次得空之间的时间间隔;

$\boldsymbol{T}_j$: 在一个忙循环中，队长为 j 的那些时段之和;

$\boldsymbol{N}$: 在一个忙循环中被服务完而离去的顾客数;

$\boldsymbol{N}_j$: 在一个忙循环中，当顾客服务完离去时留下队长为 j 的那些离去顾客的总数.

与第三章 §2 定理 2 证明中对 M/G/1 系统所证的类似，可以看出对 M/G/n 系统，相继的忙循环也构成一个更新过程，而且其更新间隔 $\boldsymbol{T}$ 的分布为非算术分布.

另外，若仍令 $\boldsymbol{t}_i$ 为第 i 与第 $i+1$ 顾客的到达间隔，$\boldsymbol{v}_i$ 为第 i 顾客的服务时间，$i \geqslant 1$，则我们有

$$P\{\boldsymbol{t}_i > \boldsymbol{v}_i\} = \int_{0-}^{\infty} P\{\boldsymbol{t}_i > \boldsymbol{v}_i \mid \boldsymbol{v}_i = x\} dP\{\boldsymbol{v}_i \leqslant x\}$$

$$= \int_{0-}^{\infty} e^{-\lambda x} dB(x) > 0, \quad i \geqslant 1, \tag{7}$$

因此，可以证明 $E\boldsymbol{T} < \infty$ (参看 Whitt(1972)[139]，定理 2.2 之证明). 于是由引理 2，极限

$$p_j \equiv \lim_{t\to\infty} P\{\boldsymbol{q}(t) = j\} = \frac{E\boldsymbol{T}_j}{E\boldsymbol{T}}, \quad j \geqslant 0 \tag{8}$$

存在，而且由于 $E\boldsymbol{T}_0=\frac{1}{\lambda}$，即知

$$p_0=\frac{1/\lambda}{E\boldsymbol{T}}>0. \tag{9}$$

同理，对 M/G/n 系统，相继忙循环中被服务的顾客数也构成一个更新过程，只是此时更新间隔 $\boldsymbol{N}$ 为一离散随机变量。由(7)，

$$p\{\boldsymbol{N}=1\}=P\{\boldsymbol{t}_1>\boldsymbol{v}_1\}>0,$$

因而 $\boldsymbol{N}$ 的分布是跨度为 1 的算术分布，而且

$$E\boldsymbol{N}\leqslant n\mu E\boldsymbol{T}<\infty.$$

于是，我们可以利用基本更新定理中关于算术分布那部分结论建立一个对应于离散更新过程的引理 2，并将此引理应用于更新间隔 $\boldsymbol{N}$ 所构成的离散更新过程，得到下列极限的存在性：

$$\pi_j\equiv\lim_{m\to\infty}P\{\boldsymbol{q}_m=j\}=\frac{E\boldsymbol{N}_j}{E\boldsymbol{N}},\quad j\geqslant 0, \tag{10}$$

其中 $\boldsymbol{q}_m$ 为第 m 个顾客服务完离去时所留下的队长。

在一个忙循环内，队长由 $j+1$ 转移到 j 的次数应该等于队长由 j 转移到 $j+1$ 的次数。前者的均值等于 $E\boldsymbol{N}_j$，而后者的均值等于

$$E\left\{\int_0^{\boldsymbol{T}}P\{\boldsymbol{q}(u)=j\}\lambda du\right\}=\lambda E\left\{\int_0^{\boldsymbol{T}}\chi_{\{\boldsymbol{q}(u)=j\}}du\right\}=\lambda E\boldsymbol{T}_j,$$

其中

$$\chi_{\{\boldsymbol{q}(u)=j\}}\equiv\begin{cases}1, & 若\ \boldsymbol{q}(u)=j;\\ 0, & 否则.\end{cases}$$

由这两个均值相等就得

$$E\boldsymbol{N}_j=\lambda E\boldsymbol{T}_j,\quad j\geqslant 0. \tag{11}$$

对 j 求和，即得

$$E\boldsymbol{N}=\lambda E\boldsymbol{T}. \tag{12}$$

结合(8)，(10)，(11)与(12)，即得

$$p_j=\pi_j,\quad j\geqslant 0. \tag{13}$$

这样，我们就将第三章§2 定理 2 的 $\rho<1$ 部分的结论推广到了 M/G/n 系统。

我们知道，与 M/G/1 系统不同，处理 M/G/n 系统的困难在于顾客离去时刻留下的队长并不构成一个马尔可夫链．因此就会想到，能否给出一种逼近假设，在此假设下顾客离去时刻留下的队长可以看成一个马尔可夫链．这样，我们就容易建立一个计算平稳队长分布的近似算法．显然，只要逼近假设能使离去时刻之后的队长变化只依赖于该离去时刻留下的队长，而不依赖于当时正在服务的顾客已经服务了多长时间，那末这种假设就能作为我们需要的逼近假设．所以，我们采用如下的

逼近假设 若在某顾客的离去时刻留下队长为 j，$1 \leqslant j \leqslant n-1$，则我们假设这 j 个顾客的剩余服务时间是独立同分布的随机变量，其分布函数为

$$B_s(t) \equiv \mu \int_0^t (1 - B(u))du. \tag{14}$$

此时，下一个离去时刻也可能是一个新来的顾客的离去时刻，如果他的服务比上述 j 个顾客的服务更早完成．

若在某顾客的离去时刻留下队长为 j，$j \geqslant n$，则在此时刻一个新的服务开始，同时其它 $n-1$ 个服务正在进行．于是我们假设从此离去时刻起到下个离去时刻止这段时间间隔具有分布函数 $B(nt)$．此时，下个离去时刻不会受以后到来的顾客的影响．‖

这里，我们将逼近假设中的分布取成上述具体形式的原因如下：当顾客离去时刻留下队长为 $j \leqslant n-1$ 时，n 个服务台没有全占，因此 M/G/n 系统可近似地看作 M/G/∞ 系统，而在M/G/∞ 系统中，当 $t \to \infty$ 时，任意时刻被占各台的剩余服务时间相互独立，并具有相同分布 (14)（见 Takács[132]，p. 161 定理 2)．另外，从更新论的观点也可看出，剩余寿命的极限分布就是 (14)（见 Karlin & Taylor[86]，p. 193)． 而当顾客离去时刻留下队长为 $j \geqslant n$ 时，n 台全占，因此服务时间为 $\boldsymbol{v}$ 的 M/G/n 系统就可看作服务时间为 $\frac{\boldsymbol{v}}{n}$ 的 M/G/1 系统．于是离去间隔就等于服务时间 $\frac{\boldsymbol{v}}{n}$，其分布即为 $B(nt)$．

在此逼近假设下，我们就可定义

A_{mj}：在顾客离去时刻留下队长为 m 的条件下，从此离去时刻起到下个顾客离去时刻止这段时间中队长等于 j 时所占时间的平均长度。

由柯尔莫哥洛夫-普洛霍洛夫定理（见格涅坚科[19]，第 188—189 页），可得到下列近似式：

$$ET_j \approx \sum_{m=0}^{j} E\boldsymbol{N}_m \cdot A_{mj}, \quad j \geqslant 0. \tag{15}$$

显见，$\boldsymbol{N}_0 \equiv 1$，而 $E\boldsymbol{T}_0 = A_{00} = \dfrac{1}{\lambda}$.

现在我们就可建立下列定理，它给出了平稳队长分布的近似算法。

定理 1 对 M/G/n 系统，若 $\rho \equiv \dfrac{\lambda}{n\mu} < 1$，则在上述逼近假设下，平稳队长的近似分布满足下列关系：

$$\begin{cases} p_0 = \left\{\sum_{i=0}^{n-1} \dfrac{\left(\frac{\lambda}{\mu}\right)^i}{i!} + \dfrac{\left(\frac{\lambda}{\mu}\right)^n}{n!(1-\rho)}\right\}^{-1}; & (16) \\ p_j = \dfrac{\left(\frac{\lambda}{\mu}\right)^j}{j!} p_0, \quad 1 \leqslant j \leqslant n-1; & (17) \\ p_j = \lambda a_{j-n} p_{n-1} + \lambda \sum_{m=n}^{j} b_{j-m} p_m, \quad j \geqslant n, & (18) \end{cases}$$

其中

$$a_k \equiv \int_0^\infty (1-B_s(t))^{n-1}(1-B(t))e^{-\lambda t} \frac{(\lambda t)^k}{k!} dt, \quad k \geqslant 0; \tag{19}$$

$$b_k \equiv \int_0^\infty (1-B(nt))e^{-\lambda t} \frac{(\lambda t)^k}{k!} dt, \quad k \geqslant 0. \quad \| \tag{20}$$

证 令

$G_{mj}(t) \equiv P\{(0, t]$ 内到达 $j-m$ 个顾客，同时在 $(0, t]$ 内没有顾客离去|在初始时刻 0 队长为 m，同时

在时刻 0 已在服务的顾客在 $(0, t]$ 内都没有离去};

$$\chi_j(t) \equiv \begin{cases} 1, & \text{若在时刻 } t \text{ 队长为 } j\text{，且在 } (0, t] \\ & \text{内没有顾客离去；} \\ 0, & \text{否则.} \end{cases}$$

并令 P_m 与 E_m 分别为初始时刻有一顾客离去且留下队长为m 的条件下的条件概率与条件数学期望,则

$$\begin{aligned} A_{mj} &= E_m\left\{\int_0^\infty \chi_j(t)dt\right\} = \int_0^\infty E_m\chi_j(t)dt \\ &= \int_0^\infty P_m\{\chi_j(t) = 1\}dt \\ &= \begin{cases} \int_0^\infty (1 - B(t))G_{1j}(t)dt, & \text{若 } m = 0,\ j \geqslant 1; \\ \int_0^\infty (1 - B_s(t))^m G_{mj}(t)dt, & \text{若 } 1 \leqslant m < n,\ j \geqslant m; \\ \int_0^\infty (1 - B(nt))G_{mj}(t)dt, & \text{若 } n \leqslant m \leqslant j. \end{cases} \end{aligned} \tag{21}$$

这里的 $G_{mj}(t)$ 当 $n \leqslant m \leqslant j$ 时立即可以求出. 事实上,因此时新到达的顾客只能排入等待队伍,所以

$$\begin{aligned} G_{mj}(t) &= P\{(0, t] \text{ 内到达 } j - m \text{ 个顾客在初始时刻 0 队长为 } m\text{，同时在时刻 0 已在服务的顾客在 } (0,t] \text{ 内都没有离去}\} \\ &= e^{-\lambda t}\frac{(\lambda t)^{j-m}}{(j-m)!}, \quad n \leqslant m \leqslant j. \end{aligned} \tag{22}$$

另外,也易知

$$G_{jj}(t) = e^{-\lambda t}, \quad j \geqslant 1. \tag{23}$$

而当$0 \leqslant m \leqslant n - 1$, $j > m$时,考虑到区间 $(0, \Delta t]$ 内到达的顾客数,我们可得下列关系式:

$$\begin{aligned} G_{mj}(t + \Delta t) = (1 - \lambda\Delta t)G_{mj}(t) + \lambda\Delta t(1 \\ - B(t))G_{m+1,j}(t) + o(\Delta t). \end{aligned}$$

移项并除以 Δt, 再令 $\Delta t \to 0$, 即得

$$G'_{mj}(t) = -\lambda G_{mj}(t) + \lambda(1 - B(t))G_{m+1,j}(t),$$
$$0 \leqslant m \leqslant n-1, \quad j > m. \tag{24}$$

对 $1 \leqslant m \leqslant n-1$，两边乘以 $(1 - B_s(t))^m$ 后积分，再加整理，即得

$$\lambda A_{mj} = \lambda \int_0^\infty (1 - B_s(t))^m (1 - B(t)) G_{m+1,j}(t) dt$$
$$- m\mu \int_0^\infty (1 - B_s(t))^{m-1}(1 - B(t))G_{mj}(t)dt,$$
$$1 \leqslant m \leqslant n-1, \quad j > m. \tag{25}$$

现在用归纳法来证明 (17) 式. 设 (17) 对 $p_1, p_2, \cdots, p_{j-1}(j \leqslant n-1)$已成立，于是

$$p_m = \frac{\lambda}{m\mu} p_{m-1}, \quad 1 \leqslant m \leqslant j-1, \ j \leqslant n-1. \tag{26}$$

另一方面，将 (8) 与 (10) 代入 (15)，并利用 (12) 与 (13)，即得

$$p_j = \lambda \sum_{m=0}^{j} p_m A_{mj} = \lambda p_j A_{jj} + \lambda \sum_{m=0}^{j-1} p_m A_{mj}, \quad j \geqslant 0. \tag{27}$$

将 (25) 代入，再利用 (26)、(21) 及 (23)，得

$$\begin{aligned} p_j = {} & \lambda p_j A_{jj} + \lambda p_0 A_{0j} \\ & + \sum_{m=1}^{j-1} \lambda p_m \int_0^\infty (1 - B_s(t))^m (1 - B(t)) G_{m+1,j}(t) dt \\ & - \sum_{m=1}^{j-1} m\mu p_m \int_0^\infty (1 - B_s(t))^{m-1} (1 - B(t)) G_{mj}(t) dt \\ = {} & \lambda p_j A_{jj} + \lambda p_{j-1} \int_0^\infty (1 - B_s(t))^{j-1} (1 - B(t)) G_{jj}(t) dt \\ = {} & \lambda p_j A_{jj} - \frac{\lambda}{j\mu} p_{j-1} \int_0^\infty G_{jj}(t) d(1 - B_s(t))^j \\ = {} & \lambda p_j A_{jj} + \frac{\lambda}{j\mu} p_{j-1}(1 - \lambda A_{jj}), \quad j \leqslant n-1. \end{aligned} \tag{28}$$

因而

$$p_i = \frac{\lambda}{j\mu} p_{j-1} = \frac{\left(\frac{\lambda}{\mu}\right)^j}{j!} p_0, \quad j \leqslant n-1,$$

此式表明 (17) 对 p_j 也成立. 故由归纳法, (17) 对所有 $j(1 \leqslant j \leqslant n-1)$ 成立.

为证 (18) 式,采用与上面 (27), (28) 中相似的办法,并利用 (22) 式, 可得

$$\sum_{m=0}^{n-1} \lambda p_m A_{mj} = \lambda p_{n-1} \int_0^\infty (1-B_s(t))^{n-1}(1-B(t))G_{nj}(t)dt$$

$$= \lambda p_{n-1} a_{j-n}, \quad j \geqslant n. \tag{29}$$

另一方面,将 (22) 代入 (21), 得

$$A_{mj} = b_{j-m}, \quad n \leqslant m \leqslant j. \tag{30}$$

于是将 (29) 与 (30) 代入 (18) 的右端,并利用 (27), 即得

$$(18)\text{右端} = \sum_{m=0}^{n-1} \lambda p_m A_{mj} + \lambda \sum_{m=n}^{j} p_m A_{mj}$$

$$= \lambda \sum_{m=0} p_m A_{mj} = p_j = (18)\text{左端}, \quad j \geqslant n.$$

这就证明了 (18) 式.

最后,将 (18) 对 j 从 n 到∞求和,利用

$$\sum_{k=0}^{\infty} a_k = \sum_{k=0}^{\infty} b_k = \frac{1}{n\mu},$$

即得

$$\sum_{j=n}^{\infty} p_j = \frac{\rho}{1-\rho} p_{n-1} = \frac{\left(\frac{\lambda}{\mu}\right)^n}{n!(1-\rho)} p_0. \tag{31}$$

再将 (17) 对 j 从 0 到 $n-1$ 求和, 并与 (31) 式最左端与最右端分别相加,即得 (16) 式. 定理 1 证毕. #

由定理及 (31) 式,即得下列推论.

推论 1 对 M/G/n 系统, 若 $\rho = \frac{\lambda}{n\mu} < 1$, 则在上述逼近假

设下，服务台全部被占的概率为

$$\sum_{j=n}^{\infty} p_j = \frac{\left(\frac{\lambda}{\mu}\right)^n}{n!(1-\rho)} p_0; \tag{32}$$

平均等待队长为

$$\sum_{j=n}^{\infty} (j-n)p_j = \frac{\rho}{1-\rho} \frac{\left(\frac{\lambda}{\mu}\right)^n}{n!(1-\rho)} p_0 \left\{(1-\rho)n\mu \times \int_0^{\infty} (1-B_s(t))^n dt + \frac{\rho}{2}(1+\mu^2\sigma_v^2)\right\}, \tag{33}$$

其中 σ_v^2 为服务时间 $\boldsymbol{v}$ 的方差，而 p_0 为 (16) 所给定. ||

将此推论与第二章 § 1 (22) 与 (24) 比较，我们发现，对具有相同服务强度 ρ 的 M/G/n 系统与 M/M/n 系统来说，服务台全部被占的概率是相同的，但平均等待队长相差一个因子

$$(1-\rho)n\mu \int_0^{\infty} (1-B_s(t))^n dt + \frac{\rho}{2}(1+\mu^2\sigma_v^2),$$

此因子当 $B(x)$ 取成负指数分布时等于 1.

根据定理 1 所给定的近似算法公式，很容易计算 M/G/n 系统的平稳队长分布. 用各种不同模型如 M/D/n, M/E_k/n, M/H_2/n 等来验算后，发现所给的近似算法是令人满意的，具体数值计算可参看 Tijms 等 (1981) [134] 或 van Hoorn (1983) [71].

第九章 随机模拟

§1. 引 言

所谓随机模拟，就是在数字电子计算机上模拟所考察的随机服务系统，并按此系统的样本值来计算与之有关的数量指标，以求对系统的性能有所了解. 例如我们模拟一个单服务台等待制的随机服务系统，我们可以在数字电子计算机上按顾客到达的随机过程及服务时间的分布，产生相继顾客的到达时刻及每个顾客的服务时间，然后按等待制的排队规则确定这些顾客进入和离开服务台的时刻，于是计算机即能算出我们所需要的一些数量指标，如平均等待时间、平均队长等等，便于我们对系统进行设计或控制.

随机模拟有两方面的意义. 第一，生产实践中提出的问题往往比较复杂，因素很多，很难用解析理论加以处理，而随机模拟恰好是处理实际问题的有力工具，它能为各种类型的实际问题提供数值解. 第二，理论研究中有时要作一些假设，这些假设需要鉴定是否合乎实际；理论研究的一些结论也应该通过实际系统来检验. 由于通常的实际系统都可用随机模拟来实现，这样就可更方便地进行某些费用昂贵的试验，并可更快地积累数据，以便选择合适的假设和检验预测的结论.

随机模拟也可以用来模拟其它随机系统，如库存系统、生产计划、中子的散射、地震波的分析等. 随机模拟是蒙特-卡罗 (Monte-Carlo) 法的一个重要组成部分.

在本章中我们不准备全面地介绍随机模拟，只企图通过一个露天矿山装运过程的例子来阐述随机模拟的具体用法. 至于有关随机模拟和蒙特-卡罗法的一般方法，可以参阅 Hammersley and

Handscomb[69] 与 Shreider [121].

在 §2 中将介绍均匀分布的伪随机数的产生，以及由均匀分布伪随机数如何得到其它各种分布的伪随机数.

在 §3 中将介绍矿山装运过程中基本模型的随机模拟.

在 §4 中将介绍矿山装运过程中推广模型的随机模拟，其中包括卡车的最优分配及总产量的计算.

§2. 伪随机数的产生

1. 在随机模拟中，我们需要产生随机变量的一系列样本值，这些样本值，我们称之为随机数. 随机数中最重要的是 [0, 1] 上均匀分布的随机数，下面将看到，只要有了这种随机数，其它分布的随机数都能由它经过变换等办法求得. 因此，如果不加特别说明，凡是说“随机数”，就是指 [0, 1] 上均匀分布的随机数.

随机数可以在计算机上附加一些物理设备来产生，这种设备称为随机数发生器. 在没有随机数发生器的计算机上，可以用某种完全确定的规则通过计算递推产生一系列数，这种数列具有类似于随机数的统计性质，我们可以把它当作随机数来运算，这种数列就称为伪随机数. 伪随机数的优点在于能重复实现，便于对计算结果进行校验.

伪随机数的产生有很多方法，我们只介绍下列比较满意的乘同余法. 先用递推公式

$$x_i \equiv A x_{i-1} (\bmod M), \quad i = 1, 2, \cdots \tag{1}$$

产生非负整数序列 $\{x_i\}$，其中 M 为根据计算机的结构决定的充分大的整数，例如取为 2 的方幂，此方幂不超过计算机数字尾部的字长；A 与初始值 x_0 均为小于 M 的非负整数. 然后再令

$$\xi_i \equiv \frac{x_i}{M}, \quad i = 1, 2, \cdots, \tag{2}$$

则经过统计检验，可以知道 $\{\xi_i\}$ 就是一个伪随机数序列（参看 Hammersley and Handscomb [69]）.

易知，此序列至多M步就要重复，也就是说，它的周期不超过M. 对于我们用作随机模拟的目的来说，当然必须使伪随机数的周期大于模拟中所要利用的随机数的个数。因此，需要研究如何来选择M，A，x_0，使得上述伪随机数的周期足够大。

可以证明，若

$$M = 2^k,$$

其中$k > 2$，为一整数，则此伪随机数序列在下列条件下达到最大的周期2^{k-2}:

i) $A \equiv 3 (\bmod 8)$ 或 $5 (\bmod 8)$;

ii) x_0为奇数。

其证明可以参看 Hull & Dobell[75]。

通常为了使周期尽可能地大，都将k取成接近于计算机中数字尾部的字长，同时为了保证伪随机数的统计性质较好，A不能取得太小. 例如取$M = 2^{29}$，$A = 3^{17}$，$x_0 = 1$；或$M = 2^{34}$，$A = 3^{19}$，$x_0 = 1$等。

现在将公式(1)与(2)改写成更便于计算的形式. 令$S\{x\}$表示数x的小数部分，于是利用(2)，可将(1)改写为

$$x_i = S\left\{\frac{Ax_{i-1}}{M}\right\} M = S\{A\xi_{i-1}\}M,$$

因而

$$\xi_i = S\{A\xi_{i-1}\}, \quad i = 1, 2, \cdots, \tag{3}$$

其中初始值

$$\xi_0 = \frac{x_0}{M}. \tag{4}$$

利用 (3) 与 (4)，就很容易在计算机上产生伪随机数序列了.

2. 有了 [0, 1] 上均匀分布的随机变量ξ后，就可经过变换来得到其它任意分布. 设$F(x)$为任一分布函数，且F存在逆函数F^{-1}(此处规定F^{-1}在两端点 0 与 1 的取值为$F^{-1}(0) \equiv \sup\{x: F(x) = 0\}$，$F^{-1}(1) \equiv \inf\{x: F(x) = 1\}$)。

令

$$\eta = F^{-1}(\xi), \tag{5}$$

则 η 即为具有分布函数 $F(x)$ 的随机变量. 事实上,由 ξ 在[0,1]上为均匀分布,即得

$$P\{\eta \leqslant x\} = P\{F^{-1}(\xi) \leqslant x\} = P\{\xi \leqslant F(x)\} = F(x).$$

又由于 $1-\xi$ 仍为 [0, 1] 上的均匀分布, 故 $F^{-1}(1-\xi)$ 的分布函数也是 $F(x)$. 我们可以根据需要来取 $F^{-1}(\xi)$ 或 $F^{-1}(1-\xi)$ 作为具有分布 $F(x)$ 的伪随机数的计算公式.

例如对负指数分布

$$F(x) = \begin{cases} 1 - e^{-\mu x}, & x \geqslant 0; \\ 0, & x < 0. \end{cases} \tag{6}$$

它的逆函数为

$$F^{-1}(y) = -\frac{1}{\mu}\ln(1-y).$$

故由(5),

$$\eta = -\frac{1}{\mu}\ln(1-\xi)$$

或

$$\eta = -\frac{1}{\mu}\ln\xi \tag{7}$$

即为具有负指数分布(6)的随机变量.

3. 除了利用变换以外,也可用概率论中的极限定理来得到一些其它分布的随机变量. 例如为了得到正态分布的随机变量, 可采用下列办法. 先由林德伯尔格 (Lindeberg) 的中心极限定理(可参看格涅坚科(1955)的书[17],第 268 页的"系")推知:若 $\xi^{(1)}$, $\xi^{(2)}, \cdots, \xi^{(n)}$ 是相互独立、均匀分布的随机变量,则对充分大的 n, 随机变量

$$\zeta = \sqrt{\frac{12}{n}}\left\{\xi^{(1)} + \xi^{(2)} + \cdots + \xi^{(n)} - \frac{n}{2}\right\} \tag{8}$$

近似地按标准正态分布(即均值为 0、方差为 1 的正态分布). 一般取 $n \geqslant 6$, (8) 已足够近似于正态分布,要求严格一些,可取 $n \geqslant$

12.

再由线性变换

$$\boldsymbol{\eta}=a+\sigma\boldsymbol{\zeta}, \tag{9}$$

即可得到均值为 a、方差为 σ^2 的正态分布的随机变量.

结合 (8), (9), 即得产生均值为 a, 方差为 σ^2 的正态分布随机变量的公式:

$$\boldsymbol{\eta}=a+\sigma\sqrt{\frac{12}{n}}\left\{\boldsymbol{\xi}^{(1)}+\boldsymbol{\xi}^{(2)}+\cdots+\boldsymbol{\xi}^{(n)}-\frac{n}{2}\right\}, \tag{10}$$

其中 $\boldsymbol{\xi}^{(i)}, 1\leqslant i\leqslant n$, 为相互独立的均匀分布随机变量, 可取为由 (3)产生的伪随机数.

4. 现在考虑离散随机变量的抽样. 设随机变量 $\boldsymbol{\eta}$ 的分布为

$$P\{\boldsymbol{\eta}=a_j\}=p_j, \quad j=0,1,\cdots, \tag{11}$$

其中 $0<p_j<1, \Sigma p_j=1$. 下面来具体构造随机变量 $\boldsymbol{\eta}$:

令

$$\begin{cases}P_{-1}\equiv 0;\\ P_r\equiv \sum_{j=0}^{r}p_j, \quad r=0,1,\cdots.\end{cases} \tag{12}$$

对于 [0, 1] 上均匀分布的随机变量 $\boldsymbol{\xi}$, 定义

$$\boldsymbol{\eta}\equiv a_r, \text{ 若 } P_{r-1}\leqslant\boldsymbol{\xi}<P_r, \quad r=0,1,\cdots, \tag{13}$$

则随机变量 $\boldsymbol{\eta}$ 的分布即为 (11).

5. 再考察离散时间、可数状态的齐次马尔可夫链的抽样. 设此马尔可夫链的状态为 0, 1, 2, …, 转移矩阵为 (p_{ij}). 将此马尔可夫链在时刻 m 所处的状态记为 $\boldsymbol{\eta}^{(m)}$, 并设初始状态 $\boldsymbol{\eta}^{(0)}=0$.

抽样方法如下: 先取一个在 [0, 1] 上均匀分布的随机数 ξ_1, 将 (12) 中的 $\{p_j\}$ 取成 $\{p_{0j}\}$, 于是此马尔可夫链第一步转移到状态

$$\boldsymbol{\eta}^{(1)}=n_1, \text{ 若 } P_{n_1-1}\leqslant\xi_1<P_{n_1}.$$

再取一个在 [0, 1] 上均匀分布的随机数 ξ_2, 将 (12) 中的 $\{p_j\}$ 取成 $\{p_{n_1j}\}$, 于是此马尔可夫链第二步转移到状态

$$\boldsymbol{\eta}^{(2)}=n_2, \text{ 若 } P_{n_2-1}\leqslant\xi_2<P_{n_2}.$$

如此继续，就得到马尔可夫链的一系列抽样值 $n_1, n_2, \cdots$。

§3. 露天矿山装运过程的模拟

1. 问题的提出 在露天矿的开采中，用电铲进行采掘，然后用卡车将采得的矿石拉到卸场。

假定有 n 台电铲同时采掘，有 m 辆卡车进行运载 $(m > n)$，电铲的采掘能力与卡车的载重量都是已知的。还假定卸场有 s 个卸位 $(s \leqslant m)$，可供 s 辆卡车同时卸车。

装运过程以班为单位，每班一开始，m 辆卡车中的某 n 辆分别由 n 台电铲装车，其它 $m-n$ 辆排成一队，处于待装状态。当某辆卡车装完驶出后，待装卡车中队首者即驶到空闲电铲前，掉转车头(这段时间称为入换时间)，接受装载，而刚才已装完驶出的重车则运行到卸场卸载，抵达卸场后也需要掉转车头，进行入换，然后卸载，卸完后又重新驶回采掘场，排在待装卡车的队尾，再次等待装载(见图 1)。

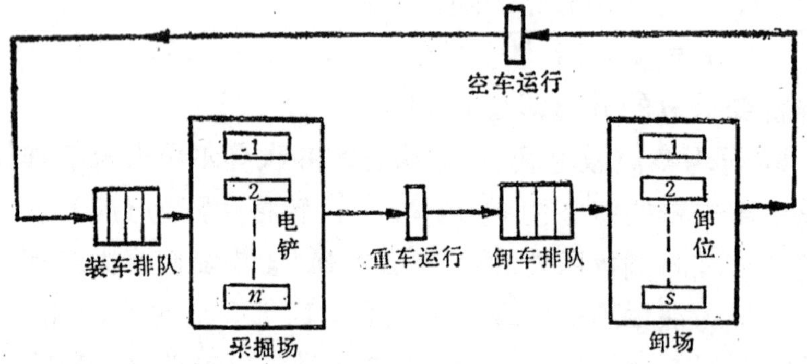

图 1 装运过程示意图

随着过程的进展，很显然，m 辆卡车就会分别处在待装、装车、重车运行、待卸、卸车、空车运行等不同状态。而自始至终，我们都假定在采掘场待装的卡车按它们到达的先后次序装车，在卸场待卸的卡车也按它们到达卸场的先后次序卸车。这个假定只是为了叙述时方便而作的，实际上不论怎样的装卸次序都不影响计算结果．我们还假定采掘场比较宽敞，空车到达后可以先进行入换，然后排成一队，等待装车；而卸场地方狭窄，重车到达后不能预先入换，而是先排入队伍，待有卸位腾空后，队首卡车再进行入换，进入卸位卸载．

可以看出，电铲台数，卡车辆数与卸位个数之间需要有一个适当的匹配关系，否则就会在采掘场或卸场造成忙闲不均的现象，影响电铲、卡车或卸位的效率的充分发挥．

2. 随机服务系统的模型 我们将此装运过程看作一个随机服务系统，此系统共分成四级(见图2)：

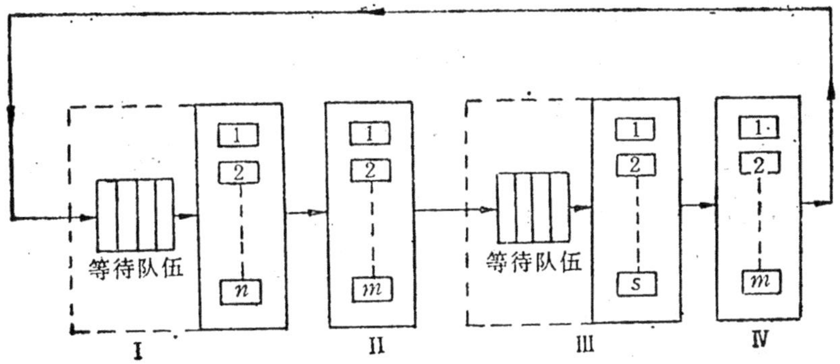

图2 对应的随机服务系统

1) 第I级为装车服务系统．此系统包括 n 个服务台(电铲)．假定各服务台的服务时间(装车时间)之间以及每个服务台的相继服务时间之间都是相互独立的，均为正态分布，第 i 个服务台的均值为 a_i 方差为 $\sigma_i^2(i=1, 2, \cdots, n)$．(此处及以下关于分布类型的假定都是由实测决定的；对其它类型的分布，可类似处理．)

2) 第II级为重车运行服务系统． 此系统包括 m 个服务台，也就是说，可以保证所有卡车同时进入重车运行服务系统进行服务(即驶往卸场)，不需等待．假定各个服务台的服务时间(重车运行时间)均为常数 r_1．

3) 第III级为卸车服务系统．此系统包括 s 个服务台(卸位)，假定各个服务台的服务时间之间以及每个服务台的相继服务时间之间都是相互独立的，它们具有相同分布，且每个服务台的服务时间都为两部分之和，第一部分为入换时间，是一常数 c；第二部分为卸车时间，是一负指数分布，其均值为 μ^{-1}.

4）第 IV 级为空车运行服务系统. 此系统包括 m 个服务台，即可以保证所有卡车同时进入空车运行服务系统进行服务（即驶往采掘场），不需等待，假定各个服务台的服务时间(空车运行时间与装车前的定长入换时间之和)均为常数 r_2. 这里把装车前的入换时间归并到空车运行时间内，因为在第 1 段中已经假定采掘场比较宽敞，空车到达后可先进行入换，然后排成一队.

m 辆卡车就看作 m 个顾客，他们依次接受四级服务，接受了第 IV 级服务后，就返回到第 I 级前等待队伍的末尾，如此不断地循环运行.

还假定四级系统都是等待制的，先到先服务，各级服务时间之间都相互独立. 对于 II, IV 两级系统，由于服务台数目足够供全体顾客同时服务，因而就不存在排队等待现象.

这样，我们就对输入过程、排队规则、服务机构都作了确切的描述，因此就给出了一个确定的随机服务系统.

最后，还要对卡车的装载量作如下假定：假定每辆车的装载量都相互独立，并具有相同参数的正态分布，其均值为 b，方差为 δ^2. 我们要指出，对于电铲能力不需再加规定，因为给定了卡车的装载量之后，电铲能力的大小就完全体现在第 I 级服务系统的服务时间(装车时间)中了.

必须注意，这里假定的各种分布，对不同的矿山都应通过实测数据来确定.

现在引进刻划系统特征的几个数量指标：

1）每台电铲的平均效率 f

$$f \equiv 1 - \frac{F}{nT},$$

其中 T 为考察的总时间(比如为 20 个班，每班以 6 小时计)； F 为

在总时间 T 内，由于没有卡车来装载，而使各台电铲闲置着的时间的总和；n 为电铲总数。

2）每辆卡车的平均效率 u

$$u \equiv 1 - \frac{U+V}{mT},$$

其中 T 定义如前；U 为在总时间 T 内，采掘场上所有待装卡车的等待时间的总和；V 为在总时间 T 内，卸场上所有待卸卡车的等待时间的总和；m 为卡车总数。

3）平均班产量 q

$$q \equiv \frac{Q}{H},$$

其中 Q 为在总时间 T 内，所有卡车卸载量的总和；

$$H = \frac{T}{6}$$

为总时间 T 折成的总班数。

利用随机模拟，算出这些数量指标的具体数值，以此为根据，就能决定电铲、卡车、卸位的合适的匹配数目.

3. 模拟框图 为简单计，我们只用模拟一个电铲 ($n=1$)、一个卸位 ($s=1$) 的情形作为例子，在此情形下研究卡车辆数 m 应该等于多少. 对于一般情形，亦可如法泡制. 此时图 2 化简为下列图 3.

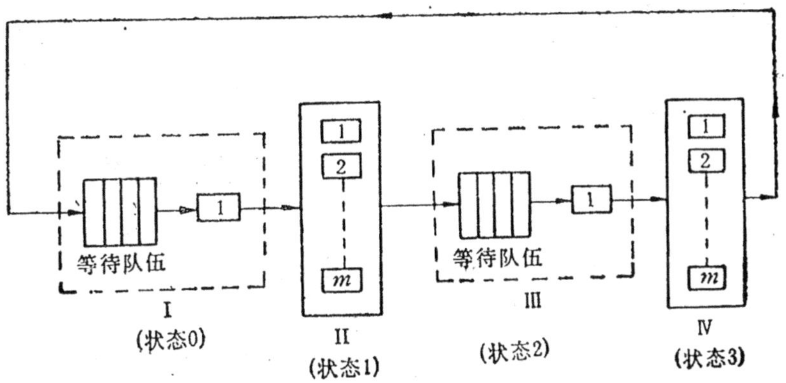

图 3 $n=1$，$s=1$ 时的随机服务系统

模拟以班为单位进行，对每个顾客（卡车），我们考察他在各级系统中服务完毕的时刻，并用两个存储单元来作记录。

单元 $A[i]$ 中记录第 i 个顾客 $(i=1,2,\cdots,m)$ 在模拟过程中正被考察的时刻. 例如我们正考察第 i 个顾客在第 I 系统中服务完毕(装完车)，则 $A[i]$ 中就送入第 I 系统服务完毕的时刻;

单元 $C[i]$ 中记录第 i 个顾客 $(i=1,2,\cdots,m)$ 在模拟过程中正被考察的时刻所处的状态，这里状态有四个可能值:

状态 0: 表示顾客已进入第 I 系统，即空车待装或正在装载;

状态 1: 表示顾客已进入第 II 系统，即已装完车，正在重车运行;

状态 2: 表示顾客已进入第 III 系统，即重车待卸或正在卸载;

状态 3: 表示顾客已进入第 IV 系统，即已卸完车，正在空车运行.

再用五个单元 $J1$, $J2$, D, G 与 H:

单元 $J1$ 中放最小时刻 $\min\limits_{1\leqslant i\leqslant m}(A[i])$;

单元 $J2$ 中放上述最小时刻对应的顾客的最小号码，例如当

$$A[3]=A[5]=A[8]=\min_{1\leqslant i\leqslant m}(A[i]),$$

但

$$A[i]\neq\min_{1\leqslant i\leqslant m}(A[i]),\ A[2]\neq\min_{1\leqslant i\leqslant m}(A[i]),$$

则 $J2$ 中就送入 3;

单元 D 中放第 I 系统的服务台得空(即电铲得空)，可以开始下一服务(装车)的时刻;

单元 G 中放第 III 系统的服务台得空(即卸位得空)，可以开始下一服务(卸车)的时刻;

单元 H 中放已经模拟过的班数.

于是就可画出模拟框图(图 4):

4. 模拟结果及分析 我们用 §2 的方法产生正态分布与负指数分布的伪随机数，并取如下的参数值:

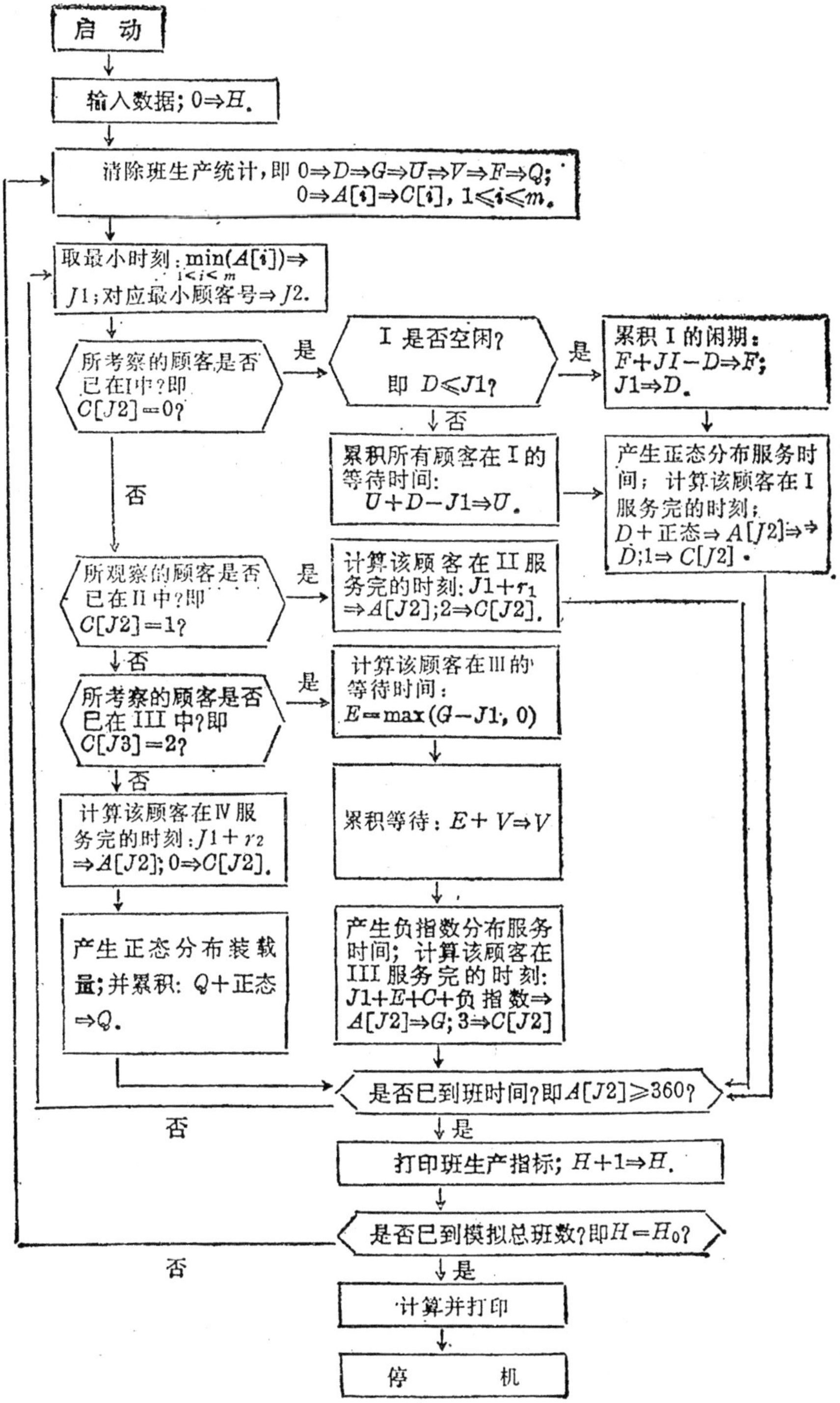

启动
输入数据；0⇒H.
清除班生产统计，即 0⇒D⇒G⇒U⇒V⇒F⇒Q；0⇒A[i]⇒C[i]，1≤i≤m.
取最小时刻：min(A[i])⇒J1；对应最小顾客号⇒J2.
所考察的顾客是否已在I中？即C[J2]=0？
是
I 是否空闲？即 D≤J1？
是
累积 I 的闲期：F+J1−D⇒F；J1⇒D.
否
累积所有顾客在I的等待时间：U+D−J1⇒U.
产生正态分布服务时间；计算该顾客在I服务完的时刻：D+正态⇒A[J2]⇒D；1⇒C[J2].
否
所观察的顾客是否已在II中？即C[J2]=1？
是
计算该顾客在II服务完的时刻：J1+r₁⇒A[J2]；2⇒C[J2].
否
所考察的顾客是否已在III中？即C[J3]=2？
是
计算该顾客在III的等待时间：E=max(G−J1, 0)
累积等待：E+V⇒V
产生负指数分布服务时间；计算该顾客在III服务完的时刻：J1+E+C+负指数⇒A[J2]⇒G；3⇒C[J2]
否
计算该顾客在IV服务完的时刻：J1+r₂⇒A[J2]；0⇒C[J2].
产生正态分布装载量；并累积：Q+正态⇒Q.
是否已到班时间？即A[J2]≥360？
否
是
打印班生产指标；H+1⇒H.
是否已到模拟总班数？即H=H₀？
否
是
计算并打印
停机

图 4　模拟框图

第 I 级服务时间的正态分布的均值 $a = 1.32$ 分，方差 $\sigma^2 = (0.27)^2$；

第 II 级的定长服务时间 $r_1 = 4$ 分；

第 III 级的服务时间中，常数 $c = 0.67$ 分，负指数分布的均值 $\mu^{-1} = 0.74$ 分；

第 IV 级的定长服务时间 $r_2 = 3.67$ 分；

每辆卡车装载量的正态分布的均值 $b = 22.5$ 吨，方差 $\delta^2 = (0.83)^2$；

模拟的总班数 $H_0 = 20$；

每班 6 小时 = 360 分.

我们分别对卡车总数 $m = 5, 6, 7, 8, 9, 10, 11$ 的情形作了模拟，模拟结果如表 1：

表 1　模拟结果表

卡车数 m	电铲在每班中的平均空闲时间（分）	平均每班中每辆车的装车等待时间（分）	平均每班中每辆车的卸车等待时间（分）	电铲平均效率 f	每辆卡车的平均效率 u	平均班产量 q（吨）
5	142	5	12	0.61	0.95	3684
6	104	8	17	0.71	0.93	4319
7	71	11	25	0.80	0.90	4847
8	51	17	39	0.86	0.84	5185
9	37	23	52	0.90	0.79	5475
10	31	31	67	0.91	0.73	5565
11	28	34	86	0.92	0.67	5579

电铲效率 f 与卡车总数 m 之间的关系以及卡车效率 u 与卡车总数 m 之间的关系可画成图 5.

由图 5 可以看出，电铲效率 f 是总车数 m 的上升函数，而卡车效率 u 却是 m 的下降函数. 因此，为了提高电铲的效率，就必须增加车辆总数 m；为了提高卡车的效率，却必须减少车辆总数 m.

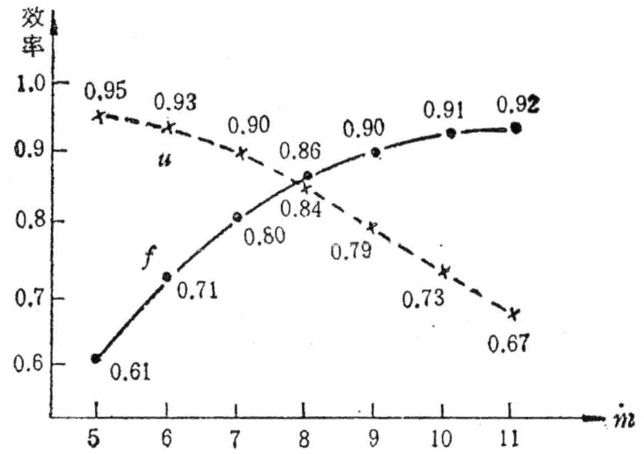

图 5 电铲效率 f、卡车效率 u 与卡车总数 m 的关系

究竟应该取多大的 m 才是最优呢？这就需要根据生产部门的不同要求来选取．例如要求保证电铲的效率在 85％ 以上，在此条件下尽可能提高卡车的效率，则由图 5 即可看出，只有当 $m \geqslant 8$ 时，电铲效率才不小于 85％，但是 m 愈大，卡车的效率却随之降低，因此易知 $m = 8$ 时，即能保证电铲效率 ≥85％，又使得在此条件下卡车效率达到最大值 84％． 假如要求保证卡车效率在 85％ 以上，在此条件下尽可能提高电铲效率，则由图 5 即可看出，m 应取成 7，此时卡车效率为 90％，而电铲效率达到此条件下的最大值 80％．

当然也可用平均班产量 q 作为选择 m 大小的标准，只要将 q 与 m 的关系也如图 5 画出，然后，比如要求保证班产量达到 4800 吨，在此条件下尽可能提高卡车的效率，由图就可找出最优值 m．但是我们指出，班产量 q 实际上与电铲效率 f 成正比．因此，将班产量作为选择 m 大小的标准与将电铲效率作为选择 m 大小的标准是一致的．

由上面的分析知道，8 辆车或 9 辆车是最优的方案，因为 1）此时电铲与卡车的效率都比较高；2）8 辆车时的电铲效率比 7 辆车时高了 6％，说明班产量提高了，但再将车数由 9 辆增加到 10 辆，则电铲效率只提高 1％，而卡车效率却下降 6％．由此可见，车数最多取 9 辆；3) 9 辆车比 8 辆车时电铲效率增加了 4%，若单从产量观点来看，当然 9 辆车更好，但 9 辆车时卡车效率比 8 辆车时下降了 5%，因此只要认为 4% 的电铲效率比 5% 的卡车效率更为重要，就应取 9 辆车为最优方案，否则就取 8 辆车为最优方案.

最后，着重指出一点：从模拟结果，不仅可以确定最优方案，更重要的还在于能看出电铲与卡车的效率随卡车数增减而变化的趋势，为今后的技术改造或提高管理水平提供数量依据. 从表 1 看到，卡车数目的增加引起卡车效率下降的主要原因是由于卸场的拥挤(卡车待卸的等待时间比待装的等待时间大一倍以上). 因此，如果要在不增加太多设备的情况下挖掘生产潜力，重点应放在卸场上，只要提高卸载速度或增加卸位，即可使班产量及卡车效率同时提高.

§4. 矿山装运过程的推广模型

1. 问题的提出 我们将 §3 的模型作如下的推广：

1) 在 §3 所考虑的模型中，m 辆卡车在 n 台电铲前排成一队，统一调度，共同使用. 但由于各台电铲所在位置可能相距很远，卸场也可能有好几个，这样的调度会造成卡车装卸舍近求远，把时间徒然浪费于不必要的往返运行. 因此较好的办法是将 m 辆卡车分成 n 个车队，第 i 车队的 m_i 辆车固定供第 i 台电铲装车 ($i=1,2,\cdots,n$). 这样就产生了一个最优分配问题，即 m 辆卡车应该如何分配给 n 台电铲，使得总产量最高.

2) 在 §3 中，假定电铲是不会损坏的，但实际上电铲在作业过程中可能产生故障. 故障有两种，一是电气性故障，一是机械性故障. 电气性故障一般容易修复，停工时间很短，所以在考虑装运过程时把它忽略不计. 机械性故障不易修复，停工时间较长，一般需要将该损坏电铲的所用车队重新分配给其它未坏的电铲装运，免得造成车队的停工损失. 在电铲损坏时如何进行这种重新分配，并在考虑重新分配的情形下，来计算全矿的总产量，这是我们所要研究的另一问题.

3）在§3中，假定m辆卡车是同一车型. 现在进一步考虑有两种车型的情形，第1型车共有l辆，第2型车共有$m-l$辆，两型车的装载量、装载时间、运行速度、卸载时间各不相同. 更多种车型的情形也可类似处理.

下面陆续来研究上述推广模型中所涉及的一些问题.

2. 一种车型、电铲无损坏情形下的最优分配 先考虑一种车型、电铲无损坏情形下的最优分配问题. 设有n台电铲、m辆卡车，我们要将m辆卡车分配给n台电铲，使总产量达到最大. 对此问题，有人把它化成一个动态规划问题，用动态规划方法加以求解(见[64]). 但由于这个问题的特殊性：每台电铲的班产量的增量(此处增量是指每增配一辆车所能增加的班产量)是所配车数的非增函数，我们提出一种更为简便的求解的方法，称为直接分配法. 它比动态规划法可大大节省计算量，电铲数越多，它所节省的计算量也就越大，就是几十台电铲、几百辆车，手算也不困难，而同样规模的问题，用动态规划方法求解，就非用电子计算机不可. 直接分配法的要点就是：按各电铲的班产量的增量最大的原则配车，即若增加一辆车使哪台电铲的增量最大，就把该车分配给哪台电铲，如果达最大增量的电铲多于一台，则可把该车分配给其中任何一台，例如分配给其中电铲效率最小的铲. 不难看出，这样的分配结果是最优分配. 计算的具体步骤简述如下，并列出便于使用的“计算表格”.

令模拟所得的每台电铲的班产量与其配车数之间的关系曲线为$y=g_i(x)$，$i=1,2,\cdots,n$.

i) $m=1$，即仅有一辆卡车时.

若某一$i_0(1\leqslant i_0\leqslant n)$，使

$$g_{i_0}(1)=\max_{1\leqslant i\leqslant n}\{g_i(1)\}, \tag{1}$$

就将此车分配给第i_0号铲，并记下计算表格的第一行. 设$i_0=2$，

$n=4$，则表格的第一行为：

车 数	铲号				每班总产量
	1#	2#	3#	4#	
1	0	1	0	0	$g_2(1)$
	0	$g_2(1)$	0	0	

其中第一行的上半行记车辆分配，下半行记相应的班产量.

ii) 若 k 辆车 $(k\geqslant 1)$ 的最优分配为 $x_1^{(k)}, x_2^{(k)}, \cdots, x_n^{(k)}$，则第 $k+1$ 辆车可按班产量增量最大的原则分配，即若某一 $j_0(1\leqslant j_0\leqslant n)$ 使

$$g_{j_0}(x_{j_0}^{(k)}+1)-g_{j_0}(x_{j_0}^{(k)})=\max_{1\leqslant i\leqslant n}\{g_i(x_i^{(k)}+1)-g_i(x_i^{(k)})\}, \tag{2}$$

就将第 $k+1$ 辆车分配给第 j_0 号铲，并记下表格的第 $k+1$ 行. 设此处 $j_0=3$，$n=4$，则表格的第 k 行与第 $k+1$ 行为：

车数	铲号				每班总产量
	1#	2#	3#	4#	
k	$x_1^{(k)}$	$x_2^{(k)}$	$x_3^{(k)}$	$x_4^{(k)}$	$\sum_{i=1}^{4} g_i(x_i^{(k)})$
	$g_1(x_1^{(k)})$	$g_2(x_2^{(k)})$	$g_3(x_3^{(k)})$	$g_4(x_4^{(k)})$	
$k+1$	$x_1^{(k)}$	$x_2^{(k)}$	$x_3^{(k)}+1$	$x_4^{(k)}$	$\sum_{i=1}^{4} g_i(x_i^{(k)})+[g_3(x_3^{(k)}+1)-g_3\times(x_3^{(k)})]$
	$g_1(x_1^{(k)})$	$g_2(x_2^{(k)})$	$g_3(x_3^{(k)}+1)$	$g_4(x_4^{(k)})$	

如此继续，直到所有 m 辆车全部分配完为止. 此时我们不仅得到了 m 辆车的最优分配，而且只要卡车总数不超过 m（如有的卡车坏了）时，都可按此表格查出最优分配方案.

下面我们给出打印最优分配计算表格的框图(图 1).

这里所说的最优分配，可称为无条件最优分配，它对每台铲

的产量、所配车的平均效率等均无任何限制．如果加上某些限制条件，所得的最优分配就称为条件最优分配．对条件最优分配问题，将本节的直接分配法与§3中对单铲的最优配车方案结合起来就能求解．比如对卡车的平均效率有一定要求，要它不低于$\alpha\%$（对不同铲的车队，限制也可以不同），则可按§3的办法，先对每台铲求出单铲最优配车数．若n台铲的单铲最优配车数之和不超过总车数m，则此分配就是条件最优分配，剩余的卡车不需再用．

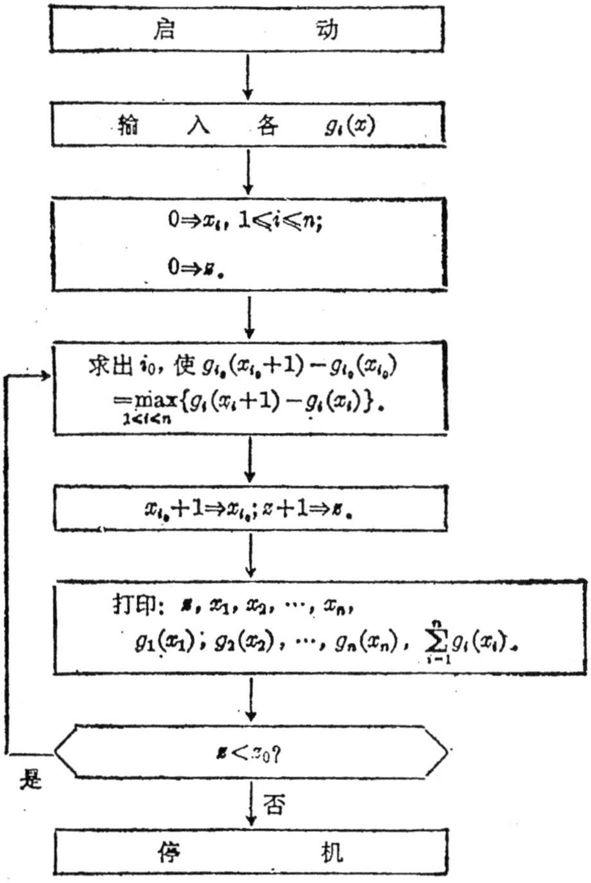

图1 打印计算表格的框图

若n台电铲的单铲最优配车数之和大于总车数m，则可按"要减少一辆车时，从班产量下降最小的铲中减去一辆车"的原则（这是直接分配法的分配原则的另一形式），将车一辆一辆地减少，直到等于总车数为止．不难看出，这就是条件最优分配．如果还增加别的限制，比如为了使各水平均衡开采，对铲的产量有一定限制，则也可类似处理．

我们还指出，直接分配法不仅比动态规划法计算量大大减少，而且当总车数发生变化时易于重新获得最优分配，而动态规划法就费事多了．

例 设 $n=4$，$m=15$．并设模拟所得的每台铲的班产量与其配车数之间的关系 $y=g_i(x)$，$i=1,2,3,4$，给如表 1．

根据上述模拟结果，用直接分配法，即可算得“计算表格”(表 2)．

由表格(表2)可知，当 $m=15$ 时的最优分配是 1#，2#，3#，4# 号铲分别配 6，3，4，2 辆卡车，此时每班总产量为 15169 吨．

表 1 每台铲的班产量与其配车数的关系

车数	铲号							
	1#		2#		3#		4#	
	班产量	增量	班产量	增量	班产量	增量	班产量	增量(吨)
1	679	679	1517	1517	1118	1118	1796	1796
2	1358	679	3034	1517	2235	1117	3473	1677
3	2037	679	3952	918	3273	1038	3992	519
4	2716	679	3992	40	3952	679	3992	0
5	3273	557	3992	0	3992	40		
6	3792	519			3992	0		
7	3992	200						
8	3992	0						

3. 在一种车型的情形下，电铲损坏时卡车的最优重新分配

在第 1 段中已指出，当电铲发生停工时间较长的机械性故障时，需要将它所用的车队重新分配给其它未坏的电铲装运，免得造成车队的停工损失．如何进行这种重新分配呢？仍可利用前面的计

算表格，但需将表格在第 m 行以后再往下多算一些行，例如算到使所有电铲的效率达到 100%，即产量不再增加时为止，记此最后一行为第 M 行。我们在前段的例中的表 2 实际上已算到这样的行，即 $M=19$。

现在假定第 1 号铲发生故障，需要将其车队重新分配给其它电铲，并假定其它电铲均未损坏。

我们先查计算表格的第 $m+x_1^{(m)}$（记之为 m_1）行[1]，若该行分配给第 1 号铲的车数 $x_1^{(m_1)}$ 等于第 m 行分配给第 1 号铲的车数 $x_1^{(m)}$，则不难看出，该行的分配方案就是最优重新分配方案（当然除去第 1 列，也即分配给第 1 号铲的车数 $x_1^{(m_1)}$ 不考虑在内，因为此时第 1 号铲已损坏），其相应的班的总产量为 $Q(m_1)-g_1(x_1^{(m_1)})$，

表 2　计算表格

车　数	铲号 1#	铲号 2#	铲号 3#	铲号 4#	每班总产量（吨）
	分配方案与班产量（吨）				
1	0 0	0 0	0 0	1 1796	1796
2	0 0	0 0	0 0	2 3473	3473
3	0 0	1 1517	0 0	2 3473	4990
4	0 0	2 3034	0 0	2 3473	6507
5	0 0	2 3034	1 1118	2 3473	7625
6	0 0	2 3034	2 2235	2 3473	8742
7	0 0	2 3034	3 3273	2 3473	9780

1）若 $m_1 \geqslant M$，即第 m_1 行已达到或超出计算表格的最后一行，则第 M 行的分配方案就是最优重新分配方案（除去第 1 列），不必再往下讨论，多余的卡车可开回车库进行保养。以后对 m_1'，m_1''，…；$m_{1,2}$，$m_{1,2}'$，$m_{1,2}''$，…也是如此。

（续表）

车 数	铲号 1#	2#	3#	4#	每班总产量（吨）
	分配方案与班产量(吨)				
8	0 0	3 3952	3 3273	2 3473	10698
9	1 679	3 3952	3 3273	2 3473	11377
10	2 1358	3 3952	3 3273	2 3473	12056
11	3 2037	3 3952	3 3273	2 3473	12735
12	4 2716	3 3952	3 3273	2 3473	13414
13	4 2716	3 3952	4 3952	2 3473	14093
14	5 3273	3 3952	4 3952	2 3473	14650
15	6 3792	3 3952	4 3952	2 3473	15169
16	6 3792	3 3952	4 3952	3 3992	15688
17	7 3992	3 3952	4 3952	3 3992	15888
18	7 3992	4 3992	4 3952	3 3992	15928
19	7 3992	4 3992	5 3992	3 3992	15968

此处 $Q(m_1)$ 为计算表格第 m_1 行、最后一列的每班总产量．若该行分配给第 1 号铲的车数 $x_1^{(m_1)}$ 与第 m 行分配给第 1 号铲的车数 $x_1^{(m)}$ 之差 $x_1^{(m_1)}-x_1^{(m)}>0$，则再查表格的第 $m_1+x_1^{(m_1)}-x_1^{(m)}$（记之为 m_1'）行，若第 m_1' 行分配给第 1 号铲的车数 $x_1^{(m_1')}$ 等于第 m_1 行分配第 1 号铲的车数 $x_1^{(m_1)}$，则第 m_1' 行的分配方案就是最优重新分配方案（仍然除去第 1 列），其相应的班总产量为 $Q(m_1')-$

$g_1(x_1^{(m_1')})$. 若第 m_1' 行分配给第 1 号铲的车数 $x_1^{(m_1')}$ 与第 m_1 行分配第 1 号铲的车数 $x_1^{(m)}$ 之差 $x_1^{(m_1')} - x_1^{(m_1)} > 0$，则再查表格的第 $m_1' + x_1^{(m_1')} - x_1^{(m_1)}$ (记之为 m_1'') 行. 如此继续，即可求出第 1 号铲损坏时的最优重新分配方案.

例 仍用前段的例的数据，$n = 4$，$m = 15$. 若第 4 号铲损坏，需要将其车队重新分配. 由该处的计算表格 (表 2)，因 $x_4^{(15)} = 2$，故先查第 $15 + 2 = 17$ 行，该行的 $x_4^{(17)} = 3 > 2 = x_4^{(15)}$，于是再查第 $17 + (3 - 2) = 18$ 行，此时 $x_4^{(18)} = 3 = x_4^{(17)}$，故由第 18 行的数据，即知 (7, 4, 4, 0) 为最优重新分配方案，相应的每班总产量为 $15928 - 3992 = 11936$ 吨.

两个或两个以上电铲损坏时，亦可类似进行最优重新分配. 例如当第 1, 2 两号电铲同时损坏，需要将其车队重新分配时，只需看表格的第 $m + x_1^{(m)} + x_2^{(m)}$ (记之为 $m_{1,2}$) 行，若该行分配给第 1, 2 两号铲的车数之和 $x_1^{(m_{1,2})} + x_2^{(m_{1,2})}$ 等于第 m 行分配给第 1, 2 两号铲的车数之和 $x_1^{(m)} + x_2^{(m)}$，则第 $m_{1,2}$ 行的分配方案就是最优重新分配方案(除去第 1, 2 两列). 否则，若 $x_1^{(m_{1,2})} + x_2^{(m_{1,2})} - (x_1^{(m)} + x_2^{(m)}) > 0$，则再看表格的第 $m_{1,2} + x_1^{(m_{1,2})} + x_2^{(m_{1,2})} - (x_1^{(m)} + x_2^{(m)})$ (记之为 $m_{1,2}'$) 行. 其它类似进行.

4. 在一种车型并考虑重新分配的情形下，总产量的计算 如果没有损坏，则计算表格的最后一列(记之为 $Q(m)$) 就是每班总产量. 但是电铲会随机性地发生损坏(根据前述，我们只考虑机械性故障)，所以真正的每班总产量还较之为低. 假定电铲发生故障时，就立即开始修理，并设第 i 号电铲正常运行时间的平均长度为 $\lambda_1^{(i)}$，修复时间的平均长度为 $\lambda_2^{(i)}$. 由于每台电铲所处的状态都由正常运行与损坏修理两部分交替组成，故第 i 号电铲处于损坏状态的概率

$$p_i = \frac{\lambda_2^{(i)}}{\lambda_1^{(i)} + \lambda_2^{(i)}}, \quad 1 \leqslant i \leqslant n. \tag{3}$$

我们可以认为各台电铲的损坏情况是彼此独立的，因此所有电铲均未损坏的概率

$$P_0 = \prod_{i=1}^{n} (1 - p_i), \tag{4}$$

其中 p_i 为(3)所给定.

第 i 号电铲处于损坏状态,而其它电铲均未损坏的概率

$$P_i = p_i \prod_{j \neq i} (1 - p_j), \quad 1 \leqslant i \leqslant n. \tag{5}$$

第 i, 第 j 号电铲处于损坏状态,而其它电铲均未损坏的概率

$$P_{i,j} = p_i p_j \prod_{k \neq i,j} (1 - p_k), \quad 1 \leqslant i < j \leqslant n. \tag{6}$$

如此等等,直到所有电铲均处于损坏状态的概率

$$P_{1,2,\cdots,n} = \prod_{i=1}^{n} p_i. \tag{7}$$

于是,在不考虑重新分配的情况下(即若有电铲损坏,它所占有的车队就停工损失,不予重新分配),每班平均总产量 Q' 给如:

$$\begin{aligned} Q' = P_0 Q(m) &+ \sum_{i=1}^{n} P_i [Q(m) - g_i(x_i^{(m)})] \\ &+ \sum_{1 \leqslant i < j \leqslant n} P_{ij} [Q(m) - g_i(x_i^{(m)}) - g_j(x_j^{(m)})] \\ &+ \cdots + \sum_{j=1}^{n} \left[\left(\prod_{k \neq j} p_k \right) (1 - p_j) \right. \\ &\left. \times \left(Q(m) - \sum_{i \neq j} g_i(x_i^{(m)}) \right) \right]. \end{aligned} \tag{8}$$

但事实上,当电铲损坏时,车队要重新分配,因此相应的总产量就会更高一些. 现在就来计算考虑重新分配时的每班平均总产量 $\hat{Q}$.

当第 i 台电铲损坏,其它电铲均未损坏时,按第 3 段所述,可从计算表格中找出最优重新分配那一行,记之为 m_i 行. 当第 i,第 j 台电铲损坏,而其它电铲均未损坏时,也可按第 3 段所述,由计算表格中找出重新分配那一行,记之为 $m_{i,j}$ 行. 一般地,当第 i_1, $i_2, \cdots, i_k$ 号电铲损坏,而其它电铲均未损坏时,按第 3 段由计算

表格中找出重新分配那一行，记之为 $m_{i_1,i_2,\cdots,i_k}$ 行. 并令

$$m_{1,2,\cdots,j-1,j+1,\cdots,n}=\begin{cases}m_{2,3,\cdots,n}, & \text{当 } j=1;\\ m_{1,2,\cdots,j-1,j+1,\cdots,n}, & \text{当 } 1<j<n;\\ m_{1,2,\cdots,n-1}, & \text{当 } j=n.\end{cases} \tag{9}$$

则在考虑重新分配时的每班平均总产量 $\hat{Q}$ 给如下式:

$$\begin{aligned}\hat{Q}=&P_0Q(m)+\sum_{i=1}^{n}P_i[Q(m_i)-g_i(x^{i(m_i)})]\\ &+\sum_{1\leqslant i<j\leqslant n}P_{ij}[Q(m_{ij})-g_i(x_i^{(m_{i,j})})\\ &-g_j(x_j^{(m_{i,j})})]+\cdots+\sum_{j=1}^{n}\Big\{\Big(\prod_{k\neq j}p_k\Big)\\ &\times(1-p_j)\Big[Q(m_{1,2,\cdots,j-1,j+1,\cdots,n})\\ &-\sum_{\substack{i=1\\ i\neq j}}^{n}g_i(x_i^{(m_{1,2,\cdots,j-1,j+1,\cdots,n})})\Big]\Big\},\end{aligned} \tag{10}$$

其中右端第一项表示每班在 n 台电铲全未损坏那部分时间内，m 辆卡车在这些电铲上最优分配所得的产量；第二项表示每班在恰有一台电铲损坏那部分时间内，m 辆卡车在剩下 $n-1$ 台电铲上最优分配所得的产量，依此等等.

因此，由于重新分配而增加的每班平均总产量为

$$\Delta Q=\hat{Q}-Q', \tag{11}$$

其中 $\hat{Q}$ 与 Q' 分别为 (10), (8) 所给定.

例如考虑第 2 段中的 4 台电铲. 设共有 10 辆卡车，并设此 4 台电铲的损坏概率分别为

$$p_1=0.1,\ p_2=0.3,\ p_3=0.5,\ p_4=0.2.$$

则由 (10) 与 (8)，根据前面的计算表格(表 2)，容易算出

$$\hat{Q}=9932 \text{ 吨},$$

$$Q'=8404 \text{ 吨},$$

因此由 (11),

$$\Delta Q = 1528 \text{ 吨}.$$

故

$$\frac{\Delta Q}{Q'} = \frac{1528}{8404} \approx 0.18,$$

即考虑卡车重新分配后可比不考虑重新分配时增加产量 18%. 除分配的总车数 m 以外的其它条件不变时，若 m 越小，则这种重新分配卡车所增加的产量的百分比也就越大.

这部分的计算框图容易画出，我们就不画了.

5. 多种车型的最优分配及总产量计算 有了前面关于一种车型的结果，就容易处理多种车型的情形. 现在来考虑两种车型的情形，多种车型可类似处理.

假定 1 型车有 l 辆，2 型车有 $m-l$ 辆，并假定 1 型车要首先满足第 $1, 2, \cdots, k$ 号电铲 ($k \leqslant n$) 的需要，于是可采用下列计算步骤：

1) 对第 $1, 2, \cdots, k$ 号铲，全部用 1 型车如前作单铲模拟，得到产量曲线 $y = g_i(x)$ $(i = 1, 2, \cdots, k)$ 及效率曲线.

2) 将 l 辆 1 型车按产量曲线 $y = g_i(x)$ $(i = 1, 2, \cdots, k)$ 在第 $1, 2, \cdots, k$ 号铲中如前作最优分配，画出计算表格.

3) 由效率曲线、产量曲线来检查这 k 台铲在上述最优分配下的效率、卡车效率以及产量：

i) 如果不合适，也就是说或者已使电铲效率饱和或接近饱和而上升太慢，或者已使产量超过规定要求（由于采掘面推进需要保持一定平衡），则说明 l 辆 1 型车已超过这 k 台铲的实际需要，因此可根据效率曲线将多余的 1 型车取消或改为分配到这 k 台以外的电铲（若分配到第 $1, 2, \cdots, k+1$ 号电铲，则对此 $k+1$ 台铲重复上述步骤）.

ii) 如果合适，就继续往下作 2 型车的分配.

4) 对第 $1, 2, \cdots, k$ 号铲，分别用已分配好的 1 型车（第 i 号铲有 $x_i^{(l)}$ 辆 1 型车，$i = 1, 2, \cdots, k$）加上 2 型车作单铲模拟，也就是说，对第 i 号铲 ($i = 1, 2, \cdots, k$)，当车数 $\leqslant x_i^{(l)}$ 时，就用

1) 中模拟结果的曲线，当车数等于 $x_i^{(l)}+1$, $x_i^{(l)}+2$, $\cdots$ 时，就用 $x_i^{(l)}$ 辆 1 型车分别添加 1, 2, … 辆 2 型车来作模拟，得到模拟曲线中车数 $>x_i^{(l)}$ 的那些函数值. 由于两型卡车的装载量、装载时间、运行时间、卸载时间都不相同，因此在每级服务中需要先判别卡车的类型，再给予相应的服务时间，这点在模拟框图中略加补充就能做到. 事实上，只要将 $x_i^{(l)}$ 辆 1 型车代表的顾客编号为 1, 2, …, $x_i^{(l)}$, 将 2 型车代表的顾客编号为 $x_i^{(l)}+1$, $x_i^{(l)}+2$, $\cdots$, 于是由存放最小顾客号的单元 $J2$ 即能判别顾客的类型，然后就可产生相应的服务时间. 我们将模拟所得的曲线仍记为 $g_i(x)$, $i=1, 2, \cdots, k$. 易见当 $x\leqslant x_i^{(l)}$ 时，$g_i(x)$ 与 1) 中的 $g_i(x)$ 相同，而当 $x>x_i^{(l)}$ 时与 1) 中的 $g_i(x)$ 不同.

对第 $k+1, k+2, \cdots, n$ 号铲，全部用 2 型车作单铲模拟，所得的曲线记为 $g_i(x)$, $i=k+1, k+2, \cdots, n$.

5) 在 1 型车的计算表格的基础上，将 2 型车在所有铲中进行最优分配，画出总的计算表格. 即在第 l 行之前只有前 k 台铲对应的列可能有 1 型车的分配数目，后 $n-k$ 台铲对应的列全为 0；到第 $l+1$ 行开始以后，就按模拟曲线 $g_i(x)$, $i=1, 2, \cdots, n$, 来进行最优分配，每列都可能分配到 2 型车（对第 1, 2, …, k 列，表格中除了 1 型车的分配数目外，还可能有 2 型车的分配数目；而对第 $k+1, k+2, \cdots, n$ 列，表格中只有 2 型车的分配数目），一直到第 m 行，所有 2 型车分配完为止.

为了在电铲发生故障时可以考虑重新分配，还需将计算表格继续算下去，到产量不再增加时为止.

6) 当有电铲发生故障需要重新分配它所占有的卡车时，可根据计算表格按如下办法来进行最优重新分配：

当第 $k+1, k+2, \cdots, n$ 号电铲中有电铲发生故障时，由于它们所占有的全是 2 型车，因此完全可按一种车型的情形根据计算表格来进行最优重新分配.

当第 1, 2, …, k 号电铲中有电铲发生故障时，其 2 型车仍按一种车型的情形根据计算表格来重新分配，其 1 型车可根据当量

原则化为 2 型车来分配，所谓当量原则是指：若

$$\frac{1\text{型车装载量}}{1\text{型车循环时间}}:\frac{2\text{型车装载量}}{2\text{型车循环时间}}=r,$$

就认为 1 辆 1 型车相当于 r 辆 2 型车．当 r 或 $1/r$ 是整数时比较便于处理；当 r 或 $1/r$ 不是整数，但接近于整数时，就近似地作为整数来考虑；否则就将 r 化成分数（或近似分数）的形式：

$$r=\frac{r_2}{r_1},$$

认为 r_1 辆 1 型车相当于 r_2 辆 2 型车．

7）有了计算表格及最优重新分配的办法，就可类似地按一种车型计算总产量的办法来计算两种车型时的总产量．

第十章　随机服务系统理论在计算机设计中的应用

§1. 实 时 处 理

1. 问题　一个实时计算机系统通常由终端与显示设备、通讯网络、多路转换器、中央处理机以及鼓、盘、带等存储设备所组成(图1).

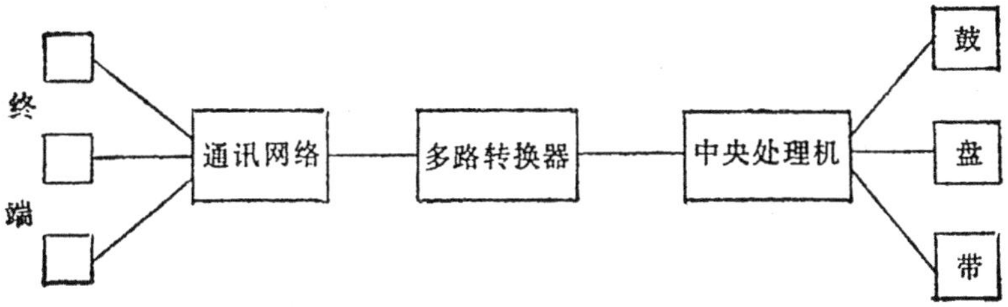

图 1　实时计算机系统

计算机负有管理与控制通讯网络的责任. 当多路转换器接到信息时,正在进行正常处理的计算机必须立即中断,予通讯任务以快速响应, 否则就会造成数据损失. 为了满足这种快速响应的要求,一般在系统中给通讯网络以较高的优先权. 也就是说,将任务分成两类,一类是通讯任务,它们加入一个高优先权类的排队; 另一类是正常处理任务,它们加入一个低优先权类的排队.

假定计算机的输入的形式都是来自通讯网络的"信息".因此,每个信息都由两个计算机任务所组成. 第一个任务要求计算机立即响应并放在高优先权类中,这类任务可能是代码翻译、信息汇编或信息的初步分析,例如来自何处,送往何处等等. 第二个任务为正常处理工作,以便处理之后能作出答复,它放在低优先权类. 在每个优先权类内部，服务次序都是先到先服务.

再假定每个终端的输入都是普阿松过程，而且各个终端的输入是相互独立的，因此，总的输入仍为一普阿松过程，设其参数为λ.

于是，我们就可建立如下的随机服务系统的模型.

输入是参数为λ的普阿松过程，每个到达时刻有两个顾客到达，其一排入高优先权的队伍，另一排入低优先权的队伍(图 2).

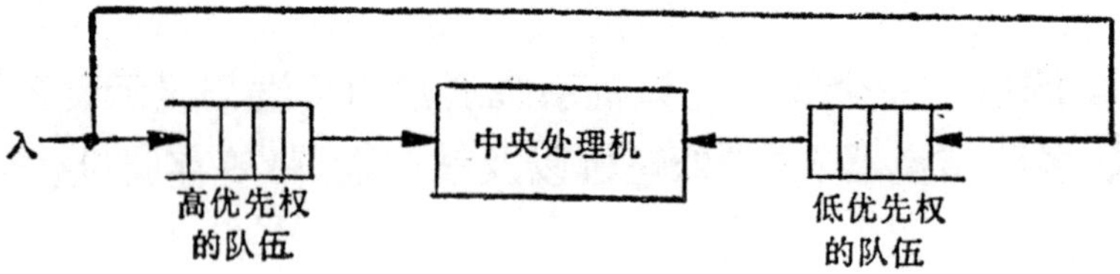

图 2　随机服务系统的模型

有一个服务台(中央处理机)，它服务高优先权类顾客的服务时间具有分布 $B_1(x)$，服务低优先权类顾客的服务时间具有分布 $B_2(x)$.

考虑两种排队规则:

1) 强占型的优先权. 若高优先权顾客到达时，低优先权顾客正在进行服务，则服务台马上中断现有的服务，并立即开始对高优先权顾客的服务. 这个被强占后中断服务的低优先权类顾客以后恢复服务时，从它被中断之处继续服务下去.

2) 非强占型的优先权. 若高优先权顾客到达时，低优先权顾客正在进行服务，服务台并不中断现有的服务. 此高优先权顾客一直等到正被服务的低优先权顾客服务完毕，才开始接受服务.

对于这两种不同排队规则对应的模型，我们来求两类顾客的等待时间、响应时间(即等待时间与服务时间之和)及队长的平稳分布，以便作为设计的依据.

令

$$\beta_i \equiv \int_0^\infty x d B_i(x),$$

$$\beta_i^{(2)} \equiv \int_0^{\infty} x^2 dB_i(x),$$
$$B_i^*(s) \equiv \int_{0-}^{\infty} e^{-sx} dB_i(x), \quad i = 1, 2.$$

2. 在强占型优先权下，高优先权顾客的平稳分布 在强占型优先权的情况下，由于低优先权顾客的出现并不影响高优先权顾客的等待时间与高优先权队伍的长度，因此，可以认为低优先权顾客在系统中根本没有出现．于是就可直接应用服务时间分布为 $B_1(x)$ 的 M/G/1 系统的结果（见第三章 §2 的定理 3 与 1)，写出如下定理：

定理 1 在强占型优先权的情形下，若 $\lambda\beta_1 < 1$，则

i）高优先权顾客的等待时间的平稳分布 $W_1(x)$ 存在，其拉普拉斯-斯蒂尔吉斯变换 $W_1^*(s)$ 为下式所给定：

$$W_1^*(s) = \frac{(1-\lambda\beta_1)s}{s-\lambda+\lambda B_1(s)}. \tag{1}$$

其平均等待时间为

$$\overline{W}_1 = \frac{\lambda\beta_1^{(2)}}{2(1-\lambda\beta_1)}. \tag{2}$$

ii）高优先权顾客的响应时间的平稳分布 $T_1(x)$ 存在，其拉普拉斯-斯蒂尔吉斯变换 $T_1^*(s)$ 给如：

$$T_1^*(s) = W_1^*(s)B_1^*(s), \tag{3}$$

其中 $W_1^*(s)$ 为 (1) 所给定．

其平均响应时间为

$$\overline{T}_1 = \overline{W}_1 + \beta_1, \tag{4}$$

其中 $\overline{W}_1$ 为(2)所给定．

iii）在高优先权顾客离开系统后的瞬时，该类顾客的队长的平稳分布存在，其母函数 $Q_1(z)$ 给如：

$$Q_1(z) = \frac{(1-\lambda\beta_1)(1-z)B_1^*(\lambda(1-z))}{B_1^*(\lambda(1-z))-z}. \tag{5}$$

平均队长为

$$\overline{Q}_1 = \lambda\beta_1 + \frac{\lambda^2\beta_1^{(2)}}{2(1-\lambda\beta_1)}. \quad \| \tag{6}$$

我们定义高优先权顾客的忙期为这样的时间间隔，它从某一高优先权顾客到达时发现系统中没有高优先权顾客那时候开始，一直到下一次系统中又没有高优先权顾客的时刻为止。将此忙期长度的分布记为 $D_1(x)$，其拉普拉斯-斯蒂尔吉斯变换记为 $D_1^*(s)$，于是，基于上述同样的理由，可应用第三章 §3 的定理 6 及定理 8，写出下面定理：

定理 2 在强占型优先权的情形下，若 $\lambda\beta_1 < 1$，则忙期长度分布的拉普拉斯-斯蒂尔吉斯变换 $D_1^*(s)$ 为方程

$$z = B_1^*(s + \lambda(1 - z)) \tag{7}$$

在 $|z| < 1$ 内的唯一解，或表成下列显式：

$$D_1^*(s) = \sum_{j=1}^{\infty} \int_{0-}^{\infty} e^{-(\lambda+s)x} \frac{(\lambda x)^{j-1}}{j!} dB_1^{(j)}(x), \tag{8}$$

其中 $B_1^{(j)}(x)$ 为 $B_1(x)$ 的 j 重卷积。

而忙期的平均长度为

$$\overline{D}_1 = \frac{\beta_1}{1 - \lambda\beta_1}. \quad \| \tag{9}$$

这里的 $D_1^*(s)$ 在后面求低优先权顾客的等待时间分布时将要用到。

3. 在非强占型的优先权下，高优先权顾客的平稳分布 在本段和以后都假定 $\lambda(\beta_1 + \beta_2) < 1$ 及平稳分布存在。我们将在此假定下来寻求各种平稳分布的表达式。

令 $\boldsymbol{q}_n(1)$，$\boldsymbol{q}_n(2)$ 分别为在第 n 次离开时刻之后的瞬时，高优先权类顾客与低优先权类顾客的队长，这里每次离开的顾客可以属于任何一类。记 $\boldsymbol{q}_n(1)$ 的平稳分布的母函数为

$$\widetilde{Q}_1(z) \equiv E\{z^{\boldsymbol{q}_n(1)}\}. \tag{10}$$

令 P_0 为在低优先权顾客离开后的瞬时，系统中没有顾客（不论哪一类）的概率。

我们将所考虑的有优先权的系统称为系统 S_1，再引入一个如下的系统 S_2：它是一个 M/G/1 系统，此系统中只有一类顾客，其输入是参数为 λ 的普阿松流，服务按到达先后次序进行，而服务时

间分布为 $B_1☆B_2$，其中☆为卷积运算. 则易知系统 S_1 中的概率 P_0 与系统 S_2 中顾客离开后的瞬时队长为 0 的概率相同，故由第三章 §2 的(6)式，

$$P_0 = 1 - \lambda(\beta_1 + \beta_2). \tag{11}$$

再令 $\tilde{P}_0$ 为第 n 次离开时刻系统中没有顾客（不论哪一类）的概率，此处离开的顾客可以属于任何一类，令

$$\boldsymbol{x}_n = \begin{cases} 1, & \text{若第 } n \text{ 次离开的是高优先权顾客;} \\ 0, & \text{若第 } n \text{ 次离开的是低优先权顾客.} \end{cases} \tag{12}$$

则由于高优先权顾客离开时系统中不会没有顾客（至少还会有低优先权顾客），故

$$\tilde{P}_0 = P\{\boldsymbol{x}_n = 0\}P_0. \tag{13}$$

定理 3 在非强占型优先权的情形下，在高优先权顾客离开系统后的瞬时，该类顾客的队长平稳分布的母函数给如

$$Q_1(z) = \frac{B_1^*(\lambda(1-z))}{B_1^*(\lambda(1-z)) - z}\{[1 - B_2^*(\lambda(1-z))] + (1 - \lambda\beta_1 - \lambda\beta_2)(1-z)\}, \tag{14}$$

而其平均队长为

$$\bar{Q}_1 = \lambda\beta_1 + \frac{\lambda^2(\beta_1^{(2)} + \beta_2^{(2)})}{2(1-\lambda\beta_1)}. \quad \| \tag{15}$$

证 我们先来计算 $\tilde{Q}_1(z)$，然后再利用它来推导 $Q_1(z)$ 的表达式.

$$\begin{aligned} \tilde{Q}_1(z) = E\{z^{q_{n+1}(1)}\} &= E\{z^{q_{n+1}(1)} | \boldsymbol{q}_n(1) > 0\}P\{\boldsymbol{q}_n(1) > 0\} \\ &+ E\{z^{q_{n+1}(1)} | \boldsymbol{q}_n(1) = 0, \ \boldsymbol{q}_n(2) = 0\} \\ &\times P\{\boldsymbol{q}_n(1) = 0, \boldsymbol{q}_n(2) = 0\} \\ &+ E\{z^{q_{n+1}(1)} | \boldsymbol{q}_n(1) = 0, \boldsymbol{q}_n(2) > 0\} \\ &\times P\{\boldsymbol{q}_n(1) = 0, \ \boldsymbol{q}_n(2) > 0\}. \end{aligned} \tag{16}$$

上式右端三项分别讨论如下：

1）在右端第一项中，当 $\boldsymbol{q}_n(1) > 0$ 时，

$$\boldsymbol{q}_{n+1}(1) = \boldsymbol{q}_n(1) - 1 + \boldsymbol{\nu}_{n+1}(1),$$

其中 $\boldsymbol{\nu}_{n+1}(1)$ 是在一个高优先权顾客的服务时间中新到达的高优

先权顾客的数目，其母函数为

$$E\{z^{\nu_{n+1}(1)}\}=\sum_{j=0}^{\infty}z^jP\{\boldsymbol{\nu}_{n+1}(1)=j\}$$

$$=\sum_{j=0}^{\infty}z^j\int_{0-}^{\infty}e^{-\lambda x}\frac{(\lambda x)^j}{j!}dB_1(x)$$

$$=\int_{0-}^{\infty}e^{-\lambda x(1-z)}dB_1(x)=B_1^*(\lambda(1-z)).$$

因此 (16) 式右端第一项等于

$$E\{z^{q_n(1)-1+\nu_{n+1}(1)}|\boldsymbol{q}_n(1)>0\}P\{\boldsymbol{q}_n(1)>0\}$$
$$=E\{z^{q_n(1)}|\boldsymbol{q}_n(1)>0\}\cdot z^{-1}\cdot E\{z^{\nu_{n+1}(1)}\}$$
$$\cdot P\{\boldsymbol{q}_n(1)>0\}$$
$$=\sum_{j=0}^{\infty}z^jP\{\boldsymbol{q}_n(1)=j|\boldsymbol{q}_n(1)>0\}P\{\boldsymbol{q}_n(1)>0\}$$
$$\cdot z^{-1}B_1^*(\lambda(1-z))$$
$$=\sum_{j=0}^{\infty}z^jP\{\boldsymbol{q}_n(1)=j,\boldsymbol{q}_n(1)>0\}\cdot z^{-1}B_1^*(\lambda(1-z))$$
$$=\sum_{j=1}^{\infty}z^jP\{\boldsymbol{q}_n(1)=j\}\cdot z^{-1}B_1^*(\lambda(1-z))$$
$$=[\tilde{Q}_1(z)-\tilde{Q}_1(0)]z^{-1}B_1^*(\lambda(1-z)).$$

2）在(16)式右端第二项中，当 $\boldsymbol{q}_n(1)=0$，$\boldsymbol{q}_n(2)=0$ 时，

$$\boldsymbol{q}_{n+1}(1)=\boldsymbol{\nu}_{n+1}(1);$$

而

$$P\{\boldsymbol{q}_n(1)=0,\ \boldsymbol{q}_n(2)=0\}=\tilde{P}_0.$$

因此，(16) 式右端第二项等于

$$\tilde{P}_0E\{z^{\nu_{n+1}(1)}|\boldsymbol{q}_n(1)=0,\ \boldsymbol{q}_n(2)=0\}$$
$$=\tilde{P}_0E\{z^{\nu_{n+1}(1)}\}=\tilde{P}_0B_1^*(\lambda(1-z)).$$

3）在 (16) 式右端第三项中，当 $\boldsymbol{q}_n(1)=0$，$\boldsymbol{q}_n(2)>0$时，

$$\boldsymbol{q}_{n+1}(1)=\boldsymbol{\nu}'_{n+1}(1),$$

其中 $\boldsymbol{\nu}'_{n+1}(1)$ 是在一个低优先权顾客的服务时间中新到达的高优先权顾客的数目，如 1）所证，可知其母函数为

$$E\{z^{\boldsymbol{\nu}'_{n+1}(1)}\} = B_2^*(\lambda(1-z)).$$

因此 (16) 式右端第三项等于

$$\begin{aligned}
&E\{z^{\boldsymbol{\nu}'_{n+1}(1)}|\boldsymbol{q}_n(1)=0,\boldsymbol{q}_n(2)>0\}P\{\boldsymbol{q}_n(1)=0,\boldsymbol{q}_n(2)>0\}\\
&\quad = E\{z^{\boldsymbol{\nu}'_{n+1}(1)}\}[P\{\boldsymbol{q}_n(1)=0\}\\
&\qquad - P\{\boldsymbol{q}_n(1)=0,\boldsymbol{q}_n(2)=0\}]\\
&\quad = B_2^*(\lambda(1-z))[\tilde{Q}_1(0)-\tilde{P}_0].
\end{aligned}$$

将上述三项结果代入 (16) 式，整理后即得

$$\begin{aligned}
\tilde{Q}_1(z) = \frac{1}{B_1^*(\lambda(1-z))-z}&\{\tilde{Q}_1(0)[B_1^*(\lambda(1-z))\\
&- zB_2^*(\lambda(1-z))] + \tilde{P}_0 z[B_2^*(\lambda(1-z))\\
&- B_1^*(\lambda(1-z))]\},
\end{aligned}\tag{17}$$

其中 $\tilde{Q}_1(0)$ 可利用 $\tilde{Q}_1(1)=1$ 求得，为

$$\tilde{Q}_1(0) = \frac{1-\lambda\beta_1-\lambda(\beta_1-\beta_2)\tilde{P}_0}{1-\lambda\beta_1+\lambda\beta_2},\tag{18}$$

而 $\tilde{P}_0$ 为 (13) 所示.

现在就可以来求 $Q_1(z)$. 令

$$G_1(z) \equiv P\{\boldsymbol{x}_{n+1}=1\}E\{z^{q_{n+1}(1)}|\boldsymbol{x}_{n+1}=1\},\tag{19}$$

则

$$\begin{aligned}
G_1(z) &= E\{z^{q_{n+1}(1)}\} - P\{\boldsymbol{x}_{n+1}=0\}E\{z^{q_{n+1}(1)}|\boldsymbol{x}_{n+1}=0\}\\
&= \tilde{Q}_1(z) - P\{\boldsymbol{q}_n(1)=0,\ \boldsymbol{q}_n(2)>0\}E\{z^{q_{n+1}(1)}\\
&\qquad |\boldsymbol{q}_n(1)=0,\ \boldsymbol{q}_n(2)>0\},
\end{aligned}$$

再利用前面 3) 中的结果，得

$$G_1(z) = \tilde{Q}_1(z) - B_2^*(\lambda(1-z))[\tilde{Q}_1(0)-\tilde{P}_0].\tag{20}$$

将 (17) 式代入，得

$$\begin{aligned}
G_1(z) = \frac{1}{B_1^*(\lambda(1-z))-z}&\{\{\tilde{Q}_1(0)[1-B_2^*(\lambda(1-z))]\\
&+ \tilde{P}_0[B_2^*(\lambda(1-z))-z]\}B_1^*(\lambda(1-z))\}.
\end{aligned}\tag{21}$$

现在 (20) 式中令 $z=1$，得

$$G_1(1)=1-\widetilde{Q}_1(0)+\widetilde{P}_0。$$

再由 (19) 式，

$$P\{\boldsymbol{x}_{n+1}=1\}=G_1(1)=1-\widetilde{Q}_1(0)+\widetilde{P}_0. \tag{22}$$

因而

$$P\{\boldsymbol{x}_{n+1}=0\}=1-P\{\boldsymbol{x}_{n+1}=1\}=\widetilde{Q}_1(0)-\widetilde{P}_0,$$

代入 (13) 式，得

$$\widetilde{P}_0=[\widetilde{Q}_1(0)-\widetilde{P}_0]P_0,$$

故

$$\widetilde{Q}_1(0)=\frac{(1+P_0)\widetilde{P}_0}{P_0}. \tag{23}$$

代入 (18) 式，并利用 (11)，即得

$$\widetilde{P}_0=\frac{1}{2}P_0. \tag{24}$$

与 (13) 式比较，知

$$P\{\boldsymbol{x}_n=0\}=\frac{1}{2}. \tag{25}$$

故

$$P\{\boldsymbol{x}_n=1\}=\frac{1}{2}. \tag{26}$$

再将 (24) 代入 (23)，得

$$\widetilde{Q}_1(0)=\frac{1+P_0}{2}. \tag{27}$$

最后，将 (11) 代入 (24)，(27) 后再代入 (21)，得

$$G_1(z)=\frac{\{[1-B_2^*(\lambda(1-z))]+(1-\lambda\beta_1-\lambda\beta_2)(1-z)\}}{2[B_1^*(\lambda(1-z))-z]} \times B_1^*(\lambda(1-z)) \tag{28}$$

于是，由 $Q_1(z)$ 的定义及 (19)，

$$Q_1(z)=E\{z^{q_{n+1}(1)}|\boldsymbol{x}_{n+1}=1\}=\frac{G_1(z)}{P\{\boldsymbol{x}_{n+1}=1\}}=2G_1(z),$$

将 (28) 代入,即得所证 (14) 式.

平均队长由

$$\bar{Q}_1 = \left.\frac{dQ_1(z)}{dz}\right|_{z=1}$$

即得. 定理 3 证毕. #

定理 4 在非强占型优先权的情形下:

1) 高优先权顾客的等待时间平稳分布的拉普拉斯-斯蒂尔吉斯变换给如

$$W_1^*(s) = \frac{(1-\lambda\beta_1-\lambda\beta_2)s+\lambda[1-B_2^*(s)]}{s-\lambda+\lambda B_1^*(s)}. \tag{29}$$

而其平均等待时间为

$$\bar{W}_1 = \frac{\lambda(\beta_1^{(2)}+\beta_2^{(2)})}{2(1-\lambda\beta_1)}. \tag{30}$$

2) 高优先权顾客的响应时间平稳分布的拉普拉斯-斯蒂尔吉斯变换给如

$$T_1^*(s) = W_1^*(s)B_1^*(s), \tag{31}$$

其中 $W_1^*(s)$ 为 (29) 所给定.

而其平均响应时间为

$$\bar{T}_1 = \bar{W}_1 + \beta_1, \tag{32}$$

其中 $\bar{W}_1$ 为 (30) 所给定. ||

证 由于在高优先权顾客离开的瞬时,留在系统中的高优先权顾客都是在该离开顾客的等待时间与服务时间中到达的,因此,如第三章 §2 之(41),可知

$$Q_1(z) = W_1^*(\lambda(1-z))B_1^*(\lambda(1-z)).$$

令 $\lambda(1-z)=s$, 并利用定理 3,即得所证(29)式.

平均等待时间由

$$\bar{W}_1 = -\left.\frac{dW_1^*(s)}{ds}\right|_{s=0}$$

即得.

至于 (31),(32) 是显见的. 定理 4 证毕. #

4. 在强占型或非强占型优先权的情形下,低优先权顾客的平

稳分布 首先指出，不论是强占型或非强占型，低优先权顾客的等待时间分布都是相同的. 对于等待时间平稳分布，有下面定理:

定理 5 不论是强占型或非强占型优先权，低优先权顾客等待时间平稳分布 $W_2(x)$ 的拉普拉斯-斯蒂尔吉斯变换给如

$$W_2^*(s) = D_1^*(s)\widetilde{W}_2^*(s + \lambda(1 - D_1^*(s))), \tag{33}$$

其中

$$\widetilde{W}_2^*(s) = \frac{(1 - \lambda\beta_1 - \lambda\beta_2)s}{s - \lambda + \lambda B_1^*(s)B_2^*(s)}; \tag{34}$$

而 $D_1^*(s)$ 为强占型优先权情形下，高优先权顾客的忙期长度分布的拉普拉斯-斯蒂尔吉斯变换，它为 (8) 式所给定.

其平均等待时间为

$$\overline{W}_2 = \overline{\widetilde{W}}_2(1 + \lambda\overline{D}_1) + \overline{D}_1, \tag{35}$$

其中

$$\overline{\widetilde{W}}_2 = \frac{\lambda(\beta_1^{(2)} + \beta_2^{(2)} + 2\beta_1\beta_2)}{2(1 - \lambda\beta_1 - \lambda\beta_2)}; \tag{36}$$

而 $\overline{D}_1$ 为 (9) 式所给定. ||

证 如第 3 段开始时一样，我们定义一个系统 S_2，并将原来有优先权的系统称为系统 S_1. 令系统 S_2 中等待时间的平稳分布为 $\widetilde{W}_2(x)$，其拉普拉斯-斯蒂尔吉斯变换为 $\widetilde{W}_2^*(s)$，则由第三章 §2 的 (40)式，知 $\widetilde{W}_2^*(s)$ 为(34)式所给定.

在系统 S_2 中，顾客的等待时间 $\tilde{\boldsymbol{w}}_2$ 就是该顾客到达时正在系统中的顾客所需进行的服务时间的总和; 而在系统 S_1 中，低优先权顾客的等待时间 $\boldsymbol{w}_2$ 由相互独立的两部分组成:

第一部分是与此低优先权顾客同时到达的高优先权顾客的服务时间，以及由于在此服务时间内到达新的高优先权顾客所造成的延迟. 易知这部分的长度等于如下系统 S_3 中的忙期长度 $\boldsymbol{d}$，系统 S_3 与系统 S_2 的差别只是将 S_2 中服务分布 $B_1☆B_2$ 换成 B_1. 因此 $\boldsymbol{d}$ 也等于定理 2 中的强占型优先权顾客的忙期长度，故其分布为 $D_1(x)$，其拉普拉斯-斯蒂尔吉斯变换为 $D_1^*(s)$，$D_1^*(s)$ 的表达式为(8)式所给定。

第二部分包括该低优先权顾客到达时正在系统中的顾客所需进行的服务时间的总和 $\tilde{\boldsymbol{w}}_2$（注意它就是前面引进的系统 S_2 中顾客的等待时间 $\tilde{\boldsymbol{w}}_2$），以及由于在这段 $\tilde{\boldsymbol{w}}_2$ 时间内到达新的高优先权顾客所附加的延迟．如果在 $\tilde{\boldsymbol{w}}_2$ 时间内来了 $\boldsymbol{\nu}$ 个高优先权顾客（$\boldsymbol{\nu}$ 可取值 $0, 1, \cdots$），则附加的延迟应该等于系统 S_3 中 $\boldsymbol{\nu}$ 个独立的忙期长度 $\boldsymbol{d}_1, \boldsymbol{d}_2, \cdots, \boldsymbol{d}_\nu$ 之和，这些 $\boldsymbol{d}_i$ 与 $\boldsymbol{\nu}$ 独立，它们的分布均为 $D_1(x)$，而 $\boldsymbol{\nu}$ 的分布为

$$P\{\boldsymbol{\nu}=j\}=\int_{0-}^{\infty} e^{-\lambda x} \frac{(\lambda x)^j}{j!} d\widetilde{W}_2(x), \quad j=0, 1, \cdots.$$

因此就有下列关系：

$$\boldsymbol{w}_2=\boldsymbol{d}+(\tilde{\boldsymbol{w}}_2+\boldsymbol{d}_1+\boldsymbol{d}_2+\cdots+\boldsymbol{d}_\nu).$$

于是

$$\begin{aligned}
W_2(x) &= P\{\boldsymbol{w}_2 \leqslant x\}=P\{\tilde{\boldsymbol{w}}_2+\boldsymbol{d}+\boldsymbol{d}_1+\boldsymbol{d}_2 \\
&\qquad +\cdots+\boldsymbol{d}_\nu \leqslant x\} \\
&= \int_{0-}^{x} P\{\tilde{\boldsymbol{w}}_2+\boldsymbol{d}+\boldsymbol{d}_1+\boldsymbol{d}_2+\cdots+\boldsymbol{d}_\nu \leqslant x \mid \tilde{\boldsymbol{w}}_2=y\} \\
&\qquad \cdot dP\{\tilde{\boldsymbol{w}}_2 \leqslant y\} \\
&= \int_{0-}^{x} P\{\boldsymbol{d}+\boldsymbol{d}_1+\boldsymbol{d}_2+\cdots+\boldsymbol{d}_\nu \leqslant x-y \mid \tilde{\boldsymbol{w}}_2=y\} \\
&\qquad \cdot d\widetilde{W}_2(y) \\
&= \int_{0-}^{x} \sum_{j=0}^{\infty} P\{\boldsymbol{d}+\boldsymbol{d}_1+\boldsymbol{d}_2+\cdots+\boldsymbol{d}_\nu \leqslant x-y \mid \tilde{\boldsymbol{w}}_2=y, \\
&\qquad \boldsymbol{\nu}=j\} \times P\{\boldsymbol{\nu}=j \mid \tilde{\boldsymbol{w}}_2=y\} d\widetilde{W}_2(y) \\
&= \sum_{j=0}^{\infty} \int_{0-}^{x} P\{\boldsymbol{d}+\boldsymbol{d}_1+\boldsymbol{d}_2+\cdots+\boldsymbol{d}_j \leqslant x-y\} \\
&\qquad \cdot x e^{-\lambda y} \frac{(\lambda y)^j}{j!} d\widetilde{W}_2(y) \\
&= \sum_{j=0}^{\infty} \int_{0-}^{x} D_1^{(j+1)}(x-y) e^{-\lambda y} \frac{(\lambda y)^j}{j!} d\widetilde{W}_2(y),
\end{aligned}$$

其中 $D_1^{(j)}(x)$ 为 $D_1(x)$ 的 j 重卷积。

上式还可写成:

$$W_2(x)=\sum_{j=0}^{\infty}\left[\int_{0-}^{x}e^{-\lambda y}\frac{(\lambda y)^j}{j!}d\widetilde{W}_2(y)\right]☆D_1^{(j+1)}(x),$$

其中☆为卷积运算.

取拉普拉斯-斯蒂尔吉斯变换后即得

$$W_2^*(s)=\sum_{j=0}^{\infty}\left[\int_{0-}^{\infty}e^{-(s+\lambda)x}\frac{(\lambda x)^j}{j!}d\widetilde{W}_2(x)\right][D_1^*(s)]^{j+1},$$

即

$$W_2^*(s)=\widetilde{W}_2^*(s+\lambda(1-D_1^*(s)))D_1^*(s),$$

此即所证的(33)式.再由(33)求微商即得(35)式.定理5证毕.#

定理 6

1) 在强占型优先权的情形下,低优先权顾客的响应时间平稳分布的拉普拉斯-斯蒂尔吉斯变换给如:

$$T_2^*(s)=W_2^*(s)B_2^*(s+\lambda(1-D_1^*(s))), \tag{37}$$

其中 $W_2^*(s)$ 为(33)所给定.

而其平均响应时间为

$$\overline{T}_2=\overline{W}_2+(1+\lambda\overline{D}_1)\beta_2, \tag{38}$$

其中 $\overline{W}_2$ 为(35)所给定, $\overline{D}_1$ 为(9)所给定.

2) 在非强占型优先权的情形下,低优先权顾客的响应时间平稳分布的拉普拉斯-斯蒂尔吉斯变换给如:

$$T_2^*(s)=W_2^*(s)B_2^*(s), \tag{39}$$

其中 $W_2^*(s)$ 为(33)所给定.

而其平均响应时间为

$$\overline{T}_2=\overline{W}_2+\beta_2, \tag{40}$$

其中 $\overline{W}_2$ 为(35)所给定. ||

证 (39)式是显然的. 而(37)式只要考虑到低优先权顾客的服务时间会被新到来的高优先权顾客所中断即得. 至于(38),(40),则分别由(37),(39)求微商即得. 定理6证毕. #

定理 7 在低优先权顾客离开系统后的瞬时,该类顾客的队长平稳分布的母函数给如:

$$Q_2(z) = T_2^*(\lambda(1-z)), \tag{41}$$

其中 $T_2^*(s)$ 在强占型优先权的情形下为 (37) 所给定，在非强占型优先权的情形下为(39)所给定。

而其平均队长为

$$\bar{Q}_2 = \lambda \bar{T}_2, \tag{42}$$

其中 $\bar{T}_2$ 在强占型优先权的情形下为(38)所给定，在非强占型优先权的情形下为(40)所给定。||

证 由于在低优先权顾客离开系统后的瞬时，正在系统中的该类顾客都是在此离开顾客的响应时间内到达的，故如第三章 §2 的(41)，即可得证。定理 7 证毕。#

§2. 分 时 系 统

1. 问题 在大多数随机服务系统中，都希望顾客的服务是连续的，没有中断的，因为中断现象经常要造成时间的浪费与服务的损失。但是在某些场合，却需要引进有控制的服务中断，以便改进系统的总性能。例如在优先权的系统中，就是采用中断低优先权顾客的服务来改进高优先权顾客的服务质量。

利用有控制的服务中断来改进系统的总性能正是所有分时系统的基本思想。在一个单处理机的分时系统中，每个顾客(一道程序或一项任务)每次被服务的时间 (处理时间) 不能超过一个固定长度——称为一个量子。如果在此给定的量子内服务没有能完成，该顾客就排到等待队伍的末尾。当他再次轮到服务时，重复同样的过程，直至他完成服务、离开系统为止。每当有顾客离开或转排到队尾时，等待队伍只要不空，其中队首的顾客就被接受服务。新到达的顾客规定排入队尾。这种分时规则一般称为循环规则。

这样的规则有两个主要的作用： 1) 顾客的平均等待时间是他所需的服务时间的递增函数，也就是说，顾客要求服务的时间越长，他的平均等待时间就越久。因此，分时对处理时间短的程序或任务有利；2) 服务是一小段一小段地给予顾客，同时顾客每次都能很快地转入下一个服务小段，因此，每个顾客都可提前接受一部分服务．当量子很小时，顾客还会认为他自己似乎是计算机的唯一使用者，因为他本身有联结计算机的远处操作台，而且他又未能看见其它使用者．

但在实践中分时系统也有某些明显的缺点．服务台必须耗费一定的时间去管理整个流程，以及预防由于中断而可能导致的服务损失．例如计算机系统中的辅助操作所造成的时间损失．因此，在一个量子中，仅有一部分用来进行服务，其它部分都只能看作损失．另外，管理程序也很复杂，并占用了主存的较大部分．

2. 现在就来建立循环规则分时系统的随机服务系统模型 假定输入是参数为 λ 的普阿松过程，排队规则是循环规则，各个顾客所需的服务时间 $\boldsymbol{v}$ 相互独立，均为相同的负指数分布，其均值为 μ^{-1}．但每个顾客的实际服务时间分成一小段一小段进行，每小段称为一个量子．每个量子又分成两部分：第一部分为一常数时间 τ，用于辅助操作等；第二部分的最大长度不得超过某一常数 θ，用于实际的处理，若服务 θ 时间后顾客的服务要求仍未满足，则他就排到队尾；若在 θ 内服务就已完成，则他就在服务完的瞬时离开，而系统立即开始进行下一个新的量子的服务．

我们将量子的长度记为 $\boldsymbol{l}$．由于服务时间 $\boldsymbol{v}$ 为负指数分布，因此不论已经服务了多长时间，该顾客的剩余服务时间仍为同一负指数分布，故由量子的定义，即知所有量子独立同分布，且有下列关系式：

$$\boldsymbol{l}=\min(\tau+\boldsymbol{v},\ \tau+\theta). \tag{1}$$

记 $\boldsymbol{l}$ 的分布函数为 $L(x)$，其拉普拉斯-斯蒂尔吉斯变换为 $L^*(s)$，则

$$\begin{aligned}
L^*(s)&=E\{e^{-s\boldsymbol{l}}\}\\
&=E\{e^{-s\boldsymbol{l}}\mid\boldsymbol{v}>\theta\}P\{\boldsymbol{v}>\theta\}\\
&\quad+E\{e^{-s\boldsymbol{l}}\mid\boldsymbol{v}\leqslant\theta\}P\{\boldsymbol{v}\leqslant\theta\}\\
&=E\{e^{-s(\tau+\theta)}\}e^{-\mu\theta}+E\{e^{-s(\tau+\boldsymbol{v})}\mid\boldsymbol{v}\leqslant\theta\}P\{\boldsymbol{v}\leqslant\theta\}\\
&=ae^{-s(\tau+\theta)}+e^{-s\tau}\int_0^\theta e^{-sx}dP\{\boldsymbol{v}\leqslant x\}
\end{aligned}$$

$$= ae^{-s(\tau+\theta)} + \frac{\mu}{s+\mu} e^{-s\tau}(1 - ae^{-s\theta}), \tag{2}$$

其中

$$a \equiv e^{-\mu\theta}. \tag{3}$$

由(2),可求得 $\boldsymbol{l}$ 的一阶矩与二阶矩如下:

$$\bar{L} \equiv E(\boldsymbol{l}) = \tau + \frac{1-a}{\mu}; \tag{4}$$

$$E(\boldsymbol{l}^2) = \tau^2 + \frac{2(1-a)}{\mu^2} - \frac{2[(\tau+\theta)a - \tau]}{\mu}. \tag{5}$$

我们将服务台对每个顾客所提供的总的时间记为 $\boldsymbol{y}$，其中包括所有的辅助操作时间，再将一个顾客所需的服务量子数记为 $\boldsymbol{r}$，则

$$\boldsymbol{y} = \boldsymbol{r}\tau + \boldsymbol{v}. \tag{6}$$

易知 $\boldsymbol{r}$ 的分布为

$$P\{\boldsymbol{r} = j\} = a^{j-1}(1-a), \quad j = 1, 2, \cdots. \tag{7}$$

其母函数为

$$R^*(z) \equiv E(z^{\boldsymbol{r}}) = \frac{(1-a)z}{1-az}. \tag{8}$$

故均值为

$$\bar{R} \equiv E(\boldsymbol{r}) = \frac{1}{1-a}. \tag{9}$$

令 $\boldsymbol{y}$ 的分布函数为 $Y(x)$，其拉普拉斯-斯蒂尔吉斯变换为 $Y^*(s)$，则由(6)，

$$Y^*(s) \equiv E\{e^{-s\boldsymbol{y}}\} = \sum_{j=0}^{\infty} E\{e^{-s(\boldsymbol{r}\tau+\boldsymbol{v})} | \boldsymbol{r} = j\} P\{\boldsymbol{r} = j\}$$

$$= \sum_{j=0}^{\infty} e^{-s\tau j} P\{\boldsymbol{r} = j\} E\{e^{-s\boldsymbol{v}} | \boldsymbol{r} = j\}$$

$$= \sum_{j=0}^{\infty} e^{-s\tau j} P\{\boldsymbol{r} = j\} E\{e^{-s\boldsymbol{v}} | (j-1)\theta < \boldsymbol{v} \leqslant j\theta\}$$

$$= \sum_{j=0}^{\infty} e^{-s\tau j} P\{\boldsymbol{r} = j\} \int_{(j-1)\theta}^{j\theta} e^{-sx}$$

$$
\begin{aligned}
&dP\{\boldsymbol{v} \leqslant x \mid (j-1)\theta < \boldsymbol{v} \leqslant j\theta\} \\
&= \sum_{j=0}^{\infty} e^{-s\tau j} P\{\boldsymbol{r} = j\} \int_{(j-1)\theta}^{j\theta} e^{-sx} \\
&\quad \cdot \frac{dP\{(j-1)\theta < \boldsymbol{v} \leqslant x\}}{P\{(j-1)\theta < \boldsymbol{v} \leqslant j\theta\}} \\
&= \sum_{j=0}^{\infty} e^{-s\tau j} P\{\boldsymbol{r} = j\} \int_{(j-1)\theta}^{j\theta} e^{-sx} \frac{d(a^{j-1} - e^{-\mu x})}{a^{j-1}(1-a)} \\
&= \frac{\mu}{s+\mu} \frac{e^{s\theta}}{1-a} (1 - a e^{-s\theta}) \\
&\quad \cdot \sum_{j=0}^{\infty} [e^{-s(\tau+\theta)}]^j P\{\boldsymbol{r} = j\} \\
&= \frac{\mu}{s+\mu} \frac{e^{s\theta}}{1-a} (1 - a e^{-s\theta}) R^*(e^{-s(\tau+\theta)}) \\
&= \frac{\mu}{s+\mu} \frac{e^{-s\tau}(1 - a e^{-s\theta})}{1 - a e^{-s(\tau+\theta)}}.
\end{aligned} \tag{10}
$$

于是可得 $\boldsymbol{y}$ 的一阶矩与二阶矩如下:

$$
\bar{Y} \equiv E(\boldsymbol{y}) = \frac{1}{\mu} + \frac{\tau}{1-a}; \tag{11}
$$

$$
E(\boldsymbol{y}^2) = \frac{2}{\mu^2} + \frac{2\tau}{\mu(1-a)} + \frac{\tau^2}{1-a} + \frac{2\tau(\tau+\theta)a}{(1-a)^2}. \tag{12}
$$

3. 在顾客离开系统之后的瞬时，队长的平稳分布 令 $\boldsymbol{q}_n$ 为第 n 次有顾客离开系统之后瞬时的队长. 由服务时间为负指数分布的假定，即可推知：若 $\boldsymbol{q}_n > 0$，则第 n 次离开时刻与第 $n+1$ 次离开时刻的间隔与 $\boldsymbol{y}$ 同分布；而若 $\boldsymbol{q}_n = 0$，则第 $n+1$ 次到达时刻与第 $n+1$ 次离开时刻的间隔与 $\boldsymbol{y}$ 同分布. 因此

$$
\boldsymbol{q}_{n+1} = \boldsymbol{q}_n - U(\boldsymbol{q}_n) + \boldsymbol{k}, \tag{13}
$$

其中

$$
U(x) \equiv \begin{cases} 1, & 若\ x > 0; \\ 0, & 若\ x = 0, \end{cases}
$$

而 $\boldsymbol{k}$ 与 $\boldsymbol{y}$ 中到达的顾客数同分布.

由此可见，马尔可夫链 $\{\boldsymbol{q}_n\}$ 可以看成服务时间为 $\boldsymbol{y}$ 的 M/G/

1 系统的嵌入马尔可夫链. 由第三章 §1 的定理 1 及 §2 的(10) 与 (7),即得下面的定理:

定理 1

1) $\{\boldsymbol{q}_n\}$ 为正常返的充分必要条件为

$$\rho \equiv \lambda \bar{Y} < 1. \tag{14}$$

2) 在 $\rho < 1$ 的条件下,记平稳队长 $\boldsymbol{q}_n$ 为 $\boldsymbol{q}$, 并记平稳队长 $\boldsymbol{q}$ 的分布的母函数为 $Q^*(z)$, 则

$$Q^*(z) = \frac{(1-\rho)(1-z)Y^*(\lambda(1-z))}{Y^*(\lambda(1-z)) - z}, \tag{15}$$

其中 $Y^*(s)$ 为 (10) 所给定.

而平均队长为

$$\bar{Q} \equiv E(\boldsymbol{q}) = \rho + \frac{\lambda^2 E(\boldsymbol{y}^2)}{2(1-\rho)}, \tag{16}$$

其中 $E(\boldsymbol{y}^2)$ 为 (12) 所给定. ||

4. 在服务量子开始时刻的队长(包括正被服务者)**的平稳分布** 令 $\boldsymbol{q}'_n$ 为第 n 次服务量子开始时刻的队长,则

$$\boldsymbol{q}'_{n+1} = \boldsymbol{q}'_n + \boldsymbol{m}_n + V(\boldsymbol{q}'_n + \boldsymbol{m}_n), \tag{17}$$

其中

$$V(x) \equiv \begin{cases} 0, & 若\ x > 0; \\ 1, & 若\ x = 0, \end{cases}$$

而 $\boldsymbol{m}_n$ 为第 n 次服务量子中到达的顾客数减去此量子结束时离去的顾客数(若此量子为某顾客服务时间的最后一个量子,则此量子结束时该顾客离去,故离去的顾客数为 1; 否则该顾客重新排入队尾, 故离去的顾客数为 0). 易知 $\{\boldsymbol{m}_n\}$ 为一独立同分布的随机变量序列,记 $\boldsymbol{m}_n$ 的母函数为 $M^*(z)$.

再令 $\boldsymbol{m}'$ 与 $\boldsymbol{m}''$ 分别为长度等于与小于 $\tau + \theta$ 的服务量子中到达的顾客数, 并将它们的母函数分别记为 $M_1^*(z)$ 与 $M_2^*(z)$.

假定 $\boldsymbol{q}'_n$ 的平稳分布存在, 记平稳队长 $\boldsymbol{q}'_n$ 为 $\boldsymbol{q}'$, 并记它的平稳分布母函数为 $Q_1^*(z)$. 我们有下面的定理:

定理 2 在服务量子开始时刻的平稳队长 $\boldsymbol{q}'$ 的分布的母函数

给如:

$$Q_1^*(z)=\frac{(1-\rho)(z-1)(1-a)}{1-M^*(z)},\tag{18}$$

其中

$$M^*(z)=ae^{-\lambda(\tau+\theta)(1-z)}+\frac{\mu e^{-\lambda\tau(1-z)}[1-ae^{-\lambda\theta(1-z)}]}{z[\mu+\lambda(1-z)]}. \ ||\tag{19}$$

证 由(17),

$$\begin{aligned}Q_1^*(z)&=E\{z^{\boldsymbol{q}'_{n+1}}\}\\&=E\{z^{\boldsymbol{q}'_{n+1}}|\boldsymbol{q}'_n+\boldsymbol{m}_n>0\}P\{\boldsymbol{q}'_n+\boldsymbol{m}_n>0\}\\&\quad+E\{z^{\boldsymbol{q}'_{n+1}}|\boldsymbol{q}'_n+\boldsymbol{m}_n=0\}P\{\boldsymbol{q}'_n+\boldsymbol{m}_n=0\}\\&=E\{z^{\boldsymbol{q}'_n+\boldsymbol{m}_n}|\boldsymbol{q}'_n+\boldsymbol{m}_n>0\}P\{\boldsymbol{q}'_n+\boldsymbol{m}_n>0\}\\&\quad+zP\{\boldsymbol{q}'_n+\boldsymbol{m}_n=0\}\\&=E\{z^{\boldsymbol{q}'_n+\boldsymbol{m}_n}\}-P\{\boldsymbol{q}'_n+\boldsymbol{m}_n=0\}\\&\quad+zP\{\boldsymbol{q}'_n+\boldsymbol{m}_n=0\}\\&=Q_1^*(z)M^*(z)+(z-1)P\{\boldsymbol{q}'_n+\boldsymbol{m}_n=0\},\end{aligned}$$

故

$$Q_1^*(z)=P\{\boldsymbol{q}'_n+\boldsymbol{m}_n=0\}\frac{z-1}{1-M^*(z)}.\tag{20}$$

令 $z\uparrow 1$, 由 $Q_1^*(1)=1$, 即得

$$P\{\boldsymbol{q}_n+\boldsymbol{m}_n=0\}=-\overline{M},\tag{21}$$

其中

$$\overline{M}\equiv E\{\boldsymbol{m}_n\}.\tag{22}$$

再由 $\boldsymbol{m}_n$ 的定义,可得

$$\begin{aligned}M^*(z)&\equiv E\{z^{\boldsymbol{m}_n}\}\\&=E\{z^{\boldsymbol{m}_n}|\boldsymbol{l}=\tau+\theta\}P\{\boldsymbol{l}=\tau+\theta\}\\&\quad+E\{z^{\boldsymbol{m}_n}|\boldsymbol{l}<\tau+\theta\}P\{\boldsymbol{l}<\tau+\theta\}\\&=E\{z^{\boldsymbol{m}'}\}P\{\boldsymbol{v}\geqslant\theta\}+E\{z^{\boldsymbol{m}''-1}\}P\{\boldsymbol{v}<\theta\}\\&=aM_1^*(z)+(1-a)z^{-1}M_2^*(z).\end{aligned}\tag{23}$$

而

$$M_1^*(z)=\sum_{j=0}^{\infty}z^je^{-\lambda(\tau+\theta)}\frac{[\lambda(\tau+\theta)]^j}{j!}$$

$$= e^{-\lambda(\tau+\theta)(1-z)} = e^{-\lambda(\tau+\theta)(1-z)};$$

$$M_2^*(z) = \sum_{j=0}^{\infty} z^j \int_0^\theta e^{-\lambda(\tau+x)} \frac{[\lambda(\tau+x)]^j}{j!} dP\{\boldsymbol{v} < x | \boldsymbol{v} < \theta\}$$

$$= \frac{1}{1-a} \int_0^\theta e^{-\lambda(1-z)(\tau+x)} dP\{\boldsymbol{v} < x\}$$

$$= \frac{\mu e^{-\lambda\tau(1-z)}(1 - a e^{-\lambda\theta(1-z)})}{(1-a)[\mu + \lambda(1-z)]}.$$

将此二式代入 (23)，即得 (19) 式。

将 (19) 式微商，即可求得

$$\bar{M} = (1-a)(\rho - 1), \tag{24}$$

代入 (21) 后，再代入 (20)，即得所求的 (18) 式. 定理 2 证毕. #

为了研究响应时间的分布，我们还需引入另外一种队长，令 $\boldsymbol{k}_i$ 为在平稳状态下，顾客第 i 次进入服务台(即此顾客开始接受第 i 个服务量子)之后的瞬时，位于此顾客身后的队伍(不包括此顾客) 的长度，$i = 1, 2, \cdots$. 令 $\boldsymbol{k}_i$ 的母函数为

$$K_i^*(z) \equiv E\{z^{k_i}\}, \quad i = 1, 2, \cdots. \tag{25}$$

则关于 $K_i^*(z)$，有如下的定理:

定理 3 队长 $\boldsymbol{k}_i$ 的母函数给如:

$$\begin{cases} K_i^*(z) = K_1^*(F_{i-1}) \prod_{j=1}^{i-1} M_1^*(F_j), \quad i = 2, 3, \cdots; & (26) \\ K_1^*(z) = \dfrac{1}{1-a}\left[\dfrac{Q_1^*(z)}{z} - a\dfrac{M_1^*(\phi(z))Q_1^*(\phi(z))}{\phi(z)}\right], & (27) \end{cases}$$

其中

$$M_1^*(z) \equiv E\{\boldsymbol{m}'\} = e^{-\lambda(\tau+\theta)(1-z)}; \tag{28}$$

$$\phi(z) \equiv zM^*(z); \tag{29}$$

$$\begin{cases} F_0 \equiv z; \\ F_j \equiv \phi(F_{j-1}), \quad j = 1, 2, \cdots; \end{cases} \tag{30}$$

而 $Q_1^*(z)$ 与 $M^*(z)$ 分别为 (18), (19) 所给定. ||

证 假定某顾客第 i 次进入服务之后的瞬时位于某后的队长(不包括此顾客) $\boldsymbol{k}_i = k$，同时假定他还要进入下一次服务，则

$$E\{z^{k_{i+1}} | \boldsymbol{k}_i = k\}$$

$$= \sum_{n=0}^{\infty} E\{z^{k_{i+1}} | k_i = k; \text{此顾客的长为 } \tau+\theta \text{ 的第 } i \text{ 个量子中到达 } n \text{ 人}\} P\{m' = n\}$$

$$= \sum_{n=0}^{\infty} \sum_{l=0}^{k+n} E\{z^{k_{i+1}} | k_i = k; \text{此顾客的长为 } \tau+\theta \text{ 的第 } i \text{ 个量子中到达 } n \text{ 人；此 } k+n \text{ 个顾客正要接受的 } k+n \text{ 个服务量子中有 } l \text{ 个长度等于 } \tau+\theta\} \binom{k+n}{l} a^l (1-a)^{k+n-l} \cdot P\{m' = n\}$$

$$= \sum_{n=0}^{\infty} \sum_{l=0}^{k+n} E\left\{z^{x+\sum_{\nu=1}^{l} m'_\nu + \sum_{\nu=1}^{k+n-l} m''_\nu}\right\} \cdot \binom{k+n}{l} a^l (1-a)^{k+n-l} P\{m' = n\}$$

其中 m'_ν, m''_ν, $\nu = 1, 2, \cdots$, 相互独立；m'_ν, $\nu = 1, 2, \cdots$, 均与 m' 同分布；m''_ν, $\nu = 1, 2, \cdots$, 均与 m'' 同分布。

因而

$$E\{z^{k_{i+1}} | k_i = k\} = \sum_{n=0}^{\infty} \sum_{l=0}^{k+n} z^x [M_1^*(z)]^l [M_2^*(z)]^{k+n-l} \cdot \binom{k+n}{l} a^l (1-a)^{k+n-l} P\{m' = n\}$$

$$= \sum_{n=0}^{\infty} z^{k+n} P\{m' = n\} [a M_1^*(z) + (1-a) z^{-1} M_2^*(z)]^{k+n},$$

由 (23) 式，得

$$E\{z^{k_{i+1}} | k_i = k\} = \sum_{n=0}^{\infty} z^{k+n} P\{m' = n\} [M^*(z)]^{k+n} = [\psi(z)]^k M_1^*(\psi(z)),$$

其中 $\psi(z)$ 为(29)所定义.

将上式两端均乘以 $P\{k_i = k\}$ 后，对 k 求和，即得

$$K_{i+1}^*(z)=K_i^*(\phi(z))M_1^*(\phi(z)),\quad i=1,2,\cdots. \tag{31}$$

由此利用归纳法即得 (26) 式.

再来证(27)式. 由于

$$P\{\text{一个服务量子是该顾客的第 } i \text{ 个以后的量子}\}$$

$$=\frac{\sum_{j=i+1}^{\infty}(j-i)P\{\boldsymbol{r}=j\}}{\bar{R}},$$

因而

$$P\{\text{一个服务量子是该顾客的第 } i \text{ 个量子}\}$$

$$=\frac{\sum_{j=i}^{\infty}(j-i+1)P\{\boldsymbol{r}=j\}}{\bar{R}}-\frac{\sum_{j=i+1}^{\infty}(j-i)P\{\boldsymbol{r}=j\}}{\bar{R}}$$

$$=\frac{P\{\boldsymbol{r}\geqslant i\}}{\bar{R}}=(1-a)a^{i-1}. \tag{32}$$

于是

$$Q_1^*(z)=E\{z^{q_n'}\}$$

$$=\sum_{i=1}^{\infty}E\{z^{q_n'}|\text{此服务量子是该顾客的第 } i \text{ 个量子}\}$$

$$\cdot(1-a)a^{i-1}$$

$$=\sum_{i=1}^{\infty}E\{z^{k_i+1}\}(1-a)a^{i-1}=z(1-a)\sum_{i=1}^{\infty}a^{i-1}K_i^*(z). \tag{33}$$

再将 (31) 两端乘以 a^i 后对 i 求和,得

$$\sum_{i=2}^{\infty}a^{i-1}K_i^*(z)=aM_1^*(\phi(z))\sum_{i=1}^{\infty}a^{i-1}K_i^*(\phi(z)). \tag{34}$$

比较 (33), (34) 两式,即得 (27) 式. 定理 3 证毕. #

5. 响应时间的平稳分布 从顾客到达时起到他首次进入服务台止这段等待时间 $\boldsymbol{t}_1$, 我们称为首次响应时间. 对于需要的服务量子数目 $\geq i\geqslant 2$ 的顾客, 从他第 $i-1$ 次进入服务台起到他第 i 次进入服务台止这段时间 $\boldsymbol{t}_i$, 称为第 $i(i\geqslant 2)$ 次响应时间.

令平稳响应时间 $\boldsymbol{t}_i$ 的分布的拉普拉斯-斯蒂尔吉斯变换为

$$T_i^*(s) \equiv E\{e^{-s\boldsymbol{t}_i}\},\ i \geqslant 1.$$

定理 4 各次响应时间平稳分布的拉普拉斯-斯蒂尔吉斯变换给如:

$$T_i^*(s) = e^{-s(\tau+\theta)} M_1^*(L^*(s)) K_{i-1}^*(L^*(s)),\ i \geqslant 2; \tag{35}$$

$$T_1^*(s) = 1 - \rho + \frac{\rho Q_1^*(L^*(s))}{\bar{L} L^*(s)[\lambda - \lambda L^*(s) - s]} \times [L^*(s) - L^*(\lambda(1 - L^*(s)))], \tag{36}$$

其中 $K_1^*(z)$, $K_i^*(z)(i \geqslant 2)$, $M_1^*(z)$, $Q_1^*(z)$, $L^*(s)$, $\bar{L}$ 分别为 (27), (26), (28), (18) (2), (4) 所给定. ||

证 当 $i \geqslant 2$ 时,

$$T_i^*(s) = \sum_{k=0}^{\infty} E\{e^{-s\boldsymbol{t}_i} | \boldsymbol{k}_{i-1} = k\} P\{\boldsymbol{k}_{i-1} = k\}$$

$$= \sum_{k=0}^{\infty} E\left\{ e^{-s\left(\tau+\theta+\sum_{j=1}^{k+\boldsymbol{m}'} \boldsymbol{l}_j\right)} \right\} P\{\boldsymbol{k}_{i-1} = k\}, \tag{37}$$

其中 $\boldsymbol{l}_j$, $j \geqslant 1$, 为独立同分布的随机变量,其分布均如 $\boldsymbol{l}$, 而 $\boldsymbol{m}'$ 为长度为 $\tau + \theta$ 的服务量子中所到达的顾客数, 在第 4 段开始时已予定义. 易知 $\boldsymbol{m}'$ 与各 $\boldsymbol{l}_j$ 也独立. 因此

$$T_i^*(s) = \sum_{k=0}^{\infty} \sum_{\nu=0}^{\infty} E\left\{ e^{-s\left(\tau+\theta+\sum_{j=1}^{k+\nu} \boldsymbol{l}_j\right)} | \boldsymbol{m}' = \nu \right\} \cdot P\{\boldsymbol{m}' = \nu\} P\{\boldsymbol{k}_{i-1} = k\}$$

$$= \sum_{k=0}^{\infty} \sum_{\nu=0}^{\infty} e^{-s(\tau+\theta)} [L^*(s)]^{k+\nu} P\{\boldsymbol{m}' = \nu\} P\{\boldsymbol{k}_{i-1} = k\}$$

$$= e^{-s(\tau+\theta)} M_1^*(L^*(s))\ K_{i-1}^*(L^*(s)),$$

此即所证的(35)式.

再来证 (36) 式. 由第三章 §**2** 的 (42) 式,

$$P\{\text{顾客到达时服务台空闲着}\} = 1 - \rho. \tag{38}$$

因而 P{顾客到达时服务台正在服务,且正在进行的服务量子已经进行的时间长度$\geq t$}

$$= \rho \frac{\int_t^{\tau+\theta} (x - t) dL(x)}{\bar{L}},$$

于是 $P\{$顾客到达时服务台正在服务，且正在进行的服务量子已经进行的时间长度 $<t\}$

$$= \rho \left[1 - \frac{\int_t^{\tau+\theta} (x - t) dL(x)}{\bar{L}} \right]$$

$$= \frac{\rho}{\bar{L}} \left\{ \bar{L} - \int_t^{\tau+\theta} x dL(x) + t[1 - L(t)] \right\}$$

$$= \frac{\rho}{\bar{L}} \left\{ \int_0^t x dL(x) + t[1 - L(t)] \right\}$$

$$= \frac{\rho}{\bar{L}} \int_0^t [1 - L(x)] dx. \tag{39}$$

故 $T_1^*(s) = E\{e^{-st_1} |$ 顾客到达时服务台空闲着$\}(1 - \rho)$

$+ \int_0^{\tau+\theta} E\{e^{-st_1} |$ 顾客到达时服务台正在服务，且正在进行的服务量子已经进行的时间长度 $= t\}$

$$\times \frac{\rho}{\bar{L}} [1 - L(t)] dt = E\{e^{-s\cdot 0}\}(1 - \rho)$$

$$+ \int_0^{\tau+\theta} E\left\{ e^{-s\left(\tilde{l}(t) + \sum_{j=1}^{q(t)-1} l_j\right)} \right\} \frac{\rho}{\bar{L}} [1 - L(t)] dt, \tag{40}$$

其中 $\boldsymbol{q}(t)$ 为上述顾客到达时看到系统中的顾客数；$\boldsymbol{l}_j$, $j \geqslant 1$, 定义如前；$\tilde{\boldsymbol{l}}(t)$ 为已经服务了 t 时间的那个服务量子尚需继续服务的时间. 易知 $\boldsymbol{q}(t)$, $\tilde{\boldsymbol{l}}(t)$, $\boldsymbol{l}_j$, $j \geqslant 1$, 相互独立，$\boldsymbol{q}(t)$ 等于一个量子开始时系统中的顾客数 $\boldsymbol{q}'$ 加上长度为 t 的时间间隔内到达的顾客数，因而

$$E\{z^{q(t)}\} = E\{z^{q'}\} e^{-\lambda t(1-z)} = Q_1^*(z) e^{-\lambda t(1-z)}, \tag{41}$$

其中 $Q_1^*(z)$ 为 (18) 所给定.

而 $\tilde{\boldsymbol{l}}(t)$ 的分布为

$$P\{\tilde{\boldsymbol{l}}(t) \leqslant x\} = P\{\boldsymbol{l} - t \leqslant x | \boldsymbol{l} > t\} = \frac{L(t + x) - L(t)}{1 - L(t)},$$

故其拉普拉斯-斯蒂尔吉斯变换为

$$\tilde{L}_t^*(s) = \frac{1}{1 - L(t)} \int_{u=t}^{\tau+\theta} e^{-s(u-t)} dL(u)。 \tag{42}$$

于是，由 (40)，

$$T_1^*(s) = 1 - \rho + \int_0^{\tau+\theta} \sum_{h=1}^{\infty} E\left\{ e^{-s\left(l(t) + \sum_{j=1}^{h-1} l_j\right)} \middle| \boldsymbol{q}(t) = h \right\}$$

$$\times P\{\boldsymbol{q}(t) = h\} \frac{\rho}{\bar{L}} [1 - L(t)] dt$$

$$= 1 - \rho + \int_0^{\tau+\theta} \sum_{h=1}^{\infty} \tilde{L}_t^*(s) [L^*(s)]^{h-1} P\{\boldsymbol{q}(t) = h\}$$

$$\times \frac{\rho}{\bar{L}} [1 - L(t)] dt$$

$$= 1 - \rho + \int_0^{\tau+\theta} \tilde{L}_t^*(s) \frac{\rho}{\bar{L} L^*(s)} E\{[L^*(s)]^{q(t)}\} [1 - L(t)] dt.$$

将 (41)，(42) 代入，得

$$T_1^*(s) = 1 - \rho + \frac{\rho Q_1^*(L^*(s))}{\bar{L} L^*(s)} \int_{t=0}^{\tau+\theta} e^{-\lambda t[1 - L^*(s)]}$$

$$\times \left\{ \int_{u=t}^{\tau+\theta} e^{-s(u-t)} dL(u) \right\} dt$$

$$= 1 - \rho + \frac{\rho Q_1^*(L^*(s))}{\bar{L} L^*(s)} \int_{u=0}^{\tau+\theta} e^{-su} dL(u)$$

$$\times \int_{t=0}^{u} e^{-[\lambda - \lambda L^*(s) - s]t} dt$$

$$= 1 - \rho + \frac{\rho Q_1^*(L^*(s))}{\bar{L} L^*(s) [\lambda - \lambda L^*(s) - s]}$$

$$\times [L^*(s) - L^*(\lambda(1 - L^*(s)))].$$

此即所证的 (36) 式．定理 4 证毕．#

令 $\boldsymbol{t}$ 为顾客的总响应时间，即从他到达时起到他离开系统止这段时间．设此顾客所需的服务时间为 $\boldsymbol{v}$，则平均总响应时间

$$E\{\boldsymbol{t}\} = \int_0^{\infty} E\{\boldsymbol{t} | \boldsymbol{v} = x\} d(1 - e^{-\mu x})$$

$$= \int_0^\infty E\left\{ \sum_{i=1}^{-\left[\frac{-x}{\theta}\right]} \boldsymbol{t}_i + x + \theta\left(\left[\frac{-x}{\theta}\right] + 1\right) + \tau \right\} d(1 - e^{-\mu x}),$$

其中【u】表示不超过 u 的最大整数. 因此

$$E\{\boldsymbol{t}\} = \mu \int_0^\infty \left\{ \sum_{i=1}^{-\left[\frac{-x}{\theta}\right]} E\{\boldsymbol{t}_i\} + x + \theta\left(\left[\frac{-x}{\theta}\right] + 1\right) + \tau \right\} e^{-\mu x} dx$$

$$= \mu \sum_{j=0}^\infty \int_{j\theta}^{(j+1)\theta} \left\{ \sum_{i=1}^{j+1} E\{\boldsymbol{t}_i\} + x - j\theta + \tau \right\} e^{-\mu x} dx$$

$$= \sum_{j=0}^\infty a^j (1-a) \sum_{i=1}^{j+1} E\{\boldsymbol{t}_i\} + \tau + \frac{1}{\mu} - \frac{a\theta}{1-a}$$

$$= \sum_{i=1}^\infty a^{i-1} E\{\boldsymbol{t}_i\} + \tau + \frac{1}{\mu} - \frac{a\theta}{1-a}. \qquad (43)$$

这就是平均总响应时间的计算公式,其中各 $E\{\boldsymbol{t}_i\}$ 可由 (35),(36) 求微商得到.

平均总响应时间的计算公式 (43) 也可如下求得:

由 (11), 服务台对每个顾客所提供的平均总服务时间为

$$\bar{Y} = \frac{1}{\mu} + \frac{\tau}{1-a},$$

其中长度为 $\tau + \theta$ 的量子平均为 $\bar{R} - 1$ 个,故最后一个量子 $\boldsymbol{l}'$ 的平均长度为

$$E\{\boldsymbol{l}'\} = \bar{Y} - (\bar{R} - 1)(\tau + \theta)$$

$$= \frac{1}{\mu} + \frac{\tau}{1-a} - \left(\frac{1}{1-a} - 1\right)(\tau + \theta)$$

$$= \tau + \frac{1}{\mu} - \frac{a\theta}{1-a}. \qquad (44)$$

因此利用(7)与(44),可求得平均总响应时间为

$$
\begin{aligned}
E\{\boldsymbol{t}\} &= \sum_{i=1}^{\infty} E\{\boldsymbol{t} \mid \boldsymbol{r}=i\} P\{\boldsymbol{r}=i\} \\
&= \sum_{i=1}^{\infty} E\left\{\sum_{j=1}^{i} \boldsymbol{t}_j + \boldsymbol{l}'\right\} a^{i-1}(1-a) \\
&= \sum_{i=1}^{\infty} \left[\sum_{j=1}^{i} E\{\boldsymbol{t}_j\} + E\{\boldsymbol{l}'\}\right] a^{i-1}(1-a) \\
&= \sum_{i=1}^{\infty} a^{i-1} E\{\boldsymbol{t}_i\} + \tau + \frac{1}{\mu} - \frac{a\theta}{1-a}.
\end{aligned}
$$

此即(43)式.

由于各次响应时间 $\boldsymbol{t}_i(i \geqslant 1)$ 之间相互不独立,因此不能如同上面求均值那样方法来求总响应时间 $\boldsymbol{t}$ 的分布的拉普拉斯-斯蒂尔吉斯变换,而要采用其它的办法,在这里就不再介绍了.

§3. 序贯处理机(多重处理)

1. 问题 为了提高计算速度,经常采用并行处理的办法,就是说,将两个或多个处理机通过一个公共的控制台联结起来,每个处理机都有入口通到全部或部分可用的存储器(图 1),每个处理机在结构上是相同的,但计算速度可以不同.

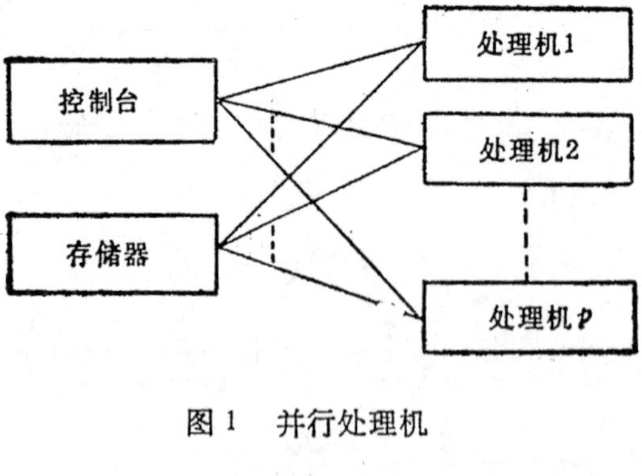

图 1 并行处理机

在这样的系统中,应该如何分配总负载的问题就很自然地提出. 一般说来,并不一定能将总负载分成 p 个独立的段,把它们分

别用 p 个处理机来执行. 更为合理的情形是假定 p 个处理机上的计算是互相关联的. 作为其特例,假定数据必须由这些处理机序贯地加以处理,即第 1 个处理机先在数据的某一子集上执行一部分计算任务,然后把计算结果通过存储器传送到第 2 个处理机,第 2 个处理机就接着执行它所分到的任务,并把计算结果又通过存储器传送到第 3 个处理机,如此继续. 第 1 个处理机在完成了它在第一个数据子集上的任务后,立即开始在第二个数据子集上的工作,如此等等. 因此我们可想象成把数据分成很多子集,每个子集沿此一系列处理机序贯地进行处理. 这样一系列的处理机就称为序贯处理机,这种处理方式通常就称为多重处理. 易见这里有两个因素会影响整个系统的速度: 一个是每个处理机的计算速度(可以彼此不同);另一个是各个处理机之间公用存储器的容量. 实际上,当两个处理机之间的公用存储器饱和时,将结果输出给此存储器的处理机必须停止工作,直到它后面那级处理机将此存储器腾出一段存储空间(等于一个数据子集计算结果所需的空间)为止. 类似地,当两个处理机之间的公用存储器全空时,要从该存储器取出数据进行计算的处理机也就无法工作,直到有较多的数据能用时才开始新的任务.

我们最关心的问题就是如何计算完成全部数据处理工作所需的平均时间.

2. 现在来建立上述问题的随机服务系统的模型 我们考虑较为简单的情形. 假定 $p=2$,即只有两个串联的服务台(处理机). 再假定有 n 项需要完成的服务,这里的每项服务对应于前面所说的在一个数据子集上的计算任务. 一开始,假定系统中有 N 个顾客,他们都在第一级服务台,其中有一个正被服务,其它 $N-1$ 个在排队等待. 当顾客完成第一级服务后,如果第二级服务台空着,该顾客就进入第二级服务,否则就加入第二级服务台前的队伍末尾,排队等待. 第二级服务完成后,顾客又排回到第一级服务台前的队尾,等待再次进行两级服务. 这个过程不断继续(见图 2). 每当一个顾客完成了一次服务循环,就表示序贯处理机执行完一项计算任务．因此，当这两级服务台完成了 n 次服务后，所有 n 项计算任务就全部执行完毕．

可以看出，当 N 个顾客都进入系统第二级时，第一级服务台就只能停止工作，这正好反映了前面所描述的序贯处理机的性能要求：当两个处理机之间的公用存储器饱和时，前面的处理机必须停止工作．同样，当 N 个顾客都进入系统的第一级时，第二级服务台也就停止工作．因此，这里的 N 恰好表示两台处理机之间的公用存储器的容量．

假定两个服务台的服务时间相互独立，均为负指数分布，其均值分别为 μ_1^{-1} 与 μ_2^{-1}．

我们将完成 n 项计算任务所需的平均时间记为 T，再令

$$\sigma \equiv \frac{\mu_2}{\mu_1}.$$

定理 1 当 $n \gg N$ 时，近似地有

$$T = \begin{cases} \dfrac{n}{\mu_2} \dfrac{1-\sigma^{N+1}}{1-\sigma^N}, & \sigma \neq 1; \\ \dfrac{n}{\mu_2} \dfrac{N+1}{N}, & \sigma = 1. \| \end{cases} \tag{1}$$

证 令 $P(k, N-k; t)$ 为在时刻 t 第一级有 k 个顾客（等待及正被服务的都包括在内）、第二级有 $N-k$ 个顾客（涵义同上）的概率，$0 \leqslant k \leqslant N$．易知存在下列关系：

$$\begin{cases} P(0, N; t+\Delta t) = \mu_1 \Delta t P(1, N-1; t) \\ \qquad\qquad + (1-\mu_2\Delta t) P(0, N; t) + o(\Delta t); \\ P(k, N-k; t+\Delta t) = \mu_1 \Delta t P(k+1, N-k \\ \qquad - 1; t) + \mu_2 \Delta t P(k-1, N-k+1; t) \\ \qquad + (1-\mu_1\Delta t - \mu_2\Delta t) P(k, N-k; t) \\ \qquad + o(\Delta t), \ 1 \leqslant k \leqslant N-1; \\ P(N, 0; t+\Delta t) = \mu_2 \Delta t P(N-1, 1; t) \\ \qquad + (1-\mu_1\Delta t) P(N, 0; t) + o(\Delta t). \end{cases}$$

移项后除以 Δt，并令 $\Delta t \to 0$，即得

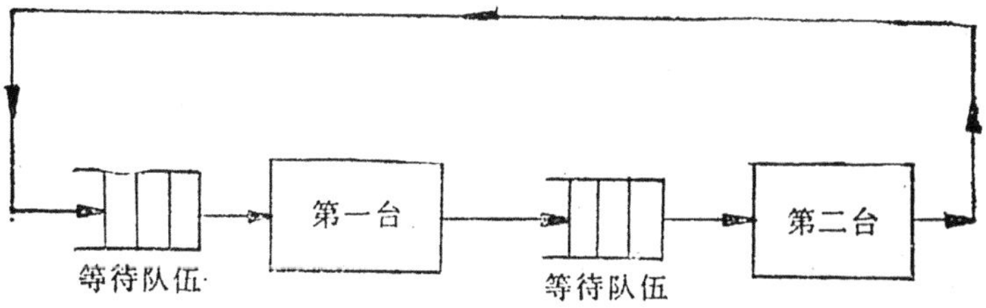

图 2　随机服务系统模型

$$
\begin{cases}
\dfrac{dP(0, N; t)}{dt} = \mu_1 P(1, N-1; t) - \mu_2 P(0, N; t); \\
\dfrac{dP(k, N-k; t)}{dt} = \mu_1 P(k+1, N-k-1; t) \\
\quad + \mu_2 P(k-1, N-k+1; t) - (\mu_1 + \mu_2) P(k, \\
\quad N-k; t), 1 \leqslant k \leqslant N-1; \\
\dfrac{dP(N, 0; t)}{dt} = \mu_2 P(N-1, 1; t) - \mu_1 P(N, 0; t).
\end{cases} \tag{2}
$$

由于第一级与第二级的顾客总数恒为 N，因此，只要第一级的顾客数确定后，第二级的顾客也就自然确定. 显见在时刻 t 第一级的顾客数构成一马尔可夫过程，且满足第六章 §1 的极限定理的条件，故如该处同样处理，并利用有限状态不可约马尔可夫链为正常返链这一性质(见 Feller[60] 355 页)，即可推知极限

$$
\lim_{t \to \infty} P(k, N-k; t) \equiv P(k, N-k) > 0
$$

存在，与初始条件无关，且 $\{P(k, N-k), k = 0, 1, \cdots, N\}$ 构成一分布. 又如第一章 §3 的第 5 段中所证，此时必有

$$
\lim_{t \to \infty} \frac{dP(k, N-k; t)}{dt} = 0, \ 0 \leqslant k \leqslant N.
$$

故在 (2) 中令 $t \to \infty$，即得平稳概率 $P(k, N-k)$ 所满足的线性代数方程组：

$$
\begin{cases}
\mu_1 P(1, N-1) - \mu_2 P(0, N) = 0; \\
\mu_1 P(k+1, N-k-1) + \mu_2 P(k-1, N-k+1) \\
\qquad - (\mu_1 + \mu_2) P(k, N-k) = 0, \\
\qquad\qquad 1 \leqslant k \leqslant N-1; \\
\mu_2 P(N-1, 1) - \mu_1 P(N, 0) = 0.
\end{cases} \tag{3}
$$

由此即得

$$\mu_1 P(k, N-k) - \mu_2 P(k-1, N-k+1) = 0,$$
$$1 \leqslant k \leqslant N.$$

因而

$$P(k, N-k) = \sigma P(k-1, N-k+1),\ 1 \leqslant k \leqslant N.$$

由此递推即得

$$P(k, N-k) = \sigma^k P(0, N),\ 0 \leqslant k \leqslant N. \tag{4}$$

对 k 求和，得

$$1 = \sum_{k=0}^{N} P(k, N-k) = P(0, N) \sum_{k=0}^{N} \sigma^k,$$

故

$$P(0, N) = \frac{1}{\sum_{i=0}^{N} \sigma^i}. \tag{5}$$

代入 (4)，得

$$P(k, N-k) = \frac{\sigma^k}{\sum_{k=0}^{N} \sigma^k}. \tag{6}$$

这就是我们所求的平稳概率。

为了使系统达到平稳状态，需要系统运行一个相当长的时期，也就是说，要求 N 个顾客都在上述随机服务系统模型中循环相当多次。现在要服务掉总数为 n 那么多人次，就需要使 N 个顾客循环 $\left[\frac{n}{N}\right]$ 次，同时其中 $n - N\left[\frac{n}{N}\right]$ 个顾客还要多循环一次，此处【x】表示不超过 x 的最大整数。由于假定 $n \gg N$，故 $\left[\frac{n}{N}\right] \gg 1$，因此可以近似地认为系统早已平稳，并将服务掉 n 个顾客这段时间内任何时刻的状态概率都用平稳概率来作为近似值。

由于 T 是服务掉 n 个顾客所需的平均时间，因此 $[1 - P(0, N)]T$ 是第一个服务台进行服务的总时间的平均长度，在此期间第一个服务台正好服务掉 n 个顾客，而每个顾客的平均服务时间

是 $\frac{1}{\mu_1}$,因此

$$[1-P(0,N)]T=n\frac{1}{\mu_1},$$

以 (5) 代入,即得所证 (1) 式. 定理 1 证毕。#

3. 性能分析 现在引进一个度量序贯处理机性能的数量指标 R. 它定义为用序贯处理机计算这 n 项任务所需的平均时间与用单处理机计算这 n 项任务所需的平均时间之比. 此处的单处理机对每个顾客两阶段的处理速度当然与序贯处理机两级的速度相对应, 即第一阶段平均速度为 μ_1, 第二阶段平均速度为 μ_2. 故

$$R\equiv\frac{T}{T_1},\tag{7}$$

其中 T 为 (1) 所定义,而 T_1 由定义为

$$T_1=n(\mu_1^{-1}+\mu_2^{-1}).\tag{8}$$

将 (1), (8) 代入 (7), 即得

$$R=\begin{cases}\dfrac{1}{1+\sigma}\dfrac{1-\sigma^{N+1}}{1-\sigma^N}, & \sigma\neq 1;\\[2mm] \dfrac{N+1}{2N}, & \sigma=1.\end{cases}\tag{9}$$

这就是计算序贯处理机的性能的公式.

由 R 的定义看出, R 愈小,序贯处理机的性能愈好. 另外, 也可看出.

$$\frac{1}{2}\leqslant R\leqslant 1.\tag{10}$$

事实上, 因为序贯处理机性能最差的情形是任何时刻只有一台处理机在运算, 而此时的 $T=n(\mu_1^{-1}+\mu_2^{-1})$, 故由 (8) 及 (7), $R=1$. 相反地,序贯处理机性能最好的情形是任何时刻两台处理机都在运算,此时

$$T\geqslant n\cdot\max(\mu_1^{-1},\mu_2^{-1})\geqslant n\frac{\mu_1^{-1}+\mu_2^{-1}}{2},$$

因此由 (8) 及 (7), 得

$$R \geqslant \frac{n^{\frac{\mu_1^{-1}+\mu_2^{-1}}{2}}}{n(\mu_1^{-1}+\mu_2^{-1})} = \frac{1}{2}.$$

记 $R = R(\sigma, N)$. 易知其对 σ 与 σ^{-1} 对称，即

$$R(\sigma, N) = R(\sigma^{-1}, N). \tag{11}$$

定理 2 对 $\sigma_1 \leqslant \sigma_2 \leqslant 1$，恒有

$$R(\sigma_1, N) \geqslant R(\sigma_2, N). \ \| \tag{12}$$

证 由(9)，对 $\sigma \neq 1$，

$$R(\sigma, N) = \frac{1-\sigma^{N+1}}{1-\sigma^{N+1}+\sigma-\sigma^N} = \frac{1}{1+\dfrac{\sigma-\sigma^N}{1-\sigma^{N+1}}}.$$

令
$$x(\sigma) \equiv \frac{\sigma-\sigma^N}{1-\sigma^{N+1}}.$$

只需证明 $x(\sigma)$ 在 $0 \leqslant \sigma < 1$ 内是非降函数，则 $R(\sigma, N)$ 就在 $0 \leqslant \sigma < 1$ 内是 σ 的非增函数；又由于 $R(\sigma, N)$ 在 $\sigma = 1$ 连续，因此它就在 $0 \leqslant \sigma \leqslant 1$ 内对 σ 非增，此即所证，现将 $x(\sigma)$ 求微商，得

$$\frac{dx(\sigma)}{d\sigma} = \frac{1-N\sigma^{N-1}+N\sigma^{N+1}-\sigma^{2N}}{(1-\sigma^{N+1})^2}. \tag{13}$$

上式分母在 $0 \leqslant \sigma < 1$ 内为正，其分子

$$\begin{aligned} 1-N\sigma^{N-1}+N\sigma^{N+1}-\sigma^{2N} &= (1-\sigma^{2N})-N\sigma^{N-1}(1-\sigma^2) \\ &= (1-\sigma^2)(1+\sigma^2+\sigma^4+\cdots+\sigma^{2N-2}-N\sigma^{N-1}). \end{aligned}$$

上式右端第一因子为正，第二因子

$$y(\sigma) \equiv 1+\sigma^2+\sigma^4+\cdots+\sigma^{2N-2}-N\sigma^{N-1}$$

的系数有两次变号，故至多只有两个正实根，显见 $\sigma = 1$ 为其一根，但又由

$$y(\sigma) = \sigma^{2N-2}y(\sigma^{-1})$$

知：若 σ_0 为 $y(\sigma)$ 的一个根，σ_0^{-1} 也必为一根，故 $y(\sigma)$ 的两个正实根均在 $\sigma = 1$. 也就是说，$y(\sigma)$ 在 $0 \leqslant \sigma < 1$ 内不变号，于是由 $y(0) = 1 > 0$，即知

$$y(\sigma) > 0, \quad 0 \leqslant \sigma < 1.$$

故由 (13)，即得

$$\frac{dx(\sigma)}{d\sigma} > 0,\quad 0 \leqslant \sigma < 1.$$

定理 2 证毕. #

定理 2 说明两台处理机的速度相差愈大，序贯处理机的性能就愈差，而当两者速度相同，即 $\sigma = 1$ 时，序贯处理机的性能达到最优化. 这点与直观是符合的，因为两台处理机是完全对称的，因此只有当它们速度相同时，平均速度快的那台才不会等待平均速度慢的那台.

由 (9) 式，还可立即看出，对所有的 σ，

$$R(\sigma, 1) = 1. \tag{14}$$

它说明如果两台处理机之间的公用存储器容量 $N = 1$，则序贯处理机的性能最差，不管两台速度比例如何，始终与单台处理机的效果一样.

又由 (9)，

$$\lim_{N\to\infty} R(\sigma, N) = \begin{cases} \dfrac{1}{1+\sigma}, & \sigma \leqslant 1; \\ \dfrac{1}{1+\sigma^{-1}}, & \sigma \geqslant 1. \end{cases} \tag{15}$$

这是公用存储器容量无限时的序贯处理机的性能指标，容易看出此时仍然在 $\sigma = 1$ 时达到最优化$\left(\text{即 } R \text{ 取最小值 } \frac{1}{2}\right)$.

§4. 存储器性能分析

1. 问题的提出 我们考虑一个组合计算机系统，如阵列机、向量机或其它类型的组合机.

假定有 n (正整数)台公用的存储器，中央处理机每隔一拍就可能提出一次取数请求，每次请求访问 r (非负整数，$0 \leqslant r \leqslant n$)台存储器的概率为 p_r，此处 $\sum_{r=0}^{n} p_r = 1$. 当某次请求访问 $r(1 \leqslant r \leqslant n)$ 台存储器时，这 r 台存储器中起首那台是在 n 台中等概地选择的，而其后的 $r-1$ 台是紧接着顺序选择的(我们将 n 台存储器看

作圈形排列的，故第 n 台之后的顺序又是第1台，第2台、……等等）.假定访问接受后取数的时间为1拍，但存储器的周期为 J（正整数）拍，也就是说，在 J 拍内该存储器不能再取其它数.当有一请求访问某 r 台存储器时，若此 r 台均未处于取数后的周期 J 中，该请求就立即开始取数；否则，若此 r 台中只要有1台尚处于取数后的周期 J 中，该请求就得等待，同时该请求之后的下一拍的请求也就被迫暂停，不再提出. 直到此 r 台在某拍都结束了已经进行的取数周期时，等待着的请求才在此拍开始取数，而新的请求也才能在下一拍随之提出.

对此系统，我们将研究取数请求的平均响应时间，即在提出取数请求的条件下，平均要几拍才能取出一次数.

2. 随机服务系统的模型 现在就来建立随机服务系统的模型. 在上述系统中，输入是依赖于系统的状态的. 为了确切地描述这种输入，我们将引进“虚等待空间”的概念.

假定有 n 个服务台排成圈形，每隔单位时间（一拍）可能到达一批顾客，每批顾客包括 $r(0 \leqslant r \leqslant n)$ 人的概率为 p_r, $\sum_{r=0}^{n} p_r = 1$.当 $r > 0$ 时，此 r 人要求相邻的 r 个服务台给予服务，此 r 台中的起首那台是在 n 台中等概地选择的. 每个顾客的服务时间都为单位时间，但每次服务开始后，服务台均要在服务周期 J（正整数）后才能进行下一次服务.当有一批个数为 r 的顾客到达时，若他们要求给予服务的那 r 个服务台均未处于服务周期 J 中，该批顾客就立即开始被接受服务；否则，若此 r 台中还有服务台仍处于服务周期 J 中，该批顾客就全体进入虚等待空间等待，同时下一拍就不会再有任何顾客到来，直到在某拍此 r 台都结束了已经进行的服务周期时，虚等待空间中的那批顾客才在该拍进入此 r 台，而新的一批顾客也就在下一拍随之到来.

现在令系统在时刻 t（第 t 拍，t 为非负整数）开始前瞬时的状态为 $\boldsymbol{N}_t \equiv (\boldsymbol{i}_1, \boldsymbol{i}_2, \cdots, \boldsymbol{i}_n, \boldsymbol{K})$，其中 $\boldsymbol{i}_\nu (1 \leqslant \nu \leqslant n)$ 取值为 $0, 1, \cdots, J-1$，表示第 ν 台要经过 $\boldsymbol{i}_\nu$ 拍后才能结束服务周期；

$\boldsymbol{K}$ 表示虚等待空间的状态，取值（包括取值概率为 0 的那些值在内）为：

$$
\begin{aligned}
&0;\\
&1(1),\ 1(2),\ \cdots,\ 1(n);\\
&2(1),\ 2(2),\ \cdots,\ 2(n);\\
&\cdots\cdots\\
&\overline{n-1}(1),\ \overline{n-1}(2),\ \cdots,\ \overline{n-1}(n);\\
&n.
\end{aligned}
$$

当 $\boldsymbol{K}=0$ 时，表示虚等待空间中没有顾客；

当 $\boldsymbol{K}=m(k)(1\leqslant m\leqslant n-1;\ 1\leqslant k\leqslant n)$ 时，表示虚等待空间中有一批顾客在等待，顾客的数目为 m，他们要求给予服务的 m 个服务台中起首的是第 k 台；

当 $\boldsymbol{K}=n$ 时，表示虚等待空间中有一批顾客在等待，顾客的数目为 n.

3. 状态转移方程组 现令

$$P\{\boldsymbol{N}_t=(i_1,i_2,\cdots,i_n,K)\}\equiv P^{(t)}_{i_1,i_2,\cdots,i_n}(K).$$

容易看出，$\{\boldsymbol{N}_t,\ t\geqslant 1\}$ 为一有限状态的马尔可夫链，而且是不可约的（取值概率为 0 的那些状态除外），因此，此马尔可夫链必为正常返（见 Feller [60] 355 页），所以，极限

$$\lim_{t\to\infty}P^{(t)}_{i_1,i_2,\cdots,i_n}(K)\equiv p_{i_1,i_2,\cdots,i_n}(K)>0 \tag{1}$$

存在（取值概率为 0 的那些状态除外，对这些状态，极限概率当然均为 0），且与初始条件无关. 此时 $\{p_{i_1,i_2,\cdots,i_n}(K)\}$ 为一分布.

列出状态概率所满足的从时刻 t 到 $t+1$ 的状态转移方程组，并取极限 $t\to\infty$ 后，即可得到极限概率(1)所满足的线性代数方程组（以下各式的求和号在上标小于下标时取为 0）：

$$
\begin{cases}
p_{i_1,i_2,\cdots,i_n}(K)=0,\ \text{若}\ K\neq 0,\ \text{且有某一}\\
\qquad \nu(1\leqslant \nu\leqslant n),\ \text{使}\ i_\nu=J-1; & (2_1)\\
p_{i_1,i_2,\cdots,i_n}(K)=0,\ \text{若存在}\ \nu,\theta,\mu,\phi(1\leqslant \nu<\theta\\
\qquad <\mu<\phi\leqslant n),\\
\qquad \text{使}\ i_\nu=i_\mu\neq 0,\ \text{但}\ i_\theta\neq i_\nu,\ i_\phi\neq i_\nu;
\end{cases}
$$

或使 $i_\theta = i_\phi \neq 0$，但 $i_\nu \neq i_\theta$，$i_\mu \neq i_\theta$； (2_2)

$$p_{0,0,\cdots,0}(0) = p_0 p_{0,0,\cdots,0}(0) + \sum_{l=1}^{n-1} n p_0 p_{\underbrace{1,1,\cdots,1}_{l\text{个}},0,0,\cdots,0}(0) + p_0 p_{1,1,\cdots,1}(0); \tag{2_3}$$

$$p_{0,0,\cdots,0}(m(1)) = \sum_{l=1}^{n-1} \min(m+l-1,n)\frac{p_m}{n} \times p_{\underbrace{1,1,\cdots,1}_{l\text{个}},0,0,\cdots,0}(0) + \frac{p_m}{n} p_{1,1,\cdots,1}(0) + \sum_{l=1}^{n-1} \min(m+l-1,n)\, p_{\underbrace{1,1,\cdots,1}_{l\text{个}},0,0,\cdots,0}(m(1)) + p_{1,1,\cdots,1}(m(1)),$$
$$1 \leqslant m \leqslant n-1; \tag{2_4}$$

$$p_{0,0,\cdots,0}(n) = \sum_{l=1}^{n-1} n p_n\, p_{\underbrace{1,1,\cdots,1}_{l\text{个}},0,0,\cdots,0}(0) + p_n p_{1,1,\cdots,1}(0) + \sum_{l=1}^{n-1} n p_{\underbrace{1,1,\cdots,1}_{l\text{个}},0,0,\cdots,0}(n) + p_{1,1,\cdots,1}(n); \tag{2_5}$$

$$p_{i_1,i_2,\cdots,i_l,0,0,\cdots,0}(0) = p_0 p_{i_1+1,i_2+1,\cdots,i_l+1,0,0,\cdots,0}(0) + \sum_{\nu=1}^{n-l}(n-l-\nu+1) p_0 p_{i_1+1,i_2+1,\cdots,i_l+1,\underbrace{1,1,\cdots,1}_{\nu\text{个}},0,0,\cdots,0}(0),$$
$$1 \leqslant l \leqslant n,\ 0 < i_\mu < J-1,\ 1 \leqslant \mu \leqslant l; \tag{2_6}$$

$$p_{i_1,i_2,\cdots,i_l,0,0,\cdots,0}(m(k)) = \frac{p_m}{n} p_{i_1+1,i_2+1,\cdots,i_l+1,0,0,\cdots,0}(0) + \sum_{\nu=1}^{n-l}(n-l-\nu+1)\frac{p_m}{n} p_{i_1+1,i_2+1,\cdots,i_l+1,\underbrace{1,1,\cdots,1}_{\nu\text{个}},0,0,\cdots,0}(0) + p_{i_1+1,i_2+1,\cdots,i_l+1,0,0,\cdots,0}(m(k)) + \sum_{\nu=1}^{n-l}(n-l-\nu+1) p_{i_1+1,i_2+1,\cdots,i_l+1,\underbrace{1,1,\cdots,1}_{\nu\text{个}},0,0,\cdots,0} \cdot (m(k)),$$

$1 \leqslant l \leqslant n$，$1 \leqslant k \leqslant l$，$1 \leqslant m \leqslant n-1$，$0 < i_\mu < J-1$，

$1 \leqslant \mu \leqslant l$；或 $1 \leqslant l \leqslant n, k > l, m > n - k + 1$.

$0 < i_\mu < J - 1, 1 \leqslant \mu \leqslant l$; (2₇)

$$p_{i_1,i_2,\cdots,i_l,0,0,\cdots,0}(m(k)) = \sum_{\nu=1}^{n-l} \min(\nu+m-1, n-l-\nu+1) \times \frac{p_m}{n} p_{i_1+1,i_2+1,\cdots,i_l+1,\underbrace{1,1,\cdots,1}_{\nu\text{个}},0,0,\cdots,0}(0) + \sum_{\nu=1}^{n-l} \min(\nu + m - 1, n - l - \nu + 1) p_{i_1+1,i_2+1,\cdots,i_l+1,\underbrace{1,1,\cdots,1}_{\nu\text{个}},0,0,\cdots,0} \cdot (m(k)),$$

$1 \leqslant l \leqslant n, k > l, 1 \leqslant m \leqslant n - k + 1,$

$0 < i_\mu < J - 1, 1 \leqslant \mu \leqslant l$; (2₈)

$$p_{i_1,i_2,\cdots,i_l,0,0,\cdots,0}(n) = p_n p_{i_1+1,i_2+1,\cdots,i_l+1,0,0,\cdots,0}(0) + \sum_{\nu=1}^{n-l} (n-l-\nu+1) p_n p_{i_1+1,i_2+1,\cdots,i_l+1,\underbrace{1,1,\cdots,1}_{\nu\text{个}},0,0,\cdots,0}(0) + p_{i_1+1,i_2+1,\cdots,i_l+1,0,0,\cdots,0}(n) + \sum_{\nu=1}^{n-l} (n-l-\nu+1) p_{i_1+1,i_2+1,\cdots,i_l+1,\underbrace{1,1,\cdots,1}_{\nu\text{个}},0,0,\cdots,0}(n),$$

$1 \leqslant l \leqslant n, 0 < i_\mu < J - 1, 1 \leqslant \mu \leqslant l$; (2₉)

$$p_{\underbrace{J-1,J-1,\cdots,J-1}_{l\text{个}},\underbrace{0,0,\cdots,0}_{s-l\text{个}},i_{s+1},i_{s+2},\cdots,i_n}(0) = \frac{p_l}{n} \times p_{0,0,\cdots,0,i_{s+1}+1,i_{s+2}+1,\cdots,i_n+1}(0) + \sum_{j=1}^{s-l} (s-l-j+1) \times \frac{p_l}{n} p_{\underbrace{0,0,\cdots,0}_{l\text{个}},\underbrace{1,1,\cdots,1}_{j\text{个}},\underbrace{0,0,\cdots,0}_{s-l-j\text{个}},i_{s+1}+1,i_{s+2}+1,\cdots,i_n+1}(0) + p_{0,0,\cdots,0,i_{s+1}+1,i_{s+2}+1,\cdots,i_n+1}(l(1)) + \sum_{j=1}^{s-l}(s-l-j+1) \times p_{\underbrace{0,0,\cdots,0}_{l\text{个}},\underbrace{1,1,\cdots,1}_{j\text{个}},\underbrace{0,0,\cdots,0}_{s-l-j\text{个}},i_{s+1}+1,i_{s+2}+1,\cdots,i_n+1}(l(1)),$$

$1 \leqslant l < n, l \leqslant s \leqslant n - 1,$

$$1 < i_\mu < J-1,\ s+1 \leqslant \mu \leqslant n; \qquad (2_{10})$$

$$p_{\underbrace{J-1,J-1,\cdots,J-1}_{l\text{个}},0,0,\cdots,0}(0) = \frac{p_l}{n} p_{0,0,\cdots,0}(0)$$

$$+ \sum_{j=1}^{n-l} (n-l-j+1)\frac{p_l}{n} p_{\underbrace{0,0,\cdots,0}_{l\text{个}},\underbrace{1,1,\cdots,1}_{j\text{个}},\underbrace{0,0,\cdots,0}_{n-l-j\text{个}}}(0)$$

$$+ p_{0,0,\cdots,0}(l(1)) + \sum_{j=1}^{n-l}(n-l-j+1)$$

$$\times p_{\underbrace{0,0,\cdots,0}_{l\text{个}},\underbrace{1,1,\cdots,1}_{j\text{个}},\underbrace{0,0,\cdots,0}_{n-l-j\text{个}}}(l(1)),$$

$$1 \leqslant l < n; \qquad (2_{11})$$

$$p_{J-1,J-1,\cdots,J-1}(0) = p_n p_{0,0,\cdots,0}(0) + p_{0,0,\cdots,0}(n); \qquad (2_{12})$$

$$\sum_{\substack{0<i_1,i_2,\cdots,i_n<J-1\\K}} p_{i_1,i_2,\cdots,i_n}(K) = 1. \qquad (2_{13})$$

此处应注意，已利用了状态概率关于状态的某些对称性，例如

$$p_{1,1,1,0,0,0}(0) = p_{0,0,1,1,1,0}(0);$$
$$p_{2,0,1,0,3,0}(3(1)) = p_{3,2,1,0,0,0}(3(2)),$$

等，因而省略了一些方程.

于是，取数请求的平均响应时间（即在提出取数请求的条件下，取一次数的平均拍数）为

$$\bar{T} = \frac{1}{(1-p_0)\sum\limits_{0\leqslant i_1,i_2,\cdots,i_n\leqslant J-1} p_{i_1,i_2,\cdots,i_n}(0)}$$
$$\times \Big\{\sum_{0\leqslant i_1,i_2,\cdots,i_n\leqslant J-1} p_{i_1,i_2,\cdots,i_n}(0)$$
$$\times \Big[\frac{p_1}{n}\sum_{l=1}^{n}(i_l+1) + \frac{p_2}{n}\sum_{l=1}^{n}(\max(i_l,i_{l+1})+1)$$
$$+\cdots+\frac{p_{n-1}}{n}\sum_{l=1}^{n}(\max(i_l,i_{l+1},\cdots,i_{l+n-2})$$
$$+1) + p_n(\max(i_1,i_2,\cdots,i_n)+1)\Big]\Big\}, \qquad (3)$$

其中 $$i_\nu \equiv i_{\nu-n}, \text{若 } \nu > n. \tag{4}$$

上述线性代数方程组(2)的系数矩阵为一稀疏矩阵，在给定了具体数据后，可以借助于计算机来求数值解；而对某些简单的情形，可直接求解析解，例如下面的两种情形。

4. $n=2$, $J=2$ 的情形 此时 K 有四种可能值：

$$0;\ 1(1);\ 1(2);\ 2.$$

方程组(2)化为

$$\begin{cases} p_{10}(1(1)) = p_{10}(1(2)) = p_{10}(2) = p_{01}(1(1)) = p_{01}(1(2)) \\ \qquad = p_{01}(2) = p_{11}(1(1)) = p_{11}(1(2)) = p_{11}(2) = 0; \\ p_{00}(0) = p_0p_{00}(0) + 2p_0p_{10}(0) + p_0p_{11}(0); \\ p_{00}(1(1)) = \dfrac{p_1}{2}p_{10}(0) + \dfrac{p_1}{2}p_{11}(0); \\ p_{00}(2) = 2p_2p_{10}(0) + p_2p_{11}(0); \\ p_{10}(0) = \dfrac{p_1}{2}p_{00}(0) + \dfrac{p_1}{2}p_{01}(0) + p_{00}(1(1)); \\ p_{11}(0) = p_2p_{00}(0) + p_{00}(2); \\ p_{00}(0) + 2p_{00}(1(1)) + p_{00}(2) + 2p_{10}(0) + p_{11}(0) = 1. \end{cases} \tag{5}$$

此外，由对称性，可知：

$$\begin{cases} p_{00}(1(1)) = p_{00}(1(2)); \\ p_{10}(0) = p_{01}(0). \end{cases} \tag{6}$$

用消去法解(5)，即得

$$\begin{cases} p_{00}(0) = \dfrac{2p_0}{2 + p_1^2 + 4p_1p_2 + 2p_2^2}; \\ p_{00}(1(1)) = p_{00}(1(2)) = \dfrac{p_1 + 2p_2}{2} \cdot \dfrac{p_1}{2 + p_1^2 + 4p_1p_2 + 2p_2^2}; \\ p_{00}(2) = \dfrac{2p_2(1 - p_0)}{2 + p_1^2 + 4p_1p_2 + 2p_2^2}; \\ p_{10}(0) = p_{01}(0) = \dfrac{p_1}{2 + p_1^2 + 4p_1p_2 + 2p_2^2}; \\ p_{11}(0) = \dfrac{2p_2}{2 + p_1^2 + 4p_1p_2 + 2p_2^2}. \end{cases} \tag{7}$$

故取数请求的平均响应时间

$$\bar{T}=\Big\{p_{00}(0)\left[\frac{p_1}{2}\cdot 2+p_2\right]+2p_{10}(0)\cdot\left[\frac{p_1}{2}(2+1)+p_2\cdot 2\right]+p_{11}(0)\left[\frac{p_1}{2}(2+2)+p_2\cdot 2\right]\Big\}\Big/\{(1-p_0)[p_{00}(0)+p_{10}(0)+p_{01}(0)+p_{11}(0)]\}$$

$$=\frac{2(1-p_0)(p_0+2p_2)+p_1(3p_1+4p_2)}{2(1-p_0)}. \tag{8}$$

特别,有下列各种有兴趣的情形:

$$\bar{T}=\begin{cases}1\frac{1}{2}, & \text{若 } p_1=1;\\ 2, & \text{若 } p_2=1;\\ \dfrac{2+p_1}{2}, & \text{若 } p_2=0;\\ \dfrac{3+2p_2-p_2^2}{2}, & \text{若 } p_0=0.\end{cases} \tag{9}$$

5. $n=J, p_0+p_n=1$ 的情形 此时 K 只有两种可能值: 0 n. 并易知对任一 K, 有

$$p_{i_1,i_2,\cdots,i_n}(K)=0, \text{若存在 } \nu,\ \mu(1\leqslant\nu<\mu\leqslant n), \text{使 } i_\nu\neq i_\mu. \tag{10}$$

利用(10),方程组(2)即可化为:

$$\begin{cases}p_{n-1,n-1,\cdots,n-1}(n)=0;\\ p_{0,0,\cdots,0}(0)=p_0p_{0,0,\cdots,0}(0)+p_0p_{1,1\cdots,1}(0);\\ p_{0,0,\cdots,0}(n)=p_np_{1,1\cdots,1}(0)+p_{1,1,\cdots,1}(n);\\ p_{1,1,\cdots,1}(0)=p_0p_{2,2,\cdots,2}(0);\\ p_{2,2,\cdots,2}(0)=p_0p_{3,3,\cdots,3}(0);\\ \cdots\cdots\cdots\cdots\cdots\cdots\cdots\cdots\cdots;\\ p_{n-2,n-2,\cdots,n-2}(0)=p_0p_{n-1,n-1,\cdots,n-1}(0);\\ p_{1,1,\cdots,1}(n)=p_np_{2,2,\cdots,2}(0)+p_{2,2,\cdots,2}(n);\end{cases} \tag{11}$$

$$\begin{cases} p_{2,2,\cdots,2}(n) = p_n p_{3,3,\cdots,3}(0) + p_{3,3,\cdots,3}(n); \\ \cdots\cdots\cdots\cdots\cdots\cdots\cdots\cdots; \\ p_{n-3,n-3,\cdots,n-3}(n) = p_n p_{n-2,n-2,\cdots,n-2}(0) + p_{n-2,n-2,\cdots,n-2}(n); \\ p_{n-2,n-2,\cdots,n-2}(n) = p_n p_{n-1,n-1,\cdots,n-1}(0); \\ p_{n-1,n-1,\cdots,n-1}(0) = p_n p_{0,0,\cdots,0}(0) + p_{0,0,\cdots,0}(n); \\ \sum_{i=0}^{n-1} [p_{i,i,\cdots,i}(0) + p_{i,i,\cdots,i}(n)] = 1. \end{cases}$$

当 $p_0 = 0$ 时,由(11)容易解得:

$$\begin{cases} p_{0,0,\cdots,0}(0) = p_{1,1,\cdots,1}(0) = \cdots = p_{n-2,n-2,\cdots,n-2}(0) \\ \qquad = p_{n-1,n-1,\cdots,n-1}(n) = 0; \\ p_{0,0,\cdots,0}(n) = p_{1,1,\cdots,1}(n) = \cdots = p_{n-2,n-2,\cdots,n-2}(n) \\ \qquad = p_{n-1,n-1,\cdots,n-1}(0) = \dfrac{1}{n}. \end{cases} \tag{12}$$

当 $p_0 \neq 0$ 时,将(11)各式移项后即可解得:

$$\begin{cases} p_{1,1,\cdots,1}(0) = \dfrac{1-p_0}{p_0} p_{0,0,\cdots,0}(0); \\ p_{2,2,\cdots,2}(0) = \dfrac{1-p_0}{p_0^2} p_{0,0,\cdots,0}(0); \\ p_{3,3,\cdots,3}(0) = \dfrac{1-p_0}{p_0^3} p_{0,0,\cdots,0}(0); \\ \cdots\cdots\cdots\cdots; \\ p_{n-1,n-1,\cdots,n-1}(0) = \dfrac{1-p_0}{p_0^{n-1}} p_{0,0,\cdots,0}(0); \\ p_{n-1,n-1,\cdots,n-1}(n) = 0; \\ p_{n-2,n-2,\cdots,n-2}(n) = \dfrac{(1-p_0)^2}{p_0^{n-1}} p_{0,0,\cdots,0}(0); \\ p_{n-3,n-3,\cdots,n-3}(n) = \dfrac{(1-p_0)(1-p_0^2)}{p_0^{n-1}} p_{0,0,\cdots,0}(0); \\ p_{n-4,n-4,\cdots,n-4}(n) = \dfrac{(1-p_0)(1-p_0^3)}{p_0^{n-1}} p_{0,0,\cdots,0}(0); \\ \cdots\cdots\cdots\cdots\cdots\cdots\cdots; \end{cases} \tag{13}$$

$$
\begin{cases}
p_{1,1,\cdots,1}(n) = \dfrac{(1-p_0)(1-p_0^{n-2})}{p_0^{n-1}} p_{0,0,\cdots,0}(0); \\
p_{0,0,\cdots,0}(n) = \dfrac{(1-p_0)(1-p_0^{n-1})}{p_0^{n-1}} p_{0,0,\cdots,0}(0).
\end{cases}
$$

其中 $p_{0,0,\cdots,0}(0)$ 可由 (11) 最后一式求得，为

$$
p_{0,0,\cdots,0}(0) = \frac{p_0^{n-1}}{n(1-p_0)+p_0^n}. \tag{14}
$$

根据(3)式，由 $p_0 = 0$ 时的(12)式及 $p_0 \neq 0$ 时的 (13) 式即可求出取数请求的平均响应时间

$$
\begin{aligned}
\bar{T} &= \frac{\sum_{i=0}^{n-1}[p_{i,i,\cdots,i}(0)p_n \cdot (i+1)]}{(1-p_0)\sum_{i=0}^{n-1} p_{i,i,\cdots,i}(0)} \\
&= \frac{n-(n+1)p_0+p_0^n}{1-p_0}.
\end{aligned} \tag{15}
$$

特别，有下列各种有兴趣的情形：

$$
\bar{T}\begin{cases}
= n, & 若\ p_0 = 0; \\
= n - 1 + \dfrac{1}{2^{n-1}}, & 若\ p_0 = \dfrac{1}{2}; \\
\to 1, & 若\ p_0 \to 1.
\end{cases} \tag{16}
$$

第十一章　随机服务系统理论的其它应用

§1. 可靠性问题

1. 在一个(电子、机械、……等)系统的运转过程中，我们总希望它能在较长期间内保持正常运转，不被中断．为了达到这个目的，一般为系统准备一些备件，以便当运转的部件损坏时加以替换；另外还会采取一些维护性的措施，如附设一个修理机构，为损坏的部件进行修理，以便修复后又作为备件贮备起来，或者建立一套预防性的定期更换制度，每隔一定时间把运转的部件更换一次，换下的部件加以检查及必要的修理，然后再充当备件．这类有关提高系统可靠性，以便保证系统长期正常运转的问题，就称为可靠性问题．

2. 考虑如下的系统：　它由 $r+1$ 个可以修理的同类部件所组成，从时刻 $t=0$ 起，其中 1 个部件开始运转，其它 r 个作为备件．当正在运转的部件损坏时，它立即由一个修理机构进行修理，同时用一个备件来替换它开始运转；如果正在运转的部件经过某个时间间隔 T(称为预防性的更换间隔)还未损坏，则就在此间隔的终止时刻送到修理机构进行检查，并也用一个备件来代替它运转．

假定:

1) 更换一个部件所需的时间是忽略不计的；

2) 修理机构的能力很大，足以保证所有换下来的部件同时进行修理或检查；

3) 修理或检查完毕后的部件完全恢复它们的功能，重新充当备件；

4) 备件的性能不会发生任何变化，也就是说，它们在参加运转后的损坏、修理与检查时间的分布都不会因备用搁置时间太长而发生变化。

此外，有关部件损坏、修理、更换、检查等时间的分布，作如下假定：

1）每个部件从开始运转起到发生故障停止运转为止这段时间称为运转时间，它的分布为一般分布，记为 $F(t)$，假定它是绝对连续的，密度为 $f(t)$，并假定它的数学期望存在；

2）令

$$\bar{F}(t) \equiv 1 - F(t);$$

$$\xi(t) \equiv \frac{f(t)}{\bar{F}(t)},$$

假定 $\xi(t)$ 递增，因而预防性更换措施是有意义的；

3）预防性的更换间隔 T 的分布也为一般分布，记为 $G(t)$，假定它是绝对连续的，密度为 $g(t)$；

4）每个部件损坏后的修复时间具有负指数分布，参数为 μ_1；

5）作为预防性措施更换下来的每个部件的检查时间也具有负指数分布，参数为 μ_2，还假定 $\mu_1 < \mu_2$；

6）上述所有随机变量之间相互独立。

我们将寻求系统首次停止运转的时间的概率分布及均值，此处停止运转的含义是所有 $r+1$ 个部件都处于修理或检查状态。从而还可进一步考察备件个数和更换间隔对首次停止运转的平均时间的影响。

3. 我们可以将上述问题化作一个反馈式的随机服务系统模型（见图 1）：服务台分为两级，第一级有一个台，每次只能接纳一个顾客服务，服务时间分布为 $F(t)$。顾客的总数是有限的，共有 $r+1$ 个。在 $t=0$ 时，第一级中有一个顾客开始服务，其它 r 个顾客在第一级中排队等待。第一级服务结束后，顾客就进入第二级服务，第二级有 r 个台，每个台的服务时间均为负指数分布，参数为 μ_1。第二级服务结束后，顾客又回到第一级前排队，等待下一次服务。顾客在接受第一级服务的过程中，如果到达某个更换间

隔 T 时服务还未结束，则也要被强制离开第一级进入第二级服务，这种被强制进入第二级服务的服务时间仍为负指数分布，但参数为 μ_2，待第二级服务结束后，该顾客也转入第一级前排队，等待下一次服务，T 的分布记为 $G(t)$. 当某个顾客第一级服务结束或中断时，如果该级中没有等待服务的顾客，则第一级服务就停止进行，这就相当于可靠性问题中系统停止运转. 我们的目的就是寻求第一级服务首次停止时间的分布.

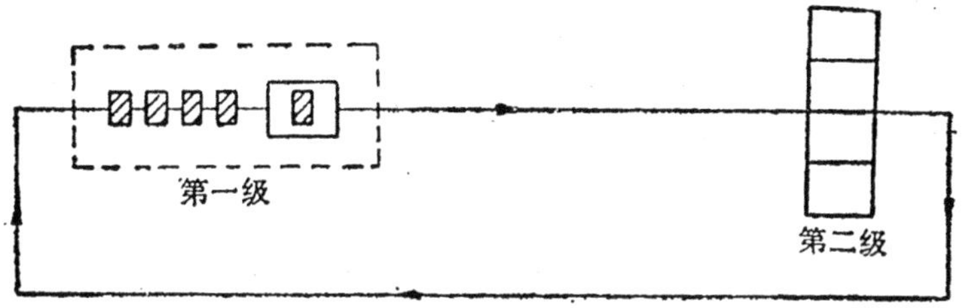

图 1　随机服务系统模型

4. 引进一些记号如下

$\boldsymbol{x}(t)$：正在运转的部件在时刻 t 的寿命，即此部件到时刻 t 为止已经运转了多长时间；

$\boldsymbol{N}_R(t)$：在时刻 t 正在修理的部件的数目；

$\boldsymbol{N}_I(t)$：在时刻 t 正在检查的部件的数目；

$$W_{ij}(x, t)dx \equiv P\{\boldsymbol{N}_R(t) = i, \boldsymbol{N}_I(t) = j, \boldsymbol{x}(t) \in [x, x + dx)\},$$
$$i, j \geqslant 0, i + j \leqslant r, x \geqslant 0;$$
$$\bar{G}(t) \equiv 1 - G(t);$$
$$\eta(t) \equiv \frac{g(t)}{\bar{G}(t)}.$$

先由全概定理，

$$W_{ij}(x, t)dx = \sum_{n=j}^{r-i}\sum_{m=i}^{r-n} P\{\boldsymbol{N}_R(t-x) = m,$$
$$\boldsymbol{N}_I(t-x) = n, \boldsymbol{x}(t-x) \in [0, dx)\}$$
$$\cdot P\{\boldsymbol{N}_R(t) = i, \boldsymbol{N}_I(t) = j,$$
$$\boldsymbol{x}(t) \in [x, x + dx) | \boldsymbol{N}_R(t-x) = m,$$

$$\boldsymbol{N}_I(t-x)=n,\ \boldsymbol{x}(t-x)\in[0,\ dx)\},$$

因而，

$$W_{ij}(x,t)=\sum_{n=j}^{r-i}\sum_{m=i}^{r-n}W_{mn}(0,\ t-x)$$

$$\cdot\binom{m}{i}e^{-\mu_1 xi}(1-e^{-\mu_1 x})^{m-i}$$

$$\times\binom{n}{j}e^{-\mu_2 xj}(1-e^{-\mu_2 x})^{n-j}\overline{F}(x)\overline{G}(x),\tag{1}$$

其次，再由全概定理，当 $m,\ n\geqslant 1$ 时，有

$$\begin{aligned}W_{mn}(0,t)\,dx=&\int_0^t P\{\boldsymbol{N}_R(t)=m,\ \boldsymbol{N}_I(t)=n,\boldsymbol{x}(t)\in[0,\ dx)\\&|\boldsymbol{N}_R(t)=m-1,\ \boldsymbol{N}_I(t)=n,\ \boldsymbol{x}(t)=x\}\\&\times P\{\boldsymbol{N}_R(t)=m-1,\ \boldsymbol{N}_I(t)=n,\\&\boldsymbol{x}(t)\in[x,\ x+dx)\}\\&+\int_0^t P\{\boldsymbol{N}_R(t)=m,\ \boldsymbol{N}_I(t)=n,\ \boldsymbol{x}(t)\in[0,\ dx)\\&|\boldsymbol{N}_R(t)=m,\ \boldsymbol{N}_I(t)=n-1,\ \boldsymbol{x}(t)=x\}\\&\times P\{\boldsymbol{N}_R(t)=m,\ \boldsymbol{N}_I(t)=n-1,\\&\boldsymbol{x}(t)\in[x,\ x+dx)\}\\&=\int_0^t\frac{f(x)\,dx}{\overline{F}(x)}W_{m-1,n}(x,t)\,dx\\&+\int_0^t\frac{g(x)\,dx}{\overline{G}(x)}W_{m,n-1}(x,t)\,dx,\end{aligned}$$

因而，

$$W_{mn}(0,t)=\int_0^t W_{m-1,n}(x,t)\xi(x)\,dx$$

$$+\int_0^t W_{m,n-1}(x,t)\eta(x)\,dx,\ m,n\geqslant 1.\tag{2}$$

相似地，可得

$$W_{0n}(0,t)=\int_0^t W_{0,n-1}(x,t)\eta(x)\,dx,\ n\geqslant 1;\tag{3}$$

$$W_{m0}(0,t)=\int_0^t W_{m-1,0}(x,t)\xi(x)\,dx,\ m\geqslant 1.\tag{4}$$

根据第2段的模型，只有当 $t=0$ 时，才可能既没有部件在修理检查，同时正在运转的部件寿命又为0；而当 $t>0$ 时，若正在运转的部件寿命为0，则必有部件正换下修理或检查. 因此，我们有：

$$\int_0^\infty W_{00}(0,t)dt=1; \tag{5}$$

$$\int_0^\infty e^{-st}W_{00}(0,t)dt=1. \tag{6}$$

现令

$$\phi(t)dt\equiv P\{\text{系统在}[t,t+dt)\text{内首次停止运转}\},$$

则

$$\begin{aligned}\phi(t)dt&=P\{\boldsymbol{N}_R(t)+\boldsymbol{N}_I(t)=r,\text{且在}[t,t+dt)\text{内正在运转的部件损坏或需预防性更换}\}\\&=\int_0^t P\{\text{在}[t,t+dt)\text{内正在运转的部件损坏或需预防性更换}\mid\boldsymbol{x}(t)=x,\boldsymbol{N}_R(t)+\boldsymbol{N}_I(t)=r\}\\&\quad\times P\{\boldsymbol{N}_R(t)+\boldsymbol{N}_I(t)=r,\boldsymbol{x}(t)\in[x,x+dx)\}\\&=\sum_{m=0}^{r}\int_0^t\left[\frac{f(x)dt}{\overline{F}(x)}+\frac{g(x)dt}{\overline{G}(x)}\right]\\&\quad\times P\{\boldsymbol{N}_R(t)=m,\boldsymbol{N}_I(t)=r-m,\\&\quad\boldsymbol{x}(t)\in[x,x+dx)\}\\&=\left[\sum_{m=0}^{r}\int_0^t(\xi(x)+\eta(x))W_{m,r-m}(x,t)dx\right]dt.\end{aligned} \tag{7}$$

令 $\psi_{p,q}(x,t)$ 为 $\{W_{ij}(x,t),r\geqslant i,j\geqslant 0\}$ 的第 (p,q) 个双指标的二项式矩：

$$\begin{aligned}\psi_{p,q}(x,t)&\equiv\sum_{j=q}^{r-p}\sum_{i=p}^{r-j}\binom{i}{p}\binom{j}{q}\\&\cdot W_{ij}(x,t),\ p,q\geqslant 0,\ p+q\leqslant r.\end{aligned} \tag{8}$$

利用二项展开式及下列关系式：

$$\binom{i}{p}\binom{m}{i}=\binom{m}{p}\binom{m-p}{i-p}; \tag{9}$$

$$\sum_{j=q}^{r-p}\sum_{i=p}^{r-j}\sum_{n=j}^{r-i}\sum_{m=i}^{r-n}=\sum_{n=q}^{r-p}\sum_{m=p}^{r-n}\sum_{j=q}^{n}\sum_{i=p}^{m}, \tag{10}$$

将 (1) 代入 (8)，即得

$$\psi_{p,q}(x,t)=\psi_{p,q}(0,t-x)e^{-\mu_1 px-\mu_2 qx}\bar{F}(x)\bar{G}(x),$$
$$p,q\geqslant 0, p+q\leqslant r. \tag{11}$$

再在 (8) 中令 $x=0$，得

$$\psi_{p,q}(0,t)=\sum_{j=q}^{r-p}\sum_{i=p}^{r-j}\binom{i}{p}\binom{j}{q}W_{ij}(0,t),$$
$$p,q\geqslant 0, p+q\leqslant r. \tag{12}$$

将 (2)，(3)，(4) 代入 (12)，利用关系式:

$$\binom{i}{p}=\binom{i-1}{p}+\binom{i-1}{p-1}, \tag{13}$$

(8) 式，及相似于 (10) 的求和号交换，并注意在每次求和号交换中要将多出来的项减去，如

$$\sum_{i=p+1}^{r-j}\sum_{n=j}^{r-i+1}=\sum_{n=j}^{r-p}\sum_{i=p+1}^{r-n+1}-\sum_{n=j}^{j}\sum_{i=r-j+1}^{r-j+1}, \tag{14}$$

于是就可求得 $\{\psi_{p,q}(0,t), p,q\geqslant 0, p+q\leqslant r\}$ 的循环关系式:

$$\psi_{p,q}(0,t)=\psi_{p,q}(0,t)☆c_{p,q}(t)$$
$$+\psi_{p-1,q}(0,t)☆a_{p-1,q}(t)$$
$$+\psi_{p,q-1}(0,t)☆b_{p,q-1}(t)-\sum_{j=q-1}^{r-p}\binom{r-j}{p}\binom{j}{q-1}$$
$$\times\psi_{r-j,j}(0,t)☆b_{r-j,j}(t)-\sum_{i=p-1}^{r-q}\binom{r-i}{q}\binom{i}{p-1}$$
$$\times\psi_{i,r-i}(0,t)☆a_{i,r-i}(t)-\sum_{j=q}^{r-p}\binom{j}{q}\binom{r-j}{p}$$
$$\times\psi_{r-j,j}(0,t)☆c_{r-j,j}(t), p,q>0, p+q\leqslant r; \tag{15}$$

$$\psi_{0,q}(0,t)=\psi_{0,q}(0,t)☆c_{0,q}(t)+\psi_{0,q-1}(0,t)☆b_{0,q-1}(t)$$

$$-\sum_{j=q-1}^{r}\binom{j}{q-1}\phi_{r-j,j}(0,t)☆b_{r-j,j}(t)$$

$$-\sum_{j=q}^{r}\binom{j}{q}\phi_{r-j,j}(0,t)☆c_{r-j,j}(t),\ r\geqslant q>0; \tag{16}$$

$$\phi_{p,0}(0,t)=\phi_{p,0}(0,t)☆c_{p,0}(t)+\phi_{p-1,0}(0,t)☆a_{p-1,0}(t)$$

$$-\sum_{i=p-1}^{r}\binom{i}{p-1}\phi_{i,r-i}(0,t)☆a_{i,r-i}(t)$$

$$-\sum_{i=p}^{r}\binom{i}{p}\phi_{i,r-i}(0,t)☆c_{i,r-i}(t),\ r\geqslant p>0; \tag{17}$$

$$\phi_{0,0}(0,t)=W_{00}(0,t)+\phi_{0,0}(0,t)☆c_{0,0}(t)$$

$$-\sum_{j=0}^{r}\phi_{r-j,j}(0,t)☆c_{r-jj}(t), \tag{18}$$

其中☆代表卷积运算，而

$$a_{p,q}(t)\equiv e^{-\mu_1 pt-\mu_2 qt}\overline{G}(t)f(t); \tag{19}$$

$$b_{p,q}(t)\equiv e^{-\mu_1 pt-\mu_2 qt}\overline{F}(t)g(t); \tag{20}$$

$$c_{p,q}(t)\equiv a_{p,q}(t)+b_{p,q}(t). \tag{21}$$

又由(8)显见

$$\phi_{r-j,j}(x,t)=W_{r-j,j}(x,t). \tag{22}$$

于是，由(7)及(11)，得

$$\phi(t)=\sum_{j=0}^{r}\int_0^t\phi_{r-j,j}(x,t)(\xi(x)+\eta(x))\,dx$$

$$=\sum_{j=0}^{r}\int_0^t\phi_{r-j,j}(0,t-x)e^{-\mu_1(r-j)x-\mu_2 jx}$$

$$\cdot\ \overline{F}(x)\overline{G}(x)(\xi(x)+\eta(x))\,dx$$

$$=\sum_{j=0}^{r}\phi_{r-j,j}(0,t)☆c_{r-j,j}(t). \tag{23}$$

用对应的大写字母来记拉普拉斯变换，即

$$\Psi_{i,j}(s)\equiv\int_0^\infty e^{-st}\phi_{i,j}(0,t)\,dt;$$

$$\Phi(s) \equiv \int_0^{\infty} e^{-st}\phi(t)dt;$$

$$A_{p,q}(s) \equiv \int_0^{\infty} e^{-st}a_{p,q}(t)dt;$$

等等.

则将(23)取拉普拉斯变换,即得

$$\Phi(s) = \sum_{j=0}^{r} \Psi_{r-j,j}(s) C_{r-j,j}(s), \tag{24}$$

其中 $\Psi_{p,q}(s)$ 可由 (15)～(18) 取拉普拉斯变换所得的线性代数方程组求出:

$$\begin{aligned}
\{1 - C_{p,q}(s)\}\Psi_{p,q}(s) &= A_{p-1,q}(s)\Psi_{p-1,q}(s) \\
&\quad + B_{p,q-1}(s)\Psi_{p,q-1}(s) \\
&\quad - \sum_{j=q-1}^{r-p} \binom{r-j}{p}\binom{j}{q-1} B_{r-j,j}(s)\Psi_{r-j,j}(s) \\
&\quad - \sum_{i=p-1}^{r-q} \binom{r-i}{q}\binom{i}{p-1} A_{i,r-i}(s)\Psi_{i,r-i}(s) \\
&\quad - \sum_{j=q}^{r-p} \binom{j}{q}\binom{r-j}{p} C_{r-j,j}(s)\Psi_{r-j,j}(s), \\
&\qquad p, q > 0, p + q \leqslant r;
\end{aligned} \tag{25}$$

$$\begin{aligned}
\{1 - C_{0,q}(s)\}\Psi_{0,q}(s) &= B_{0,q-1}(s)\Psi_{0,q-1}(s) \\
&\quad - \sum_{j=q-1}^{r} \binom{j}{q-1} B_{r-j,j}(s)\Psi_{r-j,j}(s) \\
&\quad - \sum_{j=q}^{r} \binom{j}{q} C_{r-j,j}(s)\Psi_{r-j,j}(s), \\
&\qquad 0 < q \leqslant r;
\end{aligned} \tag{26}$$

$$\begin{aligned}
\{1 - C_{p,0}(s)\}\Psi_{p,0}(s) &= A_{p-1,0}(s)\Psi_{p-1,0}(s) \\
&\quad - \sum_{i=p-1}^{r} \binom{i}{p-1} A_{i,r-i}(s)\Psi_{i,r-i}(s) \\
&\quad - \sum_{i=p}^{r} \binom{i}{p} C_{i,r-i}(s)\Psi_{i,r-i}(s),
\end{aligned}$$

$$0 < p \leqslant r; \tag{27}$$

$$\{1 - C_{0,0}(s)\}\Psi_{0,0}(s) = 1 - \sum_{j=0}^{r} C_{r-j,j}(s)\Psi_{r-j,j}(s), \tag{28}$$

其中最后一式利用了(6)式所示的关系.

由(24)及(28),得

$$\Phi(s) = 1 - \{1 - C_{0,0}(s)\}\Psi_{0,0}(s). \tag{29}$$

因此,系统首次停止运转的平均时间 $\hat{T}$ 给如下式:

$$\hat{T} = \int_0^\infty t\phi(t)dt = -\left.\frac{d\Phi(s)}{ds}\right|_{s=0}$$

$$= -\left.\frac{dC_{0,0}(s)}{ds}\right|_{s=0} \Psi_{0,0}(0). \tag{30}$$

5. 特例 我们考虑 $r = 1$ 的特殊情形,并采用一种定时的预防性更换策略,即每隔定长时间 t_0 预防性地更换一次. 此时

$$G(t) = \begin{cases} 0, & t < t_0; \\ 1, & t \geqslant t_0. \end{cases} \tag{31}$$

于是线性方程组 (25), (26), (27), (28) 变为

$$\begin{cases} [1 - C_{0,0}(s)]\Psi_{0,0}(s) + C_{1,0}(s)\Psi_{1,0}(s) + C_{0,1}(s)\Psi_{0,1}(s) = 1; \\ A_{0,0}(s)\Psi_{0,0}(s) - [1 + A_{1,0}(s)]\Psi_{1,0}(s) - A_{0,1}(s)\Psi_{0,1}(s) = 0; \\ B_{0,0}(s)\Psi_{0,0}(s) - B_{1,0}(s)\Psi_{1,0}(s) - [1 + B_{0,1}(s)]\Psi_{0,1}(s) = 0. \end{cases} \tag{32}$$

解之即得

$$\begin{aligned} \Psi_{0,0}(s) = \{&1 + A_{1,0}(s) + B_{0,1}(s) + A_{1,0}(s)B_{0,1}(s) \\ &- A_{0,1}(s)B_{1,0}(s)\}/\{1 + A_{1,0}(s) \\ &+ B_{0,1}(s) + A_{1,0}(s)B_{0,1}(s) - A_{0,1}(s)B_{1,0}(s) \\ &- C_{0,0}(s) - A_{0,0}(s)[B_{0,1}(s) - B_{1,0}(s)] \\ &+ B_{0,0}(s)[A_{0,1}(s) - A_{1,0}(s)]\}. \end{aligned} \tag{33}$$

将 (33) 代入 (29), 即得

$$\begin{aligned} \Phi(s) = \{&C_{0,0}(s)[A_{1,0}(s) + B_{0,1}(s) + A_{1,0}(s)B_{0,1}(s) \\ &- A_{0,1}(s)B_{1,0}(s)] - A_{0,0}(s)[B_{0,1}(s) \\ &- B_{1,0}(s)] + B_{0,0}(s)[A_{0,1}(s) - A_{1,0}(s)]\}/ \\ &\{1 + A_{1,0}(s) + B_{0,1}(s) + A_{1,0}(s)B_{0,1}(s) \end{aligned}$$

$$- A_{0,1}(s)B_{1,0}(s) - C_{0,0}(s) - A_{0,0}(s)[B_{0,1}(s) - B_{1,0}(s)] + B_{0,0}(s)[A_{0,1}(s) - A_{1,0}(s)]\}. \tag{34}$$

另外，此时有

$$\begin{cases} A_{0,0}(s) = \int_0^{t_0} e^{-st} dF(t); \\ B_{0,0}(s) = e^{-st_0}\bar{F}(t_0); \\ A_{1,0}(s) = A_{0,0}(s+\mu_1); \\ A_{0,1}(s) = A_{0,0}(s+\mu_2); \\ B_{1,0}(s) = B_{0,0}(s+\mu_1); \\ B_{0,1}(s) = B_{0,0}(s+\mu_2). \end{cases} \tag{35}$$

于是由(30)，

$$\hat{T} = \left[\int_0^{t_0} \bar{F}(t)dt\right]\{1 + A_{0,0}(\mu_1) + B_{0,0}(\mu_2) + A_{0,0}(\mu_1)B_{0,0}(\mu_2) - A_{0,0}(\mu_2)B_{0,0}(\mu_1)\}/ \{A_{0,0}(\mu_1) + B_{0,0}(\mu_2) + A_{0,0}(\mu_1)B_{0,0}(\mu_2) - A_{0,0}(\mu_2)B_{0,0}(\mu_1) - F(t_0)[B_{0,0}(\mu_2) - B_{0,0}(\mu_1)] + \bar{F}(t_0)[A_{0,0}(\mu_2) - A_{0,0}(\mu_1)]\} \tag{36}$$

特别，当不采用预防性更换措施时，即 $t_0 \to \infty$ 时，上式变为

$$\hat{T} = \left[\int_0^{\infty} \bar{F}(t)dt\right] \frac{1 + \int_0^{\infty} e^{-\mu_1 t} dF(t)}{\int_0^{\infty} e^{-\mu_1 t} dF(t)} = \frac{1}{\lambda}\left\{1 + \left[\int_0^{\infty} e^{-\mu_1 t} dF(t)\right]^{-1}\right\}, \tag{37}$$

其中 $\frac{1}{\lambda}$ 为平均损坏时间，即

$$\frac{1}{\lambda} = \int_0^{\infty} \bar{F}(t)dt. \tag{38}$$

§2. 水 库 问 题

1. 问题 为了防洪、灌溉、航运、发电等目的，我们经常需要建立一些水库来调节河水流量，并在雨季积蓄一些水量，以便旱季时使用。

水库上游的水不断流入水库，水库又按一定泄放规则放水，如果调节得当，水库水位保持在安全理想的水平，则既能防洪，又能保证发电、航运与灌溉. 否则就可能影响生产，甚至造成灾害. 因此，如何正确掌握库容变化的规律，了解水库何时会发生放空、溢流等现象就成为人们关心的问题.

水库问题与随机服务系统问题有密切的关系，很多类型的水库问题还可直接化成随机服务系统的问题. 例如我们考虑如下的水库模型：

假定有一容量无限的水库，初始库容为 v_0，并以单位速度等速泄放，又假定上游来水在时刻 $t_1, t_2, \cdots$ 到来，来水量分别为 $v_1, v_2, \cdots$，问此时库容 $C(t)$ 随时间 t 的变化情况如何？

库容 $C(t)$ 随时间的变化情况如图 1 所示.

上述水库模型与下面的随机服务系统模型是完全等价的：

有一个服务台，顾客在时刻 $t_1, t_2, \cdots$ 陆续到来，服务时间分别为 $v_1, v_2, \cdots$. 假定 $t=0$ 时服务台正在进行一些准备工作，需要经过时间 v_0 后才能开始服务. 问等待时间 $W(t)$ 的变化情况如何？

$W(t)$ 随时间 t 的变化情况画出图来和上面的图 1 相同，只需将纵坐标 $C(t)$ 改成 $W(t)$.

另外，在上述水库模型中，我们问库容 $C(t)$ 首次放空的时间 T 的大小，即

$$T \equiv \inf\{t: C(t)=0\}$$

有多大. 这和上述对应的随机服务系统中初始忙期（即在初始时刻服务台已被占用的情况下，从初始时刻起到服务台首次得空止

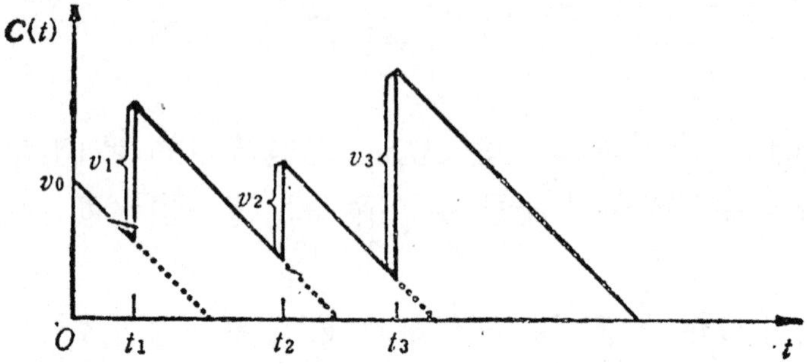

图 1　库容 $C(t)$ 随时间 t 的变化情况

这段时间)的长度是一致的.

因此，对于这种类型的水库问题完全可用随机服务系统理论来解决.

但对于不是离散点来水的情形，就不能这样直接地化成随机服务系统问题了.

下面将对无限水库、有限水库、离散或连续输入等各种模型来研究首次放空时间的分布. 我们不完全套用随机服务系统理论的结果,而是采取一些与随机服务系统相类似的处理技巧，这样,有助于我们全面地掌握一些解决实际问题的方法.

2. 无限水库、离散时间、离散独立输入量　考虑一个容量无限的水库,在时段 $[n, n+1)$ 内的来水量记为 $\boldsymbol{X}_n$, 时刻 $n+0$ 时的库容记为 $\boldsymbol{Z}_n$, $n=0, 1, \cdots$.

假定 $\{\boldsymbol{X}_n\}$ 是相互独立、相同分布的离散随机变量，记其分布为

$$P\{\boldsymbol{X}_n = i\} \equiv p_i, \quad i = 0, 1, \cdots. \tag{1}$$

又假定泄放在离散时刻 $n=1, 2, \cdots$ 进行，只要水库不空,每次就放掉一个单位水量. 如果初始库容 $\boldsymbol{Z}_0 = i_0$ (正整数),求水库首次放空时间

$$\boldsymbol{T} \equiv \min\{n: \boldsymbol{Z}_n = 0\} \tag{2}$$

的分布.

易知

$$Z_{n+1} = \max(Z_n + X_n - 1, 0), \tag{3}$$

故 $\{Z_n\}$ 为一马尔可夫链.

记初始库容 $Z_0 = i_0 > 0$ 的条件下首次放空时间的分布为

$$\begin{aligned} f_{i_0,0}^{(n)} &\equiv P\{T = n \mid Z_0 = i_0\} \\ &= P\{Z_n = 0;\ Z_m > 0, 1 \leqslant m < n \mid Z_0 \\ &= i_0\}, n \geqslant 1, \end{aligned} \tag{4}$$

此处当 $n = 1$ 时自然应将"$Z_m > 0, 1 \leqslant m < n$"那项删掉.

引理 1 当 $n < i_0$ 时,

$$f_{i_0,0}^{(n)} = 0. \tag{5}$$

当 $n \geqslant i_0$ 时,

$$\begin{cases} f_{i_0,0}^{(n)} = \sum\limits_{i=0}^{n-i_0} p_i f_{i+i_0-1,0}^{(n-1)}, \quad n > 1; & (6) \\ f_{i_0,0}^{(1)} = p_0 \delta_{i_0,1}. & (7) \end{cases}$$

此处

$$\delta_{i_0,1} \equiv \begin{cases} 1, & i_0 = 1; \\ 0, & i_0 \neq 1, \end{cases}$$

并规定

$$\begin{cases} f_{0,0}^{(0)} \equiv 1; \\ f_{0,0}^{(k)} \equiv 0, \quad k > 0. \ \| \end{cases} \tag{8}$$

证 由于每单位时间最多放掉一个单位水量,故得(5)式.

又由定义(4),并利用 $\{Z_n\}$ 为一马尔可夫链的性质, 当 $n \geqslant i_0 > 1$ 时,

$$\begin{aligned} f_{i_0,0}^{(n)} &= P\{Z_n = 0; Z_m > 0, 1 \leqslant m < n \mid Z_0 = i_0\} \\ &= \sum_{i=0}^{n-i_0} P\{X_0 = i\} P\{Z_n = 0; Z_m > 0, 1 \leqslant m < n \mid \\ &\qquad Z_0 = i_0, X_0 = i\} \\ &= \sum_{i=0}^{n-i_0} p_i P\{Z_n = 0; Z_m > 0, 2 \leqslant m < n; \\ &\qquad Z_1 = i_0 - 1 + i \mid Z_0 = i_0, X_0 = i\} \end{aligned}$$

$$= \sum_{i=0}^{n-i_0} p_i P\{Z_n = 0; Z_m > 0, 2 \leqslant m < n | Z_1 = i_0 - 1 + i, Z_0 = i_0, X_0 = i\} \cdot P\{Z_1 = i_0 - 1 + i | Z_0 = i_0, X_0 = i\}$$

$$= \sum_{i=0}^{n-i_0} p_i P\{Z_n = 0; Z_m > 0, 2 \leqslant m < n | Z_1 = i_0 - 1 + i\}$$

$$= \sum_{i=0}^{n-i_0} p_i f_{i+i_0-1,0}^{(n-1)}.$$

当 $i_0 = 1$ 时，上述推理的求和号中 $i = 0$ 那项要去掉，因为否则就有 $Z_1 = i_0 - 1 + i = 0$，与在时刻 $n > 1$ 首次放空不符，故得

$$f_{1,0}^{(n)} = \sum_{i=1}^{n-1} p_i f_{i,0}^{(n-1)},$$

但由于已作规定(8)，故此时仍可写成

$$f_{1,0}^{(n)} = \sum_{i=0}^{n-1} p_i f_{i,0}^{(n-1)}.$$

这就证明了(6)式. (7)式是显然的. 引理 1 证毕. #

引理 2 将分布 $\{p_i\}$ 的 n 重卷积记为 $\{p_i^{(n)}\}$，即

$$P\{X_1 + X_2 + \cdots + X_n = i\} = p_i^{(n)}, \quad n \geqslant 1. \tag{9}$$

则对任一正整数 m，有

$$\sum_{i=0}^{m} i p_i p_{m-i}^{(n-1)} = \frac{m}{n} p_m^{(n)}. \quad \| \tag{10}$$

证 由于 $\{X_n\}$ 独立同分布，故有

$$nE\{X_0 | X_0 + X_1 + \cdots + X_{n-1} = m\}$$

$$= \sum_{i=0}^{n-1} E\{X_i | X_0 + X_1 + \cdots + X_{n-1} = m\}$$

$$= E\{X_0 + X_1 + \cdots + X_{n-1} | X_0 + X_1 + \cdots + X_{n-1} = m\} = m,$$

因而

$$E\{X_0 | X_0 + X_1 + \cdots + X_{n-1} = m\} = \frac{m}{n}.$$

但另一方面，又有

$$\begin{aligned}
&E\{X_0 | X_0 + X_1 + \cdots + X_{n-1} = m\} \\
&= \sum_{i=0}^{m} iP\{X_0 = i | X_0 + X_1 + \cdots + X_{n-1} = m\} \\
&= \sum_{i=0}^{m} i \frac{P\{X_0 = i, X_0 + X_1 + \cdots + X_{n-1} = m\}}{P\{X_0 + X_1 + \cdots + X_{n-1} = m\}} \\
&= \sum_{i=0}^{m} i \frac{P\{X_0 = i, X_1 + X_2 + \cdots + X_{n-1} = m - i\}}{p_m^{(n)}} \\
&= \frac{1}{p_m^{(n)}} \sum_{i=0}^{m} i p_i p_{m-i}^{(n-1)}.
\end{aligned}$$

结合上两式，即得所求(10)式. 引理 2 证毕. #

定理 1 在初始库容 $Z_0 = i_0$ 的条件下，首次放空时间的分布为

$$f_{i_0,0}^{(n)} = \begin{cases} \dfrac{i_0}{n} p_{n-i_0}^{(n)}, & n \geqslant i_0; \\ 0, & n < i_0. \end{cases} \qquad (11)$$ ||

证 对 n 用归纳法来证. 当 $n = 1$ 时，(11) 化为 (7) 与(5)，故成立. 现设 $n = k - 1$ 时已成立，要证 $n = k$ 时亦真. 由(6)及归纳法假设，当 $k \geqslant i_0$ 时，

$$\begin{aligned}
f_{i_0,0}^{(k)} &= \sum_{i=0}^{k-i_0} p_i f_{i+i_0-1,0}^{(k-1)} = \sum_{i=0}^{k-i_0} p_i \frac{i + i_0 - 1}{k-1} p_{k-i_0-i}^{(k-1)} \\
&= \frac{1}{k-1} \sum_{i=0}^{k-i_0} i p_i p_{k-i_0-i}^{(k-1)} + \frac{i_0 - 1}{k-1} \sum_{i=0}^{k-i_0} p_i p_{k-i_0-i}^{(k-1)} \\
&= \frac{1}{k-1} \sum_{i=0}^{k-i_0} i p_i p_{k-i_0-i}^{(k-1)} + \frac{i_0 - 1}{k-1} p_{k-i_0}^{(k)}.
\end{aligned}$$

在 (10) 中取 $n = k$, $m = k - i_0$, 代入上式右端，即得

$$f_{i_0,0}^{(k)}=\frac{1}{k-1}\frac{k-i_0}{k}p_{k-i_0}^{(k)}+\frac{i_0-1}{k-1}p_{k-i_0}^{(k)}$$
$$=\frac{i_0}{k}p_{k-i_0}^{(k)}.$$

说明 (11) 的第一式对 $n=k$ 时也成立，而 (11) 的第二式即(5)式，已经证明为真。故由归纳法，(11)对所有 n 成立。定理 1 证毕。#

推论 首次放空的平均时间为

$$ET=i_0\sum_{n=i_0}^{\infty}p_{n-i_0}^{(n)}. \quad \| \tag{12}$$

3. 有限水库、离散时间、离散独立输入量 考虑一个容量为 K(正整数)的水库，来水与泄放规则同前。当来水后库容超过 K 时就产生溢流，水库中只留下水量 K。易知，库容 $\boldsymbol{Z}_n$ 满足下列递推关系：

$$\boldsymbol{Z}_{n+1}=\min\{\boldsymbol{Z}_n+\boldsymbol{X}_n,K\}-\min\{\boldsymbol{Z}_n+\boldsymbol{X}_n,1\}, \tag{13}$$

故 $\{\boldsymbol{Z}_n\}$ 为一马尔可夫链。

在初始库容 $\boldsymbol{Z}_0=i_0$ (正整数 $\leqslant K$) 的条件下，令水库在溢流前的时刻 n 首次放空的概率为

$$f_{i_0,0}^{(n)}\equiv P\{\boldsymbol{Z}_n=0;\boldsymbol{Z}_m>0,\boldsymbol{Z}_m+\boldsymbol{X}_m\leqslant K,$$
$$0\leqslant m<n|\boldsymbol{Z}_0=i_0\},n\geqslant 0, \tag{14}$$

此处当 $n=0$ 时自然应将"$\boldsymbol{Z}_m>0,\boldsymbol{Z}_m+\boldsymbol{X}_m\leqslant K,0\leqslant m<n$"那项删掉。

引理 3 在有限水库的情形，当 $n<i_0$ 时，

$$f_{i_0,0}^{(n)}=0. \tag{15}$$

而对所有的 $n\geqslant 1$ 均有

$$\begin{cases} f_{i_0,0}^{(n)}=\sum_{i=0}^{k-i_0}p_if_{i+i_0-1,0}^{(n-1)}, & n>1; \quad (16)\\ f_{i_0,0}^{(1)}=p_0\delta_{i_0,1}. & \quad (17)\end{cases}$$

此处

$$\delta_{i_0,1}\equiv\begin{cases}1, & i_0=1;\\ 0, & i_0\neq 1,\end{cases}$$

并规定

$$\begin{cases} f_{0,0}^{(0)} \equiv 1; \\ f_{0,0}^{(k)} \equiv 0, \quad k>0. \| \end{cases}$$

证 此引理的证明与引理 1 完全相似，只要注意此时水库有限，超过库容 K 时要产生溢流，故(16)中求和号的上限为 $\min(K-i_0, n-i_0)$，但由(15)，上限即可改为 $K-i_0$. #

引理 4 若 n 阶矩阵 $A \equiv (a_{ij})$ 的元素满足

$$\sum_{i=1}^{n} |a_{ij}| \leqslant \theta < 1, \tag{18}$$

则级数

$$E + A + A^2 + \cdots \tag{19}$$

收敛，且

$$(E-A)^{-1} = E + A + A^2 + \cdots, \tag{20}$$

其中 E 为单位矩阵. ||

证 令 $A^m \equiv (a_{ij}^{(m)})$，用归纳法来证

$$\sum_{i=1}^{n} |a_{ij}^{(m)}| \leqslant \theta^m. \tag{21}$$

当 $m=1$ 时即(18)式. 现设 m 时成立，则

$$\sum_{i=1}^{n} |a_{ij}^{(m+1)}| = \sum_{i=1}^{n} \left| \sum_{k=1}^{n} a_{ik}^{(m)} a_{kj} \right| \leqslant \sum_{k=1}^{n} \left[\sum_{i=1}^{n} |a_{ik}^{(m)}| \right] |a_{kj}|$$

$$\leqslant \theta^m \sum_{k=1}^{n} |a_{kj}| \leqslant \theta^{m+1},$$

故(21)对所有 m 都成立. 因此特别有

$$|a_{ij}^{(m)}| \leqslant \theta^m,$$

故级数(19)收敛. 于是

$$\begin{aligned} (E-A)(E+A+A^2+\cdots) &= (E-A)\lim_{m\to\infty}(E+A+A^2+\cdots+A^m) \\ &= \lim_{m\to\infty}(E-A)(E+A+A^2+\cdots+A^m) \\ &= \lim_{m\to\infty}(E-A^{m+1}) = E. \end{aligned}$$

这就证明了(20)式. 引理 4 证毕. #

令 $\{f_{i_0,0}^{(n)}\}$ 的母函数为

$$F_{i_0}(z) \equiv \sum_{n=1}^{\infty} f_{i_0,0}^{(n)} z^n, |z| < 1. \tag{22}$$

定理 2 在有限水库初始库容 $Z_0 = i_0 > 0$ 的条件下,水库溢流前首次放空时间分布 $\{f_{i_0,0}^{(n)}\}$的母函数

$$F_{i_0}(z) = z p_0 \delta_{i_0,1} + z^2 Q(i_0)[E - zQ]^{-1} f^{(1)}. \tag{23}$$

其中

$$Q \equiv \begin{bmatrix} p_1 & p_2 & \cdots & p_{K-2} & p_{K-1} & 0 \\ p_0 & p_1 & \cdots & p_{K-3} & p_{K-2} & 0 \\ 0 & p_0 & \cdots & p_{K-4} & p_{K-3} & 0 \\ \vdots & \vdots & \ddots & \vdots & \vdots & \vdots \\ 0 & 0 & \cdots & p_0 & p_1 & 0 \\ 0 & 0 & \cdots & 0 & p_0 & 0 \end{bmatrix}; \tag{24}$$

$Q(i_0)$ 为矩阵 Q 的第 i_0 行;

$$f^{(1)} \equiv \begin{bmatrix} p_0 \\ 0 \\ \vdots \\ 0 \end{bmatrix}. \quad \| \tag{25}$$

证 令

$$f^{(n)} \equiv \begin{bmatrix} f_{10}^{(n)} \\ f_{20}^{(n)} \\ \vdots \\ f_{K,0}^{(n)} \end{bmatrix}, \quad n \geqslant 1.$$

由(17)式知,当上式中 $n = 1$ 时即为(25)式.

于是引理 3 中(16)式对 $i_0 = 1, 2, \cdots, K$, 可写成下列矩阵形式:

$$f^{(n)} = Qf^{(n-1)}, \ n > 1.$$

由归纳法,即得

$$f^{(n)} = Q^{n-1} f^{(1)} = QQ^{n-2} f^{(1)}, \ n > 1,$$

因而

$$f_{i_0,0}^{(n)} = Q(i_0)Q^{n-2}f^{(1)}, \quad n > 1.$$

再在 $|z| < 1$ 内取母函数，并利用(17)及引理 4，即得

$$F_{i_0}(z) = zp_0\delta_{i_0,1} + \sum_{n=2}^{\infty} Q(i_0)Q^{n-2}f^{(1)}z^n$$

$$= zp_0\delta_{i_0,1} + z^2Q(i_0)[E - zQ]^{-1}f^{(1)}.$$

此即所证. 定理 2 证毕. #

推论 若 $p_0 = 0$，或 $p_0 + p_1 + \cdots + p_{K-1} < 1$，则水库在溢流前放空的概率

$$F_{i_0}(1) = p_0\delta_{i_0,1} + Q(i_0)[E - Q]^{-1}f^{(1)}. \quad || \tag{26}$$

4. 无限水库、连续时间 (普阿松输入点)、**一般分布输入量** 考虑一个容量无限的水库，假定时段 $[0, t)$ 内的来水量 $\boldsymbol{X}(t)$ 为一复合普阿松过程，也就是说，输入点构成一个参数为 λ 的普阿松过程，而每个输入点的来水量独立于输入点，且不同输入点上的来水量相互独立、相同分布，记其分布函数为 $H(u)$，故 $\boldsymbol{X}(t)$ 的分布为

$$P\{\boldsymbol{X}(t) \leqslant u\} = \sum_{n=0}^{\infty} e^{-\lambda t}\frac{(\lambda t)^n}{n!}H^{(n)}(u), \tag{27}$$

其中 $H^{(n)}(u)$ 为 $H(u)$ 的 n 重卷积，$n = 1, 2, \cdots$；而

$$H^{(0)}(u) \equiv \begin{cases} 1, & u \geqslant 0; \\ 0, & u < 0. \end{cases}$$

又假定只要水库不空，泄放就以单位速度等速进行.

如果将时刻 t 的库容记为 $\boldsymbol{Z}(t)$，则易知

$$\boldsymbol{Z}(t + \delta t) = \boldsymbol{Z}(t) + [\boldsymbol{X}(t + \delta t) - \boldsymbol{X}(t)] - \boldsymbol{\eta}\delta t, \tag{28}$$

其中 $\boldsymbol{\eta}\delta t$ 是指 δt 内水库不空的那部分时间，它当然由 $\boldsymbol{Z}(t)$ 与 $\boldsymbol{X}(\tau)$，$t \leqslant \tau < t + \delta t$，完全决定. 因此 $\boldsymbol{Z}(t)$ 为一齐次马尔可夫过程.

在初始库容 $\boldsymbol{Z}(0) = x > 0$ 的条件下，记水库首次放空时间

$$\boldsymbol{T} \equiv \inf\{t: \boldsymbol{Z}(t) = 0\} \tag{29}$$

的分布为

$$f(x, t) \equiv P\{\boldsymbol{T} \leqslant t | \boldsymbol{Z}(0) = x\}. \tag{30}$$

由第 1 段所述可知，求首次放空时间分布的问题相当于随机服务

系统 M/G/1 中求初始忙期的分布。下面我们就来求此分布。

引理 5 对任意正整数 n, m, 有

$$\int_{0\leqslant y\leqslant z} y\,dH^{(n)}(z-y)\,dH^{(m)}(y)=\frac{mz}{m+n}\,dH^{(n+m)}(z)。\quad \| \quad (31)$$

证 令 $H(y)$ 的拉普拉斯-斯蒂尔吉斯变换为 $H^*(s)$, 则(31)式左端的拉普拉斯变换为

$$\begin{aligned}&\int_{0\leqslant z<\infty} e^{-sz}\int_{0\leqslant y\leqslant z} y\,dH^{(n)}(z-y)\,dH^{(m)}(y)\\&=\int_{0\leqslant y<\infty} ye^{-sy}dH^{(m)}(y)[H^*(s)]^n\\&=-[H^*(s)]^n\frac{d}{ds}\{[H^*(s)]^m\}\\&=-mH^{*\prime}(s)[H^*(s)]^{n+m-1}.\end{aligned}$$

而 (31) 式右端的拉普拉斯变换为

$$\begin{aligned}\frac{m}{m+n}\int_0^\infty e^{-sz}z\,dH^{(n+m)}(z)&=-\frac{m}{m+n}\frac{d}{ds}\{[H^*(s)]^{n+m}\}\\&=-mH^{*\prime}(s)[H^*(s)]^{n+m-1}.\end{aligned}$$

(31) 式两端的拉普拉斯变换相等, 故 (31) 式成立。#

定理 3 在上述无限水库、复合普阿松输入的水库模型中,在初始库容 $\boldsymbol{Z}(0)=x>0$ 的条件下,首次放空时间的分布为

$$f(x,t)=\begin{cases}\lambda x\displaystyle\sum_{n=0}^{\infty}\int_{0-}^{t-x} e^{-\lambda(x+u)}\frac{[\lambda(x+u)]^{n-1}}{n!}\,dH^{(n)}(u), & t\geqslant x;\\ 0, & t<x.\end{cases}\quad \| \quad (32)$$

证 将时间 $\boldsymbol{T}$ 内输入点的数目记为 $\boldsymbol{N}$, 并令 $\boldsymbol{T}$ 与 $\boldsymbol{N}$ 的联合分布为

$$df_n(x,t)\equiv P\{\boldsymbol{N}=n,\ t-dt<\boldsymbol{T}\leqslant t\mid \boldsymbol{Z}(0)=x\}.\quad (33)$$

于是显然有

$$df(x,t)=\sum_{n=0}^{\infty} df_n(x,t).\quad (34)$$

又若在 $[0,\boldsymbol{T})$ 内无输入点 (即 $\boldsymbol{N}=0$), 则必在时刻 x 首次放空 (即 $\boldsymbol{T}=x$), 故有

$$
\begin{aligned}
f_0(x, t) &= P\{\boldsymbol{N} = 0, \boldsymbol{T} \leqslant t \mid \boldsymbol{Z}(0) = x\} \\
&= P\{\boldsymbol{N} = 0, \boldsymbol{T} = x, \boldsymbol{T} \leqslant t \mid \boldsymbol{Z}(0) = x\} \\
&= \begin{cases} e^{-\lambda x}, & t \geqslant x; \\ 0, & t < x. \end{cases}
\end{aligned}
$$

因而

$$
df_0(x, t) = e^{-\lambda t} dH^{(0)}(t - x). \tag{35}
$$

对 $n \geqslant 1$，则有下列递推关系式:

$$
df_n(x, t) = \begin{cases} \displaystyle\int_{0 \leqslant T \leqslant x} \int_{0 \leqslant y \leqslant t-x} \lambda e^{-\lambda \tau} df_{n-1}(x - \tau + y, t - \tau) \\ \qquad \cdot\, d\tau dH(y), \qquad t \geqslant x; \\ 0, \quad t < x. \end{cases} \tag{36}
$$

事实上，因为 $n \geqslant 1$，故在首次放空时间 $\boldsymbol{T}$ 内至少有一个输入点，因而在 $[0, x)$ 至少有一个输入点，否则将在时刻 x 放空，而在其中又无输入点. 令第一个输入点的到达时刻为 $\tau \in [0, x)$，τ 的分布为 $\lambda e^{-\lambda \tau} d\tau$；若此输入点的输入量为 $y(0 \leqslant y \leqslant t - x)$，$y$ 的分布为 $dH(y)$，则在时刻 τ 的库容为 $x - \tau + y$，而且此后在时段 $[\tau, t)$ 末水库首次放空，且在其中还有 $n - 1$ 个输入点. 这样就得到了(36)式.

现在可以用归纳法来证明

$$
df_n(x, t) = \begin{cases} e^{-\lambda t} \lambda x \dfrac{(\lambda t)^{n-1}}{n!} dH^{(n)}(t - x), & t \geqslant x; \\ 0, \quad t < x. \end{cases} \tag{37}
$$

当 $n = 0$ 时，上式化为

$$
df_0(x, t) = e^{-\lambda t} \frac{x}{t} dH^{(0)}(t - x) = e^{-\lambda t} dH^{(0)}(t - x).
$$

此即 (35) 式.

当 $n = 1$ 时，在 (36) 中令 $n = 1$，并以 (35) 代入，得

$$
\begin{aligned}
df_1(x, t) = &\int_{0 \leqslant T \leqslant x} \int_{0 \leqslant y \leqslant t-x} \lambda e^{-\lambda \tau} e^{-\lambda(t-\tau)} \\
&\times dH^{(0)}(t - x - y) d\tau dH(y)
\end{aligned}
$$

$$= \lambda e^{-\lambda t} \int_{0 \leqslant T \leqslant x} d\tau dH(t-x)$$

$$= \lambda x e^{-\lambda t} dH(t-x), \quad t \geqslant x;$$

$$df_1(x, t) = 0, \quad t < x.$$

这表明 (37) 式当 $n = 1$ 时也成立.

现设 (37) 式对 0, 1…, $n-1(n>1)$ 已成立,将 $n-1$ 时的 (37) 式代入 (36) 式的右端,并利用引理 5 (取 $m=1$, $z=t-x$),即得

$$df_n(x, t) = \int_{0 \leqslant T \leqslant x} \int_{0 \leqslant y \leqslant t-x} \lambda e^{-\lambda \tau} e^{-\lambda(t-\tau)} \lambda(x - \tau + y)$$

$$\times \frac{[\lambda(t-\tau)]^{n-2}}{(n-1)!} dH^{(n-1)}(t-x-y) d\tau dH(y)$$

$$= e^{-\lambda t} \frac{\lambda^n}{(n-1)!} \int_{0 \leqslant T \leqslant x} (t-\tau)^{n-2} d\tau$$

$$\times \int_{0 \leqslant y \leqslant t-x} (x - \tau + y) dH^{(n-1)}(t-x-y) dH(y)$$

$$= e^{-\lambda t} \frac{\lambda^n}{(n-1)!} \int_{0 \leqslant T \leqslant x} (t-\tau)^{n-2}$$

$$\times \left(x - \tau + \frac{t-x}{n}\right) dH^{(n)}(t-x) d\tau$$

$$= e^{-\lambda t} \lambda x \frac{(\lambda t)^{n-1}}{n!} dH^{(n)}(t-x).$$

注意最后一个等式在 $n > 1$ 时才成立. 这就证明了 (37) 式.

将 (37) 式代入 (34) 式,并积分,即得所证. 定理 3 证毕. #

5. 有限水库、连续时间 (普阿松输入点)、**固定输入量** 考虑一个容量为 $K(>0$, 实数) 的有限水库. 假定输入点构成一个参数为 λ 的普阿松过程,而每个输入点上的来水量为常数 $h(>0)$. 不失一般性,下面假定 $h=1$. 故时段 $[0, t)$ 内的来水量 $\boldsymbol{X}(t)$ 仍为参数为 λ 的普阿松过程:

$$P\{\boldsymbol{X}(t) = n\} = e^{-\lambda t} \frac{(\lambda t)^n}{n!}. \tag{38}$$

又假定只要水库不空,泄放就以单位速度进行.

如果将时刻 t 的库容记为 $\boldsymbol{Z}(t)$，则易知

$$\boldsymbol{Z}(t+\delta t)=\min\{\boldsymbol{Z}(t)+\boldsymbol{X}(t+\delta t)-\boldsymbol{X}(t), K\}-\boldsymbol{\eta}\delta t, \tag{39}$$

其中 $\boldsymbol{\eta}\delta t$ 是指 δt 内水库不空的那部分时间。与第 4 段相似，可知 $\boldsymbol{Z}(t)$ 为一齐次马尔可夫过程。

在初始库容 $\boldsymbol{Z}(0)=x$ 的条件下，令水库在装满(即库容$=K$)前首次放空时间 $\boldsymbol{T}$ 的分布的拉普拉斯-斯蒂尔吉斯变换为

$$\hat{f}(x, s)\equiv E\{e^{-s\boldsymbol{T}}|\boldsymbol{Z}(0)=x\}, \mathscr{R}(s)>0. \tag{40}$$

定理 4 在上述有限水库、普阿松输入的水库模型中，在初始库容 $\boldsymbol{Z}(0)=x$ 的条件下，水库在装满前首次放空时间的分布的拉普拉斯-斯蒂尔吉斯变换给如

$$\hat{f}(x, s)=\begin{cases}1, & x=0;\\ C(s)e^{-(\lambda+s)x}\sum\limits_{r=0}^{N(x)}\dfrac{[(x-K+r)\lambda e^{-(\lambda+s)}]^r}{r!}, & 0<x<K;\\ 0, & x=K.\end{cases} \tag{41}$$

其中

$$C(s)\equiv\left\{\sum_{r=0}^{N(0)}\frac{[(r-K)\lambda e^{-(\lambda+s)}]^r}{r!}\right\}^{-1}; \tag{42}$$

$N(x)$ 为满足下列条件的整数:

$$K-x-1\leqslant N(x)<K-x. \quad \| \tag{43}$$

证 由于

$$P\{\boldsymbol{T}=0|\boldsymbol{Z}(0)=0\}=1;$$

及对任意 t，

$$P\{\boldsymbol{T}\leqslant t|\boldsymbol{Z}(0)=K\}=0,$$

故得 (41) 的第一、三两式.

下面只需再证 $0<x<K$ 的情形. 当 $0<x<K-1$ 时,

$$\begin{aligned}\hat{f}(x, s)&=E\{e^{-s\boldsymbol{T}}|\boldsymbol{Z}(0)=x\}\\ &=P\{\boldsymbol{X}(\delta t)=0\}E\{e^{-s\boldsymbol{T}}|\boldsymbol{Z}(0)=x,\\ &\qquad \boldsymbol{X}(\delta t)=0\}+P\{\boldsymbol{X}(\delta t)=1\}\end{aligned}$$

$$E\{e^{-sT}|\boldsymbol{Z}(0)=x,\boldsymbol{X}(\delta t)=1\}+o(\delta t)$$
$$=(1-\lambda\delta t)E\{e^{-sT}|\boldsymbol{Z}(0)=x,\boldsymbol{Z}(\delta t)=x-\delta t\}$$
$$+\lambda\delta t E\{e^{-sT}|\boldsymbol{Z}(0)=x,\boldsymbol{Z}(\delta t)=x+1-\delta t\}+o(\delta t)$$
$$=(1-\lambda\delta t)e^{-s\delta t}E\{e^{-s(T-\delta t)}|\boldsymbol{Z}(\delta t)=x-\delta t\}$$
$$+\lambda\delta t e^{-s\delta t}E\{e^{-s(T-\delta t)}|\boldsymbol{Z}(\delta t)=x+1-\delta t\}+o(\delta t)$$
$$=(1-\lambda\delta t)(1-s\delta t)\hat{f}(x-\delta t,s)$$
$$+\lambda\delta t\hat{f}(x+1-\delta t,s)+o(\delta t). \tag{44}$$

当 $K-1\leqslant x<K$ 时，在 $\boldsymbol{X}(\delta t)=1$ 的情况下水库将装满，故此时不可能在装满前首次放空，即对应的拉普拉斯-斯蒂尔吉斯变换为 0。于是如 (44)，可得

$$\hat{f}(x,s)=E\{e^{-sT}|\boldsymbol{Z}(0)=x\}$$
$$=P\{\boldsymbol{X}(\delta t)=0\}E\{e^{-sT}|\boldsymbol{Z}(0)=x,$$
$$\boldsymbol{X}(\delta t)=0\}+o(\delta t)$$
$$=(1-\lambda\delta t)(1-s\delta t)\hat{f}(x-\delta t,s)+0(\delta t). \tag{45}$$

将 (44), (45) 分别改写成:

$$\begin{cases}\hat{f}(x,s)-\hat{f}(x-\delta t,s)=-(\lambda+s)\delta t\hat{f}(x-\delta t,s)\\ \qquad +\lambda\delta t\hat{f}(x+1-\delta t,s)+o(\delta t),\ 0<x<K-1;\\ \hat{f}(x,s)-\hat{f}(x-\delta t,s)=-(\lambda+s)\delta t\hat{f}(x-\delta t,s)\\ \qquad +o(\delta t),\ K-1\leqslant x<K.\end{cases} \tag{46}$$

令 $\delta t\to 0$，则右端趋于 0，故知 $\hat{f}(x,s)$ 在 $(0,K)$ 内左连续。将上二式两端分别除以 δt，再令 $\delta t\to 0$，可知 $\hat{f}(x,s)$ 关于 x 的左偏导数在 $(0,K)$ 内存在，且满足

$$\begin{cases}\dfrac{\partial\hat{f}(x,s)}{\partial x}=-(\lambda+s)\hat{f}(x,s)+\lambda\hat{f}(x+1,s),\\ \qquad 0<x<K-1;\\ \dfrac{\partial\hat{f}(x,s)}{\partial x}=-(\lambda+s)\hat{f}(x,s),K-1\leqslant x<K.\end{cases} \tag{47}$$

现在来解方程(47)。由它的第二个方程，即得一般解:

$$\hat{f}(x,s)=C(s)e^{-(\lambda+s)x},\ K-1\leqslant x<K, \tag{48}$$

其中 $C(s)$ 为待定常数。

再考虑区间 $K-2\leqslant x<K-1$. 由 (47) 的第一个方程及 (48),即得

$$\frac{\partial\hat{f}(x,s)}{\partial x}=-(\lambda+s)\hat{f}(x,s)+\lambda C(s)e^{-(\lambda+s)(x+1)},$$

$$K-2\leqslant x<K-1.$$

解之,得一般解:

$$\hat{f}(x,s)=D(s)e^{-(\lambda+s)x}+C(s)\lambda xe^{-(\lambda+s)(x+1)},$$

$$K-2\leqslant x<K-1, \tag{49}$$

其中 $D(s)$ 为待定常数.

由于 $\hat{f}(x,s)$ 在 $x\in(0,K)$ 内左连续, 故在 (49) 中令 $x\uparrow K-1$ 时应该等于 (48) 中的 $\hat{f}(K-1,s)$, 于是可求出

$$D(s)=C(s)[1-\lambda(K-1)e^{-(\lambda+s)}].$$

代入 (49), 即得

$$\hat{f}(x,s)=C(s)e^{-(\lambda+s)x}[1+(x-K+1)\lambda e^{-(\lambda+s)}],$$

$$K-2\leqslant x<K-1.$$

再利用 $\hat{f}(x,s)$ 在 $x\in(0,K)$ 内的左连续性,用归纳法即可证得

$$\hat{f}(x,s)=C(s)e^{-(\lambda+s)x}\sum_{r=0}^{N(x)}\frac{[(x-K+r)\lambda e^{-(\lambda+s)}]^r}{r!},$$

$$0<x<K, \tag{50}$$

其中 $N(x)$ 为(43)所定义.

现在来决定常数 $C(s)$. 在 (46) 第一式中取 $x=\delta t$, 得

$$\hat{f}(\delta t,s)-\hat{f}(0,s)=-(\lambda+s)\delta t\hat{f}(0,s)$$

$$+\lambda\delta t\hat{f}(1,s)+o(\delta t).$$

令 $\delta t\to 0$, 则右端趋于 0, 故知 $\hat{f}(x,s)$ 在 $x=0$ 右连续. 于是在 (50) 中令 $x\to 0$, 由(41)的第一式,即得

$$1=C(s)\sum_{r=0}^{N(0)}\frac{[(r-K)\lambda e^{-(\lambda+s)}]^r}{r!}.$$

所以 $C(s)$ 满足 (42) 式. 定理 4 证毕. #

即得下面的推论:

推论 水库在装满前放空的概率

$$\hat{f}(x,0)=C(0)e^{-\lambda x}\sum_{r=0}^{N(x)}\frac{[(x-K+r)\lambda e^{-\lambda}]^r}{r!}, \qquad (51)$$

其中

$$C(0)=\left\{\sum_{r=0}^{N(0)}\frac{[(r-K)\lambda e^{-\lambda}]^r}{r!}\right\}^{-1}. \quad \| \qquad (52)$$

§3. 存储问题

1. 问题 假定某工厂有一个仓库，专门用来存储生产所需的某种部件，这些部件是由其它工厂供应的。在生产中，部件不断地被消耗，同时仓库不断地向外厂定货补充，来保持仓库中的储备量，以满足生产的需要。由于部件的需求量和定货到达时间都受随机因素的影响，因此，仓库中部件的储备量也随机地变化。应该如何来设计仓库的合理大小呢？仓库大了，造价就高，同时存储的部件多了，相应的保管费也高；仓库小了，存货太少，缺货时就会影响生产，造成损失。因此，除了政治上的考虑以外，还需要从经济上来权衡利弊，寻求总费用最为节省的方案，这就是存储论所要解决的问题。

2. 考虑如下的存储模型 假定需求过程是一个复合普阿松过程：需求发生的时刻是参数为 λ 的普阿松过程，在每次需求发生的时刻，所提出的需求量等于一个单位的概率为 c，等于两个单位的概率为 $1-c$，其中 c 为一常数，$0\leqslant c\leqslant 1$。假定仓库的最大存储量为 S 个单位。在初始时刻 $t=0$，仓库中装满了 S 个单位，其后每当有需求发生时，只要仓库中有储备，即予供应；没有储备时，就让该需求排队等待。同时，不管仓库中有无储备，只要发生需求，若其需求量为 k 个单位 ($k=1$ 或 2)，就立即发出 k 个单位的定货，以补充仓库的储备或供应正在等待的需求。发出的定货由一个等待制的单服务台系统来逐个服务（交付定货），服务时间（交付定货的时间）与尚未交付的定货总数有关，在任意时刻，正在服务的定货将在 δt 内交付的概率为

$$\begin{cases}\mu_1\delta t + o(\delta t)，若此时尚未交付的定货总数为 1 个单位; \\ \mu\delta t + o(\delta t)，若此时尚未交付的定货总数大于 1 个单位;\end{cases}$$

其中 $\mu_1 < \mu$，说明当尚未交付的定货总数大于 1 时，交货的速度比总数等于 1 时的速度加快了．存储模型见图 1.

考虑下列四种费用:

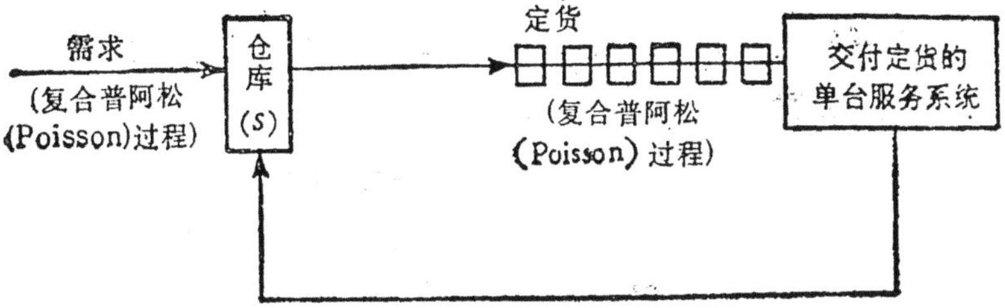

图 1　存储模型

1）第一类缺货损失费． 每个单位的需求缺货单位时间的损失费记为 C_1;

2）第二类缺货损失费． 每发生一个单位的缺货所造成的损失费记为 C_2;

3）存货保管费． 仓库中每个单位的存货存放单位时间的保管费记为 C_3;

4）仓库修建维护费． 仓库中存放存货的每个单位空间每个单位时间所需的修建维护费记为 C_4.

当然 C_1，C_2，C_3，C_4 均为非负数.

令 $C(S)$ 为单位时间的期望总费用，p_n 为尚未交付的定货总数为 n 的平稳概率，则易知

$$C(S) = C_1\sum_{n=S}^{\infty}(n-S)p_n + C_2\lambda[c+2(1-c)] \times \sum_{n=S}^{\infty}p_n + C_3\sum_{n=0}^{S}(S-n)p_n + C_4S. \tag{1}$$

下面就来寻求使 $C(S)$ 取极小值的 S.

3. 我们先来求平稳概率 p_n　由于每到一个单位的需求，就发出一个单位定货，因此很显然，定货的发出过程也是同样的复合普

阿松过程.

令 $\xi(t)$ 为在时刻 t 尚未交付的定货总数,则易知 $\xi(t)$ 为一齐次马尔可夫过程. 令

$$p_n(t) \equiv P\{\xi(t) = n\}.$$

利用类似于生灭过程的分析法,可以得到下列一组关系式:

$$\begin{cases} p_0(t+\delta t) = p_0(t)(1-\lambda\delta t) + p_1(t)(1-\lambda\delta t)\mu_1\delta t + o(\delta t); \\ p_1(t+\delta t) = p_0(t)c\lambda\delta t + p_1(t)(1-\lambda\delta t)(1-\mu_1\delta t) \\ \qquad + p_2(t)(1-\lambda\delta t)\mu\delta t + o(\delta t); \\ p_2(t+\delta t) = p_0(t)(1-c)\lambda\delta t + p_1(t)c\lambda\delta t(1-\mu_1\delta t) \\ \qquad + p_2(t)(1-\lambda\delta t)(1-\mu\delta t) + p_3(t)(1-\lambda\delta t)\mu\delta t \\ \qquad + o(\delta t); \\ p_3(t+\delta t) = p_1(t)(1-c)\lambda\delta t(1-\mu_1\delta t) \\ \qquad + p_2(t)c\lambda\delta t(1-\mu\delta t) + p_3(t)(1-\lambda\delta t)(1-\mu\delta t) \\ \qquad + p_4(t)(1-\lambda\delta t)\mu\delta t + o(\delta t); \\ p_n(t+\delta t) = p_{n-2}(t)(1-c)\lambda\delta t(1-\mu\delta t) \\ \qquad + p_{n-1}(t)c\lambda\delta t(1-\mu\delta t) + p_n(t)(1 \\ \qquad - \lambda\delta t)(1-\mu\delta t) + p_{n+1}(t)(1-\lambda\delta t)\mu\delta t \\ \qquad + o(\delta t), \quad n \geqslant 4. \end{cases} \tag{2}$$

于是可得微分方程组:

$$\begin{cases} p_0'(t) = -\lambda p_0(t) + \mu_1 p_1(t); \\ p_1'(t) = c\lambda p_0(t) - (\lambda + \mu_1)p_1(t) + \mu p_2(t); \\ p_n'(t) = (1-c)\lambda p_{n-2}(t) + c\lambda p_{n-1}(t) - (\lambda \\ \qquad\qquad + \mu)p_n(t) + \mu p_{n+1}(t), \quad n \geqslant 2. \end{cases} \tag{3}$$

由(2)看出,马尔可夫过程 $\xi(t)$ 的转移矩阵为标准转移矩阵,即满足第六章§1的 4. 的极限定理的假设条件 (3),因此,如该节所证,极限 $\lim\limits_{t\to\infty} p_n(t) = p_n$ 存在,且与初始条件无关,同时 $\lim\limits_{t\to\infty} p_n'(t) = 0$. 现在如该节先假定所有 $p_n > 0$. 故在(3)中令 $t \to \infty$,并令

$$\rho_1 \equiv \frac{\lambda}{\mu_1}; \quad \rho_0 \equiv \frac{\lambda}{\mu},$$

即得

$$
\begin{cases}
p_1 = \rho_1 p_0; \\
p_2 = \dfrac{\rho_0(\rho_1 + 1)}{\rho_1} p_1 - c\rho_0 p_0; \\
p_n = (\rho_0 + 1) p_{n-1} - c\rho_0 p_{n-2} - (1-c)\rho_0 p_{n-3},\ n \geqslant 3.
\end{cases} \tag{4}
$$

将 $\{p_n\}$ 的母函数记为

$$P(x) \equiv \sum_{n=0}^{\infty} p_n x^n.$$

则由(4),取母函数,即得

$$P(x) = p_0 \frac{1 + (\rho_1 - \rho_0)x}{1 - \rho_0 x - (1-c)\rho_0 x^2}. \tag{5}$$

由于 $\{p_n\}$ 为一分布,必须有

$$\sum_{n=0}^{\infty} p_n = 1,$$

故在上式中令 $x = 1$, 即得

$$p_0 = \frac{1 - (2-c)\rho_0}{1 + \rho_1 - \rho_0}. \tag{6}$$

由于 $p_0 > 0$, 故由 (6) 的分母>0, 立即推知其分子

$$1 - (2-c)\rho_0 > 0,$$

即

$$\frac{(2-c)\lambda}{\mu} < 1. \tag{7}$$

令

$$\rho \equiv \frac{(2-c)\lambda}{\mu}.$$

我们再作补充假定(7),即

$$\rho < 1. \tag{8}$$

将(6)代入(5),就得到平稳分布 $\{p_n\}$ 的母函数的最后表达式:

$$P(x) = \frac{1 - (2-c)\rho_0}{1 + \rho_1 - \rho_0} \frac{1 + (\rho_1 - \rho_0)x}{1 - \rho_0 x - (1-c)\rho_0 x^2}. \tag{9}$$

$P(x)$ 的分母的两个根为

$$\frac{\rho_0 \pm \sqrt{\rho_0^2 + 4\rho_0(1-c)}}{-2\rho_0(1-c)},$$

它们都是实根，故可将 $P(x)$ 分解成部分分式，并展成幂级数，得

$$P(x) = \frac{1-(2-c)\rho_0}{1+\rho_1-\rho_0}$$

$$\times\left\{\frac{2(1-c)\rho_0-(\rho_1-\rho_0)[\rho_0+\sqrt{\rho_0^2+4\rho_0(1-c)}]}{\rho_0^2+4\rho_0(1-c)+\rho_0\sqrt{\rho_0^2+4\rho_0(1-c)}}\right.$$

$$\times\frac{1}{1+\dfrac{2\rho_0(1-c)}{\rho_0+\sqrt{\rho_0^2+4\rho_0(1-c)}}x}$$

$$+\frac{2(1-c)\rho_0-(\rho_1-\rho_0)[\rho_0-\sqrt{\rho_0^2+4\rho_0(1-c)}]}{\rho_0^2+4\rho_0(1-c)-\rho_0\sqrt{\rho_0^2+4\rho_0(1-c)}}$$

$$\left.\times\frac{1}{1+\dfrac{2\rho_0(1-c)}{\rho_0-\sqrt{\rho_0^2+4\rho_0(1-c)}}x}\right\}$$

$$=\frac{1-\rho_0(2-c)}{1+\rho_1-\rho_0}\sum_{n=0}^{\infty}(-1)^n$$

$$\times\left\{\frac{2(1-c)\rho_0-(\rho_1-\rho_0)[\rho_0+\sqrt{\rho_0^2+4\rho_0(1-c)}]}{\rho_0^2+4\rho_0(1-c)+\rho_0\sqrt{\rho_0^2+4\rho_0(1-c)}}\right.$$

$$\times\left[\frac{2\rho_0(1-c)}{\rho_0+\sqrt{\rho_0^2+4\rho_0(1-c)}}\right]^n$$

$$+\frac{2(1-c)\rho_0-(\rho_1-\rho_0)[\rho_0-\sqrt{\rho_0^2+4\rho_0(1-c)}]}{\rho_0^2+4\rho_0(1-c)-\rho_0\sqrt{\rho_0^2+4\rho_0(1-c)}}$$

$$\left.\times\left[\frac{2\rho_0(1-c)}{\rho_0-\sqrt{\rho_0^2+4\rho_0(1-c)}}\right]^n\right\}x^n.$$

因而

$$p_n=\frac{1-\rho_0(2-c)}{1+\rho_1-\rho_0}(-1)^n$$

$$\times\left\{\frac{2(1-c)p_0-(\rho_1-\rho_0)[\rho_0+\sqrt{\rho_0^2+4\rho_0(1-c)}]}{\rho_0^2+4\rho_0(1-c)+\rho_0\sqrt{\rho_0^2+4\rho_0(1-c)}}\right.$$

$$\times \left[\frac{2\rho_0(1-c)}{\rho_0+\sqrt{\rho_0^2+4\rho_0(1-c)}}\right]^n$$

$$+\frac{2(1-c)\rho_0-(\rho_1-\rho_0)[\rho_0-\sqrt{\rho_0^2+4\rho_0(1-c)}]}{\rho_0^2+4\rho_0(1-c)-\rho_0\sqrt{\rho_0^2+4\rho_0(1-c)}}$$

$$\times \left[\frac{2\rho_0(1-c)}{\rho_0-\sqrt{\rho_0^2+4\rho_0(1-c)}}\right]^n\Bigg\},$$

$$n=0,1,\cdots. \tag{10}$$

这样，我们就在所有 $p_n>0$ 的假定下求出了它们的表达式．和第六章 §1 同样处理，即可证明确实所有 $p_n>0$．因此 (10) 就是所求的平稳概率 p_n 的表达式．

4. 最后来考察如何寻求单位时间期望总费用 $C(S)$ 的极小值　我们说 S^* 为(总体)最优存储量，若 $C(S)$ 在 $S=S^*$ 达到极小值．又说 S^0 为局部最优存储量，若

$$\begin{cases}\left.\begin{array}{l}C(S^0)\leqslant C(S^0+1);\\ C(S^0)\leqslant C(S^0-1),\end{array}\right\}\text{当 } S^0>0 \text{ 时};\\ C(S^0)\leqslant C(S^0+1),\ \text{当 } S^0=0 \text{ 时}.\end{cases} \tag{11}$$

令

$$\Delta C(S)\equiv C(S+1)-C(S).$$

由 (1)，

$$\Delta C(S)=(C_1+C_3)\sum_{n=0}^{S}p_n-C_2\lambda[c+2(1-c)]p_S$$
$$-C_1+C_4. \tag{12}$$

容易看出，S^0 为局部最优存储量的充分必要条件是：

$$\begin{cases}\Delta C(S^0-1)\leqslant 0\leqslant \Delta C(S^0),\ \text{若 } S^0>0;\\ \qquad\qquad\quad 0\leqslant \Delta C(S^0),\ \text{若 } S^0=0.\end{cases} \tag{13}$$

下面分两种情形来讨论：

1) 若

$$C_1+C_3-C_2\lambda[c+2(1-c)]\geqslant 0.$$

则由(12)，

$$\begin{aligned}\Delta C(S+1) &= (C_1+C_3)\sum_{n=0}^{S} p_n + \{C_1+C_3 \\ &\quad - C_2\lambda[c+2(1-c)]\}p_{S+1} - C_1 + C_4 \\ &\geqslant (C_1+C_3)\sum_{n=0}^{S} p_n - C_1 + C_4 \\ &\geqslant (C_1+C_3)\sum_{n=0}^{S} p_n - C_2\lambda[c+2(1-c)]p_S - C_1 + C_4 \\ &= \Delta C(S). \end{aligned} \tag{14}$$

因而任一局部最优存储量 S^0 一定也是（总体）最优存储量. 事实上,若 S^0 为局部最优,则(13)成立,故由(14),得

$$\begin{cases}\cdots \leqslant \Delta C(S^0-2) \leqslant \Delta C(S^0-1) \leqslant 0 \leqslant \Delta C(S^0) \\ \quad \leqslant \Delta C(S^0+1) \leqslant \Delta C(S^0+2) \leqslant \cdots, \text{若 } S^0 > 0; \\ 0 \leqslant \Delta C(S^0) \leqslant \Delta C(S^0+1) \leqslant \Delta C(S^0+2) \leqslant \cdots, \text{若 } S^0 = 0.\end{cases}$$

因此

$$\begin{cases}\cdots \leqslant C(S^0-2) \leqslant C(S^0-1) \leqslant C(S^0) \leqslant C(S^0+1) \\ \quad \leqslant C(S^0+2) \leqslant \cdots, \quad \text{若 } S^0 > 0; \\ C(S^0) \leqslant C(S^0+1) \leqslant C(S^0+2) \leqslant \cdots, \text{若 } S^0 = 0.\end{cases}$$

这就说明 S^0 为总体最优.

于是可以这样来安排寻求（总体）最优存储量 S^* 的算法：从 $S=0$ 开始逐个计算 $\Delta C(S)$ 的值,算到(13)满足时为止，也就是说，算到 (12) 式的 $\Delta C(S)$ 值首次变成非负值时为止，这个使 $\Delta C(S)$ 首次变为非负值的 S^* 就是（总体）最优存储量. 当 $C_3+C_4>0$ 时,这个最优存储量 S^* 是存在的,因为当 $S\to\infty$ 时，极限 $\lim\limits_{S\to\infty}\Delta C(S)=C_3+C_4>0$，因此总有 S^* 存在,使 $\Delta C(S^*)\geqslant 0$.但当 $C_3=C_4=0$ 时;由 (12),对任一 S,

$$\Delta C(S) = -C_1\sum_{n=S+1}^{\infty} p_n - C_2\lambda[c+2(1-c)]p_S \leqslant 0.$$

因此,虽然极限 $\lim\limits_{S\to\infty}\Delta C(S)=0$，但可能 $\Delta C(S)$ 永远 <0 而达不到 0，此时(总体)最优存储量 S^* 就不存在;而只有当 $\Delta C(S)$ 能首

次变成 0 时，对应的 S^* 值才是(总体)最优存储量. 事实上，$C_3=C_4=0$ 的情形即存储模型中只有缺货损失而没有存货保管费和仓库修建维护费的情形，因此很自然地，仓库存储量 S 不管怎样增大，决不会使总费用增加，所以这种情形实际上是没有任何讨论价值的.

2) 若

$$C_1+C_3-C_2\lambda[c+2(1-c)]<0.$$

则由 (12),

$$\begin{aligned}\Delta C(S)&=(C_1+C_3)\sum_{n=0}^{S-1}p_n+\{C_1+C_3\\&\quad-C_2\lambda[c+2(1-c)]\}\times p_S-C_1+C_4\\&\geqslant(C_1+C_3)\sum_{n=0}^{S-1}p_n+\{C_1+C_3\\&\quad-C_2\lambda[c+2(1-c)]\}\\&\quad\times\left(1-\sum_{n=0}^{S-1}p_n\right)-C_1+C_4,\end{aligned}$$

即

$$\begin{aligned}\Delta C(S)&\geqslant C_3-C_2\lambda[c+2(1-c)]\\&\quad+C_2\lambda[c+2(1-c)]\sum_{n=0}^{S-1}p_n+C_4.\end{aligned}\tag{15}$$

上式右端当 S 增加时是非降的，因此可以这样来安排寻求(总体)最优存储量 S^* 的算法: 从 $S=0$ 开始逐个计算 $C(S)$ 的值，算到使 (15) 式右端首次变成非负那个 S (记为 S_1) 时为止，于是在 $C(0)$, $C(1)$, $\cdots$, $C(S_1)$ 中取极小值的那个 S 就是 (总体) 最优存储量 S^*. 事实上，这里只要假定 $C_3+C_4>0$, (15) 式右端就能在有限的 S 值上变为非负，因为当 $S\to\infty$ 时，(15) 右端的极限为 $C_3+C_4>0$. 而它一旦在 S_1 变成非负后，由其非降性，其后的量均为非负，因此当 $S\geqslant S_1$ 时，$\Delta C(S)\geqslant 0$, 于是就有

$$C(S_1)\leqslant C(S_1+1)\leqslant C(S_1+2)\leqslant\cdots,$$

故显见(总体)最优存储量 S^* 就是使 $C(0)$, $C(1)$, $\cdots$, $C(S_1)$ 中

取极小值的那个 S. 而 $C_3+C_4=0$ 的情形没有讨论价值，已如前述.

§4. 卫星通讯问题

1. 问题 考虑一个卫星通讯网（见图 1），$S_1, S_2, \cdots, S_{n_1}$ 表示人造卫星，$g_1, g_2, \cdots, g_{n_2}$ 表示地面站，各 S_i 与 g_j 之间的联线表示通讯线路. S_i 的输入线路记为 $b_1, b_2, \cdots$；输出线路记为 $b_{k_1}, b_{k_2}, \cdots$. 现在要在各地面站之间进行通讯. 我们假定：

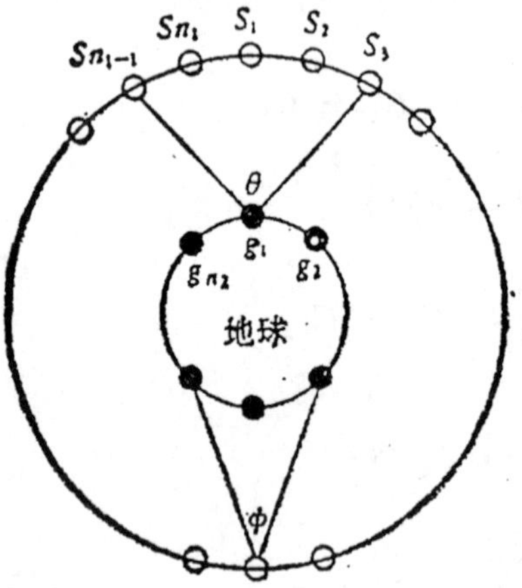

图 1　卫星通讯网

1）卫星与地球的相对位置是固定不变的，通讯线路也是固定不变的；

2）地面站之间的通讯只能通过卫星来进行；

3）每个地面站只能将信息通达对角 θ 内的 a_s 个卫星；每个卫星只能将信息通达对角 ϕ 内的 a_g 个地面站；

4）信息通过每条线路 b_i 的传送时间 T_i 是一已知常数；

5）由于卫星的功率有限，故每个卫星在同一时刻能利用的输入输出线路均为有限，设各有 d 条；而且每个卫星都没有存储能力，当从不同线路通往同一地面站的信息同时到达一个卫星时，卫星只能随机地选择一个予以传送，其它的均告损失；

6）每个地面站的存储能力是无限的，因此在信息到达时可按不同传送线路 b_i 在地面站分别排队等待，每条线路 b_i 上都按到达先后次序传送；

7）从一个地面站 g_i 到另一个地面站 g_j 的信息都由一条固定的路径按到达先后次序传送，同时我们只考虑经过一个卫星的转播来传送地面站信息的情形，因此只有当 g_i，g_j 在某个卫星 S_k 的对角 ϕ 之内，它们之间的信息才能互相传送。也就是说，一个地面站 g_i 的信息只能传送到它相邻的 $2(a_g-1)$ 个地面站；

8）传送目的地是 g_j 的那些信息按参数为 λ_{ij} 的普阿松流到达地面站 g_i，所有这些普阿松流都相互独立。而卫星的输入及输出线路传送信息的过程是在离散的同步时刻 $k\delta(k=1,2,\cdots)$进行的。只要信息到达时队长为 0，且 $(k-1)\delta<$ 到达时刻 $\leqslant k\delta$，$k=1,2,\cdots$，则此信息就在 $k\delta$ 时被传送。但在时刻 0 到达的信息需到 δ 时才能传送。

我们要来考察在时刻 t 到达 g_i，目的地是 g_j 的信息在传送过程中的损失率 P_L，以及在没有遭受损失的条件下，从它到达 g_i 起到传送到 g_j 止的总响应时间 $\boldsymbol{\tau}_{ij}(t)$ 的期望值(条件期望)。

由假定 7)，g_i 到 g_j 的信息只能由一个固定的卫星来转播，比如要通过卫星 S 来转播，而影响损失率 P_L 与总响应时间 $\boldsymbol{\tau}_{ij}(t)$ 的是 S 的 d 条输入线路上所来的信息以及由 S 通往 g_j 的输出线路。由于同步传送，且卫星 S 没有存储能力，因此，S 的其它 $d-1$ 条输出线路对此损失率与总响应时间毫无影响。至于其它卫星及其有关的线路，和其它的地面站更是没有影响了。于是为了考察上述损失率及总响应时间，只需分割出如图 2 的部分网络来研究。

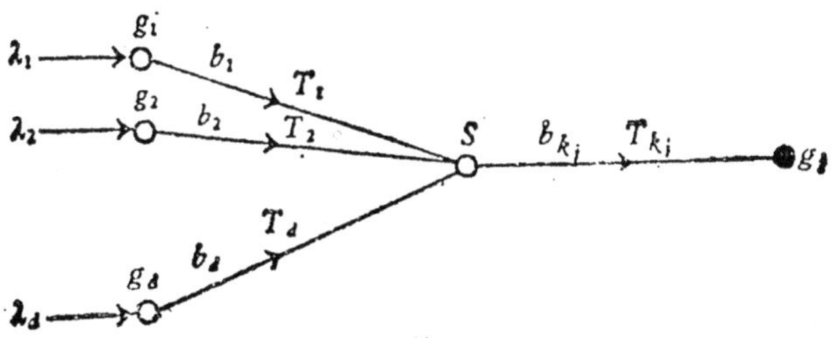

图 2　部分网络

将 S 的输出线路所连的 d 个地面站记为 $g_{k_1}, g_{k_2}, \cdots, g_{k_d}$，则在单位时间内由 g_i 产生并需经过 b_i 由 S 转播的信息的平均数

$$\lambda_i=\sum_{\nu=1}^{d}\lambda_{ik_\nu}. \tag{1}$$

2. 令

$$P_{is}(k\delta) \equiv P\,\{\text{在时刻 } k\delta,\text{ 在 } g_i \text{ 上已有信息等待传送到 } S\},\quad k=1,2,\cdots; \tag{2}$$

$$P_{ij}(k\delta) \equiv P\,\{\text{在时刻 } k\delta,\text{ 在 } g_i \text{ 上已有信息等待传送到 } g_j\},\quad k=1,2,\cdots. \tag{3}$$

则由于各输入过程的独立性，即得

$$P_{ij}(k\delta) = \frac{\lambda_{ij}}{\lambda_i} P_{is}(k\delta), \tag{4}$$

其中 λ_i 为(1)所给定.

下面来求 $P_{is}(k\delta)$ 的表达式. 由定义，

$$\begin{aligned}
P_{is}(k\delta) = P\,\{&\text{在 } ((k-1)\delta, k\delta] \text{ 内信息到达数} \geqslant 1;\text{ 或}\\
&\text{在 } ((k-2)\delta, k\delta] \text{ 内信息到达数} \geqslant 2;\ \cdots;\text{ 或}\\
&\text{在 } (0, k\delta] \text{ 内信息到达数} \geqslant k\}\\
= P\{&\text{在 } ((k-1)\delta, k\delta] \text{ 内信息到达数} = 1;\text{ 或}\\
&\text{在 } ((k-2)\delta, k\delta] \text{ 内信息到达数} = 2;\text{ 或}\cdots;\text{ 或}\\
&\text{在 } (0, k\delta] \text{ 内信息到达数} = k;\text{ 或}\\
&\text{在 } (0, k\delta] \text{ 内信息到达数} > k\}\\
= P\{&A_1 \cup A_2 \cup \cdots \cup A_k \cup A_{k+1}\}\\
= \sum_{c_1=1}^{k+1} &P(A_{c_1}) - \sum_{1\leqslant c_1<c_2\leqslant k+1} P(A_{c_1}\cap A_{c_2})\\
&+ \sum_{1\leqslant c_1<c_2<c_3\leqslant k+1} P(A_{c_1}\cap A_{c_2}\cap A_{c_3})\\
&- \cdots + (-1)^k P\left(\bigcap_{c=1}^{k+1} A_c\right),
\end{aligned} \tag{5}$$

其中

$$\left|\begin{aligned}
&P\left(\bigcap_{\nu=1}^{m} A_{c_\nu}\right) = \prod_{\nu=1}^{m} e^{-\lambda_i(c_\nu - c_{\nu-1})\delta} \frac{[\lambda_i(c_\nu - c_{\nu-1})\delta]^{c_\nu - c_{\nu-1}}}{(c_\nu - c_{\nu-1})!},\\
&\qquad 0 = c_0 < c_1 < c_2 < \cdots < c_m \leqslant k,\ 1 \leqslant m \leqslant k;
\end{aligned}\right.$$

$$\begin{cases} P(A_{k+1}) = \sum_{c=k+1}^{\infty} e^{-\lambda_i k\delta} \frac{(\lambda_i k\delta)^c}{c!}; & (6) \\ P\left(\bigcap_{\nu=1}^{m} A_{c_\nu} \cap A_{k+1}\right) = P\left(\bigcap_{\nu=1}^{m} A_{c_\nu}\right) \sum_{c=k+1-c_m}^{\infty} e^{-\lambda_i (k-c_m)\delta} \\ \qquad \times \frac{[\lambda_i(k-c_m)\delta]^c}{c!},\ 0 = c_0 < c_1 < c_2 \\ \quad < \cdots < c_m \leqslant k,\ 1 \leqslant m \leqslant k. \end{cases}$$

将(5)代入(4),即得 $P_{ij}(k\delta)$ 的表达式。下面就利用 $P_{ij}(k\delta)$ 来表示其它我们所要考虑的量。

3. 令 $\boldsymbol{w}_{ij}(t)$ 为在时刻 t 到达 g_i，目的地是 g_j 的信息在 g_i 点被传送之前的等待时间，则在该信息到达 S 后未遭受损失的条件下,有

$$\boldsymbol{\tau}_{ij}(t) = \boldsymbol{w}_{ij}(t) + T_i + T_{kj}; \tag{7}$$

若该信息到达 S 后损失了,则可认为 $\boldsymbol{\tau}_{ij}(t)$ 没有定义。

易知 $\boldsymbol{\tau}_{ij}(t)$ 的取值范围为可数集:

$$\{k\delta - t + T_i + T_{kj}, k = \tilde{k}, \tilde{k}+1, \cdots\}, \tag{8}$$

其中

$$\tilde{k} = \max\left\{-\left[-\frac{t}{\delta}\right], 1\right\}, \tag{9}$$

这里的 $[x]$ 为不超过 x 的最大整数。

$\boldsymbol{\tau}_{ij}(t)$ 的分布为:

$$\begin{aligned} P\{\boldsymbol{\tau}_{ij}(t) = k\delta - t + T_i + T_{kj}\} &= P\{\boldsymbol{\tau}_{ij}(t) = k\delta - t + T_i + T_{kj} \mid \boldsymbol{w}_{ij}(t) = k\delta \\ &\quad - t\}P\{\boldsymbol{w}_{ij}(t) = k\delta - t\} \\ &= P\{\boldsymbol{\tau}_{ij}(t) = k\delta - t + T_i + T_{kj} \mid \text{该信息已在} \\ &\quad k\delta + T_i \text{ 时到达 } S\} \cdot P\{\boldsymbol{w}_{ij}(t) = k\delta - t\} \\ &= P\{\text{该信息在 } S \text{ 处被选中往 } g_j \text{ 传送} \mid \text{该信息已在} \\ &\quad k\delta + T_i \text{ 时到达 } S\} \cdot P\{\boldsymbol{w}_{ij}(t) = k\delta - t\} \\ &\equiv P_{Sj}(k\delta + T_i)P\{\boldsymbol{w}_{ij}(t) = k\delta - t\}. \end{aligned} \tag{10}$$

现在来计算 $P_{Sj}(k\delta + T_i)$。由上面的定义,

$$P_{s_j}(k\delta+T_i)=P\{\text{该信息在 }S\text{ 处被选中往 }g_j\text{ 传送}\mid\text{该信息已在 }k\delta+T_i\text{ 时到达 }S\}$$

$$=P\{\text{在时刻 }k\delta+T_i\text{ 没有其它要去 }g_j\text{ 的信息到达 }S\mid\text{该信息已在 }k\delta+T_i\text{ 时到达 }S\}$$

$$+\frac{1}{2}P\{\text{在时刻 }k\delta+T_i\text{ 有一个要去 }g_j\text{ 的其它信息到达 }S\mid\text{该信息已在 }k\delta+T_i\text{ 时到达 }S\}+\cdots$$

$$+\frac{1}{d}P\{\text{在时刻 }k\delta+T_i\text{ 有 }d-1\text{ 个要去 }g_j\text{ 的其它信息到达 }S\mid\text{该信息已在 }k\delta+T_i\text{ 时到达 }S\}. \tag{11}$$

但是

$$P\{\text{在时刻 }k\delta+T_i\text{ 有一从 }g_i\text{ 来要去 }g_j\text{ 的信息到达 }S\}$$
$$=P\{\text{在时刻 }k\delta,\text{ 在 }g_i\text{ 上已有信息等待传送到 }g_j\}$$
$$\equiv P_{ij}(k\delta), \tag{12}$$

因此,由(11),

$$P_{s_j}(k\delta+T_i)=\prod_{\substack{r=1\\r\neq i}}^{d}[1-P_{rj}(k\delta)]$$
$$+\frac{1}{2}\sum_{\substack{c=1\\c\neq i}}^{d}P_{cj}(k\delta)\times\prod_{\substack{r=1\\r\neq c,i}}^{d}[1-P_{rj}(k\delta)]+\cdots$$
$$+\frac{1}{d}\prod_{\substack{r=1\\r\neq i}}^{d}P_{rj}(k\delta), \tag{13}$$

其中 $P_{rj}(k\delta)$已在第 2 段中算出.这样,我们就求出了 $P_{s_j}(k\delta+T_i)$ 的表达式. 于是由(10),为了求 $\boldsymbol{\tau}_{ij}(t)$ 的分布,只需再求 $\boldsymbol{w}_{ij}(t)$ 的分布. 这将在下面第 4 段中给出.

由(10)可知,在时刻 t 到达 g_i,目的地是 g_j 的信息在传送中没有损失的概率

$$P=\sum_{k=k}^{\infty}P(\boldsymbol{\tau}_{ij}(t)=k\delta-t+T_i+T_{k_j}\}, \tag{14}$$

其中 $P\{\boldsymbol{\tau}_{ij}(t)=k\delta-t+T_i+T_{k_j}\}$ 为(10)所给定.

因而损失概率

$$P_L = 1 - P. \tag{15}$$

现在来看在信息未遭受损失的条件下的平均总响应时间. 由(7),有

$$\begin{aligned} &E\{\boldsymbol{\tau}_{ij}(t)\,|\,\text{该信息未损失}\} \\ &= E\{\boldsymbol{w}_{ij}(t) + T_i + T_{kj}\,|\,\text{该信息未损失}\} \\ &= E\{\boldsymbol{w}_{ij}(t) + T_i + T_{kj}\} \\ &= E\{\boldsymbol{w}_{ij}(t)\} + T_i + T_{kj}, \end{aligned} \tag{16}$$

其中 $E\{\boldsymbol{w}_{ij}(t)\}$ 将在下面第 5 段中给出.

4. 求 $\boldsymbol{w}_{ij}(t)$ 的分布 为简化起见,将下标都略去, 将问题重述如下:

假定输入是参数为 λ 的普阿松流 [原问题中为 λ_i], 信息到达后在离散时刻 δ, 2δ, $\cdots$进入服务台接受服务,排队规则是先到先服务, 等待空间无限. 我们来求在时刻 t 到达的信息在进入服务之前的等待时间 $\boldsymbol{w}(t)$ [原问题中为 $\boldsymbol{w}_{ij}(t)$].

易知 $\boldsymbol{w}(t)$ 的取值范围为可数集:

$$\{k\delta - t,\ k = \tilde{k},\ \tilde{k} + 1,\ \cdots\}, \tag{17}$$

其中 $\tilde{k}$ 为(9)所给定.

当 $0 \leqslant t \leqslant \delta$ 时,显见

$$\begin{aligned} P\{\boldsymbol{w}(t) = k\delta - t\} &= P\{\text{在 } [0, t) \text{ 内有 } k - 1 \text{ 个到达}\} \\ &= e^{-\lambda t}\frac{(\lambda t)^{k-1}}{(k-1)!},\ k \geqslant 1. \end{aligned} \tag{18}$$

当 $t > \delta$ 时,

$$\tilde{k} = \max\left\{-\left[-\frac{t}{\delta}\right], 1\right\} \geqslant 2,$$

此时

$$\begin{aligned} &P\{\boldsymbol{w}(t) = \tilde{k}\delta - t\} \\ &\quad = P\{((\tilde{k} - 1)\delta, t) \text{ 内没有到达; 且} \\ &\qquad ((\tilde{k} - 2)\delta, (\tilde{k} - 1)\delta] \text{ 内到达数} \leqslant 1\text{; 且} \\ &\qquad ((\tilde{k} - 3)\delta, (\tilde{k} - 1)\delta] \text{ 内到达数} \leqslant 2\text{; 且} \\ &\qquad \cdots\text{; 且} \end{aligned}$$

$[0, (\tilde{k}-1)\delta]$ 内到达数 $\leqslant \tilde{k}-1\}$

$$= e^{-\lambda[t-(\tilde{k}-1)\delta]} P\{((\tilde{k}-2)\delta, (\tilde{k}-1)\delta] \text{ 内到达数} \leqslant 1;$$

且

$((\tilde{k}-3)\delta, (\tilde{k}-1)\delta]$ 内到达数 $\leqslant 2$；且

…；且

$[0, (\tilde{k}-1)\delta]$ 内到达数 $\leqslant \tilde{k}-1\}$

$$= e^{-\lambda[t-(\tilde{k}-1)\delta]} P(\tilde{k}), \tag{19}$$

而 $P(\tilde{k}) = 1 - P\{((\tilde{k}-2)\delta, (\tilde{k}-1)\delta]$ 内到达数 >1；或

$((\tilde{k}-3)\delta, (\tilde{k}-1)\delta]$ 内到达数 >2；或

…；或

$[0, (\tilde{k}-1)\delta]$ 内到达数 $>\tilde{k}-1\}$

$= 1 - P\{((\tilde{k}-2)\delta, (\tilde{k}-1)\delta]$ 内到达数 $=2$；或

$((\tilde{k}-3)\delta, (\tilde{k}-1)\delta]$ 内到达数 $=3$；或

…；或

$[0, (\tilde{k}-1)\delta]$ 内到达数 $=\tilde{k}$；或

$[0, (\tilde{k}-1)\delta]$ 内到达数 $>\tilde{k}\}$

$$= 1 - P\{B_2 \cup B_3 \cup \cdots \cup B_{\tilde{k}} \cup B_{\tilde{k}+1}\}$$

$$= 1 - \sum_{c_1=2}^{\tilde{k}+1} P(B_{c_1}) + \sum_{2\leqslant c_1<c_2\leqslant \tilde{k}+1} P(B_{c_1} \cap B_{c_2}) - \cdots + (-1)^{\tilde{k}} P\left(\bigcap_{c=2}^{\tilde{k}+1} B_c\right), \tag{20}$$

其中

$$\begin{cases} P(B_{c_1}) = e^{-\lambda(c_1-1)\delta} \dfrac{[\lambda(c_1-1)\delta]^{c_1}}{c_1!}, \quad 2 \leqslant c_1 \leqslant \tilde{k}; \\ P(B_{\tilde{k}+1}) = \displaystyle\sum_{c=\tilde{k}+1}^{\infty} e^{-\lambda(\tilde{k}-1)\delta} \dfrac{[\lambda(\tilde{k}-1)\delta]^{c}}{c!}; \\ P\left(\displaystyle\bigcap_{\nu=1}^{m} B_{c_\nu}\right) = e^{-\lambda(c_1-1)\delta} \dfrac{[\lambda(c_1-1)\delta]^{c_1}}{c_1!} \cdot \displaystyle\prod_{\nu=2}^{m} e^{-\lambda(c_\nu-c_{\nu-1})\delta} \\ \qquad\qquad \times \dfrac{[\lambda(c_\nu-c_{\nu-1})\delta]^{c_\nu-c_{\nu-1}}}{(c_\nu-c_{\nu-1})!}, \end{cases} \tag{21}$$

$$
\begin{cases}
\quad 1 \leqslant c_1 < c_2 < \cdots < c_m \leqslant \tilde{k},\ 2 \leqslant m \leqslant \tilde{k}-1; \\
P\left(\bigcap_{\nu=1}^{m} B_{c_\nu} \cap B_{\tilde{k}+1}\right) = P\left(\bigcap_{\nu=1}^{m} B_{c_\nu}\right) \sum_{c=\tilde{k}+1-c_m}^{\infty} e^{-\lambda(\tilde{k}-c_m)\delta} \\
\qquad \times \dfrac{[\lambda(\tilde{k}-c_m)\delta]^c}{c!}, \\
\qquad 1 \leqslant c_1 < c_2 < \cdots < c_m \leqslant \tilde{k}, 1 \leqslant m \leqslant \tilde{k}-1.
\end{cases}
$$

现在对任一整数 $k \geqslant 0$，来计算 $P\{w(t) = (\tilde{k}+k)\delta - t\}$.

为书写简单起见，对整数 $r \geqslant 2$，令

$T(r-1) \equiv \{$在时刻 $(r-1)\delta$ 刚过的瞬时没有信息在等待$\}$.

则

$$
P\{T(r-1)\} = P(r), \tag{22}
$$

其中 $P(r)$ 已为(20)所给定.

现定义下列诸事件:

F_0: $\{$在 $((\tilde{k}-1)\delta, t)$ 内到达数$=k$; 且 $T(\tilde{k}-1)\}$;

F_0: $\{$在 $((\tilde{k}-1-c)\delta, t)$ 内到达数 $=k+c$; 且
在 $((\tilde{k}-c)\delta, t)$ 内到达数 $< k+c-1$; 且
在 $((\tilde{k}-c+1)\delta, t)$ 内到达数 $< k+c-2$; 且
$\cdots$; 且
在 $((\tilde{k}-1)\delta, t)$ 内到达数 $< k$; 且 $T(\tilde{k}-c-1)\}$,

$$1 \leqslant c \leqslant \tilde{k}-2;$$

$F_{\tilde{k}-1}$: $\{$在 $[0, t)$ 内到达数 $= k+\tilde{k}-1$; 且
在 (δ, t) 内到达数 $< k+\tilde{k}-2$; 且
在 $(2\delta, t)$ 内到达数 $< k+\tilde{k}-3$; 且
$\cdots$; 且
在 $((\tilde{k}-1)\delta, t)$ 内到达数 $< k\}$.

则各 F_c, $0 \leqslant c \leqslant \tilde{k}-1$，两两不交，故

$$
P\{w(t) = (\tilde{k}+k)\delta - t\} = P\left\{\bigcup_{c=0}^{\tilde{k}-1} F_c\right\}
$$

$$=\sum_{c=0}^{\tilde{k}-1} P\{F_c\}. \tag{23}$$

注意当 $k=0$ 时，F_c，$1\leqslant c\leqslant \tilde{k}-1$，均为不可能事件，故(23)式右端就只剩下第一项，即化归(19)式.

当 $k>0$ 时，(23)中的各项为：

$$\begin{cases} P\{F_0\}=e^{-\lambda[t-(\tilde{k}-1)\delta]}\dfrac{[\lambda(t-(\tilde{k}-1)\delta)]^k}{k!}P(\tilde{k}); \\ P\{F_c\}=P(\tilde{k}-c)P\{\text{在}((\tilde{k}-1-c)\delta,t)\text{内到达数}= \\ \qquad k+c;\text{且} \\ \qquad \text{在}((\tilde{k}-c)\delta,t)\text{内到达数}<k+c-1;\text{且} \\ \qquad \text{在}((\tilde{k}-c+1)\delta,t)\text{内到达数}<k+c-2; \\ \qquad \text{且} \\ \qquad \cdots;\text{且} \\ \qquad \text{在}((\tilde{k}-1)\delta,t)\text{内到达数}<k\} \\ \quad \equiv P(\tilde{k}-c)P(c,k,t),\ 1\leqslant c\leqslant\tilde{k}-2; \\ P\{F_{k-1}\}=P(\tilde{k}-1,k,t). \end{cases} \tag{24}$$

其中

$$\begin{aligned} P(c,k,t)=1-P\{&\text{在}((\tilde{k}-1)\delta,t)\text{内到达数}\geqslant k;\text{或} \\ &\text{在}((\tilde{k}-2)\delta,t)\text{内到达数}\geqslant k+1;\text{或} \\ &\cdots;\text{或} \\ &\text{在}((\tilde{k}-c+1)\delta,t)\text{内到达数} \\ &\quad\geqslant k+c-2;\text{或} \\ &\text{在}((\tilde{k}-c)\delta,t)\text{内到达数} \\ &\quad\geqslant k+c-1;\text{或} \\ &\text{在}((\tilde{k}-c-1)\delta,t)\text{内到达数} \\ &\quad\neq k+c\} \\ =1-P\{&\text{在}((\tilde{k}-1)\delta,t)\text{内到达数}\geqslant k;\text{或} \\ &\text{在}((\tilde{k}-2)\delta,t)\text{内到达数}\geqslant k+1;\text{或} \\ &\cdots;\text{或} \\ &\text{在}((\tilde{k}-c)\delta,t)\text{内到达数} \end{aligned}$$

$\geqslant k+c-1\}$

$+P\{$在 $((\tilde{k}-1)\delta, t)$ 内到达数 $\geqslant k$; 或

在 $((\tilde{k}-2)\delta, t)$ 内到达数 $\geqslant k+1$;或

…;或

在 $((\tilde{k}-c)\delta, t)$ 内到达数

$\geqslant k+c-1$; 或

在 $((\tilde{k}-c-1)\delta, t)$ 内到达数

$=k+c\}$

$=1-P\{$在 $((\tilde{k}-1)\delta, t)$ 内到达数 $=k$; 或

在 $((\tilde{k}-2)\delta, t)$ 内到达数$=k+1$;或

…;或

在 $((\tilde{k}-c+1)\delta, t)$ 内到达数

$=k+c-2$;或

在$((\tilde{k}-c)\delta, t)$ 内到达数

$=k+c-1$; 或

在 $((\tilde{k}-c)\delta, t)$ 内到达数

$>k+c-1\}$

$+P\{$在 $((\tilde{k}-1)\delta, t)$ 内到达数 $=k$; 或

在 $((\tilde{k}-2)\delta, t)$ 内到达数 $=k+1$; 或

…;或

在 $((\tilde{k}-c+1)\delta, t)$ 内到达数

$=k+c-2$; 或

在 $((\tilde{k}-c)\delta, t)$ 内到达数

$=k+c-1$; 或

在 $((\tilde{k}-c)\delta, t)$ 内到达数

$>k+c-1$; 或

在 $((\tilde{k}-c-1)\delta, t)$ 内到达数

$=k+c\}$

$$=1-\mathrm{I}+\mathrm{II},\ 1\leqslant c\leqslant\tilde{k}-1, \tag{25}$$

此处

$$\text{I} \equiv P\{E_1 \cup E_2 \cup \cdots \cup E_c \cup E_{c+1}\}$$

$$= \sum_{h_1=1}^{c+1} P(E_{h_1}) - \sum_{1 \leqslant h_1 < h_2 \leqslant c+1} P(E_{h_1} \cap E_{h_2}) + \cdots$$

$$+ (-1)^c P\left(\bigcap_{h=1}^{c+1} E_h\right); \tag{26}$$

$$\text{II} \equiv P\{E_1 \cup E_2 \cup \cdots \cup E_c \cup E_{c+1} \cup E_{c+2}\}$$

$$= \sum_{h_1=1}^{c+2} P(E_{h_1}) - \sum_{1 \leqslant h_1 < h_2 \leqslant c+2} P(E_{h_1} \cap E_{h_2}) + \cdots$$

$$+ (-1)^{c+1} P\left(\bigcap_{h=1}^{c+2} E_h\right), \tag{27}$$

而

$$\left\{\begin{array}{l}
P(E_{h_1}) = e^{-\lambda[t-(k-h_1)\delta]} \dfrac{[\lambda(t-(\tilde{k}-h_1)\delta)]^{k+h_1-1}}{(k+h_1-1)!}, \quad 1 \leqslant h_1 \leqslant c; \\[2ex]
P(E_{c+1}) = \displaystyle\sum_{h=k+c}^{\infty} e^{-\lambda[t-(k-c)\delta]} \dfrac{[\lambda(t-(\tilde{k}-c)\delta)]^h}{h!}; \\[2ex]
P(E_{c+2}) = e^{-\lambda[t-(k-c-1)\delta]} \dfrac{[\lambda(t-(\tilde{k}-c-1)\delta)]^{k+c}}{(k+c)!}; \\[2ex]
P\left(\displaystyle\bigcap_{v=1}^{m} E_{h_v}\right) = P(E_{h_1}) \displaystyle\prod_{v=2}^{m} e^{-\lambda(h_v-h_{v-1})\delta} \dfrac{[\lambda(h_v-h_{v-1})\delta]^{h_v-h_{v-1}}}{(h_v-h_{v-1})!}, \\
\qquad 1 \leqslant h_1 < h_2 < \cdots < h_m \leqslant c, \; 2 \leqslant m \leqslant c; \\[2ex]
P\left(\displaystyle\bigcap_{v=1}^{m} E_{h_v} \cap E_{c+1}\right) = P\left(\displaystyle\bigcap_{v=1}^{m} E_{h_v}\right) \displaystyle\sum_{h=c-h_m+1}^{\infty} e^{-\lambda(c-h_m)\delta} \\
\qquad \times \dfrac{[\lambda(c-h_m)\delta]^h}{h!}, \\
\qquad 1 \leqslant h_1 < h_2 < \cdots < h_m \leqslant c, \; 1 \leqslant m \leqslant c; \\[2ex]
P\left(\displaystyle\bigcap_{v=1}^{m} E_{h_v} \cap E_{c+2}\right) = P\left(\displaystyle\bigcap_{v=1}^{m} E_{h_v}\right) e^{-\lambda(c+1-h_m)\delta} \\
\qquad \times \dfrac{[\lambda(c+1-h_m)\delta]^{c+1-h_m}}{(c+1-h_m)!}, \\
\qquad 1 \leqslant h_1 < h_2 < \cdots < h_m \leqslant c, \; 1 \leqslant m \leqslant c;
\end{array}\right. \tag{28}$$

$$
\left\{
\begin{aligned}
&P\left(\bigcap_{\nu=1}^{m} E_{h_\nu}\cap E_{c+1}\cap E_{c+2}\right)\\
&\quad = P\left(\bigcap_{\nu=1}^{m} E_{h_\nu}\right) e^{-\lambda\delta} e^{-\lambda(c-h_m)\delta}\ \frac{[\lambda(c-h_m)\delta]^{c-h_m+1}}{(c-h_m+1)!},\\
&\qquad\qquad 1\leqslant h_1<h_2<\cdots<h_m\leqslant c,\ 1\leqslant m\leqslant c.
\end{aligned}
\right.
$$

5. 最后来求 $E\{w(t)\}$

当 $0\leqslant t\leqslant\delta$ 时，由 (18)，

$$
\begin{aligned}
E\{w(t)\} &= \sum_{k=1}^{\infty}(k\delta-t)P\{w(t)=k\delta-t\}\\
&= \sum_{k=1}^{\infty}(k\delta-t)e^{-\lambda t}\frac{(\lambda t)^{k-1}}{(k-1)!}\\
&= \delta-(1-\lambda\delta)t.
\end{aligned}
\tag{29}
$$

当 $t>\delta$ 时，

$$
E\{w(t)\} = \sum_{k=0}^{\infty}[(\tilde{k}+k)\delta-t]P\{w(t)=(\tilde{k}+k)\delta-t\},
\tag{30}
$$

其中 $P\{w(t)=(\tilde{k}+k)\delta-t\}$ 为(23)所给定.

现在我们来证明级数(30)是收敛的，因此在实际计算时只需算有限项作为 $E\{w(t)\}$ 的近似值. 由(23)，

$$
\begin{aligned}
&P\{w(t)=(\tilde{k}+k)\delta-t\}\\
&\quad\leqslant\sum_{c=0}^{\tilde{k}-1}P\{\text{在}\ ((\tilde{k}-1-c)\delta,\ t)\ \text{内到达数}=k+c\}.
\end{aligned}
\tag{31}
$$

但对 $0\leqslant c<\tilde{k}-1$，当 k 充分大时，比如说 $k\geqslant k_0$ 时，有

$$
\begin{aligned}
&P\{\text{在}\ ((\tilde{k}-1-c)\delta,\ t)\ \text{内到达数}=k+c\}\\
&\quad\leqslant P\{\text{在}\ (0,\ t)\ \text{内到达数}=k+\tilde{k}-1\},
\end{aligned}
$$

这由普阿松输入直接写出两端的表达式即可证明. 因此由(31)，当 $k\geqslant k_0$ 时，

$$
P\{w(t)=(\tilde{k}+k)\delta-t\}
$$

$$\leqslant \tilde{k} P\{\text{在}(0, t)\text{内到达数}=k+\tilde{k}-1\}$$

$$=\tilde{k} e^{-\lambda t} \frac{(\lambda t)^{k+\tilde{k}-1}}{(k+\tilde{k}-1)!}.$$

代入(30),即得

$$E\{w(t)\} \leqslant \sum_{k=0}^{k_0-1}[(\tilde{k}+k)\delta-t]P\{w(t)$$

$$=(\tilde{k}+k)\delta-t\}+\sum_{k=k_0}^{\infty}[(\tilde{k}+k)\delta$$

$$-t]\tilde{k} e^{-\lambda t} \frac{(\lambda t)^{k+\tilde{k}-1}}{(k+\tilde{k}-1)!}<\infty.$$

这就证明了级数(30)的收敛性.

文 献 附 记

第 一 章

§2 中 $v_k(t)$ 的公式的证明引自 Хинчин 的书[9]，只是稍加简化. 最简单流的必要条件的最早证明似为 Doob[56] 所给出，充分条件的严格证明曾为 Parzen[110]、方开泰等[3]、与 Cohen[48] 所给出. 现在的证明是徐光辉与刘西锁[74]的结果，似乎比以前的所有证明都更为简单.

第 二 章

§2 关于 M/M/1 系统的瞬时性态取自 Bailey[31] 与 Cox & Smith[52] 的结果. 当然还有很多作者进行过这方面的研究，如 Ledermann & Reuter[97], Champernowne[39], Clarke[45], Conolly[49] 等. 关于 M/M/n 系统的瞬时性态，最早有 Karlin & McGregor[85]. 与越民义[22]独立进行的工作，其后还有 Saaty[116] 与 Jackson & Henderson[82] 的工作.

第 三 章

§1 嵌入马尔可夫链的状态分类的最初思想是由 Kendall[87] 提出来并加以证明的，Foster[65] 给了另外的证明. 这里的定理 1 与定理 2 引自 Foster[65]. 定理 4 也是 Kendall[87] 的，但我们另给了证明.

§2 定理 1 与 3 是 Kendall[87] 的结果. 定理 2 是 Takács[132] 的结果，但我们对他的证明作了修正和补充.

§3 大部分是 Takács[130] 的结果. 为了便于阅读,我们将其中引理 1 的证明重以加以整理和补充. 首达时间部分是徐光辉与颜基义[17]的结果.

第 四 章

§1的最早思想也是 Kendall[88]提出来的,这里用的是 Foster[65]的结果.

§2 主要是 Takács[129,132] 的结果,但我们对定理 2 的证明作了修正与补充.

§3 中队长 $\boldsymbol{q}_m$, $\boldsymbol{q}(t)$, 等待时间与非闲期部分是徐光辉[12]的结果. GI/M/n 系统中队长 $\boldsymbol{q}(t)$ 的瞬时性态的最早研究是吴方(1961)[5]的工作, 但他假定了初始条件 $\boldsymbol{q}(0)=0$ 或 1. 徐光辉(1965)[12] 的工作是在任意初始条件下研究 GI/M/n 系统中队长 $\boldsymbol{q}(t)$, $\boldsymbol{q}_m$, 等待时间与非闲期等瞬时性态的最早结果. 其后, Bhat (1968)[33] 考虑了 GI/M/n 系统中队长 $\boldsymbol{q}(t)$ 的瞬时性态,并归结为求解一组线性代数方程式. 我们指出,只要利用 [12] 中所引的韩继业的引理(即本书第三章 §3 的引理3), 就能得到解的明显表达式. 另外, de Smit (1973)[122] 也考虑了 GI/M/n 系统中各种数量指标的瞬时性态.

§3 中忙期部分是徐光辉[14]的结果,该文首次对多服务台系统引进了 k 阶忙期的概念, 并求得了 GI/M/n 系统 k 阶忙期概率规律的明显表达式. 首达时间部分是徐光辉与颜基义[18]的结果.

第 五 章

§1 是 Lindley[100] 的结果.

§2 是根据 Finch[62] 的结果补充整理而成的.

§3 是根据 Finch[61] 的结果补充整理而成的.

第　六　章

§1是 Jackson & Nickols[81] 的结果.

§3是 Jackson[80] 的结果.

§4是 Wishart[142] 的结果,并根据 Takács[132] 加以修正. 关于 $GI/E_k/1$ 系统的瞬时性态见吴方[4],这是 $GI/E_k/1$ 系统瞬时性态的最早工作.

§5与§6是 Takács[131] 的结果.

§7是韩继业[23]的结果. 韩继业[24]进一步考虑了瞬时性态.

§8是 Finch[63] 的结果.

另外,曹晋华与颜基义[21]、侯振挺[10]、吴立德[7]、徐光辉[11]还考虑了其它的特殊系统.

第　七　章

§2是根据 Yadin & Naor[143] 的结果改写的.

§3是根据 Miller[103] 的结果改写的.

另外，韩继业[24]考虑了到达间隔依赖于队长的系统的最优化问题.

第　八　章

§1取材自 Kingman[91] 的结果.

§2取材自 Köllerström[96]. 此文还将结果推广到 GI/G/n 系统.

§3取材自 Whitt[137,138] 及 Iglehart[76].

§4取材自 Tijms 等[134]与 van Hoorn[71]. Tijms 等[134]还讨论了其它逼近假设下 M/G/n 系统平稳队长分布的近似算法，而 van Hoorn & Tijms[72] 与 van Hoorn[71] 还讨论了 M/G/n 系统

的等待时间与离开过程等近似算法.

第 九 章

本章取材自徐光辉与董泽清[16]和我们与马鞍山矿山研究院等合作的工作[1,2],以及加以改进的 Fivaz 等[64]的工作.

第 十 章

§1 为 Chang[41] 的结果. Chang 把文中(13)式的 $\tilde{P}_0$ 误认为(11)式的 P_0,我们已予改正,因此较之原文,定理 3 的证明与结论都有改动,由此定理 4 亦有改动.

§2 取材自 Adiri & Avi-Itzhek[25],证明稍改进.

§3 取材自 Kleinrock[92],证明稍加改进.

§4 为徐光辉[15]的结果.

关于计算机设计中应用情况的综合报告,可参看徐光辉[13].

第 十 一 章

§1 为 Mine & Asakura[104] 的结果.还可参考 Srinivasan[126,127],与 Barlow & Proschen[32] 的结果.

§2 取材自 Kendall [89], Prabhu [112,113], Weesakul [136] 与 Phatarfod [111].

对离散时间、离散独立输入量及泄放量为 $r>1$ 的无限水库,可参看 Ali Khan [27].

对离散时间、离散独立输入量及两种泄放水平的有限水库,可参看徐光辉与 Bosch [73].

对离散时间、有限状态马尔可夫链的离散输入量的无限水库,可参看 Ali Khan & Gani [28] 与 Lehoczky [98].

对离散时间、有限状态马尔可夫链的离散输入量的有限水库,可参看 Ali Khan [26].

对连续时间、输入减泄放为有限状态马尔可夫链的有限水库，可参看 Brockwell [37].

还可参看 Moran [107].

§ 3 为 Gross 等[67]的结果，稍加补充.

§ 4 取材自 El-Bardai[57] 的结果，我们改正了其中一些错误，并简化了若干证明.

参 考 文 献

[1] 马鞍山矿山研究院采一室、数学研究所运筹室、鞍山矿山设计院采矿科，露天矿装运过程的计算机数字模拟，矿山技术，1975，5期，5～25.

[2] 马鞍山矿山研究院采一室、鞍山矿山设计院采矿科、数学研究所运筹室，露天矿山装运过程的几个数学问题，应用数学学报，**1**(1978)，266～269.

[3] 方开泰、董泽清、韩继业，平稳无后效流的结构，应用数学与计算数学，**2**(1965)，84～90.

[4] 吴方，关于排队过程 $GI/E_k/1$ 的若干结果，数学学报，**10**(1960)，190～201.

[5] 吴方，关于排队过程 GI/M/n，数学学报，**11**(1961)，295～305.

[6] 吴立德，关于 M/M/n 排队系统中的 A. Я. Хинчин 假定，数学进展，**6**(1963)，341～344.

[7] 吴立德，可数马尔可夫过程状态的分类，数学学报，**15**(1965)，32～41.

[8] 刘源张等，运筹学在纺织工业中的应用，科学出版社，北京，1960.

[9] 欣钦，A. Я. 著，张里千、殷涌泉译，公用事业理论中的数学方法，科学出版社，北京 1958.

[10] 侯振挺，排队过程中的巴尔姆问题，中国科学，**12**(1963)，1106～1109.

[11] 徐光辉，GI/M/n 系统中大量服务排队过程的等待时间分布，数学学报，**14**(1964)，796～808.

[12] 徐光辉，排队过程 GI/M/n 的瞬时性质，数学学报，**15**(1965)，91～120.

[13] 徐光辉，随机服务系统理论(排队论)及其在计算机设计中的应用，计算机应用与应用数学，1975，1期，33～43.

[14] 徐光辉，随机服务系统 GI/M/n 的 k 阶忙期，中国科学，1977，1期，60～68，Scientia Sinica，**20**(1977)，411～420.

[15] 徐光辉，组合计算机系统中存储系统的平均响应时间，应用数学学报，**1**(1978)；137～144.

[16] 徐光辉、董泽清，矿山采掘过程的数字模拟，数学的实践与认识，1974，4期，26～37.

[17] 徐光辉、颜基义，随机服务系统中的首达时间，应用数学学报，**3**(1980)，34～40.

[18] 徐光辉、颜基义，随机服务系统中的首达时间(II)，应用数学学报，**5**(1982)，25～35.

[19] 格涅坚科，Б. В. 著，丁寿田译，概率论教程，高等教育出版社，北京，1955.

[20] 梯其玛希，E. C. 著，吴锦译，函数论，科学出版社，北京，1962.

[21] 曹晋华、颜基义，加入概率依赖于队长的 M/G/1 排队模型中的某些问题，中国科技大学建校五周年科学论文集，1963 年，65～75.

[22] 越民义，排队论中之一问题——M/M/s，数学学报，**9**(1959)，494～502.

[23] 韩继业，到达时刻依赖于队长的排队模型，运筹学论文集，I. 科学出版社，北京，1963，120—136。

[24] 韩继业，输入依赖于队长的随机服务系统的瞬时性质和最优化，应用数学学报，

1(1978), 59—72.

[25] Adiri, I. and Avi-Itzhek, B., A time-Sharing model, *Manag. Sci.*, **15**(1969), 639—657.

[26] Ali Khan, M. S., Finite dams with inputs forming a Markov chain, *J. Appl. Prob.*, **7**(1970), 291—303.

[27] Ali Khan, M. S., Infinite dams with discrete additive inputs, *J. Appl. Prob.*, **14**(1977), 170—180.

[28] Ali Khan, M. S. and Gani, J., Infinite dams with inputs forming a Markov chain, *J. Appl. Prob.* 5(1968), 72—83.

[29] Aoki, M., Estrin, G. and Mandell, R., A probabilistic analysis of computing load assignment in a multi-processor computing system, *Proc. Fall Joint Comput. Conf.*, Spartan, Baltimore, 1963, 147—160.

[30] Башарин, Г. П., Таблицы вероятностей и средних квадратических отклонений потерь на полнодоступном пучке линий, Изд. АНСССР Москва, 1962.

[31] Bailey, N. T. J., A continuous time treatment of a simple queue using generating functions, *J. Roy. Statist. Soc.*, B, **16**(1954), 288—291.

[32] Barlow, R. E. and Proschen, F., Mathematical Theory of Reliability, Wiley, New York, 1965.

[33] Bhat, U. N., Transient behavior of multiserver queues with recurrent input and exponential service times, *J. Appl. Prob.*, **5**(1968), 158—168.

[34] Bhat, U. N., Sixty years of queueing theory, *Manag. Sci.*, **15**(1969), B280—294.

[35] Bhat, U. N., Nance, R. E., and Claybrook, B. G., Busy period analysis of a time-sharing system: Transform inversion, *J. ACM*, **19**(1972), 453—463.

[36] Billingsley, P., Convergence of Probability Measures, Wiley, New York, 1968.

[37] Brockwell, P. J. A. storage model in which the net growth-rate is a Markov chain, *J. Appl. Prob.*, **9**(1972), 129—139.

[38] Brockwell, P. J. and Gani, J., A population process with Markovian progenies, *J. Math. Anal. Appl.*, 32(1970), 264—273.

[39] Champernowne, D. G., A elementary method of solution of the queueing problem with a simple server and constant parameters, *J. R. Statist, Soc., B,* 18(1956), 125—128.

[40] Chang, W., Queues with feedback for time-sharing computer system analysis, *Operat. Res.*, **16**(1968), 613—627.

[41] Chang, W., Queueing analysis of real-time computer processing, *Manag. Sci.*, **15**(1969), 658—671.

[42] Chung, K. L., Markov Chains with Stationary Transition Probabilities, Springer, Berlin, 1960.

[43] Chung, K. L., and Fuchs, W. H. J., On the distribution of values of sums of random variables, *Mem. Amer. Math. Soc.* No. 6; 1951, 1—12.

[44] Çinlar, E., Introduction to Stochastic Processes, Prentice-Hall, Englewood Cliffs, 1975.

[45] Clarke, A. B., A waiting line process of Markov type, *Ann. Math. Statist.* **27** (1956), 452—459.

[46] Clarke, A. B. (Ed.), Mathematical Methods in Queueing Theory, Proceedings of a Conference at Western Michigan University, May 10—12, 1973, Springer, Berlin, 1974.

[47] Coffman, E. G. and Denning, P. J., Operating Systems Theory, Prentice-Hall, Inc., Englewood Cliffs, N. J., 1973.

[48] Cohen, J. W., The Single Server Queue, North-Holland, Amsterdam, 1969; Revised Edition, 1982.

[49] Conolly, B. W., A difference equation technique applied to the simple queue, *J. R. Statist. Soc.*, B, **20**(1958), 165—167.

[50] Conolly, B. W., The waiting time process for a certain correlated queue, *Operat. Res.*, **16**(1968), 1006—1015.

[51] Conolly, B. W. and Hadidi, N., A correlated queue, *J. Appl. Prob.*, **6**(1969), 122—136.

[52] Cox, D. R. and Smith, W. L., Queues, Methuen & Co. Ltd, London, 1961.

[53] Denning, P. J., A model for console behavior in multiuser computers, *Comm. ACM*, **11**(1968), 605—612.

[54] Doetsch, G., Theorie und Anwendung der Laplace Transformation, Dover, New York, 1943.

[55] Doob, J. L., Renewal theory from the point of view of the theory of probability, *Tran. Amer. Math. Soc.*, **63**(1948), 422—438.

[56] Doob, J. L., Stochastic Processes, John Wiley & Sons, New York, 1953.

[57] El-Bardai, M. T., Queuing analysis of satellite networks, *Operat. Res.*, **18**(1970), 654—664.

[58] Emmons, H., The optimal admisson policy to a multiserver queue with finite horizon, *J. Appl. Prob.*, **9**(1972), 103—116.

[59] Everling, W., Exercises in Computer Systems Analysis, Springer, Berlin, 1972.

[60] Feller, W., An Introduction to Probability Theory and its Applications, Second edition, John Wiley & Sons, New York, 1957.

[61] Finch, P. D., On the distribution of queue size in queueing problems, *Acta Math. Acad. Sci. Hungar.*, **10**(1959), 327—336.

[62] Finch, P. D., On the busy period in the queuing system GI/G/1, *J. Aust. Math. Soc.*, **2**(1961), 217—228.

[63] Finch, P. D., A coincidence problem in telphone traffic with non-recurrent arrival process, *J. Aust. Math. Soc.*, **3**(1963), 237—240.

[64] Fivaz, N., Cutland, J. R., and Balchin, C. J., Allocation and control of the truck fleet at Nchanga open-pit, Zambia, *Tran. Min. Industry*, A, **82**(1973), 131—139.

[65] Foster, F. G., On the stochastic matrices associated with certain queuing processes, *Ann. Math. Statist.*, **24**(1953), 355—360.

[66] Gaver, D. P. Jr and Lewis, P. A. W., Probability models for buffer storage allocation problems, *J. ACM*, **18**(1971), 186—198.

[67] Gross, D., Harris, C. M. and Lechner, J. A., Stochastic inventory models with bulk demand and state-dependent leadtimes, *J. Appl. Prob.*, **8**(1971), 521—534.

[68] Gross, D. and Harris, C. M., Fundamentals of Queuing Theory, John Wiley & Sons, New York, 1974; Second Edition, 1985.

[69] Hammersley, J. M. and Handscomb, D. C. Monte Carlo Methods, Methuen. London, 1964.

[70] Heacox, H. C. Jr. and Purdom, P. W. Jr., Analysis of two time sharing queueing models, *J. ACM*, **19**(1972), 70—91.

[71] van Hoorn, M. H., Algorithms and Approximations for Queueing Systems, Ph. D. Thesis, Free Univ., Math. Center, Amsterdam, 1983.

[72] van Hoorn, M. H. and Tijms, H. C., Approximations for the waiting time distribution of the M/G/c queue, Performance Evaluation, 2(1982), 22—28.

[73] Hsu, G. H. (徐光辉) and Bosch, K., Finite dams with double level of release, Z. Operat. Res., **22**(1983), 83—106.

[74] Hsu, G. H. and Liu, X. S. (徐光辉; 刘西锁), On some properties of Poisson Processes, *Acta Math. Appl. Sinica (English Series)*, 2(1985), 45—53.

[75] Hull, T. E. and Dobell, A. R., Random number generators, *Soc. Indust. Appl. Math. Rev.*, **4**(1962), 230—254

[76] Iglehart, D. L., Weak convergence in queueing theory, *Adv. Appl. Prob.*, **5** (1973), 570—594.

[77] Iglehart, D. L. and Whitt, W., Multiple channel queuesin heavy traffic I, *Adv. Appl. Prob.*, **2**(1970), 150—177.

[78] Ireland, R. J. and Thomas, M. E., Optimal control of customer-flow through a system of parallel queues, *Intern. J. Systems Sci.*, **2**(1972), 401—410.

[79] Ito, K. and McKean, H. P., Diffusion Processes and Their Sample Paths, Springer-Verlag, Berlin, 1965.

[80] Jackson, R. R. P., Queueing system with phase type service, *Operat. Res. Quart*, **5**(1954), 109—120.

[81] Jackson, R. R. P. and Nickols, D. G., Some equilibrium results for the queueing process E_k/M/1. *J Roy. Statist. Soc.*, B, **18**(1956), 275—279.

[82] Jackson, R. R. P. and Henderson, J. C., The time-dependent solution to the many server Poisson queue, *Operat. Res.*, **14**(1966), 720—722.

[83] Karlin, S. and McGregor, J., The differential equation of birth-and-death processes and the Stieltjes moment problem, *Tran. Amer. Math. Soc.*, **85**(1957), 489—546.

[84] Karlin, S. and McGregor, J., The classification of birth and death processes, *Tran. Amer. Math. Soc.*, **86**(1957), 366—400.

[85] Karlin, S. and McGregor, J., Many server queueing process with Poisson input and exponential service times, *Pacific J. Math.*, 8(1958), 87—118.

[86] Karlin, S. and Taylor, H. M., A First Course in Stochastic Processes, Second Edition, Academic Press, New York, 1975.

[87] Kendall, D. G., Some problems in the theory of queues, *J. Roy. Statist. Soc.*, B, **13**(1951), 151—185.

[88] Kendall, D. G., Stochastic processes occurring in the theory of queues and their analysis by the methods of the imbedded Markov chain, *Ann. Math. Statist.*, **24** (1953), 338—354.

[89] Kendall, D. G., Some problems in the theory of dams, *J. Roy. Statist. Soc.*, B, **19**(1957), 207—212.

[90] Kingman, J. F. C., On the algebra of queues, *J. Appl. Prob.*, **3**(1966), 285—

[91] Kingman, J. F. C., Inequalities in the theory of queues, *J. Roy. Statist. Soc.* B32 (1970), 102—110.

[92] Kleinrock, L., Sequential processing machines (S. P. M.) analyzed with a queuing theory model, *J. ACM,* **13**(1966), 179—193.

[93] Kleinrock, L. and Muntz, R. R., Processor sharing queueing models of mixed scheduling disciplines for time shared systems, *J. ACM,* **19**(1972), 464—482.

[94] Konheim, A. G. and Meister, B., Service in a loop system, *J. ACM,* **19**(1972), 92—108.

[95] Kosten, L., Stochastic Theory of Service Systems, Pergamon Press, Oxford, 1973.

[96] Köllerström, J., Heavy traffic theory for queues with several servers I, *J. Appl. Prob.,* **11**(1974), 544—552.

[97] Ledermann, W. and Reuter, G. E. H., Spectral theory for the differential equations of simple birth and death process, *Phil. Trans. Roy. Soc. London,* A, 246 (1954), 321—369.

[98] Lehoczky, J. P., A note on the first emptiness time of an infinite reservoir with inputs forming a Markov chain, *J. Appl. Prob.,* 8(1971), 276—284.

[99] Lin, S. C., Statistical analysis and stochastic simulation of ground motion data, *Bell Syst. Tech. J.,* **47**(1968), 2273—2298.

[100] Lindley, D. V., The theory of queues with a single server, *Proc. Camb. Phil. Soc.,* 48(1951), 277—289.

[101] Lippman, S. A. and Ross, S. M., The streetwalker's dilemma: A job shop model, *SIAM J. Appl. Math.,* **20**(1971), 336—342.

[102] Loève, M., Probability Theory, Third edition, D. Van Nostrand, New York, 1963.

[103] Miller, B. L., A queueing reward system with several customer classes, *Manag. Sci.,* **16**(1969), 234—245.

[104] Mine, H. and Asakura, T., The effect of an age replacement to a standby redundant system, *J. Appl. Prob.,* **6**(1969), 516—523.

[105] Mine, H. and Ohno, K., An optimal rejection time for an M/G/1 queuing system, *Operat. Res.,* **19**(1971), 194—207.

[106] Mine, H. and Osaki, S., Markovian Decision Processes, Elsevier, New York, 1970.

[107] Moran, P. A. P., The Theory of Storage, Methuen & Co. Ltd, London, 1959.

[108] Morgan, W. C. and Peterson, L. L., Determining shovel-truck productivity, *Min. Engng. N. Y.* **20**(1968), Dec., 76—81.

[109] Neuts, M. F., Matrix-Geometric Solutions in Stochastic Models, Johns Hopkins Univ. Press, Baltimore, 1981.

[110] Parzen, E., Stochastic Processes, Holden-Day, San Francisco, 1962.

[111] Phatarfod, R. M., A note on the first emptiness problem of a finite dam with Poisson type input, *J. Appl. Prob.,* **6**(1969), 227—230.

[112] Prabhu, N. U, Some results for the queue with Poisson arrivals, *J. Roy. Statist. Soc.,* B, 22(1960), 104—107.

[113] Prabhu, N. U., Time-dependent Results in Storage Theory, Methuen & Co. Ltd, London, 1964.

[114] Prabhu, N. U., Queues and Inventries, John Wiley & Sons, New York, 1965.

[115] Reuter, G. E. H., Denumerable Markov processes and the associated contraction semigroups on l, *Acta Math.*, 97(1957), 1—46.

[116] Saaty, T. L., Time dependent solution of the many server Poisson queue, *Operat. Res.*, 8(1960), 755—772.

[117] Saaty, T. L., Elements of Queueing Theory, McGraw Hill, New York, 1961.

[118] Saks, S., Theory of Integrals, Hafner Publishing Co., New York, 1937.

[119] Scott, M., A queueing process with some discrimination, *Manag. Sci.*, 16(1969), 227—233.

[120] Scott, M., A queueing process with varying degree of service, *Naval Res. Logist. Quart.*, 17(1970), 515—523.

[121] Shreider, Yu. A. (Ed.), Method of Statistical Testing (Monte Carlo Method), Elsevier Publishing Co., Amsterdan/London/New York, 1964.

[122] de Smit, J. H. A., On the many server queue with exponential service times, *Adv. Appl. Prob.*, 5(1973), 170—182.

[123] Smith, W. L., Regenerative stochastic processes, *Proc. Roy. Soc. London*, A232 (1955), 6—31.

[124] Sobel, M. G., Optimal average-cost policy for a queue with start-up and shut-down costs, *Operat. Res.*, 17(1969), 145—162.

[125] Spitzer, F., A combinatorial lemma and its application to probability theory, *Tran. Amer. Math. Soc.*, 82(1956), 323—339.

[126] Srinivasan, V. S., The effect of standby redundancy in system's failure with repair maintenance, *Operat. Res.*, 14(1966), 1024—1036.

[127] Srinivasan, V. S., First emptiness in the spare parts problem for repairable components, *Operat. Res.*, 16(1968), 407—415.

[128] Stidham, S. Jr., On the optimality of single server queueing systems, *Operat. Res.*, 18(1970), 708—732.

[129] Takács, L., On a queueing problem concerning telephone traffic, *Acta Math. Acad. Sci. Hungar.*, 8(1957), 325—335.

[130] Takács, L., The transient behavior of a single server queueing process with a Poisson input, Proc. Fourth Berkeley Symp. on Math. Statist. and Prob. Berkeley and Los Angeles, *Univ. of California Press*, 2(1961) 535—567.

[131] Takács, L., Delay distributions for simple trunk groups with recurrent input and exponential service times, *Bell Syst. Tech. J.*, 41(1962), 311—320.

[132] Takács, L., Introduction to the Theory of Queues, Oxford Univ. Press, New York, 1962.

[133] Takács, L., Stochastic Processes, John Wiley & Sons, New York, 1967.

[134] Tijms, H. C., van Hoorn, M. H. and Federgruen, A., Approximations for the steady-state probabilities in the M/G/c queue, *Adv. Appl. Prob.*, 13(1981), 186—206.

[135] Tzafestas, S. G., On buffer design for Erlang arrivals and multiple synchronous periodically regular outputs, *Intern. J. of Syst. Sci.*, 2(1972), 353—368.

[136] Weesakul, B., First emptiness in a finite dam, *J. Roy. Statist. Soc.*, B, 23 (1961), 343—351.

[137] Whitt, W., Weak convergence theorems for queues in heavy traffic, Ph. D. Thesis, Cornell Univ., Tech. Report, No. 2, Dept. of Operat. Res., Stanford

Univ., 1968.

[138] Whitt, W., Complements to heavy traffic limit theorems for the GI/G/1 queue, *J. Appl. Prob.,* 9(1972), 185—191.

[139] Whitt, W., Embedded renewal processes in the G1/G/s queue, *J. Appl. Prob.,* 9(1972), 650—658.

[140] Whitt, W., Some useful functions for functional limit theorems, *Math. Operat. Res.,* 5(1980), 67—85.

[141] Whittaker, E. T. and Watson, G. N., A Course of Modern Analysis, Cambridge Univ. Press, Cambridge, 1952.

[142] Wishart, D. M. G., A queueing system with χ^2 service-time distribution, *Ann. Math. statist.* 27(1956), 768—779.

[143] Yadin, M. and Naor, P., On queueing systems with variable service capacities, *Naval Res. Logist. Quart.,* 14(1967), 43—54.

人 名 对 照 表

Abel 阿贝尔
Bessel 贝塞尔
Borel 波雷尔
Bray 勃雷
Brown 布朗
Chung,K. L. 钟开莱
Donsker 唐斯克
Erlang 爱尔朗
Fubini 富比尼
Helly 海来
Hölder 赫尔德
Lagrange 拉格朗日
Laplace 拉普拉斯
Lindeberg 林德伯尔格
l'Hospitale 洛比达
Poisson 普阿松
Pollaczek 扑拉切克
Riemann 黎曼
Rouché 儒歇
Stieltjes 斯蒂尔吉斯
Taylor 泰勒
Егоров 叶果洛夫
Колмогоров 柯尔莫哥洛夫
Марков 马尔可夫
Прохоров 普洛霍洛夫
Скороход 斯科洛霍德
Хинчин 欣钦

名词索引[1]

1）名词后的数码表示章节号，如 4.3 代表第四章§3；5 代表第五章.

七　画

八　画

九　画

十　画

十 一 画

十 二 画

十 三 画

十 四 画

十 六 画

廿 一 画